2020 年国家社科基金重大项目(20&ZD290)阶段性成果

大连理工大学中央高校基本科研业务费人文专项

(DUT19RW303)结项成果

大连理工大学中央高校基本科研业务费项目

(DUT21RW301)结项成果

大连理工大学人文与社会科学学部学术专著出版基金资助

人的追问与审美教化

西方古典美学的人学解读

韩振江 著

人民出版社

目　录

第四编　19世纪理性主义人学与美学

绪　论

一、人学与美学研究概述

美学(文艺学)①作为哲学的一个有机部分,其发展必然受制约于哲学的发展。换言之,有什么样的西方哲学流派就会有什么样的美学思想和文艺学流派。但是,并不是所有的哲学思想都会影响美学的建构,比如认识论哲学、分析哲学等距离美学就比较遥远。那么,哲学中的哪个部分有效地影响了美学的发展呢?本书认为,哲学中的人学或者人学哲学才是影响美学思想和文论思想构成的重要因素。西方的人学发展与美学的发展始终是相辅相成的,有什么样的人学思想就会产生什么样的美学思想。

在西方哲学千年的发展历程中,"人是什么"始终是核心命题。从古希腊本体论哲学、近代认识论哲学到现代人本主义哲学,对人的关注和思考是西方哲学一以贯之的永恒主题。人学的发展史就是人类对"何为人类"的探索历史。从根本上说,哲学是人学,美学也是人学。人不仅是哲学思考的出发点和归宿点,而且也是美学运思的起点和终点。美学离不开人,离开人就无所谓美。唐代文学家柳宗元曾说:"夫美不自美,因人而彰",意思是没有独立存在的美,美因人的存在而彰显。西方美学无论是理念论美学、形式论美学,还是美感论美学,都没有把人学作为美学思考的核心来探讨美学本质的问题,直到

---

① 由于西方美学发展与文艺理论发展很多时候交叉在一起,相互之间重复比较多,所以本书把文艺理论看作广义的文艺学,其中包含美学内容,文艺学和美学概念在这里不再作详细的辨析和区别。

叔本华、尼采、马克思等现代人本主义哲学出现之后,才侧重于从人的本质思考美的本质。

那么,西方人学与西方美学是什么关系呢?西方人学对人的本质的探索直接影响了西方美学的核心思想的变化。也就是说,不同时代的人学产生了不同的美学。由此,系统梳理西方人学与美学的发展历史就变得非常必要了。这一课题具有三个方面的任务:第一,梳理西方人学发展的内在线索和发展历史,探究西方人学的发展演变问题;第二,探讨西方美学发展的内在逻辑,探究西方美学的基本思想演绎过程;第三,研究在不同的时代,西方人学如何具体地影响了西方美学的发展。换言之,要研究从古希腊到当代具有划时代意义的大哲学家、美学家,以及他们的人学思想如何影响了美学思想的变革,并梳理出人学美学史的逻辑历程。

(一)西方的人学研究状况

人学研究在西方源远流长,流派纷呈。自古希腊古罗马以来,认识人自身就成为哲学必须回答的根本问题。柏拉图和亚里士多德提供了人在神性与人性、欲望与德性之间的第一轮人学思考。在古罗马帝国确立基督教的统治地位之后,基督教神学以神性压倒了人性,人是戴罪之身,人的声音被压制和驯服了。直到文艺复兴时期,在但丁、薄伽丘、莎士比亚等人文学者的文学作品中才打破了中世纪对人的全面封锁,确立了人的现实幸福才是人的本质,人的自然需求是人的必然目的。人学由此开始重生。17 世纪以来,笛卡尔、培根等的认识论哲学逐渐占据统治地位,其中对人的思考从属于对世界的认识,人被看作一个复杂的机械装置。当人摆脱了神的束缚后,又被自然和物理所笼罩。18 世纪的启蒙运动掀开了人的眼帘,以人的理性标准衡量存在的一切。霍布斯、卢梭、洛克、狄德罗等哲学家把人重新放入人与自然、人与社会的维度中予以思考,指出人是社会性的动物,是文化的产物。这一时期,在人学发展史上,被称为自然人、社会人的发现。德国古典哲学的集大成者康德和黑格尔则从理性的角度全面确立了人的主体性地位,理性的主体就成为人的本质。这一方面是对古希腊以来理性与主体关系的系统总结,体现了历史的进步;但是另一方面过度推崇无上的理性,人对自然、他人和社会的强大改造力导致理性人走向了非理性和疯狂。到此为止，人学的探索虽然是哲学的一个重要方面，但一直受制约于世界本体论、认识论、理性论等主流哲学。

人本主义哲学、人学自觉的研究缘于19世纪的叔本华和尼采，他们在康德和黑格尔的主体哲学走向极致的时候提出了人不单纯是理性的人，更重要的是活着追求幸福的生命。柏格森的生命哲学更是在人的心灵层面上探讨了人之所以为人的根本内涵，深化了人学研究的路径。德国人本主义哲学家费尔巴哈从人的自然存在中发现了人的本质不在于意识，而在于身体等自然存在和自然需要。马克思吸收了费尔巴哈关于人的自然本性的思想，把人放在历史维度和社会维度中思考人自身的真理。马克思在《1844年经济学哲学手稿》中指出，人的本质在于人是自由自觉的生命，人类的本质是人的劳动。有阶级以来的历史都是人在异化中进行不自愿的劳动，因此人只有在自由自觉的劳动中才能全面实现人自身。马克思对于人的劳动本质以及社会本质的论述，开启了整个马克思主义哲学对人学的探讨路径。其后的卢卡奇提出了人的物化和无产阶级的自我意识；霍克海默与阿多诺指出理性启蒙是人的精神桎梏，现代艺术和美学可以批判被扭曲的现实；马尔库塞指出资本主义经济发达社会消解了人的反思和否定之维，人变成了被驯服的单向度的人，人的解放只能寄希望于感性的解放和美学的革命；弗洛姆等人则从精神分析学和爱的哲学角度探讨了人的解放途径。东欧新马克思主义也继承了马克思对人的思考，发展了异化、人道主义等思想。

19世纪以来，对人学反思的一个重要流派就是弗洛伊德开创的精神分析学，其批判了意识和理性主体的虚妄性和自大性，指出无意识才是人真正的主宰，人首先是生物性的人，其次是欲望的和无意识的人，文明就是对人的本能需要的压抑的历史。弗洛伊德之后，西方马克思主义阵营中的赖希、弗洛姆和马尔库塞都从精神分析学的人学理论中吸收了不少养分，分别提出了人的概念和人的解放之途。第二次世界大战之后，拉康等结构主义精神分析学家进一步挖掘了人作为主体的西方哲学的根基，批判了理性主义，指出了主体人的虚无性。这一思想影响到了当代西方马克思主义哲学家齐泽克、巴迪欧等人的哲学思想。

第二次世界大战之后，随着残酷战争带来的创伤，人们关于主体、理性等的观念也被毁灭了。20世纪五六十年代兴起的结构主义，开始思考人类的现代性社会与人之间发生了什么样的变化，让人们感觉自己越来越不自由，越来越不像一个人。福柯认为，在现代性的微观权力体制中，人不仅身体被权力控制，而且精神也被现代性话语所控制。人的身体和精神无时无刻不被打上权力的烙印，现代社会就是一个权力无时无处不在规训、控制人类的网络。福柯的结论是人死亡了。拉康则在精神分析学的人学思考下认为，人自诞生起就无时不在进行自我欺骗，生活在幻象之中而不自知，人的主体死亡了。阿尔都塞从马克思主义的角度思考了人与意识形态的关系，认为在现代社会中意识形态必须把人改造成它所需要的"主体"，社会意识形态才能正常运行，人也就成了文化的螺丝钉。他们共同宣布了人的死亡，在现代性社会的废墟上，人已经迷失了方向。

当哲学思考走向谷底的时候就会出现转机。存在哲学就是对西方哲学进行彻底反思、对人学进行革命性思考的流派之一。海德格尔否定了一切形而上学的存在概念，他从人的现实存在的现象学描述入手，在时间维度上思考了人自身何为的问题，开启了存在人学的新领域。他的弟子伽达默尔也从人类的精神对话角度指出了人的交流才是人存在的价值。俄国的哲学家、美学家巴赫金则在对西方狂欢哲学和文学的研究中得出人的定义必然是在人与人的对话中存在和展开的著名结论。

（二）中国的人学研究状况

人学研究在当代中国已经成为一种"显学"，也成为马克思主义哲学研究中的最重要方向。在中国知网上的全文搜索键入"人学"，可以搜寻到22,5943篇文献，仅2013年一年就发表了2万篇文章。以"西方人学"为关键词搜索，获得9107条文献；以"人学与美学"为关键词搜索，获得4268条文献材料；以"西方人学与美学"为关键词搜索，获得1596条文献材料；以"西方人学与美学"为篇名搜索，仅获得21条文献材料。① 这些文献条目的变化说明

---

① 2016年10月份的统计数字，估计现在会有更多材料。

了几个问题:第一,人学研究在当代中国的确是长期热点,也是哲学、美学等人文研究的增长点;第二,针对西方人学的系统研究在国内还处于起始阶段,成果相对较少;第三,人学与美学的关系研究已经开始,也有了一些成果出现,不过还处于草创时期。

中国的人学研究是从 1978 年讨论异化、人性和人道主义开始的,起初是为了批判"文化大革命"时期对人的权利和人性的漠视。1978 年,汝信在《哲学研究》上发表《青年黑格尔关于劳动和异化的思想》一文,随后,众多学者如黄楠森、陈先达、高尔太等也积极参与了讨论。1983 年,周扬在中共中央党校作了题为《关于马克思主义的几个理论问题的探讨》,认为马克思主义与人道主义不同,前者是以现实的人全面发展为依据发展共产主义的。他肯定了社会主义中有人道主义,肯定了反对异化的合法性。1984 年,胡乔木在中共中央党校作了《关于人道主义和异化问题》的演讲,指出要区分马克思主义与人道主义,人道主义作为伦理原则有它的价值,但是作为世界观不能替代马克思主义。

在哲学界对异化劳动、马克思主义与人道主义讨论得如火如荼的时候,文学界和美学界也展开了探讨。1981 年,钱谷融再次发表《论"文学是人学"》一文,明确提出文学是为了人的艺术,人不是作家描写现实的工具,而是现实生活的主人,是文学艺术的目的。文学是人学的观点在 20 世纪 80 年代引发了文学界和艺术界的大讨论,文学反映人性、人道主义,文学描写人的观念深入人心。1982 年,对于人性的讨论逐渐深入到人性与马克思主义的关系中。人民出版社出版了张尚仁、宋定国、黄克剑等学者的论文集《关于人的学说的哲学探讨》,该书集中讨论了人与哲学的关系、人与异化、人道主义等问题。1983 年,北京大学哲学系编写了《马克思主义与人》、中国社会科学院哲学所编写了《人性、人道主义讨论集》。1985 年,北京大学哲学系出版了《人道主义与异化问题研究》,这一系列论文集的出版反映了当时哲学界对人性、人与人道主义的思考。

1983 年,黄楠森在《哲学研究》上发表了《关于人的理论的若干问题》一文,从哲学概念的清理入手,讨论了人的概念,以及人的本质、人性、异化和共产主义等的相互关系。1984年,王锐生、景天魁合著《论马克思关于人的学说》,通过对西方哲学史上人的观念变迁的研究,提出人的本质的思考是历史的,而不是抽象的。该著作从历史的与辩证的逻辑相统一的角度出发,指出对于人的观念的考查受制约于不同历史条件下的社会劳动,因此马克思主义思考人学的方法论是劳动—社会—人的逻辑。他们认为不存在抽象的人性,人性存在于具体的社会历史中。社会劳动的发展影响了哲学上对人的观念的思考,同时人还是社会关系的总和,即人的本质总是存在于人与自身、人与他人、人与社会、人与自然等关系维度中。最后,他们认为马克思人学的基本点在于人不是抽象的,而是具体的现实人。该著作确立了人学研究应该以马克思主义为指导,以马克思主义方法论为基础,从马克思主义原著出发系统逻辑地理解和研究马克思主义人学的基本原则,因此是20世纪80年代马克思主义人学研究的代表作之一。

1988年,袁贵仁主编的《人的哲学》一书出版。该书被认为是1978年以来关于人和主体性哲学系统而富有创见的理论总结。他认为,研究人的哲学是当前的迫切任务,是实现马克思主义哲学大发展的起点。该著作指出人学是对人的问题的哲学思考,是在马克思主义的一般原理和方法指导下,从人与自身、社会、自然的角度,探讨人的本质、人的活动和人的发展的科学规律的学说。整个20世纪80年代,哲学界、文学界等人文学科几乎都卷入了对人性、异化和人道主义的讨论之中。马克思主义哲学界在夏甄陶、黄楠森、王锐生等学者的带领下率先思考和探讨了人与哲学、人性与异化、人道主义与马克思主义等一系列艰深的理论问题,取得了很多理论成果,这标志着国内人学研究的起点和奠基。

1989年,黄楠森、韩庆祥在《社会科学战线》上发表了《关于建构人学的几点设想》的文章,提出经过20世纪80年代对人的多维度研究,应该探索建立一门"人学"的学科,从此拉开了中国人学学科建设的序幕,也标志着人学研究的繁荣时期的到来。1990年,黄楠森等主编出版了大型辞书《人学词典》,涉及了人学的方方面面。1995年,孙鼎国等主编了《人学大辞典》,分为东方人学、西方人学、中国人学和马克思主义人学四大部分。20世纪90年代的重要人学著作有:韩庆祥的《社会主义市场经济与人》(1993 年),在回顾西方人学研究历史的基础上,围绕着社会主义市场经济与作为主体的人的关系来进行研究,不仅深化了马克思主义人学的内涵,而且也与社会主义现代化建设的现实问题结合起来,是不可多得的开拓性著作之一;杨金海的《人的存在论》(1995 年),从人学的基础问题——人的存在论入手,以马克思的"现实的人"为理论基石探讨了人的本质与人的实体、人性、主体性、人的世界的关系,为人学打下了坚实的存在论基础;韩震的《生成的存在——关于人和社会的哲学思考》(1996 年),从人与社会关系的维度探讨了人的存在问题,认为研究社会不能脱离人,研究人也不能脱离社会,二者的关系是人学理论的核心,也是社会学理论的核心。

1996 年,韩庆祥又出版了《马克思人学思想研究》,该著作成为 20 世纪 90 年代最具理论创新力、最有开拓性的人学成果。马克思的人学思想是西方现代人本主义哲学家和西方马克思主义思想家思考人学的起点。西方人学思想家对马克思人学观念的不同阐释产生了不同形态的人学理论,在这种读解中也存在对马克思人学思想的不同程度的误读,甚至是改写。韩庆祥在批判性地评述西方学者研究马克思人学历史的基础上,沿着马克思思想的发展梳理出马克思人学的基本发展逻辑,提出了马克思人学是人的本质、人的需要、人的实践、人的社会关系、人的个性五个方面相互联系的有机整体,深入探究了马克思人学的基本内涵,即人的本体论、社会观、历史观和价值观的统一,并在最后分析了马克思人学的历史命运与当代意义。

袁贵仁的《马克思的人学思想》也是 20 世纪 90 年代全面系统研究马克思主义人学的标志性成果之一。他认为,马克思人学研究应该从理解"马克思关于人和人的本质是什么"的问题开始,马克思对人性的思考是人学的基础。人的本质应该放在劳动和社会关系的维度中予以考察。人性是区别于动物的特性,是人的自然属性、社会属性和精神属性的统一。在马克思的人的观念中,人性是人的本质的基础,人的本质则是人的主体性的基础,人性、人的本质和主体性的统一是马克思的人的概念。同时,需要也是理解人的活动的逻辑起点之一,也是马克思人学的基本概念。作者按照人的需要—人的价值—

人权和人的发展这一逻辑,探讨了劳动价值、人权和人的全面发展的关系问题。1999年,黄楠森主编的《人学的足迹》,全面展示了马克思主义人学的各种讨论。他认为,人学是关于人的科学,是基础学科,其研究的对象是作为整体的人以及人的本质。

2002年,在黄楠森等人的推动下,中国人学学会成立,马克思主义人学学科得以形成。进入21世纪以来,学界出现了一大批系统研究人学的成果,其标志是黄楠森和韩庆祥分别主编的两套大型中国人学丛书的出版。

2005年,黄楠森主编了"人学理论与历史"丛书,包括陈志尚主编的《人学原理》、李中华主编的《中国人学思想史》、赵敦华主编的《西方人学观念史》。这三本著作既从纵向全面系统地梳理了西方和中国人学思想发展的历程,又从横向深入系统地研究了人学作为学科建构的基本原理,展示了20世纪90年代以来中国人学发展的成果。

2011年,韩庆祥主编的"马克思主义人学与当代中国丛书"在河南人民出版社出版。该丛书作为国家"十一五"重点图书出版规划项目,囊括了老、中、青三代马克思主义学者关于人学研究的十本著作。黄楠森的《人的科学之路》从人学学科建设的角度,考察了人学在中国兴起的中外背景,阐述了人学作为学科的研究对象、研究内容和研究方法等根本性问题。夏甄陶的《人:活动、关系、发展》指出,马克思主义不是见物不见人的,相反是以现实的人为出发点和落脚点的,要对人作整体的理论考察就必须坚持人的活动、关系和发展的统一。陆剑杰的《社会主义与人》则从历史的角度研究了社会主义与人的相互关系,指出空想社会主义对人的理解是抽象的,马克思创立了科学社会主义,所以对人的理解是历史的、具体的、现实的,因此人与社会主义是合二为一的。王善超的《关于人的理解》专门对马克思主义人学基础——人的本质作了研究,认为马克思在人学史上具有的革命性作用,就在于他批判了抽象的人的观念,发现了现实的人。张一兵和夏凡的《人的解放》则从历史的角度研究了西方马克思主义人学发展的逻辑以及一系列根本问题。他们认为,人的解放是马克思主义人学的核心,西方马克思主义人学也抓住了这个核心问题,在资本主义和现代性的语境中讨论了人的未来和解放的可能性。这一套人学丛书,不仅每本书都作了专题性的人学研究,而且相互之间具有内在的逻辑联系,是一个有机整体,共同体现了在 21 世纪人学研究不断深化和党中央提出以人为本执政理念大背景下中国人学研究的新成果。

2012 年,邹志祥在出版《中国人学史》《中国现当代人学史》之后,总结了人学研究的基本问题,出版了《人学原理》。该著作综合中西人学资源,分为人性论、人生观、人治观、人格观、社会观等部分,试图建立一个普遍性的人学思想范畴体系。

(三)中国的西方人学研究状况

相对于马克思主义人学研究的盛况来说,国内关于西方人学的研究相对较为平缓和滞后。西方人学是马克思主义人学诞生的基本前提。马克思的人学思想也是在康德、黑格尔和费尔巴哈人学思想基础上产生的。苏联和东欧的人道主义及人学思想在某种程度上也影响了改革开放后中国人学研究的思潮。不过,从正统的马克思主义人学学者的角度来看,西方人学虽然是可资借鉴的人学资源,但是始终属于资产阶级的人学,应该以批判的眼光来看待。然而,面对国外人本主义哲学的发展、西方马克思主义人学的繁荣,中国人学也要与国际学术界进行对话,因此世界范围内的人学就必然成为一个对话的理论体系。对西方人学的研究可以更好地促进对人学基本问题,比如人的本质、人性、人的发展等根本问题的理解,更好地探索中国特色社会主义建设中人与现代化的关系问题。

中国对西方人学的研究是从对西方人学的译介和个案研究开始的。1985年,甘阳翻译了卡西尔的《人论》,提出人不仅是理性动物、政治动物,更重要的是符号性动物,是符号性的存在。《人论》的译介激发了国人对于人的观念的巨大兴趣。后来,学界逐渐翻译引进了苏联哲学家弗洛罗夫的《人的前景》、杜比宁的《人究竟是什么》等专著。这些著作从马克思主义角度探讨人的本质、人的存在以及科学技术、全球问题、生态问题等。1989 年,刘小枫组织翻译了西方现象学家、人学家舍勒的重要作品,以《舍勒选集》出版。其中,第七卷"哲学人类学"就是舍勒的人学思想的集锦。1991 年,李燕、赵健杰翻译了英国莱士列·斯蒂文森的《人学的世界》一书。斯蒂文森按照人学发展的历史,梳理了宗教观念、理性观念、自然哲学、社会观念和文化观念中的人的概念,并试图从其中整合出人的基本定义。

除了大量译介西方人学名著之外,国内学者还对西方人学思想家作了专题性的个案研究。1987年,黄颂杰等人研究萨特人学思想的专著《萨特其人及其"人学"》出版,该著作在介绍萨特思想发展历程的基础上,总结出萨特人学由我思哲学、自由哲学和历史人学三部分构成。1991年,张一兵的《西方人学第五代》把心理学家马斯洛定位为西方人学第五代的理论代表,即科学人本主义,详细总结研究了马斯洛的人学体系。2001年,刘敬鲁的著作《海德格尔人学思想研究》出版。在这本书中,刘敬鲁认为海德格尔的人学思想可分成前后阶段,前期以人的存在论为根基展开,后期以大化与人的关系展开,展示了海德格尔在人的时间性问题上的探索。2009年,姚颖的《马克思人学思想的现代解读:弗罗洛夫人道主义思想研究》从马克思主义人学新的发展角度解读了弗罗洛夫的人学思想。2010年,白虹的《阿奎那人学思想研究》出版,该著作分析了中世纪神学家托马斯·阿奎那的人学思想,指出阿奎那人学是在灵与肉、感觉与理智、理性与欲望三个层次上的统一。2014年,方幸福的《幻想彼岸的救赎:弗洛姆人学思想与文学》集中研究了精神分析学马克思主义思想家弗洛姆的人学思想。

随着对西方人学译介和专题研究的增多,有些学者就西方人学的成果作了系统化研究。黄楠森在《人学原理》中就曾经指出,西方人学的研究可以有两条线索:一条是以历史为线索把握西方人学发展的历程和内在逻辑;另一条是以重大问题的认识进展为线索。其实,这两条线索就是马克思的历史与逻辑研究的统一。吴倬、杨君游等合著的《现代西方人学名著选评》(1991年)选取了九位现代西方人本主义哲学家的代表作予以评述。其中,既有叔本华、尼采这样的意志论哲学家,也有弗洛伊德、弗洛姆、马斯洛等心理学家,还有实用主义哲学家杜威等,由此看来选取的标准并不一致。张步仁的《西方人学发展史纲》(1993年)是国内第一部系统研究西方人学思想发展史的专著,填补了空白。该书在唯物史观的指导下,以西方历史发展为线索,全面系统地梳理和总结了西方不同历史阶段人学思想的发展逻辑。杨纯富的《人是什么——西方人学思想发展历程》(1997 年)在简要总结 30 多位哲学家的人学思想基础上指出,自古希腊到当代,西方人学经历了产生、覆灭、复兴、发展以及最后走向人本主义的历史过程。欧阳谦的《20 世纪西方人学思想导论》(2002 年)认为,古希腊、中世纪和近代以来的人学思想是在人性与德性、神性与人性、理性与人性之间进行思考的;19 世纪后期,叔本华和尼采把人的生命和意志作为人的本质,代表了现代人学对传统人学的突破;20 世纪以来,对人性的追问呈现出多学科交叉的综合性研究态势,精神分析学、哲学人类学、存在主义哲学、人本主义哲学等共同构成现代人学的特征。此外,还有魏金生的《现代西方人学思潮的震荡》(1996 年)、杨适的《中西人论的冲突》(1991 年)等也是对西方人学思想进行梳理和研究的成果。2005 年,赵敦华主编的《西方人学观念史》是迄今为止对西方人学思想史研究的集大成者。该著作以观念史的方式梳理了西方人学发展的历程和内在逻辑,分析了宗教人、文化人、自然人、理性人、生物人、文明人、行为人、心理人、存在人等不同历史时期人学的代表观念,最后指出在后现代主义思潮中人的观念的消解。该著作虽然体式巨大、梳理清晰、总结精当,但是把人本主义哲学与科学的人的研究放在一起统称为人学思想还是不太妥当。

总而言之,尽管出现了不少西方人学史的著作,但是普遍存在两个问题。第一,主要是粗线条的概述式研究。对于西方某些重要的人学家没有集中地研究,缺乏对于知人论世式地把某个人学思想家放置于其时代的思想中的研究。第二,对于西方人学发展史上哪些哲学家应该是人学家尚没有统一标准。

(四)中国的人学与美学研究状况

韩庆祥在"马克思主义人学与当代中国丛书"的"总序言"中,把中国人学研究历程分为萌发、生长、长果三个阶段,其中萌发阶段是以"伤痕"文学的崛起和对"文化大革命"的反思开始的。张一兵也在《人的解放》中说:"文学界的'伤痕文学'刚刚火完,理论界的人道主义讨论又开始热起来,所有的人都在谈论人学。"①由此可见,文学界、美学界是最先用人性、人道主义等文学创

---

① 张一兵、夏凡:《人的解放》,河南人民出版社 2011 年版,第 1 页。

作和文学观念开启人学研究的。1978年，美学家朱光潜率先发表了《关于人性、人道主义、人情味和共同美问题》一文，认为人性就是人的自然本性，是艺术摹仿的对象。同时他认为，人类存在普遍的人性，当然也存在阶级性，正是普遍人性的存在才有共同的美感，共同美是以普遍人性为基础的。朱光潜的文章引发了哲学界对异化、人性和人道主义的大讨论。早在1957年，钱谷融发表的《论"文学是人学"》一文就引述了苏联文学家高尔基"文学是人学"的观点，系统地论述了文学应该以人为中心，人物是文学的目的。钱谷融的文学是人学的观点，实质上是对苏联《文学原理》中"人是作家描写现实生活的工具"的观点的批判。他认为，在文学创作和文学作品中，人不是描写现实生活的工具，而是现实生活的主人。文学应该以人为中心，人是目的，而不是工具。文学是人学的观点成为了20世纪80年代文学界的理论共识。

1982年，杨安仑在《美学与人学》中率先探讨了人学与美学的联系。他认为，人学就是关于人性和人的本质的学说，美学是人学，但是美学必须通过描写社会美、生活美的文学艺术中的人才是人学。换言之，因为美学中的文学艺术或者生活美、艺术美是以人性为核心的，所以在这个维度上美学也是人学。1991年，美学家刘叔成在《美学是人学》一文中明确指出美学就是为了人的人学。他认为，不仅文学是人学，美学更是人学，或者说人学只能是美学。自康德以来的美学大多崇尚审美无功利说，但是实际把人与美学结合起来的研究缘于车尔尼雪夫斯基的"美是生活"说，而真正为美学奠定人学基础的是马克思的《1844年经济学哲学手稿》及其人学思想。刘叔成认为，只有美学才能把人当作自由自觉的活动主体来进行全面考察，同时把马克思关于"美的规律"思想应用于现实生活之中。刘叔成鲜明地提出美学是人学的命题，应该说是美学研究的一大进步，但是他局限于论述马克思巴黎手稿时期的人学与美学关系，并没有从人学与美学的学科关系、美学学科的人学性质的角度展开全面的思考。1992年，中国人民大学成复旺出版了《中国古代的人学与美学》一书，他认为，人学是中国古代文化的核心，中国传统美学的核心是对自我人格的欣赏，因此把中国的人学与美学结合起来考察，发现美学就是人学。他按照中国古代人学发展的三次人的发现总结了相应三次人学美学的崛起，即先秦人学美学、魏晋美的自觉和明代启蒙美学。在这本书中,成复旺不仅深刻地揭示了中国传统人学发展的内在逻辑,同时也探究了人学对美学的深刻影响,详细总结了人学美学的发展历程及其文化内涵。1995 年,成复旺在《社会科学家》上发表《走向人学的美学》一文,更是明确提出美学未来发展的方向应是人学的观点。他认为,西方经历了本体论哲学、认识论哲学、分析哲学等之后,人本主义哲学即人学才是美学研究的哲学基础;马克思关于人是自由自觉的生命是美学的基础;中国传统哲学向来把人视为美的核心。由是观之,无论西方哲学、马克思主义哲学还是中国传统哲学,其共同走向都是人学,人学应该成为美学研究的哲学基础。欧阳友权在《美学大势与人学》(1998 年)、《人学美学的学理探源》(2001 年)等文章中也表达了美学发展的未来趋势应该是人学的观点,他指出 21 世纪是美学归于一宗的时代,那就是人学美学。

对于西方人学与美学关系的研究,国内是从西方美学家个案研究开始的。1991 年,李春青的《美学与人学——马克思对德国古典美学的超越》是第一部从人学角度论述马克思与德国古典美学关系的著作。2008 年,司振龙的硕士论文《人学命题与美学命题的交互生成——以康德至马克思的德国哲学美学为视域》,在康德到马克思的德国古典哲学人学与美学的发展中探讨了二者的关系,其中重点探究了康德、谢林、歌德、席勒、黑格尔和马克思在人学中对美学的运思。该篇论文是西方人学与美学断代史研究的成果之一。虽然西方人学与美学之间关系的重要性自不待言,但是深入而系统地研究西方人学与西方美学之间相互影响和逻辑关系的成果还是相对缺乏。就文献来讲,个案研究和专题研究在逐渐增多,但是系统而全面地梳理和总结自古希腊到当代的人学与美学关系的著作还没有出现。

二、西方人学与美学的发展脉络

有什么样的人学就有什么样的美学,美学是人学困境的一个解决途径。不同的时代有不同的人学,每个时代都有一两个划时代的哲学家、美学家,他们可以代表这个时代的一种范式,承前启后,开创未来。在西方历史上,能够雄霸一二百年的哲学家、美学家并不是很多,主要有如下人物:古希腊、罗马的柏拉图、亚里士多德;中世纪的奥古斯丁;近代的卢梭、康德、黑格尔;现代的尼采、马克思、弗洛伊德、海德格尔;当代的拉康、福柯、马尔库塞、巴赫金;等等。按照马克思的历史与逻辑相统一的原则,不仅要抓住其中每一个哲学家本身人学与美学思想的内在联系,而且还要从古希腊到当代的时代变迁中梳理和总结大哲学家的人学与美学思想的发展逻辑。

古希腊、罗马人学与美学的核心思想是德性与欲望。马克思说:"希腊人是正常的儿童"①,但是他们对于人的看法也是处于矛盾之中的。古希腊和罗马人虽然处于人类历史的早期,但已经开始感受到人处于自然与社会文化的矛盾之中。一方面自然、简单、理性,另一方面忧伤、暴虐、欲望和激情,故而古希腊人学始终处于自主与命运、欲望与理性、优美与怪诞的冲突和张力之中。

柏拉图的人学与美学是古希腊关于人与美的观念的代表。柏拉图认为,人的概念就是灵魂,灵魂存在于理念世界之中跟随神的灵魂巡游诸天,完美的人的灵魂可以直接看到理念世界的真、善和美。但是当人的欲望干扰了灵魂中的理性和德性部分时,就会跌落凡间。人通过对爱情和诗歌的迷狂可以回忆理念世界的真善美,通过爱美的形体,到爱人、爱心灵、爱一切善的事物,可以达到美的至境。柏拉图认为现实中人是不完整的,人普遍受着欲望和理性的纠葛,因此那些不符合德性和正义的诗歌和戏剧应该被禁止,只有符合城邦正义的诗和美的事物才会引导人向善。美是人们通向善的理念世界的一条途径。

亚里士多德对人持一种中庸之说。他认为人是社会动物,是政治动物。人的自然本性就是参与政治,做社会的人,这里强调了人的社会属性。同样,他在美学上强调文学艺术对人的教化作用,悲剧必须通过行动对人进行告诫和教化,使得人感到恐惧和怜悯进而向善。古罗马的朗吉努斯总结了人的本性即人心的高贵。人要向古代的圣人、伟人和英雄学习,胸襟宽广、气魄雄伟的人才是真正的人。同样,只有这些人才能产生崇高的美感,因此他认为崇高

---

① 《马克思恩格斯文集》第8卷,人民出版社2009年版,第36页。

美不是来自外在的自然,而是来自伟大的人的心灵。

中世纪、文艺复兴时期人学与美学的核心词汇是严肃与狂欢。从公元 1 世纪基督教诞生到 16 世纪宗教改革为基督教神学统治的时期,基督教思想家奥古斯丁、普罗提诺、托马斯·阿奎那以《圣经》和基督教神学为依据,发展了人学思想,同样依据其神学与人学思想也发展了美学思想。整个中世纪,宗教神学占据了统治地位,科学以及人学学科全部笼罩在神学的阴影下,古希腊古罗马的健康人性被神性所取代。神对人的否定、灵魂对肉体的贬斥、宗教生活对世俗生活的压制,成为这个时期人学思想发展的重要内容。在神学家看来,上帝创造了人类,人犯了原罪,只有成为耶稣的信徒才能得到救赎。奥古斯丁接受了新柏拉图主义,他首先系统阐述了这种人类的"原罪说",上帝是善的根源,不是恶的根源,人自身的欲望才是恶的根源。同时,他认为美来自上帝,上帝是真善美的统一体,美就是上帝的整一性。托马斯·阿奎那也认为,一切美来自上帝,不过丑也有其自身的价值。总之,在神学家看来,上帝高于人类,人必须完全服从上帝,一切人的美好东西全部来自上帝,而且也要归之于上帝,这就是中世纪神学、人学、美学的基本观念。

文艺复兴时期的人文学者和艺术家重新发现了人,发现了现世生活的意义,也创造了丰富灿烂的美的艺术。人文主义者排斥了基督教对人的过度压抑,神退回到了教堂,人在自己的生活中占据了主要的地位。他们凸显了人的高贵、人的情感和人的现实幸福,不过这种人性的大复苏超出了某种社会性,变成了一种纵欲的狂欢,人的自然属性脱离了超越性的一面而成为人的本质。这一时期的人学体现在文学家和艺术家的作品中。但丁是中世纪最后一位诗人,也是文艺复兴第一位诗人,因此在他身上体现了基督教神学与人文主义人学的激烈冲突,这也突出表现在他的《神曲》中。薄伽丘崇尚人的平等、智慧和爱情的幸福。拉伯雷的《巨人传》更是一部全面复苏人性、鼓吹人文主义的经典。尘世的生活、现实的幸福、爱情等感情的满足、生物性欲望的实现成为文艺复兴时期人学和美学的共同内容。

17 世纪古典主义人学与美学的核心思想是在理智与情感的矛盾中展开的。文艺复兴公开否定了基督教对人的限制,同时也否定了神所给予人的提升,这样随着资本主义经济的产生、自然科学的发展、社会组织的完善,封建主义在欧洲达到了顶峰,古典主义成为主要的统治范式。古典主义是在封建阶级与资产阶级势均力敌情况下合作的结果,因此理智与情感、理性与激情的张力就成为时代的主题。古典主义要求人要理性、遵循社会秩序和封建礼法,压抑人的感情,做一个贵族。这种贵族人的观念的变化,也导致了美学上古典主义的诞生。布瓦洛在《诗艺》中说,唯有理性才是衡量一切的标准。同样,理智与情感的矛盾也普遍成为艺术家的主题,比如高乃依的悲剧作品、拉辛的《安德洛玛克》等都是要求理性压制感情。在人的观念上体现得最为明显的是温克尔曼,他认为现代人应该学习古希腊人,因为他们心灵高贵、人格高尚。持反对态度的是莱辛,他认为人应该充分表达感情,不能压抑自己。

17—18 世纪的人学主要处于人的自然状态与社会状态、感性与理性的张力之中。霍布斯和卢梭的思想最为典型,他们都承认人是自然的动物。不过,霍布斯认为人性恶,必须用暴力和专制统治人类,人才会遵守秩序、形成文明社会。卢梭明确反对霍布斯的人学观,他认为人是幸福的野蛮人,人性善良,都是社会的罪恶把人性给污染了,因此他主张自由签订契约而形成民主社会。在美学上,卢梭开创了浪漫主义美学,他崇尚自然人性、自发情感,反对虚假的社会礼法,主张取消戏剧。同时,卢梭也开启了崇尚自然美景的自然美学。18世纪,英国率先进入资本主义政治和经济体制中,成为欧洲最先进的国家。在哲学上,英国经验主义兴起,苏格兰启蒙运动使人的观念发生了本质的变革。以前人与本体、世界、神等联系在一起,而 18 世纪英国对人的观念却是从自然状态开始考察,集中在人的身体、经验体验和情感上。身体、经验、情感的人才是美学的出发点。沙夫茨伯利和哈奇森美学都强调人的身体和生理的快感产生了美感。经验主义美学的集大成者伯克开启了新的崇高美学。同时,哲学家休谟的《人性论》为人学与美学找到了共同的基础,即人的同情心,重启了道德(善)与美之间的联系。

虽然 18 世纪的德国现代化程度并不高,但是德国的哲学家和美学家却敏锐地感受到了世界的现代化趋向、人在感性与理性中分裂的事实,并积极地探索人作为主体的内涵。德国古典人学与美学是高扬主体性的、把人的理性视为美的根源的人学美学。歌德开时代的先声,在其创作中体现了古典主义与浪漫主义时代的断裂,高贵的心灵需要融入活泼的生活中,人要做自然的奴隶,也要做自然的主人。席勒在《审美书简》中明确提出了人的感性与理性的冲突,他像先知一样预言了现代性社会中人的分裂,并试图在美学中寻找解决的途径。康德在哲学上融合了英国经验主义和德国唯理主义,人成了可以为一切事物立法的主体。《纯粹理性批判》中的理论理性与《实践理性批判》中的实践理性分别成了《判断力批判》中优美与崇高这两种审美范畴的前提和基础。在美学中,康德体现了人学之主体的伟大。黑格尔的《精神现象学》与《美学》有着有机的联系,前者中"实体即主体"演绎出了体现绝对精神的人,而人的精神在黑格尔看来才是真正的美,因此他认为艺术美高于自然美,心灵美高于身体的美。

19 世纪人学与美学的核心思想为人是生命与生活。随着黑格尔主体性哲学达到极致,哲学出现了人学转向。在西方人学史上,这一时期叔本华、尼采、克尔凯郭尔开启的以生命意志为核心的哲学思潮才被认为是真正的人本主义哲学,即人学。人的生命—意志取代了主体—意识成为时代人学美学的主题。叔本华认为,世界是人的表象,表象背后是生存的意志,因此美也是意志的表现。尼采把世界视为权力意志的表现,认为人应该是充满生命权力的超人,其美学是呼唤生命狂欢精神的悲剧美学。俄国则在生活的维度上发展了人学美学。托尔斯泰从自身的创作和生活体验出发,在其《艺术论》中得出人是情感的人、美学也是情感的传递的结论。别林斯基和车尔尼雪夫斯基提倡美就是生活,其实质就是人的活生生的生命活动,有人的生命和活动就有美学,这是车尔尼雪夫斯基对人学美学作出的巨大贡献。

19 世纪中后期,资本主义已经在欧洲全面确立,并且取得了巨大的发展,社会正式进入现代性社会,同时现代性的弊端也开始全面呈现。一方面人在现代性发展中张扬了物质性和生物性,另一面现代社会压抑了人的生命感性。德国哲学家费尔巴哈在哲学基础上真正清理黑格尔等抽象的、理性的人的观念,他认为人就是活动的具有物质性的生命。马克思深受费尔巴哈人学观的影响,在《1844 年经济学哲学手稿》中全面论述了社会劳动异化与人的生命之间的矛盾,阐释了马克思主义人学的基本内涵,即人是自由自觉的生命。其后,马克思进一步发展了人的观念,认为人是一切社会关系的总和,他在人与自身、人与他人、人与社会、人与自然等关系上论述了人的本质、人性、人的全面发展和人的解放等人学理论。马克思的人学理论影响了他的美学观念以及后来的马克思主义美学家的思想。

关于社会文化对人的内在生命的压抑,精神分析学家弗洛伊德认为,人的无意识反对意识、本能反抗理性、本我对抗自我、生命本能抵制文明压抑。弗洛伊德的人学实质上是把人从精神性和文化的人降到了人的生物性、自然性的维度,但是面临主体性哲学的傲慢所带来的两次世界大战,他对社会文明和理性给人类带来的灾难有深刻的批判和反省。弗洛伊德及其后继者纷纷认为人就是本能的生物性的,并且是无意识的生命,美学也相应就是无意识欲望的满足,艺术则是梦境一样的幻觉。20世纪,弗洛姆、马尔库塞继承了马克思主义的社会异化和人的解放思想,同时发展了弗洛伊德的性欲为爱欲,并把二者结合起来,形成精神分析的马克思主义。他们认为现代人是缺少理想和批判维度的单面人,人需要在爱欲中反对社会压制和全面异化,以感性的解放走向人的解放。相对而言,他们认为美学和艺术也是人的反抗异化和感性解放的主要途径。

第二次世界大战之后,资本主义社会逐渐复苏,并走向全球化。现代社会科层制、科技化、管理化进一步加深。面对现代性的全面降临,傲慢的主体开始被现代性社会的制度和权力所否定,甚至消解。阿多诺敏锐地看到战争的灾难实际上来自那个曾经高扬着理性的启蒙运动及其主体,他批判启蒙变成了神话、技术变成了管理,人变成了非人的物的现代性。在他看来,人重新变回人的途径就是否定性的美学,现代艺术及其美学重新找回否定思维和批判性。

如果说阿多诺在批判现代性之余还依稀给人类留下了审美救赎之路,那么福柯、阿尔都塞和拉康这后结构主义的三剑客则判定了人的彻底死亡,他们陷入了虚无主义的深渊。福柯认为,自17世纪以来的资本主义社会就是权力及其话语对人逐渐控制、规训和管理的社会,现代社会的微观权力已经渗透进了人生活的所有领域,人是权力规训和话语的产物。唯一能够让人走向救赎的希望是学习古希腊人自我的设计,这就是美的生活。拉康作为后结构主义的精神分析学家,从自我的形成方面揭露了人作为主体的虚妄性,无意识其实就是社会的语言,人从根本上说就是被社会语言所建构起来的,无所谓主体性。阿尔都塞则吸收了拉康和福柯的思想,结合马克思主义,他认为,国家权力的运行依赖于意识形态对人的作用,人只有认同于某种意识形态话语和理念才能变成社会主体,才会被嵌入现代性之中,因此他认为人不过是社会意识形态的宿主而已。齐泽克则全面继承了上述诸位的思想,从理性、主体与意识形态等多领域揭示了主体的虚无性,但是在虚无中他从马克思主义和拉康主义那里汲取了歇斯底里的革命思想,试图为人找出一条真正的回归之路。

当悲观主义走到谷底的时候,新的曙光就沿着山谷出现了。虽然后现代主义等哲学思潮跟随着拉康、福柯等解构了社会、理性以及人的观念,但是新的思考路径还是出现了。海德格尔彻底地反思了传统的形而上学,认为人的存在不是理性的、抽象的存在,而是在现实世界中与他人共在。在世界之中的共在成为他的哲学的起点,人与自身、与他人、与神共处才能窥见存在的意义。他的美学则是人自身的真理的绽放。伽达默尔则在《真理与方法》中认为,人是在历史文化中存在的,在解释和理解中人与其他人达到了视域的融合,达到了交流的目的。艺术和美就是人与人对话的途径。哈贝马斯也从人与人的对话角度批判了现代性社会的工具理性,要发展主体间进行对话的交往理性。他认为,18世纪英国的公共领域的建立就是主体间性形成的范例,而艺术则是其中重要的组成部分。苏联的哲学家、美学家巴赫金则更是把人与人的关系放在了人的本质的维度上,他认为人类社会就是对话的关系,美学则是体现对话哲学的狂欢化美学。

纵观西方人学与美学的发展历程可以发现,美学是人学哲学的组成部分,审美是人全面发展和自由解放的途径之一。每一个历史时期,随着经济基础的变化和社会变迁,人们对于人自身的观念都会发生变化,相应的人们对于审美的要求也会有所改变。在古典时期,人的完善和德性是人学哲学的追求,审美是人完善的方式之一,美学起到了教化的作用。进入近代以来,人性被现代性所宰制,社会力量逐步束缚和改变了人性,人越来越陷入自身所创造的他者之中。从尼采以来,人们用审美替代宗教,试图让美学成为新的救赎人类的"宗教"。如果说西方古典人学与美学的关系是人性完善与审美教化,那么现代西方人学与美学的关系就是人的异化与审美救赎。总之,审美在人的发展中起着至关重要的作用。

第一编

古希腊罗马人学与美学

虽然古希腊和罗马人处于人类历史的早期，不过已经开始感受到人处于自然与社会文化的矛盾之中。一方面自然、简单、理性，另一方面忧伤、暴虐、欲望和激情。他们处于自主与命运、欲望与理性、优美与怪诞的冲突和张力之中。

古希腊智者学派的普罗泰格拉说："人是万物的尺度。"这个时代希腊人关于人的观念还不是抽象的、思想的人，而是感性的、活生生的有感觉的人。这个尺度也不是真理的标准，或者理性和意识，而是个人感觉。个人的感觉是衡量事物的标准，感觉有就有，感觉不到就是没有。这是西方哲学的主体性第一次凸显，为以后的人本主义哲学开启了道路。人是万物的尺度，其暗含的意识就是反对神对人的主宰，换言之，就是人定胜天的思想。

苏格拉底认为人就是灵魂，灵魂就是理性，认识自己也就是要生活要有德性，他认为"认识你自己"，经过思考的生活才是值得过的生活。希腊历史学家希罗多德的《历史》是西方以人为主的第一部著作，他因此被人称为历史学之父、人类学之父。他认为人是历史的主体，历史是为了保存人类的功业，使得不至于年久而被遗忘。希罗多德把希波战争中希腊人的胜利认为是希腊人比波斯人更为聪明，人是在理性指导下生活的，战争其实就是智慧的较量，人是至关重要的决定性因素。不过，希罗多德也没有否定命运的力量。换言之，在希罗多德看来，人类依然处于自主的智慧与神所主宰的命运之间。

与希罗多德的人的《历史》相对立的是更为远古的赫西俄德的神的《神谱》。人始终受到神的主宰和命运的束缚，这就是希腊文学艺术所透露出来的另一个人的观念。《神谱》论述了希腊人心中的神，即人神同形同性论，神一切与人相同，只是长生不死，所以希腊神话是人的神话。但《荷马史诗》表明了神对人的支配性，比如阿喀琉斯的死亡、埃阿斯发疯等。但神也要受到命运的限制，例如普罗米修斯盗取火种给人类，但是被钉在高加索山脉上等。

古希腊人在命运束缚与理性智慧之间、在人的灵魂缺失和神灵完满之间找到了一个路径来完善自我,这就是审美。对于古希腊人而言,文学艺术和审美活动都是他们的自然生活,也是他们的公共活动之一。审美活动是具有较高社会性的,是把单个的人融入集体的途径,也是让人们从欲望的自然状态进入德性的社会状态的必然过程,这就是审美的教化。总之,古希腊古罗马的人学思想彰显了人性与德性、审美与艺术,对于古代人而言是德性完善的阶梯。

第一章　柏拉图:灵魂完善与审美

　　柏拉图(Plato,公元前 427—前 347 年),古希腊伟大的哲学家,也是西方哲学乃至整个西方文化最伟大的思想家之一。他和苏格拉底、亚里士多德被并称为古希腊三大哲学家。柏拉图出生于雅典的贵族家庭,据说是古雅典国王的后代,精通数学和文学艺术。由于柏拉图出色的学习能力及其他才华,古希腊人称赞他为"阿波罗之子"。20 岁起,他追随苏格拉底求学。苏格拉底死后,他开始到处漫游,并从事实际的政治活动。后来跟随毕达哥拉斯流派治学,使他的哲学理论增加了很多数学的养分。他一生追求清明稳定的政治环境,并多方游说,参与政治活动,然而却以失败告终。他 70 岁时再次回到雅典,建立历史上著名的学园,专心讲学,并写作 40 篇左右的对话集,思想涉及宗教、哲学、文艺理论、神话、教育等多个方面。

一、生平与著作

　　柏拉图从 20 岁时就跟随苏格拉底学习,直到公元前 399 年苏格拉底被民主派处死。此时的希腊与中国的春秋战国时代一样,是比较混乱的多事之秋。伯罗奔尼撒战争之后,雅典的政权颠覆,沦为斯巴达的占领地。在斯巴达的支持下,雅典贵族政坛出现了"三十僭主"。后来僭主政治被推翻,民主党又以"诱惑青年"的罪名将苏格拉底处死。至此,柏拉图对新建立的民主制度充满了仇恨。本来柏拉图是比较倾向民主制度的,但是民主体制建立后却把他的老师给处死了,所以他觉得民主政治本身就存在很大弊端。柏拉图是一个贵族,他的政治理想也是贵族制,赞成贵族寡头政治。苏格拉底死后,柏拉图在埃及、意大利、西西里等地开始了十年漫游,并在意大利结识了毕达哥拉斯学派,从事实际的政治活动,为建立贵族寡头政治而努力。

从《第七封信》里表述的政治经历与政治理念,可以看出当时柏拉图的"哲学王"的政治理想已经形成。"我起初很想成年之后就从事政治,不料事与愿违,形势变化,影响了我的计划。那时候民主政权不得人心,三十人所主持的革命,乘机而起,这三十人中,有些是我的亲戚,有些是我的朋友,他们觉得和我气味相投,要我参加。我年少气盛,当时情绪,不难想象。我希望他们能取不义的政权而代之以正义的政权,我深感兴趣,看他们究竟能做些什么。一转瞬间,眼看他们不得人心,民主党反为全民众怀恋,我懊丧之余,和他们不再往还。不久,三十人被逐,他们的政权覆灭,我跃跃欲试,又想参加政治。在那些革命的年代里,个人彼此报复,非常激烈,大致说来,第二次民主是比较稳健的。可是,不幸得很,若干有权势的人物无端控诉苏格拉底,说他犯渎神之罪,法庭竟判他死刑。我想了又想,主持城邦的人如此,法律和公众道德又如彼。我观察越深,年纪越大,越发现政治清明千难万难,雅典风俗习尚还不如前。政局如此混乱,我心中惶惑,莫知所措。我一再考虑,政治社会究竟应如何改革,如何挽救。……我称道真正的哲学,处于万不得已,因为只有这样,国家和个人的正义才能贯彻。除非真正的哲学家能够掌握政权,或者执政者通过奇迹成为真正的哲学家,否则祸殃将永无止境。"①

从信中可以清晰地看出柏拉图一生真正的政治底色:追求政治清明的理想。柏拉图的政治经历、理想追求和讲学授徒都与中国的孔子非常相似。作为同一个时代的人,柏拉图和孔子都具有远大的政治抱负——建立大同社会。柏拉图庞大而精深的思想也得益于他从事政治的复杂经历。在西西里漫游之时,他结识了叙拉古的僭主狄奥尼西奥斯(Dionysius),并且与其妻舅狄翁(Dion)关系很好。柏拉图在试图说服僭主接受他的政见未果后,愤然辞职回到雅典,后来建立了阿卡德米学园(Academy),开始从事教育。柏拉图听闻僭主

---

① 《缪朗山文集》第9卷,缪朗山译,章安祺编订,中国人民大学出版社2011年版,第17页。

死后,其子继位,并由狄翁摄政,于是他再赴西西里,希望实现自己的政治理想。无奈,新王亦不肯接受柏拉图的政治改革,并进行宫廷政变,放逐狄翁,柏拉图也险些遇害。此后五年间,已回到雅典的柏拉图却始终没有放弃自己的政治理想,他曾暗自和狄翁联系,伺机而动,企图再一次发动宫廷政变,废掉新王。但这一阴谋在他第三次前往叙拉古时,以彻底失败而告终。此时,大半生都热衷于政治活动的柏拉图已经 70 岁。柏拉图的大半生都用来周游列国,到处游说自己的政治理想,希望可以推翻民主建立贵族寡头政治,却不想奋斗到 70 岁仍如丧家之犬般不被接受。彻底灰心的柏拉图此后 12 年都居住在雅典,进行讲学和写作。

柏拉图留下的著作很多,有 40 篇左右,除《申辩篇》外均以对话的形式流传,涉及政治、法律、哲学、美学、伦理、教育等多个学科。《理想国》主要阐释柏拉图的政治理想,一个政治的乌托邦。在美学方面,则是谈到了统治者的文艺教养和诗人的罪状。《斐德若篇》主要讲艺术创作的灵感;《会饮篇》论爱与美;《大希庇阿斯篇》谈美与真、善的关系。以上几篇是他关于人学、美学和文艺学的主要思想。此外,柏拉图对基督教神学的形成、中世纪教父哲学以及后世的黑格尔、海德格尔等哲学家影响很深。柏拉图以其理式论(或理念论)、回忆论、摹仿说、迷狂说等著名的思想影响了近千年的美学史和文艺学史。在谈论西方哲学史时,关于柏拉图,人们或反对或赞成,却无法绕过他的思想和理论。

二、人学思想

柏拉图哲学被称为理念论。理式是什么呢? 理式,也有人称作理念,理念的"念"即观念,观念可以改变和更新,但是柏拉图所提出的"理念"是一个永恒的、不变的东西,所以一般更倾向于把它称为"理式"或"理型"。理式论是柏拉图哲学的认识论基础,灵魂论则是柏拉图人学的核心。那么,理式与灵魂是什么关系呢? 简言之,灵魂也是一种理式,人与神的本质都是灵魂,不过这一灵魂是居住于永恒理式世界的灵魂,也就是浸染和直观真、善和美的灵魂,也是结构完整的理式。

按照唯物主义的观点，现有的知识一方面来自经验，例如人在看到梨树、枣树、松树等后，从无数的树中得出一个"树"的抽象概念，从规定性来讲，这就形成了知识。按照经验，知识还来自感觉。人通过触摸水或者冰，获得"凉"和"冷"的感觉，就可以得出结论。但在柏拉图看来，世界却并非如此。不论是树还是水，抑或世间万物，人周围的一切东西都是变化的、可感的。不断变动的东西就无法称之为永恒，就没有稳定性，也就不能作为一种普遍性的东西存在。那么，世界上真正具有普遍性的、持存的、永恒的东西是什么呢？柏拉图区分了三个世界：第一，感官的世界，也就是现实世界，是变动不居的。没有人能够两次踏入同一条河流，天地、周围的人甚至人自身都在不断地变化。第二，知识的世界，柏拉图称之为摹本。这个摹本的、模仿的世界与感官世界不同，它是可以部分持存的。如画家画出一个人物，这个人在画上基本就定型和稳定了。木匠用木料做成了一个桌子，桌子就存在了。第三，理式世界，就是柏拉图所讲的最抽象的、最本源的、最真实的实体，是一个永恒的世界。虽被称作实体，但不是像桌椅、草木那样实际存在的事物，而是看不见摸不着的最本源、最抽象的世界本质，这就是"理式"。

柏拉图说："在我心之外有一个总括概念称作原型，概念和模拟的世界都是模仿这个原型的。"①这个原型就是理式。按照柏拉图的理解，理式世界在天上，是纯概念，是抽象的。当时柏拉图的一些思想具有很多神秘色彩，剥开这层神秘的外壳，就可以看到他精深的哲学思想。他认为地球上有什么东西，永恒世界里就有一个相同的理式，如这里有一个桌子，在那个世界就有一个桌子的理式；这个世界上有善、有真、有美，那么在那个世界就有一个善的理式、真的理式、美的理式，万事万物在理式世界里都有。柏拉图的理式有三个特征：第一，理式是实在的，是实体，是世界的本源，不存在于人的心灵中，与人没什么关系，无论人在或不在，它都一直客观存在。理式不是一个具体的物体，地球上有一个桌子、有善，天上与之对应的并不是一个桌子的实体，而是一个

---

① ［古希腊］柏拉图：《柏拉图文艺对话集》，朱光潜译，人民文学出版社 1963 年版，第 95 页。

桌子之为桌子的理式、一个善之为善的理式。第二,理式是一个最抽象的东西,但它不是概念,因为概念也是对理式的模仿,所以理式也叫摹本。第三,理式不生不灭,不增不减,是超越时空的,是永恒的。这就是柏拉图对世界本体在于理式的看法。

柏拉图人学思想的基本内容是:人是不朽的灵魂,灵魂的本质是真善美的。在古希腊时代,人们对于自身的看法还没有完全脱离原始宗教和巫术时代的痕迹,即人是不朽的灵魂,他与神的灵魂是联系在一起的。那么,什么是人呢? 柏拉图认为,作为活着的生物的人就是从神灵世界(理式世界)坠落人间的灵魂。人的灵魂在回忆上天的万物的理型时,就有了智慧、善良和美,这样人的灵魂才能重新返回上天。

在柏拉图看来,人与神的本质都是灵魂,神的灵魂就是完美的人的理式。柏拉图在《克拉底鲁篇》指出,人(ανθρωπος)一词的含义是看和思考探究,即探究看到的东西,而人之所以具有区别于动物的能力就在于人有灵魂(psyche)。灵魂,是为肉体提供呼吸和再生的生命之源,主宰着肉体。毕达哥拉斯学派就认为,凡是生物都有灵魂,灵魂是不朽的,可以转世再生的,而爱好智慧则是净化灵魂获得再生的途径。苏格拉底也认为人的本质是灵魂,但这个灵魂已经不再是巫术或宗教的精灵,而是精神和理性。在人的肉体之中,理性居于主导地位,心灵即理性(nous)。人要遵循德性的原则而生活,德性就是知识。

柏拉图继承了毕达哥拉斯和苏格拉底的"人是灵魂"的观点,他进一步指出灵魂的性质在于自动而非他动的原则。"凡是灵魂都是不朽的——因为凡是自动的都是不朽的。凡是能动另一物而又为另一物所动的,一旦不动时,就不复存在了。"[①]也就是说,灵魂是创生的初始的动力,不能被他物毁灭,也不会因他物而生。"这种自动性就是灵魂的本质和定义。凡是自动的物体都可以叫作有灵魂的,因为灵魂的性质如此。如果自动者确实是灵魂,它就必然不

---

① ［古希腊］柏拉图:《柏拉图文艺对话集》,朱光潜译,人民文学出版社1963年版,第95页。

是创生的,不可毁灭的了。"①因此柏拉图认为灵魂是不朽的,是不生不灭的,是永恒的。无论是人的灵魂,还是神的灵魂,都是不朽的,不过神的灵魂结构则是完善的、平衡的,而人的灵魂结构则是不完善的,容易受到欲望的干涉而受损。

柏拉图认为,灵魂是由理智(理性)、德性(节制、谦逊)和欲望(情欲)三部分构成的。人与神的灵魂构造是一样的,好比一个人驾驭着一辆车,这辆车由一匹驯良的马和一匹顽劣的马拉着。御车人就是理性,良马就是德性或道德,劣马就是欲望。也就是说,灵魂的运作要依靠理性的指引和规范,道德与欲望是相互对立部分,它们在斗争和纠结,只有依靠理性才能让灵魂脱离情欲的泥潭,走上道德和德性之路。柏拉图指出,灵魂的驾驭能力与个人品德修养有关。神的灵魂是和谐的,御车人及其马匹都是良善的理性的,所以他们在巡游诸天的理式世界时,灵魂的羽翼丰满带着神飞升,永远生活在真理世界中。而人的灵魂结构是复杂的、不纯的,有些人可以用理性过着道德的生活,这样的灵魂与神灵为伍,巡游诸天的真理世界;有些人则忘情于尘世的浮华,放纵情欲,让劣马纵情奔驰,所以就不能永远在理式世界,灵魂的羽翼失去真理和道德的滋养就会逐渐从上天跌落到人间。

灵魂的本性就是飞升在诸天的理式世界,并从真、善、美、德性等真理中吸取营养,使灵魂的羽翼丰满。柏拉图认为,人与神的灵魂都需要依靠真理和知识来得到滋养,只不过神的灵魂是不朽的,而人的灵魂是可朽的。柏拉图所谓的神并不是希腊神话中人神同形同体的充满情欲和骄傲的人格神,而"所谓神灵的就是美、智、善以及一切类似的品质"②,换言之,神的灵魂就是诸多理式本身。那么,灵魂在上天干什么? 或者灵魂的目的是什么? 柏拉图认为,灵魂的作用就是跟随着神的灵魂在上天巡游,这种巡游实际上就是观照、学习和浸染真理的理式世界。他虽然把灵魂分成"不朽的"与"可朽的",但认为灵魂是不死的,也就是说灵魂具有天然的学习和记忆能力,它们观照到并学习了永

---

① [古希腊]柏拉图:《柏拉图文艺对话集》,朱光潜译,人民文学出版社1963年版,第96页。
② [古希腊]柏拉图:《柏拉图文艺对话集》,朱光潜译,人民文学出版社1963年版,第97页。

恒的真理。永恒的真理就是绝对的正义、绝对的善良、绝对的美、绝对的美德……由于神的灵魂完善,所以神在理式世界中是本然地、如其所是地观照全部的、统一的理式世界的。人的灵魂是不纯洁的,所以人的灵魂在上天跟随着诸神巡游时难以完全洞察理式的全体和本体,可能只是窥见一部分真理。

神的灵魂是怎么样的呢?柏拉图根据希腊神话指出,上天神灵分为十二队,带头的就是宙斯、赫拉、雅典娜、阿瑞斯等希腊的十二位主神。神灵带领着人们的灵魂巡游诸天,各司其职。神灵的御车人与马匹配合很好,上升与下降非常迅速而安稳,而人的灵魂充满了欲望和野蛮,因此有时候跟不上神的飞升,于是人的灵魂感到极度的痛苦和冲突。向善的灵魂能够跟随神巡游,而不善的灵魂则会跌落凡间。"如果灵魂是完善的,羽毛丰满的,它就飞行上界,主宰全宇宙。如果它失去了羽翼,它就向下落,一直落到坚硬的东西上面才停,于是它就安居在那里,附上一个尘世的肉体,由于灵魂本有的动力,看去好像能自动,这灵魂和肉体的混合就叫做'动物',再冠上'可朽的'那个形容词。"①所以,柏拉图把神称为"不朽者",把人称为"可朽者"。

与灵魂完善的程度成比例,人的灵魂跌落凡间就形成了不同的等级差异,这就是柏拉图的灵魂轮回说。他认为,跟随神的灵魂,由于窥见了理式的本体,灵魂完善,而跟不上神的或者没有窥见本体世界的灵魂就会受损,这样它们就会转世为人。窥见和学习真理最多的灵魂转世为爱智慧者、爱美者和诗神、爱神的顶礼者。也就是说灵魂向善的人是第一等,指的是哲学家、美学家、有爱情的人、文艺家等。第二等为守法的君主和战士,也就是城邦的统治者和保卫者。第三等是政治家、经济家,第四等是爱好体育者或医生,第五等是预言家或宗教人员,第六等是作为摹仿艺术家的诗人等,第七等是工人和农民,第八等是诡辩家和蛊惑群众的人,第九等也即最后一等是僭主。柏拉图认为,这些灵魂的等级不是一成不变的,当灵魂遵循正义和道德生活的时候,在下一次轮回中就会上升一级,或者恢复灵魂的羽翼;而不能依照正义生活的就要降一级。等到人生终结的时候,人就要受到审判,进入天堂抑或地狱。

① [古希腊]柏拉图:《柏拉图文艺对话集》,朱光潜译,人民文学出版社1963年版,第96页。

灵魂还可以返回到上天吗？柏拉图认为灵魂只要用理性指导通过回忆是可以返回理式世界的,这就是他的灵魂回忆说。"这原因在人类理智须按照所谓'理式'去运用,从杂多的感觉出发,借思维反省,把它们统摄成为整一的道理。这种反省作用是一种回忆,回忆到灵魂随神周游,凭高俯视我们凡人所认为真实存在的东西,举头望见永恒本体境界那时候所见到的一切。……只有借助妥善运用这种回忆,一个人才可以常探讨奥秘来使自己完善,才可以真正改成完善。"①也就是说,灵魂在上天窥见和学习理式的真理时存有记忆,当灵魂跌落回肉身之中,记忆已经模糊或者忘却了。但是,每当人世间存在与真理世界的理式的原型类似的形象或者形式时,人们就会突然记忆起那个理式本身,这就是形成了知识。

柏拉图在《美诺篇》中探讨了回忆和学习的问题。人们普遍认为学习是从不知到知的过程,但柏拉图认为学习是在一定刺激下记忆起过去曾经知道的而现在忘却了的理式。换言之,学习是一个从已知到再知的过程,其中间环节就是回忆。回忆有两个条件,第一是要有刺激性的提问或者疑问让人有回忆的动力,第二是现实中有的影像或者事物让人想起了理式本身。这是"因为灵魂是不死的东西,是经过无数次轮回转世而来的东西,并且不管是这个世间的事物还是冥界的事物,所有的一切事物它都观看过了,所以说,灵魂还没有学到的东西是一件都不会有的"②。或者说,灵魂能够获得知识或者完善自我,其根本途径在于回忆理式世界,能够回忆的条件是在一定刺激下的联想活动。

当人们凝神贯注于曾经观看或者体验到的理式世界的时候,人无疑被人们看作脱离了现实而陷入"迷狂"之中。所以,柏拉图认为,迷狂是神灵助力于人的灵魂学习和完善的主要方式。虽然每个人的灵魂都曾经观照过永恒的真实世界,但是多数灵魂由于罪恶而不容易回忆起来本体,而只有少数灵魂能够做到这一点。"这些少数人每逢见到上界的摹本,就惊喜不能自制,他们也

---

① [古希腊]柏拉图:《柏拉图文艺对话集》,朱光潜译,人民文学出版社 1963 年版,第 100 页。
② 转引自林美茂:《灵肉之境——柏拉图哲学人论思想研究》,人民出版社 2008 年版,第 126 页。

不知其所以然,因为没有足够的审辨力。"①所以,一个人要凝神观照于回忆理式世界的时候,"这样一个人既漠视凡人所重视的,聚精会神来观照凡是神明的,就不免被众人看成疯狂,他们不知道他其实是由神凭附着的"②。换言之,神灵凭附的迷狂就意味着一方面该人的灵魂已经暂时脱离了现实关系和现实世界,另一方面说明迷狂是获得知识和灵魂完善的捷径。柏拉图说,神所凭附的迷狂有四种:宗教迷狂、巫术迷狂、爱情迷狂和审美迷狂。"神灵凭附的迷狂我们分成四种:预言的,教仪的,诗歌的,爱情的,每种都由天神主宰,预言由阿波罗,教仪由狄奥尼索斯,诗歌由缪斯姊妹们,爱情由阿芙洛狄忒和厄洛斯。我们说过,在这四种迷狂之中,爱情要算首屈一指。"③

　　迷狂是人的灵魂由人间的刺激比如爱人、形象、音乐等而回忆真善美理式的捷径。那么,人通过迷狂和学习要达到的目的是什么呢? 就是善,就是正义。人的灵魂结构是不完善的,在欲望、情欲和道德、德性之间存在着斗争,人要运用理性引导灵魂走向和谐。换言之,对于人而言,要通过爱美和智慧到达至真至善的境界。人达到善的理式境界,就需要通过两种迷狂即诗神的迷狂和爱神的迷狂来回忆,这就形成了柏拉图的文艺理论与审美理论。总之,在柏拉图的哲学美学中,诗神的迷狂就是真正的艺术,爱神的迷狂就是从爱到美的过程,也是灵魂从欲望失衡到善和德性的过程。所以,柏拉图的美学理论和文艺理论就是他人学理论的延展和深化。

三、美学思想

(一)对美本质的追问与批判

　　在西方美学史上,第一个提出美的本质问题并试图回答它的是古希腊哲学家、美学家柏拉图。柏拉图在《大希庇阿斯篇》中对美的本质问题的思考,为后来历代美学家开启了思路。尽管,柏拉图关于美本质的对话只是一个思

---

① 〔古希腊〕柏拉图:《柏拉图文艺对话集》,朱光潜译,人民文学出版社1963年版,第101页。
② 〔古希腊〕柏拉图:《柏拉图文艺对话集》,朱光潜译,人民文学出版社1963年版,第100页。
③ 〔古希腊〕柏拉图:《柏拉图文艺对话集》,朱光潜译,人民文学出版社1963年版,第121页。

考过程,并没有结论,但他的思路影响了后世很多美学家的思想。① 在对美本质问题的探讨之前,柏拉图首先指出了前提条件,即要区分美的对象与美本身。也就是说,"什么是美的"与"美是什么"是不一样的问题。前者指的是哪些对象可以成为审美的对象。后者指的是美的本质是什么。柏拉图在抛出自己的美学本质论之前,先对历史上出现的或者可能出现的美学思想作了一番批判性的辨析。他以苏格拉底的口吻与大希庇阿斯进行辩论。

苏格拉底提出了一个问题:美是什么? 希庇阿斯的第一个答案:"美是一个漂亮的少女"。这个答案明显是错误的,因为美女是美的,但一匹骏马也是美的,一把竖琴也是美的,山川河流也是美的。由此看来,美的事物是多种多样的,是具体的、特殊的,而不具有普遍性。美女之美不能成为母牛之美的原因。可见,个别事物的美不能成为一切美的事物的普遍原因。同时,个别事物的美是相对的、具体的,而不是绝对的。少女在人眼中是美的,但是在猴子看来是丑的。比如,多数人看到"弱柳扶风"的林黛玉都觉得美,可是贾府里的仆人焦大就未必认为林黛玉是美人,因为在劳动者看来,身体健康、肤色红润、吃苦耐劳的女人才是美的。

在这里,希庇阿斯显然犯了一个错误,以具体的事物代替普遍的问题。苏格拉底紧接着就指出,希庇阿斯所指出的美就是一个少女,即个别事物的美是特殊的而不是普遍的,它只适用于一种事物而不能统摄其他事物。就是说具体的美的事物不能统摄其他事物,所以它不是美的本质,不是美之为美的那个东西。

苏格拉底给"美是什么"的问题作了一个规定:美是什么就是美之为美的美本身,这美本身把它的特质传递给一件东西,才使得那件东西成为美。也就是说,这个美本身是一切美的原因,加诸任何事物身上,该事物就变成了美的,不管这个事物是石头、树木、人类、神灵、学问,还是其他什么东西,总之这种美本身是具有普遍性、绝对性和永恒性的。

---

① 柏拉图的主要美学、文艺学著作有《理想国》《会饮篇》《伊安篇》《斐德若篇》《大希庇阿斯篇》《高尔吉亚篇》等,柏拉图在《会饮篇》和《斐德若篇》中提出了自己关于审美本质的观点,他认为美来自美的本体,即美的理型,是美通向善的途径之一。

希庇阿斯问："你看，我身上穿着绫罗绸缎，我佩戴的金戒指、金项链，金脚链，你看，我美吧?"因此他说"美就是黄金"，任何东西经过黄金的点缀就是美的。你看一人戴着金戒指，看上去也是挺漂亮的，戴着什么金项圈也是挺漂亮的，所以他说黄金可以是美。黄金的力量是非常大的。马克思就曾经说过："货币，因为它具有购买一切东西的特性，因为它具有占有一切对象的特性，所以是最突出的对象。货币的特性的普遍性是货币的本质的万能;因此，它被当成万能之物……"①所以，莎士比亚和马克思都讨论了黄金使丑变美的问题。马克思指出，在异化劳动社会中，货币的特性就是货币占有者的特性和本质力量，因此我很丑，但是我可以用钱买到美女，那么我不是丑的，而是美的，是黄金使丑陋变成了美丽。但柏拉图指出，希庇阿斯这个答案是把材料和特质混淆起来了，黄金不一定是使一件事物成为美的东西。古代帝王的宫殿使用黄金装饰，可谓金碧辉煌之美，不过贵重的材料并不是使事物变美的根本原因，比如古希腊的雕塑多采用白石制作而成，也是非常美的。无论是金碧辉煌、错彩镂金，还是朴实简单、清水芙蓉，其关键不在于使用的材料，而是要遵循美的规律，按美的规律造出来就是美的。

希庇阿斯提出:美在于恰当，及时恰到好处。无论什么东西，只要用得恰当就是美，不恰当就不美。可以说，使每一件东西美的那个东西就是恰当，即恰到好处。"美在于恰当"（decency）是西方美学的重要原则，是指合适、合乎格式、内外一致的和谐等。亚里士多德在《修辞学》中说，风格不宜过高或过低，而贵在恰当。贺拉斯在《诗艺》中指出，"合式"（decorum）为古典主义最重要的原则，指的是戏剧的情节要合情合理，人物语言要符合他们的年龄身份。18世纪"美在恰当"的原则成为统治一切审美艺术的规范，不过其源头却是柏拉图。

"美在恰当"的确有它合理的一面，即要求美的事物与内外环境相互协调一致，从而呈现出来和谐感。什么人穿什么衣服，什么人说什么话，这就要求人们的言行举止要符合社会身份和地位及其具体社会环境。当人们的言行符

---

① ［德］马克思:《1844年经济学哲学手稿》，人民出版社2000年版，第140页。

合社会礼仪时,就是美的。当人们言行不符合社会礼仪规范时,就是丑的。苏格拉底的反驳有两点:第一,恰当是有条件而不是无条件的,也就是说,要视使用在什么场合、什么时间、什么人身上而定。美人是美的,但是美人就没有吃饭时的一个汤罐更恰当。但是柏拉图讲的美是无条件的,只要把它放到一个事物身上,这个事物就是美的,也就是说恰当不恰当是变动的。第二,恰当不一定会产生实际的美,只会造成外表的美。恰当就涉及另一个问题了,就是"文质彬彬"。文质彬彬的意思就是说他的内在品质和气质适合他的外表,或者说他外在的打扮适合内在的品性。但事实真的是这样的吗? 如果是这样,那就好办了,这个人长得帅,他就是又真又善;这个人长得丑,他就是又假又凶恶。但实际上看起来相反,雨果说:"丑就在美的旁边,畸形靠近着优美,怪诞藏在崇高的背后,美与恶并存,光明与黑暗相共。"①去看雨果的《巴黎圣母院》,极丑陋的敲钟人卡西莫多具有一颗金子般善良的心,而外形俊美的皇家卫队长菲比斯却是虚情假意、见死不救的伪君子。总而言之,现实中,恰当和谐是很难达到的,一般情况下是不恰当的。

希庇阿斯又提出"美就是有用"。他说人们研究每一件东西的本质,如果有用,就说它是美的。说它是美的,只看它有用,在某种情境中可以帮助达到人们的目的。换言之,美就是要符合事物的实用目的。在《说文解字》里面,美字的释义是"羊大为美",也就是说美是好吃的大肥羊,羊肉肥美就是美。能够满足人的生理需要的,实际上就是善,也就是说美在中国传统美学中也是与善(有用)联系在一起的。不过按照这样的思路,善和美就是同一的了,那么为什么还要造出美这个词呢,为什么还有美这个概念呢? 所以善和美是不一样的,是两个概念,美善不能同一。所以基于这两点,善不是美的根源。

希庇阿斯指出,美是视觉和听觉产生的快感。世界上任何美的事物都是悦目、悦耳的。美人,颜色,图画,雕刻,山水,都是通过视觉产生快感的;音乐,声音,故事,诗歌,戏剧,都是通过听觉产生快感的,所以说美都是由视觉和听觉产生的快感,实际上回答了一个问题,美是视听快感,这个回答和前面所有

---

① [法]维克多·雨果:《雨果论文学》,柳鸣九译,上海译文出版社 2011 年版,第 30 页。

的回答都不一样,不一样在哪呢?前面的所有观点都认为美的本质在于某一事物,以及某一事物的某一特性,但是这个观点的主体不是事物,而是人,人本身,人的感觉,美不在事物而是在美感上,由此开创了西方的一大美学流派。

首先,由视听产生的快感确实是美的,你欣赏一幅画、听一首歌曲,会觉得愉悦,眼睛看山水、花朵、植物,会觉得快乐,所以确实是美的,但是有一个问题,这种快感无法和生理快感区分开来。就是希庇阿斯所讲的视觉和听觉的快感包含了生理的快感,而生理快感与视听的快感无法区分。所以,希庇阿斯所谓视听快感包含了生理快感,而生理快感不能被称为美感,不属于美。另外还有人们阅读运思时的快感也不是视觉与听觉的快感。柏拉图的典章制度之美、"理想国"的美感等都不是听觉的,也不是视觉的美。柏拉图提出了一系列诸多非视觉和听觉的快感和美感来证明视听快感不是美的本质。

美就是美,善就是善,二者具有本质的不同,这种看法被后来的神学美学家托马斯·阿奎那以及康德等所继承。托马斯·阿奎那说:"美与善一致,但是仍有区别。善是一切事物对它起欲念的对象。从这个定义可以看出,善应使欲念得到满足。但是根据美的定义,见到美或认识美,这见或认识本身就可以使人满足。因此,与美关系最密切的感官是视觉和听觉,都是与认识关系最密切,为理智服务的感官。……总之,凡是只为满足欲念的东西叫做善,凡是单靠认识就立刻使人愉快的东西就叫做美。"①德国美学家康德更是在《判断力批判》中明确指出,审美无关人类利害,即审美无功利说。这样在美学上,就把美与善严格区别开来了,美获得了独立的人生价值。

希庇阿斯与苏格拉底辩论了很久,最后也没有得出何为美本质的具体结论。苏格拉底叹息说,他终于知道了一点,那就是给美下定义是难的。总而言之,在美的本质问题的辩论中出现了几种理解偏误。第一个问题是美的现象不等于本质,部分不等于整体;第二个问题是美是什么的问题,也就是柏拉图所说的,把一种东西加诸任何一件事物上,不管它是一个小姐、一个水罐、一匹马、一个法律知识、一门学问还是一个制度等,只要加上了这个东西,那该事

---

① 转引自王文生:《西方美学简史》,生活·读书·新知三联书店2014年版,第30页。

物就是美的,那么这个具有普遍性的东西就是美本身;第三个问题是为什么是美的,即美的根源来自何处的问题。许多哲学家、美学家对美的本质问题的回答,往往陷入第一个问题的陷阱之中。比如美在于美感的说法,就是陷入了美的现象不等于美的本质的圈子之中。美不等于美感,就好比对象不等于你对对象的感觉一样,爱与爱的对象是两码事;美还不等于实用,也不等于有用,即善,美是美,善是善,美与善有关系,但不是善本身;美更不是事物的部分、属性与影响,因为美是事物的全体、是统一的、是本身。

那么,柏拉图到底有没有关于美本质的看法呢?其实柏拉图在《大希庇阿斯篇》中只是对美本质问题探讨的一个序幕,他在《会饮篇》《理想国》《斐德若篇》等谈爱情、美神和文艺的篇章中,明确指出了美本质就是世界的理式。第一,在现实世界中有什么样的事物,在理式世界里就有一个本源,一个相应的理式。现实生活中有真、有善、有美,同样,在理式世界里就有真的理式、善的理式、美的理式。美的理式不是一个具体的事物,仅是一个抽象的东西,是我们心灵之外的、客观存在的一个实体。实体,不是实实在在的具体的物体,而是本原的意思。也就是说,美的理式是所有美的事物的第一属性、第一本源。第二,美是有等级的,不是所有的美都是一样的。柏拉图将美分为身体的美、形体的美、心灵的美、行为的美、知识的美、典章制度的美。最高的美叫绝对美,也就是真善美一体的,这就是神。在基督教里,上帝最美,其次是信徒、基督徒。上帝是一切美的根源,美的事物往往是分了上帝的荣光。实际上基督教的美就是来自柏拉图的美学。第三,美是特殊中的普遍、杂多中的统一、变化中的不变。美的本源是统一的、普遍的、一致的、不变的。这就是美的理式。

(二)由爱而美的迷狂

那么,人的灵魂怎么才能认识或者得到美呢?柏拉图主要在《斐德若篇》和《会饮篇》中通过爱神的迷狂说来予以阐释。古希腊神话里的爱神叫阿弗洛狄忒,是兼具爱和美的神。因为在苏格拉底看来,爱与美是密不可分的。

有一天,苏格拉底在街上遇到了斐德若,两人一起到朋友家赴宴。在酒席上,主人立了个规矩:今天不歌颂别的神,只歌颂爱神。喜剧家阿里斯托芬在宴会上讲了一个古老的传说。过去的人和现在不同,是一个圆球,有两个脑袋、四个胳膊、四条腿,所以人拥有超凡的力量。因为宙斯总让他们进贡、献祭,所以他们想爬到奥林匹斯山上去和神斗一斗,宙斯知道后就很愤怒,想用雷电杀死他们。后来普罗米修斯劝说宙斯,不如将人从中间劈开,那样人的力量就变弱了,不敢与神斗争,还能继续敬仰和供奉神。宙斯欣然同意。劈开之后人由过去圆形的人变成了三种人:"男人""女人"和"阴阳人"。人们被分开之后非常惊慌,到处寻找自己的另一半。原来是男性的被劈开之后就寻找失去的另一半男人,找到之后就抱着不放,两个人就饿死了。原来是女性的这一半就去找女人,找到以后也是抱着不放,也饿死了。所以原来的男人和女人被劈开之后存活下来的很少,活下来的这部分就是现在的同性恋。同性恋也有两种,一种是先天的,一种是后天的。阿里斯托芬所讲的是先天的。原来是"男女合体的阴阳人"被劈开之后,也是去找自己的另一半,找到之后就抱着不放,由于是不同的两性,可以生殖,人的后代就这么延续下来了。所以阿里斯托芬说,爱情就是找到原来曾经在一起的那一半,找到之后永远也不分开。这就是佛教里所讲的爱别离。你爱,所以才让你分离,因此爱里边有欢乐,更有悲伤。阿里斯托芬与柏拉图所谈论之希腊爱情,不单纯是指男女之间的爱情,更多是指男性与男性之间的同性恋。不过,柏拉图是借助爱情的面纱来探讨美与善的关系及其最高境界。换言之,在柏拉图看来,爱情就是对美的热情和对善的追求。

为什么人们会一见钟情呢?柏拉图认为一见钟情是存在的,这就是爱情的迷狂。他区别了斐德若等提出的心智或"计算"的爱情与真正的爱情,真正的爱情是爱神凭附的结果,是神的恩赐。"爱美之人一沾上这种迷狂,人们就把他称作有爱情的人。这样的人一见到尘世的美,就回忆起上界真正的美,他的羽翼就开始生长,急于高飞远走;可是这时候他还是心有余而力不足,无法展翅高飞,于是他只能像鸟儿一样,昂首向高处凝望,把下界一切置之度外,因此被人指为疯狂。"①这就是爱情的迷狂,而且是四种迷狂中最好的、最有福气的一种迷狂。他认为,很多人一辈子也未必会遇到刻骨铭心的真正爱情,但没

①　[古希腊]柏拉图:《柏拉图全集》第二卷,王晓朝译,人民出版社2003年版,第164页。

有经历与体验并不意味着它不存在,只不过是上天还没有赐给你为爱痴狂的机会。

在柏拉图看来,爱上一个人,肯定首先是被他/她的外貌和形象所吸引,也就是爱美的形象的冲动。这种吸引的原因是什么?因为人的灵魂在上天窥见过、观照过美的理式本身,而某个人的形象就是分有了理式之美。换言之,所爱之人的形象与作为美的理式的神的形象相似,也就是说情人的模样是神(美的理式)在人间的摹本,或者摹仿品。柏拉图认为,人的灵魂在上天的时候,跟着十二位主神巡游九天,那是一个至乐至纯、至真之美的世界。当人的灵魂羽翼受损跌入尘世,落到一个肉体身上成为人时,滚滚红尘中突然出现某个人可能会让你回忆起上天的美本体,这是一个幸福降临的时刻。所以,让人的灵魂回忆起美的,就是那个被你爱上的情人,就如柏拉图说,爱是对于美的热爱。

人们之所以会爱上某个人的主要原因在于这个人的形象是具有神的品性和德性的摹本。"他所常观照的是过去在诸天境界所见到的真实体,如果他见到一个面孔有神明相,或是美本身的一个成功的仿影,他就先打一个寒颤,仿佛从前在上界挣扎时的惶恐再来侵袭他;他凝视这美形,也是心里起来一种虔诚,敬他如敬神;如果他不怕人说他迷狂到了极顶,他就会向爱人馨香祷祝,如向神灵一样。"①换言之,之所以你会爱上这个人,而不是那个人,是因为你在现实中爱的人会或多或少地具有你在上天跟随的那个神的品质。于是,曾经跟随宙斯的人会爱上具有宙斯一般智慧和领袖气质的人,跟随赫拉的人会找端庄威严的人来爱,雅典娜的信徒则会寻找智慧的人。在爱情中,人们一方面极力地摹仿神的品性,另一方面也会促进所爱之人的灵魂更接近于神的德性。

爱情对人的灵魂有什么样的影响呢?柏拉图认为,爱情迷狂震撼了整个灵魂,从爱中产生一种向往真善美的力量,促进人的灵魂走向完善。当美的形象来临之际,人们的视觉器官首先发生震动,因为视觉是在五官感受中最敏锐

① [古希腊]柏拉图:《柏拉图文艺对话集》,朱光潜译,人民文学出版社1963年版,第102页。

的、最智慧的,对美的形象崇拜之后,人们的灵魂就会产生痛苦。当人们对所爱的人迷恋的时候,已经忘记了周围的一切,只感受到了那种令人颤抖的美,所以在这种美、这种爱之中,不会融入情欲或者性欲的因素。柏拉图说,爱情让人们灵魂的羽翼重新生长,当情人在眼前时整个灵魂是快乐的,羽翼在生长,善良和美德滋润全身;但当情人不在眼前时,整个灵魂就是痛苦的,生长的羽翼突然凝固住了。这时灵魂遍体受刺,哪怕回忆起情人的美也只会暂时转悲为喜。于是"痛苦与欢乐这两种感觉的混合使灵魂处于一种奇异的状态下,它感到彷徨不知所措,又深恨无法解脱,于是就陷入迷狂,夜不能寐,日不能坐,带着焦急的神情在那美的处所周围徘徊,渴望能见到那美"①。就柏拉图所言,爱情对于灵魂来讲是一种极度的欢愉,也是一种致命的痛苦,此恨无计可消除。

当真挚的感情倾向于对方时,这个爱人久而久之被情人的恩爱所感动。②当凝神于爱人之时,情人灵魂里有"情波"——一种极微液体流注到爱人的灵魂了,得到爱的滋养,爱人的灵魂的羽翼也得以重新生长和丰满。所以,爱的过程是从爱他的形体再到心灵,两个人都是被纯化的,会对周围的阴谋诡计、假恶丑的东西都不感兴趣。柏拉图认为,爱就是把美好的东西永远保留在自己身边,这种美好的东西就是善的德性。因为和美相连的就是善,在真正的爱情中他永远都希望他所爱的这个人是一个美的、善的、真的美好灵魂。因为爱和丑、假是绝不相连的。

当人们相爱之时,灵魂的三个成分也会发生斗争,此时好的灵魂与坏的灵魂就有了天壤之别。柏拉图把人的灵魂比喻成一个理性的御车人与拉车的两匹马,一匹是象征温顺、善良、节制和道德的良马,另一匹是象征欲望、情欲、激情的劣马。在爱情之中,劣马不顾廉耻,贸然向爱的对象扑过去,要满足情欲的要求。良马却裹足不前,忍受着痛苦,用节制牵着劣马的贸然举措。此时的理性就要发挥导引的作用,维持情欲与节制之间的平衡,否则灵魂这驾马车就

---

① ［古希腊］柏拉图:《柏拉图全集》第二卷,王晓朝译,人民出版社 2003 年版,第 166 页。
② 在柏拉图的爱情中,无论男女,爱的发出者称为情人,爱的接受者称为爱人。

翻车了。因此,柏拉图认为:"对那有爱情的人来说,如果他们心灵中比较高尚的成分占了上风,引导他们过一种有纪律的、哲学性的生活,那么他们在世间的日子会幸福和谐,因为他们的灵魂中恶的力量已被征服,而善的力量却得到解放,他们已经成了自己的主人,赢得了内心的和平。……凭借人的智慧或神的迷狂而能获得的奖赏莫过于此。"①所以,柏拉图式的爱情其实就是一种智慧和德性的修炼。他允许人们有性欲,但是这种情欲却不能放纵,要在理性指引下过一种有德性的生活。如果两个人的灵魂中的劣马占了上风,那么他们就会过一种卑贱的爱慕虚荣的生活,在纵欲的泥潭之中越陷越深,对于灵魂的超脱和飞升毫无帮助。所以,柏拉图说爱情是对灵魂的赐福,是向善之途。

(三)美与善的境界

那么,爱是什么?柏拉图在《会饮篇》中给了一个定义:"就爱的最广义来说,凡是对于善的事物的希冀,凡是对于快乐的向往,都是爱,强大而普遍的爱。"而"爱情就是一种欲望,想把凡是好的永远归自己所有"②。也就是说,爱人就是想拥有对方的品德,并使得这种美好的品德永葆,增益于自己的灵魂。那么,如何通过爱来增益灵魂的善呢?换言之,爱情的目的是什么?柏拉图认为,"爱情的目的在凭美来孕育生殖"③。人人都有生殖力,包括身体的生殖力和心灵的生殖力,到了一定年纪,人性中就有生殖的欲望。但是,生殖不会播种于丑,只会播种于美的事物之中,因为只有美的事物才与神圣的事物相通。

生殖的目的在于让可朽的人获得不朽的延续。通过生殖,凡人的生命才会绵延不朽,而爱情则是最好的延续方式,因为它是把一切美好的东西永归自己所有的欲望,所以追求不朽是爱情的目的。第一种是身体的生殖,也就是与爱的人结合在一起,产生爱情的结晶。孩子这个新生命就像两个相爱的人的形象的再造。中国有句古话说"人过留名,雁过留声"。美丽的翅膀在天空划过,是鸟;人是要留下自己的后代,血脉相传,延续生命,生殖才是人的本性。

---

① [古希腊]柏拉图:《柏拉图全集》第二卷,王晓朝译,人民出版社 2003 年版,第 170 页。
② [古希腊]柏拉图:《柏拉图文艺对话集》,朱光潜译,人民文学出版社 1963 年版,第 209 页。
③ [古希腊]柏拉图:《柏拉图文艺对话集》,朱光潜译,人民文学出版社 1963 年版,第 210 页。

而生殖就是为了要像神一样达到不朽。任何父母都不希望自己的孩子长大后是一个坏蛋,所以,他们教育孩子一定要学做一个好人。女孩一定希望她长得美,若是男孩也要既健康又英俊。所以,爱情的生殖就是要留下一个美的、善的生命,这是人的本性。

第二种是心灵的繁殖,产生精神的孩子。"我相信凡是肯这样特立独行的人都在想以不朽的功绩来博取不朽的荣誉。他们品格愈高,也就愈要这样做。他们所爱的都是不朽。"①诗人们或艺术家从事创造性的技艺,就是要生育各种智慧和美德,而迄今为止最为重要的智慧就是统治社会的智慧,也就是正义和中庸。换言之,柏拉图认为,心灵应该孕育和永存的是正义和德性。例如,荷马、赫西奥德、莱喀古斯、梭伦等,这些希腊各个城邦和海外各国民众铭记在心的名字,他们为世界作出了巨大的贡献,也表现了高尚的美德和行为,为他们建造庙宇,纪念他们不朽的功绩。"我要问,只要还能想起荷马、赫西奥德,以及其他所有大诗人,谁还会不乐意当这样伟大的父亲,而仅仅满足于生育肉体的子女呢? 他们留下的作品自身是不朽的,而这些作品又替它们的父母留下不朽的英名,有谁会不对他们表示妒忌呢?"②

这类似于中国古代所讲的立德、立功、立言三不朽。立德,就是做一个大哲学家、一个圣人,孔孟、老子、董仲舒、朱熹、王阳明、王夫之、康有为这些圣人都是立德,为万世之师表,他们是中华文化的脊梁和血脉。如果断掉的话,我们整个民族和文化就不存在了。立功,比如秦王、汉武、唐宗、宋祖、孙中山、毛泽东,都是立功者,以不朽之功勋来开一世之太平。立言,就是做一个艺术家,给人带来道德文章和艺术的享受。只有做到这三者才算是留下了自己永恒的"孩子"。靠生殖所留下的生命或许会因为某些原因无法被延续,但是立德、立功、立言这三者是永世长存的。到今天为止,东方还在学孔子、读孟子,西方还在讲柏拉图、康德、黑格尔,就是因为他们是国家、民族、文化、文明和艺术的血脉传承者,这就是不朽。

---

① [古希腊]柏拉图:《柏拉图文艺对话集》,朱光潜译,人民文学出版社 1963 年版,第 212 页。
② [古希腊]柏拉图:《柏拉图全集》第二卷,王晓朝译,人民出版社 2003 年版,第 252 页。

在柏拉图的哲学中,爱与美始终联系在一起,或者说,真善美是一体的。爱情的密教就是要引导人们从爱形体之美逐步上升到绝对的美本体,这就是柏拉图的"美的阶梯论或等级论"。人们对美的欣赏和体悟,首先是视觉所欣赏的形体美,完美的人体摹仿了神的形象。从爱某个特定的形体,到发现所有形体都是美的,从个别形体的美到普遍形体之美,这就是形体美或身体美。其次,人们会发现形体之美比不上心灵之美,灵魂之美更接近于善。"再进一步,他应该学会把心灵的美看得比形体的美更可珍贵,如果遇见一个美的心灵,纵然他在形体上不甚美观,也应该对他起爱慕,凭他来孕育最适用于青年人得益的道理。"①再次,应该用心灵观照各种行为和制度之美、各种学问之美。这种美体现了社会的善与德性。此时,人们对美的欣赏就超越了某个可爱的人、某种行为或者事物,而变成了对美之为美的本身的热爱,就进入了宽广的美的海洋。"这时他凭临美的汪洋大海,凝神观照,心中起无限欣喜,于是孕育无量数的优美崇高的道理,得到丰富的哲学收获。如此精力弥满之后,他终于一旦豁然贯通惟一的涵盖一切的学问,以美为对象的学问。"②

这个以美为对象的终极学问是什么呢?柏拉图认为人们学习了爱情的密教,沿着正确次序,逐个观照了美的事物之后,就会看到一种无比美妙的美。"先从人世间个别的美的事物开始,逐渐提升到最高境界的美,好像升梯,逐步上进,从一个美形体到两个美形体,从两个美形体到全体的美形体;再从美的形体到美的行为制度,从美的行为制度到美的学问知识,最后再从各种美的学问知识一直到只以美本身为对象的那种学问,彻悟美的本体。"③这种爱与美的终极修炼的结果,也就是觉悟到了美的终极真理,即美本身的理式。"这种美是永恒的,无始无终,不生不灭,不增不减的。它不是此点美,在另一点丑;在此时美,在另一时不美;在此方面美,在另一方面丑;它也不是随人而异,对某些人美,对另一些人丑。……它只是永恒地自存自在,以形式的整一永与它自身同一;一切美的事物都以它为泉源,有了它那一切美好的事物才成其为

---

① [古希腊]柏拉图:《柏拉图文艺对话集》,朱光潜译,人民文学出版社 1963 年版,第 214 页。
② [古希腊]柏拉图:《柏拉图文艺对话集》,朱光潜译,人民文学出版社 1963 年版,第 215 页。
③ [古希腊]柏拉图:《柏拉图文艺对话集》,朱光潜译,人民文学出版社 1963 年版,第 216 页。

美,但是那些美的事物时而生,时而灭,而它却毫不因之有所增,有所减。总之,一个人从人世间的个别事例出发,由于对于少年人的爱情有正确的观念,逐渐循阶上升,一直到观照我所说的这种美,他对于爱情的深密教义也就算登峰造极了。"①

总之,柏拉图用一种近似神话的方式,讲述了人们从爱情到审美的过程,在其中灵魂从迷恋于某个类似理式之美的形体,到与爱人的灵魂发生共鸣,在理性与节制的指导下,摆脱单纯情欲的束缚,从而体悟到善的生活。于是,在善降临之时,人们也就获得了美的恩赐,即从个体之美、形体之美等彻悟到了终极美。接近和窥见本体之美,人们才能依凭它而获得生命的不朽。纵观柏拉图的美学观,会发现在爱与美的阶梯中,最关键的是理性和德性,只有依凭德性,人们才能获得幸福。

四、文艺理论

(一)文艺本质论

文艺的模仿论在柏拉图以前就已经广为流传。德谟克利特认为艺术和技艺就是在模仿现实,例如人学蜘蛛结网,学燕子筑巢,所以他将所有对动物、对自然的模仿看作艺术的本质。这种艺术模仿现实的理论在古希腊有很广阔的历史。

柏拉图认为,艺术是对理式世界的摹仿之摹仿。艺术模仿现实世界,但现实世界也是在模仿理式世界,因为现实是变动不居的,万事万物都在模仿理式世界,因此,艺术实质上是对理式世界的摹仿,而且与理式真理相隔甚远,艺术无法达到真理。在柏拉图的哲学中,理式是其核心概念。他把世界分成了三个部分:理式世界、现实世界和艺术世界。首先,现实世界是变动不居的,万物皆流,无物常驻,也就是一个不真实的现象世界。现实世界中万事万物是如何来的呢? 他认为来自理式世界。在超越于现实世界之外,还有一个创造或者

---

①　[古希腊]柏拉图:《柏拉图文艺对话集》,朱光潜译,人民文学出版社1963年版,第215页。

制造了万事万物的理式世界。理式是永恒的、不变的、不增不减的,是事物之为事物的本质,是世界之为世界的终极本源。现实世界的万事万物是对理式世界各种理式的摹仿。那么,艺术世界是对现实世界的诸事物的摹仿。所以,艺术世界比现实世界距离真理更远,也更加虚幻。柏拉图用三种床来说明他对三个世界的划分。第一种是床之为床的理式。这是神所创造的、床的最原初之形式。第二种是木匠制作的床。这是木匠根据回忆床之理式并根据床的制作原理而造出来的,属于一种制作技艺。木匠之床是对神之床,即床之理式的摹仿。第三种是艺术家制作的床。艺术家根据现实中各种床,用艺术的手法比如语言或颜色、石头等制作了床,这种床是摹仿木匠之床。所以,画家的床是摹仿木匠之床,木匠之床摹仿神之床,于是画家的床就与理式之床隔着三层了。所以,艺术之床无非真理之床的摹本之摹本、影子之影子、摹仿之摹仿,而无法通达理式的真理。柏拉图所谓摹仿是一种像镜子式的临摹,不是艺术家的天才创造。艺术的摹仿"并不是难事,而是一种常用的而且容易办到的制造方法。你马上就可以试一试,拿一面镜子四面八方地旋转,你就会马上造出太阳,星辰,大地,你自己,其他动物,器皿,草木,以及我们刚才所提到的一切东西"[1]。因此,艺术家摹仿的事物不过是事物的外表和形式,而不是事物的本质。诗人摹仿人的激情,制造喜怒哀乐的影像,既无法描写真实,也无法表现真理。

艺术是一种无用的摹仿技艺。在希腊语言中,诗歌的意思是创造或制作,也就是事物从不存在到存在的过程。换言之,诗歌等艺术与制造花瓶、制作鱼网等技艺没有区别,从而把二者等同起来。通过与理式世界的关系可以看出,农民制作农具、铁匠制作器具、渔民制作鱼网等都是根据理式创作出了可以使用的物品。而艺术家创作出来的诗歌、绘画、音乐和雕塑无法用于任何实用的目的,也就是说是无用之物。所以,在柏拉图的心目中,诗人等艺术家是一群制造幻象或影像等无用之物的人,在理想国中的地位比不上木匠、铁匠等匠人。同时,诗人不懂得任何实用技艺,却可以描写任何社会阶层和实践中的

---

[1] [古希腊]柏拉图:《柏拉图文艺对话集》,朱光潜译,人民文学出版社1963年版,第56页。

人,这是因为诗人懂得摹仿各种实用技艺,而不是真懂。柏拉图指责诗人是不懂得医生如何治病,却写医生;不懂得将军和士兵如何打仗,却在写战争;不懂得巫术占卜,却写预言;不懂得下海捕鱼,却写渔民。所以,诗人是"不懂装懂","这就是说,诗人无论在物质方面或精神方面都不能提供有益和有用的东西,他既不能教人以技术知识,又不能教人以道德规范。艺术毕竟是无用的东西,艺术家的地位就落在医卜星相之流以下了"①。

艺术是通过摹仿形式来叙述的。柏拉图认为艺术的内容是在摹仿现实中的人与事,而讲述故事的方式也是通过摹仿。他把讲述故事的方式分为两种:第一种是作者自己说话,即单纯叙述,比如《荷马史诗》就应该是荷马以自己的身份和口吻来叙述特洛伊之事;第二种是摹仿叙述,也就是作者采用故事中某个角色的口吻来叙述故事、经历和内心体验,比如阿伽门农、阿喀琉斯等角色塑造就是荷马代替了他们来说话。柏拉图说:"凡是诗和故事可以分为三种:头一种是从头到尾都用摹仿,像你提到的悲剧和喜剧;第二种是只有诗人在说话,最好的例子也许是合唱队的颂歌;第三种是摹仿和单纯叙述掺杂在一起,史诗和另外几种诗都是如此。"②虽然艺术的讲述方式可以摹仿与叙述混合用,但是柏拉图从教育理想国中的青年出发,认为摹仿这种叙述方式不利于教育青年向善。原因在于,第一,摹仿故事中不同人物和角色,往往不是一个作家所能胜任的。悲剧与喜剧、戏剧与史诗的摹仿风格是不同的,很少有作家能够兼具二者摹仿艺术。第二,如果摹仿故事中人物的口吻,那么容易让青年产生认同,从而混淆是非和干扰青年心智。柏拉图说:"如果他们要摹仿,也只能从小就摹仿适合保卫者事业的一些性格,摹仿勇敢,有节制,虔诚,宽宏之类品德;可是卑鄙丑恶的事就不能做,也不能摹仿,恐怕摹仿惯了,就弄假成真。"③于是,柏拉图为艺术家的摹仿制定了一些规定:不能摹仿女人生病、恋爱或生产,因为她们不是高兴得发狂,就是伤心流泪;不能摹仿坏人、懦夫、醉

① 转引自缪朗山:《缪朗山文集》第八卷,章安祺编订,中国人民大学出版社2011年版,第26页。
② [古希腊]柏拉图:《柏拉图文艺对话集》,朱光潜译,人民文学出版社1963年版,第41页。
③ [古希腊]柏拉图:《柏拉图文艺对话集》,朱光潜译,人民文学出版社1963年版,第52页。

酒、疯子等不正常的人群;不能摹仿铁匠、船夫等手艺人,也不能摹仿河流海啸的声音、马牛的叫声等。总之,柏拉图的意思是只能摹仿那些善良的、有德性的人,而不能摹仿那些坏的、品性不好的、引起青年人做坏事的人。

柏拉图虽然认为一切艺术都来自对理式世界的摹仿,并且艺术有很多不好的地方,比如无法通达和反映真理,容易摹仿教坏青年,艺术家并没有真正创作技艺,而仅仅是摹仿。但是,实际上柏拉图并不是反对一切艺术。他把艺术分成了两种:一种是摹仿的艺术,即他给予种种非难和不悦的一般艺术。另一种是真正的具有教育意义的艺术。这种艺术不仅从内容和形式上都是美的,而且给人以善和道德教育,更重要的是真正的艺术不是来自艺术家对现实世界的摹仿,而是来自艺术家凭借诗神的凭附而产生的、对理式世界的直接回忆。这就是柏拉图的迷狂说。

(二)文艺创作论

在柏拉图的文艺思想中,有一个重要的论题就是对文艺创作中灵感的讨论,他提出一个代表性的观点"迷狂"。它具有下列特征:失去平常的理智,身临诗的境界,强烈的感染性。作家之所以迷狂的原因,在柏拉图看来有两个:其一,是诗神的凭附;其二,是灵魂对生前所见到的"理式"的回忆。对这一论题的讨论主要集中在他的《伊安篇》和《斐德若篇》。

第一,柏拉图把文艺创作的才能和源泉归之于灵感,否认它来自技艺。他在《伊安篇》中描述了"灵感":"科里班特巫师们在舞蹈时,心理都受一种迷狂支配;抒情诗人们在作诗时也是如此。他们一旦受到音节和韵节力量的支配,就感到酒神的狂欢,由于这种灵感的影响,他们正如酒神的女信徒们受到酒神的凭附,可以从河水中汲取乳蜜,这是她们在神志清醒时所不能做的事。抒情诗人的心灵也正像这样,他们自己也说他们像酿蜜,飞到诗神的园里,从流蜜的泉源汲取精英,酿成他们的诗歌。"①这就是说,柏拉图认为,诗歌以及文艺创作只有处于灵感来袭的状态中才能酝酿出来。当灵感来临的时候,作者的心理处于一种迷狂状态,即不是一般意义上的疯狂,而是一种艺术家进入最佳

---

① [古希腊]柏拉图:《柏拉图文艺对话集》,朱光潜译,人民文学出版社 1963 年版,第6—7页。

创作境界的心理状态:情绪高涨,情感潮涌,想象丰富,思维敏捷,进入忘我境界。

第二,柏拉图认为,迷狂的第一个规定性是"理智的失去"。"诗人是一种轻飘的长着羽翼的神明的东西,不得到灵感,不失去平常的理智而陷入迷狂,就没有能力创造,就不能作诗或者代神说话。""神对诗人们像对于占卜家和预言家一样,夺去他们的平常理智,用他们做代言人,正因为要使听众知道,诗人并非借自己的力量在无知无觉中说出那些珍贵的词句,而是由神凭附着来向人说话。"[①]

由此而知,柏拉图在谈到迷狂的时候,有一个先在的前提,即必须失去平常的理智才能获得迷狂。迷狂中的理智有两重含义:第一重含义是指诗人作为现实中的人失去了对现实利害关系的判断。他们在创作或者迷狂状态时,不再用功利关系考虑现实,暂时地完全摆脱了现实功利的束缚。第二重含义指伊安所谓的"清醒的神志",这种理智是存在于文本世界的理智。作者实际上并没有失去理智,他们在文本世界或者想象世界中依然是清醒的,不然就不会写出优美的诗句,也不会惹得观众笑哭了。在文本世界中的理智,是一种情境性的文本内艺术逻辑,是文本中人物生存和性格的逻辑,是一种内心和情感的逻辑。柏拉图又强调"失去一般理智"的重要性,不失去理智则无法进入创作的"迷狂状态"。在理智现实与现实的理智中所创作的诗永远站在诗歌的门外,尽管他自己妄想单凭诗的艺术就可以成为一个诗人,他的神志清醒的诗遇到迷狂的诗就黯然无光了。

第三,柏拉图认为"迷狂"的另一个规定性因素是身临其诗中的境界。

伊安:"苏格拉底,请你坦白答复一个问题——当你朗诵那些段落而大受喝彩的时候,你是否神志清醒? 你是否失去自主,陷入迷狂,好像身临诗的境界,伊塔刻,特洛亚,或是旁的地方?

伊安:你说的顶对,苏格拉底,我在朗诵哀怜事迹时就满眼是泪;在朗诵恐怖事迹时,就毛骨悚然,心也跳动。

---

① ［古希腊］柏拉图:《柏拉图文艺对话集》,朱光潜译,人民文学出版社1963年版,第7页。

苏格拉底:你对大多数观众也产生这样的效果,你明白么?

伊安:我明白,因为我从台上望他们,望见在我朗诵时他们的面孔都表现哀怜、惊奇、严厉种种不同的神情。"①

在这段对话中,柏拉图提到伊安在讲述《荷马史诗》里著名的段落:如阿喀琉斯猛追赫克托耳、安德洛玛刻的悲痛、俄底修斯归家时把箭放在脚下,是否诵诗人自己就如同落入作品中人物的那样境界,答案是肯定的。柏拉图讲到了"迷狂"的另一个规定性因素——身临其诗中的境界。作者虽然身处现实之中,然而,他的情感、思维和想象所有的一切感受都在文本的想象世界之中,而且还得身临人物所在的环境和处境。与其说这是迷狂的结果,还不如说是迷狂的前提条件。只有存在于环境之中,存在于人物所临的处境之中,才会充分体会人物的思想情感,展开"移情"。这种境界就如同梦境,作者全身心地投入其中,梦中的一切都是真实的,你的感受此刻也是真实的。因此,伊安在朗诵哀怜的事迹时,就满眼是泪,朗诵恐怖事迹时,就毛骨悚然。梦中有梦中的真实逻辑,除了这躯体的存在是死的、无知觉的,主体所体验到的一切都是鲜活的、可感受的、可感触的。梦境就是一个真实的谎言,这样一个有着真实维度的梦境就是艺术的文本世界,进入一个文本就必须身临其境。

境界可以分为"人物的环境"与"人物的处境"。环境就是人物(主人公)所处的自然环境,是物理的生存空间。处境是人物在情节中的心态或心境。作者进入迷狂,首先便是要处于特洛亚之类的自然环境之中,融入故事文本的真实关系中;其次是要进入人物处境的心境之中,就是人与人的关系所产生的主人公的情感世界。"感同身受"才是迷狂的另一必要条件。环境中所遵守的是一种"真实的逻辑",唯有这种梦境中的真实感才是占有环境的保证,而心境所遵循的则是情感的逻辑,它的产生根源于对环境中人物处境的体会和感受。

第四,"迷狂"是感染形成的情感运动。艺术家身陷"迷狂",实际是在想象与实在、梦境与现实的疏离和分裂的情况下发生的。没有现实与梦境的分

① [古希腊]柏拉图:《柏拉图文艺对话集》,朱光潜译,人民文学出版社1963年版,第8页。

离就不会进入境界之中,也就无从谈起迷狂与灵感,就如同一个人没有睡眠,怎能去做美梦呢。这种类似于做梦的迷狂,实质上是一种兴高采烈、眉飞色舞的情绪状态,是情感体验积淀中的倾泻和爆发。由此观之,情感才是迷狂的基调和核心。如果伊安的想象到达了特洛伊城,也看到了被追逐的赫克托耳,但他没有体会阿喀琉斯失去爱友的愤怒,也就无法陷入迷狂。更确切地说"迷狂"中情绪如电一样可以迅速地从文本、作者向听众传导,如同他们是导体一样。导体的特性就是他们都是活生生的人,都有一颗敏感而有充沛感情的心。

情绪和境界是有联系的。一种情绪情感不是横空出世的,有它自己的逻辑起点和生育的土壤。这种土壤就是境界,环境是情感产生的外在因素,处境是情感产生的内在因素。人是一种可感受的动物,当然情感可以用一个手势、眼神、声调来传播,但在文字中情感的传播主要依赖于语言文字所创作的境界。"言""象""情"三者关系如下:言不可以直接传情,如果"言传情",如同"我痛苦,我快乐"之类言语一样苍白而无力,是独立的,没有传染性的。言与情中间必有"象"的生产,而在文学中"象"即境界,就是环境和处境。直接"言情"是没有意义的,也是失去文字的艺术性,那么只好借助环境和处境因素的变化来感受情感、情绪的存在和变化。这个藏着"我痛苦"情绪的处境(象)就是一种中介或媒介,环境和情感就像落入水中的石子,它沉入水中我们是感觉不到的,但可以通过"石子"落入水时所引起的声响和水波、水圈来感知石子。

柏拉图写道:"磁石不仅能吸引铁环本身,而且把吸引传给那些铁环,使它们也像磁石一样,能吸引其他铁环。……诗神就像这块磁石,她首先给人灵感,得到这灵感的人们又把它传递给旁人,让旁人接上他们,悬成一条锁链。"[1]"听众是最后的的一环,就像我刚才说的,这些环都从一块原始磁石得到力量;你们诵诗人和演戏人是些中间环,而诗人是最初的一环……"[2]柏拉图生动而形象地描绘了灵感或迷狂状态的感染性,但这不是感染作用。

这里的灵感是诗神给予的,是依诗神的驱遣,应该理解为"神灵的感应"。

---

① ［古希腊］柏拉图:《柏拉图文艺对话集》,朱光潜译,人民文学出版社1963年版,第6页。
② ［古希腊］柏拉图:《柏拉图文艺对话集》,朱光潜译,人民文学出版社1963年版,第9页。

这种灵感实际上是迷狂中的情感感染,仿佛灵感如同液体一样可以从作者、朗诵诗人、听众心中流过,这种环环相通的感染就是迷狂中情感的运动形式,那么情感是如何在他们的感受中流动的? 情感的运动依赖于心理的"置换机制",这是每个敏感的心灵都拥有的功能,即感同身受。情感产生于人物的境界,即他的环境和处境,当作者重新体会到人物初始的情感后并把藏着情感的境界描摹出来,听众即可感受这种境界,并把境界中的情感如瓶中魔鬼一样召唤出来,他们也就体会到了这种情感,也意味着进入了"迷狂"之中。情感是环境实际的结果,隐于环境的背后,这种境界实质上是一种浸着感受的境界,带有强烈的个性色彩和独特感知视角。"置换"就是"情随境换,情随境移,境极实而情现,入境而体情"。

迷狂为"醉"中的"梦",创作即"迷狂"状态下的书写。"醉"是一种情感激动的、想象丰富的、无外在束缚的心灵自由状态。"梦"是一种想象世界的真实或颠倒的破碎的隐喻的现实。创作中的迷狂即是在"醉"中书写"梦的真实",或者更确切地说"迷狂"创作就是在体会情感的状态中用语言对境界和感受的抒写。按照柏拉图的解释,"迷狂"原因有两种,一种是神灵的凭附,诗神的驱使,另一种是不朽灵魂对前生的回忆。柏拉图说伊安诵荷马史诗是受神力驱遣,陷入迷狂获得灵感,这种神力如同磁石,吸引他,也吸引旁听的人,所有诗人的制作都是凭神力而不是凭技艺,神夺去诗人们平常理智,用他们做代言人,所以优美的诗歌本质上不是人的而是神的,诗人只是神的代言人,由神凭附着。

对灵感或"迷狂"的第二种解释是《斐德若篇》中提出来的不朽灵魂对前生永恒的美的回忆。柏拉图借助神话来说明灵魂及美的本质,每个人的灵魂都曾天然地随诸神巡行诸天,观照过永恒的真实界。灵魂是长有羽翼的,羽翼的作用在于提升物体以接近神灵,它需要美、善等品质的滋养。可是现实里往往在上升过程中会遇到损害羽翼的丑、恶等品质。于是羽翼受损,灵魂坠落人间,因为灵魂的本性是向上的、自动的,所以有些灵魂见到尘世的美,就想起上界里真正的美。因而恢复了新生的羽翼,急于振翼高飞,可心有余而力不足,像鸟一样昂首向高处凝望,把下界一切置之度外,因而被人视为"迷狂",因为他们专注于上界真正的美本质的回忆,漠视凡人所重视的,聚精会神来观照凡是神明的,就不免被人看成疯狂。

柏拉图对"迷狂"的解释多融入神话的因素,但依然给人们以启示,创作中的"迷狂"就是醉的状态。灵魂对前生永恒的回忆即是梦,以述"谎言"的真实。柏拉图所说的"迷狂"就是醉,他不能解释醉的原因才引入神灵的附体和不可知性。"迷狂"有其自身的特征:神志不清即恍惚,体会诗神的狂欢,引到兴高采烈、眉飞色舞的境界。这是兴奋至极的情绪状态,体味着狂欢的放纵、物我两忘的境界。所有伟大的诗全来自"醉"状态之中,醉与醒是相对的,是一种创作的前状态或创作状态。席勒承认:"诗创作活动的预备状态,决不是眼前或心中有一系列用思维条理化了的形象,而毋宁说是一种音乐情绪(感觉在我身上一开始并无明白确定对象,这是后来才形成的,第一种音乐情绪掠过了,随后我的头脑才有诗的意象了)。"① 醉的本质是物我交融、过去现在交合的恍惚状态,将人生的经验和情感的积淀都存放于这时。没有醒时的现实纷争,一旦日常的现实进入意识,那么醉便会悄然而逝,醉是不醒;它与日常现实之间有一条天然的鸿沟,是对日常生活的淡忘和隔开,暂时的放纵情感和想象。醉中还体味着一种无边的狂欢就如同音乐家听到节奏一样,身心陷入一种迷狂。情绪才是这里的国王。

灵魂对上天本真世界的回忆,那不就是梦吗? 人只有在梦中才能回到自己先验的原始的情绪和精神家园,展开自我的本真面目,反省反观自身存在,梦即是灵魂的回归。虽然柏拉图是在现实和梦想的分裂和矛盾的基础上肯定回忆是被视为迷狂的,但这种"回忆"(即梦)却和创造文本世界有着同构性。梦的现实也是个真实感受的世界,同样遵守真实的原则。梦所显示的是人自我更加本真的存在,一切如同文学一样,梦的世界是"真实的谎言",是"清醒的幻觉"。作者回忆的世界就是一个梦的工厂,是一个文学形象清晰的初始。

(三)文艺功能论

柏拉图实际上是颠倒了人们现在对艺术的看法,一般认为艺术是对现实

---

① ［德］尼采:《悲剧的诞生》,周国平译,译林出版社 2014 年版,第 31 页。

的模仿,但是他提出现实是对理式的摹仿,是对世界本源的摹仿,由此得出艺术实质上就是对理式世界的摹仿。柏拉图认为艺术和真理隔着三层,因为艺术不是真理,也不能反映真理,仅仅只是对真理的摹仿的摹仿,所以是次要的。

什么是好的文艺,什么是坏的文艺,二者在一个国家里应该如何实行,占什么样的位置,柏拉图在《理想国》中阐发了文艺功能论。

第一,诗歌亵渎神灵。在柏拉图的理想国里,理式就是神的形象化,神本身就是理式本身。要理解柏拉图的神的概念,就要抛弃中国的玉皇大帝、孙悟空,古希腊的宙斯、赫拉这些具体的人神。他说的神是抽象的、哲学的、精神的神,是理式本身,这个理式就是至神。神是真善美的统一,是不增不减永恒不变的。但神并不是一切事物的因,不是假恶丑的因,神只产生真善美,只是好的事物的因,如果把这里的“神”换成“上帝”,便是基督教哲学的核心部分,这就是柏拉图的宗教哲学,而基督教哲学诞生的基础就是新柏拉图主义,后者的核心部分就是:神,不是一切事物的因,只是好的事物的因。所以上帝和神不为那些坏事负责,在基督教精神里,是恶魔即撒旦为坏事负责。因此,神对人的惩罚是有益于人的,是要磨砺掉人身上那些不好的东西,让人越来越接近于神,所以他认为神既然是一个至真、至善、至美的结合体,那么神就是纯一的,在本质上、语言上、行为上都是真实的。所以神不能说假话,不能变化形迹去欺骗和伤害人。

如果按这几条去对照《荷马史诗》或者《希腊神话》,就会发现那些故事里的神其实都不是神,是超人。古希腊艺术中的神在道德上不比人高尚,在心灵上不比人更美,他们和人唯一不一样的地方就在于虽然也有肉体,但他们是不朽的。在《荷马史诗》里,当战神被阿喀琉斯的矛刺伤后,因为过度痛苦而发出的吼叫让整个战场上的人都发抖。神也会受伤和痛苦,甚至还可以和人一样谈恋爱。例如,传说宙斯变成非常漂亮的公牛到草原上勾引美丽的少女。神后赫拉则是一个妒妇的形象。当她得知赫拉克勒斯是宙斯的私生子后,就派了巨蟒试图将其杀死在摇篮里,因为赫拉克勒斯是一个力大无比的大力士才没能得逞。这些神是人神同体的,身体和性质都同人一样,也要吃饭喝酒,只是不死的超人。这些神在性格、行为等各方面都不同于柏拉图所说的至真至善至美的神,所以,柏拉图强烈地反对在作品中诋毁神的形象。他认为,在理想国中的神是不能变形、行骗的,必须是真的。所以他认为写诗一定要写真实,不能虚构;要告诉人真理,不能叫人撒谎;神是要降福于人的,不能降临过错给人;神是纯一的,不能变形;神是真实的,不能欺骗;神是至善的,不能为非作歹。柏拉图认为当时的希腊艺术远远没有达到他对于神的理解和认识,因为神的存在是要让人学习,求得心灵澄净,假如神真的像艺术作品中表现得那样荒唐,那么人就会纷纷效仿甚至有过之而无不及。

第二,诗歌贬低了英雄的形象。柏拉图认为在理想国中,最核心的部分是高高在上的哲学王,即政治的统治者。哲学王是指统治者既是哲学家又是国王,要么是哲学家当了国王,要么奇迹般的这个国王恰好是哲学家。中层的是战士,即城邦和国家的保卫者。第三类就是农民,要进行生产供统治者和战士生存,是被人统治的。这样相应的就要有三种不同的品性和品德。哲学王要保持治国最需要的理性,战士、保卫者应该具有勇气和意志,农民、生产者应该具有的就是节制和顺从。如果这三种人都能按照他们各自规定的位置和品性去生活的话,就叫作正义。但在这三个层次里却没有艺术家的位置。

英雄的形象在保卫者的位置,柏拉图认为国家应该让贵族子弟接受教育,以古代的英雄人物为榜样,学习这些英雄的品德:宽宏、勇敢而有节制。中国的《孙子兵法》提到"上下同欲则胜",就是说当元帅、将军和普通士兵的目标、所想、所做都是一致时,战争就会胜利。这就要求士兵要绝对服从,绝对勇敢。军令要求绝对勇敢,这种勇敢不是鲁莽。但《荷马史诗》中的英雄却没有这种勇敢、节制的品性。《荷马史诗》开篇就写道:希腊联军最勇武的战士愤怒了!阿喀琉斯为什么要发怒?因为他攻打特洛伊时,抢了一些财宝和一个美丽的女奴,但这个女人却被希腊联军的主帅抢走了,所以他一怒之下离开战场,哪怕联军血流成河,阿喀琉斯居然为了自己的一己私利置整个大军于不顾。而且他还十分残忍,在将特洛伊的主将赫克托耳杀死后,竟然用马拖着赫克托耳的尸体,绕城三圈。书中又写了阿伽门农的傲慢,作为全军的主帅,他居然脱离队伍单枪匹马地和河神较量,完全不为有可能丧失首领的联军考虑。很明显这些英雄都不具备柏拉图所提出的美好品性。在《荷马史诗》中处处提到的甚至不是英雄的勇敢而是软弱。英雄阿喀琉斯在受伤的时候也是哭得一把鼻涕一把泪,特洛伊的老王,赫克托耳的父亲在得知爱子死后,甚至在尘土里打滚,向人哀求。这些在柏拉图看来都是歪曲了他心目中的英雄形象。像赫克托耳、阿喀琉斯这些大英雄们都能做这样的坏事,傲慢、残忍、愤怒、哀号……更何况是人。所以,柏拉图提出在理想国中必须要禁止这些故事,免得年轻人听了去效仿做坏事,他必须使城邦的保卫者保持他们应该具备的良好品性。

第三,戏剧鼓荡人的热情,引导人软弱。他认为,古希腊的艺术,尤其是戏剧和诗会对观众的心灵产生不好的影响,削弱人的理性,鼓荡人的情欲,使人变得软弱,这是诗的一大罪状。柏拉图认为人的行为最好是受到理性的控制,而不是情感。但是中西方几乎所有的艺术都是作用于人的精神形态,如果艺术不能以情动人,不能直刺心灵,就不能引起读者心灵的共鸣和情感的沸腾,那么它就不是好的艺术作品。柏拉图不一定懂得艺术,他只是从政治家的立场、哲学家的立场出发,认为人的情欲不应该被轻易鼓动,情感也最好不要变幻莫测,一个人的美德在于节制。这类似于孔子的中庸思想,中庸即是"过犹不及",做事情应该讲究适中。柏拉图认为一个节制的人应该用理性去控制情感,理性是灵魂中最高尚的部分,感情是最卑下的部分,自我要通过斗争,用理性战胜情感。

但在古希腊的文学作品里是没有节制的,阿喀琉斯的情人被杀后他痛哭流涕,不吃不睡地守在情人的尸体旁,在埋葬了尸体之后披发上阵,用最残忍的手法去屠杀希腊联军,杀得战神都胆战心惊。古希腊艺术中,人的情欲也是没有节制的,无论人或者神。作为公主的美狄亚爱上了进犯自己国家的入侵者伊阿宋,为了与他在一起,不惜杀掉反对的哥哥,背叛自己的亲人、民族和国家,与伊阿宋私奔。但没过几年伊阿宋就移情别恋,要另娶一名女孩为妻,美狄亚将新娘的嫁衣涂满毒药害死了情敌,又杀掉了自己与伊阿宋共同的几个孩子。战争与情欲在古希腊艺术中都是没有节制的,甚至往往被发挥到极致,所以柏拉图认为艺术完全不可取。它会削弱人的理性,鼓荡人的情欲,观众看到了这样的作品之后就会产生一种感伤癖和幽怨癖,在剧场里看到了悲惨的故事会落泪,会感伤。希腊的故事里不都是维纳斯、爱与美,更多的是血腥的,是屠杀的,是鼓荡的,它要把人的感情和欲望推到极致,因为那才是人,是自然的人。

　　柏拉图认为艺术的本性是一种摹仿,达不到真理,艺术亵渎神灵,污蔑英雄,削弱理性,鼓荡情欲,可见他是彻底否定艺术的(主要指诗歌)。于是,他在理想国中给诗人下了一道驱逐令:"如果一个诗人或艺术家来到我们城邦了,我们要把他当成一个神奇而愉快的人对待,要对他鞠躬致敬,但是我们要告诉他我们的城邦里没有一个像他这样的人,法律不允许有他这样的人,然后给他涂上香水,戴上羽毛,请他到别的城邦里去。"①柏拉图只需要一种艺术家,就是符合他的政治理想和伦理道德的人,所以他说:"至于我们的城邦只需要一种诗人和共同的作用,没有像那些游荡的诗人阅人的本领,虚构的能力,但是态度要严肃,他的作品需对我们有益,对我们有好处,只需模仿好人的言语,并且遵守城邦设计者教育时所规定的规范。"②按照他的理想还有艺术吗? 可见柏拉图不太懂艺术。

---

① ［古希腊］柏拉图:《柏拉图文艺对话集》,朱光潜译,人民文学出版社 1963 年版,第 56 页。
② ［古希腊］柏拉图:《柏拉图文艺对话集》,朱光潜译,人民文学出版社 1963 年版,第 56 页。

第二章　亚里士多德:德性与悲剧诗学

亚里士多德(Aristotle,公元前384—前322),古希腊斯吉塔拉人,世界古代史上最伟大的哲学家、科学家和教育家之一,堪称希腊哲学的集大成者。马克思曾称亚里士多德是古希腊哲学家中最博学的人物,恩格斯称他是古代的黑格尔。作为一位最伟大的、百科全书式的科学家,他对哲学几乎每个学科都作出了贡献,涉及伦理学、形而上学、心理学、政治学、神学、自然科学、教育学、经济学、修辞学、诗歌等。

一、生平与著作

亚里士多德生于古希腊殖民地商港斯塔基拉,父亲是马其顿王阿敏塔斯三世的御医,尽管童年丧父,但他从小依然受到良好的教育,17岁进入柏拉图的学园,追随柏拉图学习长达20年。这一时期的学习和生活对他一生产生了决定性的影响。在雅典的柏拉图学园中,亚里士多德勤奋好学,在柏拉图的众多弟子中成就最大,柏拉图称他是"学园之灵"。但亚里士多德同大谈玄理的老师不同,在学术上并不一味地崇拜权威,很有自己的观点和想法。他努力收集各种图书资料,勤奋钻研,甚至为自己建立了一个图书室。柏拉图逝世后,由于学园的新首脑欣赏柏拉图哲学中的数学倾向,令亚里士多德无法忍受,便离开雅典。但是从亚里士多德的著作中可以看到,虽然他不同意波西普斯等学园新首脑的观点,但依然与他们保持良好的关系。

离开学园后,亚里士多德接受了学友赫米阿斯的邀请开始访问小亚细亚,赫米阿斯是小亚细亚沿岸的密细亚的统治者。亚里士多德在那儿娶了赫米阿斯的侄女。公元前344年,赫米阿斯在一次暴动中被杀,亚里士多德不得不离开小亚细亚,他和家人一起到了米提利尼。3年后,亚里士多德又被马其顿的国王腓力浦二世召回希腊,成为青年亚历山大的老师。亚里士多德对这位未来的世界领袖进行了道德、政治以及哲学方面的教育,在亚里士多德的影响下,亚历山大始终关心科学事业,尊重知识。虽然二者的政治观点或许并不完全相同。

公元前335年,腓力浦二世去世,亚里士多德回到雅典并建立了以阿波罗神殿附近的"杀狼者"(吕刻俄斯)来命名的学校(Lyceum)。讲课之余,他还撰写了多部哲学著作。亚里士多德上课时常常是边讲课,边漫步于走廊和花园,正因为此,学园的哲学被称为"逍遥的哲学"或者"漫步的哲学",他们也被称为"逍遥学派"。亚里士多德这一时期的著作主要是关于自然和物理方面的自然科学和哲学,使用的语言比柏拉图的《对话录》晦涩许多。这些著作大都以他讲课的笔记为基础,因此有人将亚里士多德看作西方第一部教科书的作者。虽然亚里士多德写下了许多对话录,但只有少数残缺的片段流传了下来,被保留最多的作品主要是论文,当然这些论文亚里士多德最初也没有打算发表,一般被认为是他讲课时给学生的笔记或课本。

亚里士多德对当时几乎所有的学科都作出了极大的贡献。在科学上,研究了解剖学、天文学、经济学、胚胎学、地理学、地质学、气象学、物理学和动物学。在哲学上研究了美学、伦理学、政治学、形而上学、心理学以及神学。另外,他也研究教育、艺术和诗歌。其生平著作加起来几乎就成了一部希腊人知识的百科全书。

亚历山大大帝去世后,雅典人开始奋起反对马其顿的统治。由于和亚历山大的师生关系,被指控不敬神,亚里士多德不得不逃亡到加尔西斯(Chalcis),他的学园则交给了狄奥弗拉斯图掌管。公元前322年,亚里士多德因为沉疴痼疾而去世。他还留下一个遗嘱,要求将自己埋葬在妻子坟边。亚里士多德离开学园四处漫游,担任过青年亚历山大大帝的老师,后又在雅典自创学园,专心致力于教育和著作达13年之久,在此期间建立了自己的哲学体系,在继承师说的同时,敢于追求真理,"吾爱吾师,吾更爱真理"成为千古流传的名言。亚里士多德一生著作颇丰,哲学思想涉及很多知识领域,其中人学著作包括《政治学》《伦理学》《尼各马可伦理学》,专论文艺的著作主要有《诗学》和《修辞学》等。

《诗学》原名为《论诗的》,即《论诗的艺术》,罗念生曾提出书名译为《论诗艺》更准确。《诗学》也是欧洲美学史上第一篇重要文献,是马克思主义美学产生之前几乎所有美学概念的根据。亚里士多德对文艺理论与问题进行了科学的阐释,并提出一套系统的美学理论,《诗学》体现了他主要的文艺观。

二、人学思想

亚里士多德从多个方面批判性地继承了柏拉图的哲学思想和人学思想。他的人学思想的核心是"人是有理性的动物",人用理性和德性来追求幸福。亚里士多德关于人的观念是建立在他的哲学基础之上的。在哲学上,柏拉图提出了理式论,认为现实世界的万事万物的根本在于理式,而理式也是多种多样的。但亚里士多德认为事物的本质只能有一个,而不是多种纷繁复杂的理式。因此他提出了"四因说":质料因(material cause)、形式因(formal cause)、动力因(effeicient cause)和目的因(final cause),这四种因素构成了世界万物。他在《形而上学》中指出,质料因或物质因,就是构成事物的物质原料,比如桌子的质料是木头,房子的质料是砖瓦;形式因是组织质料形成某物的形式或模型,比如房子的结构等;动力因或创造因就是事物变化的最初推动者,比如父母是子女的原因等;目的因是事物之所以为某物而存在的原因,即事物之目的,比如橡树种子的目的就是成为橡树。后来,亚里士多德进一步简化"四因说"为"二因说"。他把形式、动力和目的统一为形式因,与质料因的相互关系构成了事物,即事物构成有两种因素:质料因与形式因,其中形式因是质料以何种形式存在的决定因素。

亚里士多德是一个目的论者,他认为凡是事物都有其自身的目的,生命化育和万物生长都是为了实现某种目的。对于事物的发展,他提出了"潜能(potentiality）与实现（actuality）"的思想。他认为，一切事物的变革都有一个目的，这一目的就是形式因。物质或质料本身不会自己变化，只有当物质的形式发生了变革，该物才会随之变化出新的形态。比如，一粒橡树的种子的目的就是要成为一棵高大的橡树，种子此时具有"潜能"，但必须予以土壤、阳光和水分，并且假以时日，种子才能够发芽，以幼苗的形式存在，进一步成长则改变形式，以树木形式存在，最后开花结果，完成或实现橡树之为橡树的目的。在他看来，质料是潜能，而形式给予潜能一种结构，于是形式就是从潜能到实现的关键步骤。亚里士多德又把潜能称为"可能性（或然率）"，把实现称为"真实性（必然性）"，他用潜能与实现来说明万物发展演变之规律。

如同万物一样，人也是由质料与形式、潜能与实现构成的。不过，人最根本的本质在于人是生命。亚里士多德认为，生命是植物、动物和人所共有的，而人是有灵魂的，是有理性的动物。他继承了柏拉图的人有灵魂的观点，指出只有生命才有灵魂，灵魂就是自身摄取营养和生长。换言之，一切有灵魂的生命都是依靠自身摄取营养和生灭变化的运动过程。生命具有潜能与实现的不同状态，潜能就是身体的潜在能力和目的，而灵魂则是身体的形式，使得人可以实现自己的目的。质料是潜能，形式是实现，灵魂是身体的统治者。换言之，灵魂在身体内推动人的生命运行，使得身体的潜能转变为现实的生命活动。所以，灵魂与身体不可分离，是统一的。

一切生命体都有灵魂，而灵魂有高低之分。按照灵魂的功能把生命体分成三类：植物、动物和人。植物灵魂所具有的功能是消化和繁殖，动物灵魂的功能有消化繁殖和感性功能，诸如感觉、生理、欲望和行动等。而人除包含了植物和动物灵魂的功能之外，还具有独特的属于人的功能，即理性功能。换言之，人的灵魂具有营养功能、感性功能和理性功能，所以亚里士多德称人是具有理性的动物。也就是说，人除了吃喝营养能力之外，还具有动物的感性感觉和运动等能力，更重要的是具有理智和理性能力。理性能力就是理智判断能力和实践能力。换言之，理性是分辨是非、趋善避恶的能力，当理性指导人的行为时，理性就成了德性。

亚里士多德认为，人是有目的的，那就是幸福的生活。人与动物一样都是生命活动,但人是符合理性的实践生命。也就是说,人要实现灵魂的目的即幸福,那么人的生命活动就是一个道德理性的实践活动。"人的善就是灵魂的合德性的实现活动。"①他把善分成了三种,身体的善即健康、强壮、敏锐等,外在的善即财富、高贵、好运等,灵魂的善就是节制、勇敢、公正和明智等。人要达到幸福的目的,就必须达到灵魂的善。灵魂的善也就是幸福,这需要德性活动。

那么,什么是灵魂的状态(成分)呢? 在他看来,灵魂的成分有三种:第一种是感情,就是欲望、怒气、恐惧、信心、妒忌、愉悦、爱、恨、愿望、嫉妒、怜悯等,总之是那些伴随着快乐与痛苦的情感。第二种是能力,"是指使我们能获得这些感情,例如使我们感受到愤怒、痛苦和怜悯的东西"②。第三种是品质,是指我们与这些感情的好的或者坏的关系。灵魂的三种成分或者三种状态是相互作用的。能力就是灵魂所发动的行动,情感就是七情六欲等感性感受和心理体验,而品质则是如何处理自我与情感关系的理性选择。例如,我们怒气过大或者过小,就处于与愤怒的情感的坏的关系之中。如果怒气适度,那么就处于与愤怒的好的关系之中。换言之,恶或者坏不是指自然的情感状态,而是理性处理情感之间的关系的程度。因为德性与恶不是指情感,"我们并不是因我们的感情,而是因我们的德性或恶而被称为好人或坏人的"③。愤怒或者快乐不是出于人的选择,而如何处理愤怒或快乐的情感则是人灵魂的主动选择。所以,亚里士多德认为,德性不是感情,也不是能力,而是一种品质。

与此同时,亚里士多德认为,德性不单是一种品性,更重要的是实践过程,也就是善的实现过程。"既然幸福是灵魂的一种合于完满德性的实现活动,我们就必须考察德性的本性。这样我们就能更清楚地了解幸福的本性。"④幸福是灵魂的活动,而灵魂的结构分成了两部分:逻各斯(理性)部分与非逻各斯(欲望)部分,二者是相互对抗的。与灵魂一样,德性分为理智德性与道德

① [古希腊]亚里士多德:《尼各马可伦理学》,廖申白译注,商务印书馆2015年版,第20页。
② [古希腊]亚里士多德:《尼各马可伦理学》,廖申白译注,商务印书馆2015年版,第44页。
③ [古希腊]亚里士多德:《尼各马可伦理学》,廖申白译注,商务印书馆2015年版,第44页。
④ [古希腊]亚里士多德:《尼各马可伦理学》,廖申白译注,商务印书馆2015年版,第32页。

德性,理智德性是智慧、理解和明智,通过教导、经验和时间而发挥作用。道德德性则是节制与慷慨,这需要通过习惯而养成。在亚里士多德看来,德性既不是自然的,也不是反自然的,而是自然赋予我们接受德性的能力,后天通过习惯和学习改造而获得完善。换言之,灵魂的善的品质不是天生自然的,而是通过人理性的自主选择和磨炼而得到的。因此,一个人的德性如何要看其在实践中的实现过程。

在德性实践中,过度与不及在亚里士多德看来都会毁灭德性。换言之,唯有中庸之道才是德性生活的最佳选择。他认为任何事物都存在过多、过少和适中三种情况。过度和不及都会破坏事物本身,唯有适度才能达到事物的完善状态。"锻炼得过度或过少都损害体力。同样,饮食过多或过少也会损害健康,适量的饮食才造成、增进和保持健康。节制、勇敢和其他德性也是同样。……所以,节制与勇敢都是为过度和不及所破坏,而为适度所保存。"①所以,亚里士多德指出,德性必定以求取适度为目的。道德德性与感情和实践有关,在实践过程中人们普遍存在着过度、不及和适度三种状态的情感,过犹不及,都是不好,都是坏的,而只有适度、适中才是最好的。所以,他认为"德性是一种选择的品质,存在于相对于我们的适度之中。这种适度是由逻各斯规定的,就是说,是像一个明智的人会做的那样地确定的。德性是两种恶即过度与不及的中间"②。由此而论,人的错误就是过度和不及,而无耻、妒忌、幸灾乐祸等情感与盗窃、谋杀等行为不是过错,而是恶。

亚里士多德对人的根本看法在于人有德性,人有自主选择善和行善的能力。当然,人的善、恶与过错是有根本区别的,善是德性的好的选择,恶是本性的罪行,过错则是人对待情感的过度或不及。追求善和达到德性状态的人就是完美的、幸福的人,而过犹不及的人则是错误的或者恶的人。这种德性与幸福的人的观念深刻地影响了亚里士多德对艺术特别是悲剧艺术的看法。悲剧

---

① [古希腊]亚里士多德:《尼各马可伦理学》,廖申白译注,商务印书馆 2015 年版,第 38—39 页。

② [古希腊]亚里士多德:《尼各马可伦理学》,廖申白译注,商务印书馆 2015 年版,第 47—48 页。

作为艺术就是要摹仿现实的人及其选择行为,在行动中展示人对待感情的态度和状态,过犹不及就会造成人的悲剧,同样是有过错的人看到了悲剧中人的过错导致了悲剧,那么人就比较倾向于控制自己的感情和行为从而选择德性,追求幸福了。所以,亚里士多德的悲剧观与他的人学观是一致的。

三、艺术理论

亚里士多德认为,艺术是对行动中的人和人的行动的摹仿,他吸取了柏拉图观念中现实主义和唯物主义的成分,扬弃了有关神秘的"理念"的核心部分。亚里士多德的"摹仿说"成为西方艺术"再现派"的源头,许多重要概念均来自他的《诗学》。车尔尼雪夫斯基曾说,"亚里士多德是第一个以独立体系阐明美学概念的人,他的概念竟雄霸了两千余年"。① 亚里士多德的观念多来自现实的文学作品与现实文艺经验的总结,比较重视现实的意义,较少有唯灵论和神秘色彩。

艺术,在古希腊的词汇中,又被称为技艺,既有现在作为审美之艺术的含义,也有制作、制造的含义,泛指一切人工制作。制作(诗)($\pi o i \eta \sigma \iota \varsigma$)是指任何事物从不存在到存在的过程。亚里士多德进一步指出,这种从无到有的生产活动不仅包括了工匠制作花瓶的技术,同时也包括诗人写诗歌和画家雕塑活动。它们有共同的特点,即从不存在到存在总是意味着某些物质或材料获得了形式,并在形式中留存。"所有的技艺都使某种事物生成。学习一种技艺就是学习使一种可以存在也可以不存在的事物生成的方法。技艺的有效原因在于制作者而不是被制作物。"②

亚里士多德认为,那些美的艺术,诸如诗歌、音乐、绘画、雕塑等活动都可以被称为摹仿的艺术(tekhne)。也就是说,艺术起源于摹仿。他对艺术的本质看法来自他对人的本质的观念。他认为,人区别于动物的最大特点在于人

---

① 转引自朱光潜:《西方美学史》,人民文学出版社 1979 年版,第 65 页。
② [古希腊]亚里士多德:《尼各马可伦理学》,廖申白译注,商务印书馆 2015 年版,第 171 页。

最善于摹仿,而且善于从摹仿中获取知识。人类从孩提时代起,就拥有了摹仿的本能,正是摹仿的本能让人们学习了关于世界和生活的知识。人在摹仿万物中学习了知识,在把握客观规律的前提下,也获得了求知的快感。在亚里士多德看来,拥有知识的人是快乐的人。在摹仿—求知—快感这样的人的观念下,他明确地指出艺术的本质也是摹仿。"一般说来,诗的起源仿佛有两个原因,都是出于人的天性。人从孩提的时候起就有摹仿的本能(人和禽兽的分别之一,就在于人最善于摹仿,他们最初的知识就是从摹仿得来的),人对于摹仿的作品总是感到快感。"①同时他指出,不仅仅诗歌是人类摹仿的产物,而且"摹仿出于我们的天性,而音调感和节奏感(至于'韵文'则显然是节奏的段落)也是出于我们的天性,起初那些天生富于这种资质的人,使它一步步发展,后来就由临时口占而作出了诗歌"②。

具体来说,艺术摹仿现实、摹仿现实中的人及其行为。"史诗和悲剧、喜剧和酒神颂以及大部分双管萧乐和竖琴乐——这一切实际上是摹仿,只是有三点差别,即模仿所用的媒介不同,所取的对象不同,所采的方式不同。"③亚里士多德的艺术摹仿已不再是柏拉图式的和真理相隔三层的对"理式"的低等摹仿,而是可以显现真理的对现实生活中人和人的行为的摹仿。当然,这里的"现实"是指相别于"理式"的现实存在,未必单指社会当时的现实状况,那样的话,就把亚里士多德的摹仿的对象与内容缩小了。"摹仿的对象是行动中的人"④,"悲剧总是摹仿比我们今天的人好的人"⑤。就是说,摹仿对象未必是现实题材中的人,而是强调"行动中"的人物。同时,在亚里士多德所处时代的戏剧、悲剧、史诗中反映的多是神话和传说中的行动的人。

亚里士多德在谈音乐和舞蹈的摹仿本质时指出,"舞蹈者的摹仿则只是用节奏、无需音调,他们借姿态的节奏来摹仿各种'性格'、感受和行动"⑥。

---

① [古希腊]亚里士多德:《诗学》,罗念生译,人民文学出版社1962年版,第11页。
② [古希腊]亚里士多德:《诗学》,罗念生译,人民文学出版社1962年版,第12页。
③ [古希腊]亚里士多德:《诗学》,罗念生译,人民文学出版社1962年版,第3页。
④ [古希腊]亚里士多德:《诗学》,罗念生译,人民文学出版社1962年版,第7页。
⑤ [古希腊]亚里士多德:《诗学》,罗念生译,人民文学出版社1962年版,第9页。
⑥ [古希腊]亚里士多德:《诗学》,罗念生译,人民文学出版社1962年版,第4页。

换言之,舞蹈所摹仿的具体对象是人的性格、感受和行动,那么推而广之,一切文艺的摹仿对象也都是人的性格、感受和行动。不过,对这三个词语的翻译,缪朗山先生认为应该是品德、情感和行为。如果按照缪朗山先生的翻译和理解的话,那么艺术就是对人的灵魂的三个部分(品德、情感和行为)的摹仿。品德是人灵魂所有的好的品质,比如勇敢、节制等,品质是性格中的普遍性和决定因素。情感是行动所引发的内在感情状态,如喜怒哀乐等。在亚里士多德看来,行为或行动不仅指内在的道德品质通过行动表现出来,而且也包含情感状态下人的选择。换句话说,"行为是思想(品德)和感情(情感)的外在表现,是精神状态的症候,我们只能通过一个人的行动而窥见他的内心活动。艺术的功能在于'通过特殊体表现普遍相',艺术之所以摹仿人的行为,就是为了通过人的特殊行为以表现他的品德"①。同时,艺术所摹仿的行动不是一般人的日常生活,而是惊心动魄的、显示性格选择的行动。艺术特别是悲剧艺术需要把人置于两难的痛苦抉择中,在其中看人选择的是舍生取义,还是贪生怕死,关键时刻方能显示出英雄性格的本色,并透过选择看到伟大的人所显示出的伟大德性。最后,摹仿的行为也不是完全理智的道德行动,而是在理性与感性、激情与品德之间的选择。亚里士多德认为,人的德性不是指情感或行为本身,而是指人在面对情感比如愤怒等状态时如何处理。对情感的过度或者不及,在他看来,都是恶或者坏的行为。而戏剧所具有的教育作用就是要让人知晓过度和不及的行为选择带来的极为可怕的结果,从而警醒人们在选择时要遵守中庸之道。

由于对人的品行和德性的区分,所以诗根据摹仿对象的不同也分成了不同的类型。亚里士多德指出:"诗由于固有的性质不同而分为两种:比较严肃的人摹仿高尚的行动,即高尚的人的行动;比较轻浮的人则摹仿下劣的人的行动,他们最初写的是'讽刺诗',正如前一种人最初写的是严肃的颂神诗和赞美诗。"②自从戏剧形式出现以后,史诗诗人则变成了悲剧诗人;而讽刺诗人则

---

① 《缪朗山文集》第9卷,缪朗山译,章安祺编订,中国人民大学出版社2011年版,第123—124页。

② [古希腊]亚里士多德:《诗学》,罗念生译,人民文学出版社1962年版,第12页。

变成了喜剧诗人,其中的原因有两个:第一,诗固有的性质是摹仿行动,而现实中行动则分别有严肃的与戏谑的两类,反映在题材中亦然;第二,诗人固有的性质即分为严肃的个性与轻浮的个性,各自按照其本性选择题材和诗的形式,所以表现出悲剧和喜剧的不同。

那么,艺术如何摹仿呢? 或者说,艺术根据什么原则来摹仿行为呢? 亚里士多德在《诗学》第九章中写道:"诗人的职责不在于描述已发生的事而在于描述可能发生的事,即按照可然律或必然律可能发生的事。"①也就是说,尽管现实中已发生的事可以作为写作的题材,但不应拘束于现实,"诗人如同画家一样只摹仿三种对象,过去或现在有的事,传说中或人们相信的事,应当有的事"。作者更多的应该是情节的创造者,是按可然律或必然律大胆虚构的人。亚里士多德把史诗和历史相比较,认为历史是描述已发生的事,而艺术摹仿的史诗则应该是描述可能发生的事。"写诗这种活动比写历史更富于哲学意味,更被严肃地对待;因为诗所描述的事带有普遍性,而历史则叙述个别的事。所谓'有普遍性的事'指某一种人,按照可然律或必然率,会说的话、会行的事,诗要首先追求这个目的,然后才给人物起名字。"②

诗所描述的事之所以带有普遍性,在于诗人虽然是凭借想象描述某些人会说的话,会办的事,但他却是按照可然律或必然律,哪怕这个人物是虚构的,创作史诗相对于历史来说都更有真理性,而且可以超越已发生和叙述中的事,写没有可能发生的事。遵循可然律或必然律就是指写诗不必局限于现实中有的事,可以根据性格或心灵(人心)的必然逻辑去创造没有发生但合情合理的事情。必然律是事物(人物)的内在性格或心灵逻辑,其标准是事或人在应有的环境中表现得合乎情理,所以亚里士多德说:"有些悲剧却只有一两个是熟悉的人物,其余都是虚构的;有些悲剧甚至没有一个熟悉的人物,例如阿伽同的《安透斯》,其中的事件与人物都是虚构的,可是仍然使人喜爱。"③在现实中发生不可信或者不合乎可然律的事时,应尽量避免写入诗中。或者不合情

① [古希腊]亚里士多德:《诗学》,罗念生译,人民文学出版社 1962 年版,第 28 页。
② [古希腊]亚里士多德:《诗学》,罗念生译,人民文学出版社 1962 年版,第 29 页。
③ [古希腊]亚里士多德:《诗学》,罗念生译,人民文学出版社 1962 年版,第 29 页。

理的事应该摆在布局之外,而不该在故事之内交代。所以,写诗最重要的是必然律或可然律,是现实中可能的而非本来的样子,其核心是合乎情理的心理逻辑和性格逻辑。

模仿艺术的分类及其等级序列。一切艺术都是摹仿,但根据摹仿的形式和摹仿的效果,即艺术对人的品德的教育作用,亚里士多德对艺术的高下等级作了规定。

首先,艺术的分类标准及艺术类型。亚里士多德认为,艺术所有的种类都是摹仿,只不过用的媒介、对象和方式不同而已。从媒介上看,诗是用语言来摹仿;绘画和雕塑是运用颜色和姿态来摹仿;舞蹈和音乐是用音调和节奏来摹仿;戏剧则运用综合手段比如音乐、舞蹈、诗歌等来摹仿,同时由歌队和演员来表演。换言之,根据亚里士多德的表述,大致可以把艺术归纳为三大类型:音乐艺术是指诗歌、音乐和舞蹈等有强烈节奏和韵律感的摹仿形式;造型艺术是指绘画和雕刻、雕塑等满足人求知欲的摹仿形式;戏剧艺术是指融合音乐、舞蹈、诗歌和表演仪式等为一体的综合摹仿形式。对于戏剧艺术,亚里士多德根据被摹仿人的品格和道德高下等级,又分为了悲剧、戏剧、讽刺诗等。他说:"模仿者所模仿的对象既然是在行动中的人,而这种人又必然是好人或者坏人——只有这种人才具有品格(一切人的品格都只有善与恶的差别)——因此,他们所模仿的人物不是比一般人好,就是比一般人坏,(或是跟一般人一样),恰像画家描绘的人物,波吕格诺托斯笔下肖像比一般人好,泡宋笔下的肖像比一般人坏,(狄俄倪西俄斯笔下的肖像则恰如一般人)。……喜剧总是摹仿比我们今天的人坏的人,悲剧总是摹仿比我们今天的人好的人。"①摹仿的方式也是不同的:"假如用同样媒介摹仿同样对象,既可以像荷马那样,时而用叙述手法,时而叫人物出场,(或化身为人物)也可以始终不变,用自己的口吻来叙述,还可以使摹仿者用动作来摹仿。"②

其次,摹仿艺术的等级差异。最高的艺术应该是悲剧艺术,其次是音乐艺

---

① [古希腊]亚里士多德:《诗学》,罗念生译,人民文学出版社 1962 年版,第 8 页。
② [古希腊]亚里士多德:《诗学》,罗念生译,人民文学出版社 1962 年版,第 9 页。

术,最后是造型艺术。

第一,悲剧艺术是各种摹仿手段的大融合,而且直接是对人的行动的摹仿。"悲剧是对一个严肃、完整、有一定长度的行动的摹仿。"①严肃是指行为是人生中重大而严峻的选择,是可歌可泣的遭遇和惊心动魄之事情。完整是指行为按照必然律或可然律合情合理发生的、有始有终的、有高潮有逆转的有机整体。有一定规模是指长度适中,不是过长或者过短,适合戏剧表演。由此可以看出,亚里士多德之所以推崇悲剧,是因为其既具有用高尚的行为来教育人的道德功能,同时也有摹仿人如何行动及其行动轨迹的艺术标准。悲剧的目的不单纯是为了刺激和娱乐,更重要的是通过这些行为显示人的高尚道德和中庸的德性。

第二,音乐艺术是富有表现情感和道德的摹仿艺术。也就是说,音乐可以直接摹仿人的品德和情感,因此也更能激发人的高尚行为,同时也更利于完善人的德性教育。音乐可以让人愉悦,特别适合青少年的本性,而且"音乐的旋律和节奏可以说与人心息息相通,因此,一些有智慧的人说灵魂就是一支旋律,另一些则说灵魂蕴藏着旋律"②。此外,音乐对人的灵魂和性情有陶冶和净化作用。"既然音乐带来快乐的享受,而德性在于快乐和爱憎的分明,那么,必须阐明的是,没有比培养正确的判断能力、学习在良好的情操和高尚的行为之中求取快乐更要紧的事情了。节奏和曲调模仿愤怒和温和、勇敢和节制以及所有与此相反的性情,还有其他一些性情。其效果十分明显,灵魂在倾听之际往往激情起伏。"③

第三,造型艺术是对性情表征的摹仿。绘画和雕塑等摹仿的不是人的内在情感和品性,而是对人表现出来的品性特征的摹仿。这就与直接摹仿人感情和德性的音乐有了高下之分。换言之,亚里士多德认为,绘画等造型艺术直接表现人品德的分量少了,感受力差一点。"此外,形象和颜色这类派生的视觉印象

① [古希腊]亚里士多德:《诗学》,罗念生译,人民文学出版社1962年版,第19页。
② [古希腊]亚里士多德:《政治学》,颜一、秦典华译,中国人民大学出版社2003年版,第277页。
③ [古希腊]亚里士多德:《政治学》,颜一、秦典华译,中国人民大学出版社2003年版,第276页。

并不是与性情相同的东西,而只是性情的表征,即对激情状态的临摹。所有这些视觉形象与性情或情操的联系都不明显,因而不宜让青年人观看鲍桑的作品,而要让他们看波吕葛诺托或其他画家和雕塑家表达道德情操的作品。"①

由此可见,亚里士多德对于艺术摹仿的本质、模仿对象、模仿原则、模仿艺术的等级序列的观点,都源于艺术要摹仿人的品质和德性,从而使得人达到德性教育的良好状态。或许可以说,亚里士多德的艺术理论是道德和德性标准第一,艺术标准第二,寓教于乐才是好的摹仿艺术。

四、悲剧理论

摹仿艺术的目的是为了教育人达到中庸的德性之道,那么在亚里士多德看来,最高雅、最重要、最能表现道德的艺术就是悲剧艺术了。他在《诗学》中为悲剧下了一个定义:"悲剧是对一个严肃、完整、有一定长度的行动的摹仿;它的媒介是语言,具有各种悦耳之音,分别在剧中的各部分使用;模仿的方式是借人物的动作来表达,而不是采用叙述法;引起怜悯和恐惧来使情感得到陶冶。"②亚里士多德首先概述悲剧的本质,然后分别论述了悲剧的六要素:情节、性格、言辞、思想、形象和歌曲。

(一)本质:对行动的摹仿

《诗学》中强调,行动的摹仿是悲剧的本质。亚里士多德说:"六个成分里,最重要的情节,即事件的安排;因为悲剧所摹仿的不是人,而是人的行动、生活、幸福(幸福与不幸系于行动);悲剧的目的不在于摹仿人的品质,而在于摹仿某个行动;……他们不是为了表现性格而行动,而是在行动中附带表现性格。因此悲剧艺术的目的在于组织情节(亦即布局),在一切事物中,目的是最为重要的。"③"再说,如果有人能把一些表现'性格'的话以及巧妙的言词

---

① [古希腊]亚里士多德:《政治学》,颜一、秦典华译,中国人民大学出版社 2003 年版,第 276 页。

② [古希腊]亚里士多德:《诗学》,罗念生译,人民文学出版社 1962 年版,第 19 页。

③ [古希腊]亚里士多德:《诗学》,罗念生译,人民文学出版社 1962 年版,第 21 页。

和'思想'连串起来,他的作品还不能产生悲剧的效果;一出悲剧,尽管不善于使用这些成分,只要有布局,即情节有安排,一定更能产生悲剧的效果……因此,情节乃悲剧的基础,有似悲剧的灵魂;'性格'则占第二位。悲剧是行动的摹仿,主要是为了摹仿行动,才去摹仿在行动中的人。"①

在这段论述中,亚里士多德讨论了行动和性格的辩证关系。他主张在悲剧这种体裁中应突出强调行动与行动的布局。首先,因为悲剧所要摹仿的不是静态的人和人的性格,而是人的行动,也就是现实中人的生活,包括他的行动、不幸和斗争;其次,因为性格是人的静态的潜质,无行动则无以落实和展示性格,性格想要得以表达必将依赖于行动的变化和发展,在行动中才可以看出性格的全面,同时,性格又是行动的动因,有什么样的性格方有什么样的行动;最后,性格固然重要,但是悲剧的目的是取得悲剧效果——"引起人们的怜悯和恐惧之情,并让情感得以陶冶"。正如亚里士多德所言,目的才是最重要的,悲剧如果达不到目的,则完不成本质的演绎,也就不能称之为悲剧。所以悲剧能引起效果,在于对行动的摹仿、情节的布局。一方面,仅有性格和思想产生不了悲剧的震惊效果,不能成为悲剧;另一方面,仅有完美的情节也不是好的悲剧。如索福克勒斯的《俄狄浦斯王》,如果仅有俄狄浦斯爱民、敬神、勇敢等品性,是不会形成悲剧的,但是仅"弑父娶母"的情节就会让任何性格的俄狄浦斯成为悲剧人物。金庸《天龙八部》中的萧峰亦是如此,实际上行动是无法离开性格的目的和动因,没有萧峰天生英武、一心想为父报仇,就不会有误杀恋人阿朱、打伤授业恩师、跳悬崖自尽的悲剧情节,反过来恰恰是他的这些行动才显示了主人公的种种性格,悲剧效果的取得根本上还是源自情节的布局,即有严肃的悲剧性的行动的安排。

(二)布局:大纲与穿插

"悲剧是对一个完整而具有一定长度的行动的摹仿(一件事情可能完整而缺乏长度)。"②所谓"完整"是指事件有头、有身、有尾。换言之,所谓头尾

---

① ［古希腊］亚里士多德:《诗学》,罗念生译,人民文学出版社1962年版,第22页。

② ［古希腊］亚里士多德:《诗学》,罗念生译,人民文学出版社1962年版,第25页。

就是事件的发生和结局,其中头与尾都是相对的,因为现实中的事件都具有连贯性和因果关系。"发生"便是引起事物的发展而前无上承他事;"结尾"是事件发展的结果,相对无他事以继。故事之所以有整一性(即完整),是因为悲剧摹仿的事件如一件活的东西,太小,人们的感觉比较浅薄,不可知所以不美;太大,则人们无法感知和把握它的整一性,因而也是不美的;此外,事件还必须有适中的长度,史诗相对来说不受长度的限制,但悲剧因为必须在舞台上演出,所以"只应容许事件的相继出现,按可然律或者必然律能由逆境转化为顺境,或者由顺境转化为逆境,就算适当了"①。换言之,事件完成一次"变化",才能形成完整的情节或者成为一件事情。亚里士多德还认为情节要有一定的安排、内在的密切联系,还要完整,各部分的大小比例也是一定的,这个有机整体的概念也成为后来"三一律"中"情节整一"的依据。

那么,如何在悲剧中达到情节的整一性呢? 有人认为,一个人的许多行动或者数不清事件发生在一个人身上,这便是一个完整的事件。亚里士多德认为,这是许多诗人犯的错误,在许多行动(一个人的)或许多事情(针对一个人的)中没有必然或者可然的联系,其中的任何一部分都可以挪动或删除,事件与事件之间的关系不是有机的,它们总的不是一件"活"物。荷马在故事的整一性上是个成功的范例。例如,他的《奥德赛》,并没有把俄底修斯所经历的每一件事都写下来,而是紧紧围绕着一个核心"回家"来写,来组织和统率其他次要的情节。次要故事和一个中心有着必然联系,因此他的诗才是完整的、有机的。

在避免过多"无用"事件的同时,还应该注意"大纲"和"穿插"的矛盾关系:首先,"情节不论采用现成的,或由自己编造,都应先把它简化成一个大纲,然后按上述法则加进穿插把它拉长"②。如《奥德赛》的情节大纲:一个将军在外作战多年,历尽艰辛,战争结束后,他从海上回家,遭逢风暴,脱险还乡,发现在家中一些求婚者正准备耗费他的财产,逼迫他的妻子,谋害他的儿子,

---

① [古希腊]亚里士多德:《诗学》,罗念生译,人民文学出版社 1962 年版,第 26 页。

② [古希腊]亚里士多德:《诗学》,罗念生译,人民文学出版社 1962 年版,第 56 页。

于是他假扮乞丐试探,与忠贞的妻子相认,最终杀死仇人。因此,"回家"就是《奥德赛》的"情节的大纲"或主要情节,除此之外,海上遇女巫、刺杀巨人等都是"穿插情节"。史诗可以在"主干情节"上加入许多穿插故事,借以拉长故事;而悲剧的长度有一定的限制,所以需要突出主要情节,其他全是点缀穿插。亚里士多德认为,穿插式情节可分为两类:一类"穿插部分"看不出可然或必然的联系,是孤立的事件和情节。这种穿插如果过多会使结构松散,布局负担过重,各部分联系必然受到损害,同时就破坏了故事的整一性。例如《堂·吉诃德》中穿插的"俘虏故事""爱情故事"等,有些就游离于主干情节。另一类穿插是"意外的发生而彼此有因果联系",这种体现着可然律的情节就自然地成为有机组成部分,而且容易产生"惊人的"效果。金庸武侠小说《天龙八部》就在主线中穿插了"南帝"的故事,在"南帝"故事中又穿插了"英姑与老顽童的故事",这几个故事中又有着必然的联系,也就突出"大纲"的主要情节和情节的有机必然性。另外,穿插虽是意外,却是可以经过思考得以想见的,要有必然律的支持。穿插与大纲的关系是"意料之外,情理之中"。

(三)情节:突转与发现

情节有简单和复杂之分,因摹仿的行动有简单的行动和复杂的行动。所谓简单的行动,是指按所规定的那样,连续进行,整一不变。所谓复杂的行动,就是通过发现和突转,或者二者结合而到达结局的行动。但是,其中的突转和发现必须由情节的结构中产生出来,成为前事的必然或可然的结果。"两件事是此先彼后的,还是互为因果,这是大有区别的。"①

亚里士多德对"突转"下了一个定义:指行动按照我们所说的原则转向相反的方向(也就是说,按照可然律或者必然率而发生的意外事件),并且和剧中人的逻辑、愿望刚好相反,也就是说事件向相反的方向意外发展;"发现"如字义所表示的,是指从不知道到知道的转变,使那些处于顺境或者逆境的人物发现他们和对方有亲属关系或者仇敌关系。在戏剧中,如突转和发现在情节中同时发生,那么这样的悲剧最能打动人心,产生强烈的戏剧效果。突转和发

---

① [古希腊]亚里士多德:《诗学》,罗念生译,人民文学出版社1962年版,第32页。

现是情节的两大成分。情节的第三大成分是"苦难",苦难是毁灭或者痛苦的行动(也即人遭受的苦痛),例如死亡、剧烈的痛苦、伤害等这类事件,这些都是有形的。

"突转"是亚里士多德最重要的情节概念。他认为,一部悲剧能否获得成功取决于情节,情节的成功取决于完美的突转,因为突转最能引起人的震惊和情绪,产生强烈的悲剧效果,容易引发怜悯和恐惧之情。最好的突转,不仅是意外发生的事件,而且符合可然律或必然律。例如,《俄狄浦斯王》剧中报信人为了安慰俄狄浦斯而说出他不是波吕伯斯的亲儿子,这一愿望居然化为命运的毒药,反而揭开了俄狄浦斯杀父娶母的罪恶,它本来是为人物争取好的命运,却在客观上成为罪恶的钥匙,剧情从"报信"开始由顺境意外地急转入逆境,而这一行动又有因果关系,而且符合剧情和性格的内在逻辑,所以这种突转是成功的,且深得亚里士多德的欣赏。

"发现"有以下几种:第一种是"标记"的被发现,有身体标记和体外标记。第二种是人物自我暴露而被发现。如《伊菲革涅亚在陶洛人里》中的阿瑞斯特斯的自我表白,如《水浒传》中宋江在清风山被俘虏时的自我表白。第三种是由人睹物或者见景回忆往事而被发现,例如《库普里俄人》中的透克洛斯看见那幅画而哭泣,俄狄浦斯听竖琴师歌唱特洛伊故事而流泪,才被发现。再比如《赵氏孤儿》中程婴让赵氏孤儿看画发现自己的身世,《双枪陆文龙》中乳娘让陆文龙看画告知其身世。第四种是推断而发现。由于特定的物品加之推理而知某人,如《祭酒人》剧中厄勒克特拉看见与自己相似的脚印,所以推论:"一个像我的人来了,除俄瑞斯特斯外没有人像我,所以他来了。"第五种发现为一种观众似是而非的推断造成的,其实这只是一种误解。但在发现中符合可然律或者必然律的发现才是最好的。用亚里士多德的原话来说:"一切发现中最好的是从情节本身产生的,通过合乎可然律的事件而引起观众的惊奇的发现。"[①]例如,悲剧《俄狄浦斯王》中牧人的话,《伊菲革涅亚在陶洛人里》中姐姐想送信回家和念信,这都是合乎故事、性格和心理的内在逻辑的,亦即

---

① [古希腊]亚里士多德:《诗学》,罗念生译,人民文学出版社 1962 年版,第 55 页。

合乎必然律才是最好的发现。

根据情节的成分把悲剧分成四种:复杂剧(完全靠"突转"和"发现"构成)、苦难剧(如写埃阿斯争夺甲仗不得而自杀的《埃阿斯》和因爱而痛苦的《伊克西翁》)、性格剧(如写善良人应有善报的剧作如《珀琉斯》)、穿插剧(如《被缚的普罗米修斯》)虽然悲剧分四种,但是越多运用各种成分越是成功。

(四)人物:过失论

亚里士多德说:"摹仿者所摹仿的对象既然是在行动中的人,而这种人又必然是好人或则坏人——只有这种人才具有品格,因此,他们所摹仿的人物不是比一般人好,就是比一般人坏。喜剧摹仿的是比我们今天的人坏的人,悲剧总是摹仿比我们今天好的人。"[1]在这里,亚里士多德提出悲剧人物的品格定位,即好人或者坏人。他对好与坏的解释如下:"坏"不是指一切恶而言,而是指丑而言,其中一种是滑稽,这是又丑又怪但不使人感到痛苦的品格。坏人不是指一切恶,也不是极恶之人。"好人"不是指完全的尽善尽美的人,一切"好与坏"都是和现在的一般人相比较而言的,但作为主角不应该和现在的一般人相似或者一样,那样就会缺少艺术效果。

他还特别提出主角在剧情中应该避免几种情况:第一种,不应该写好人由顺境转入逆境。因为尽善至善的人遭受苦难,只会让人讨厌或反感。第二种,不应写坏人由逆境转入顺境,因为这是违背戏剧的精神,不合乎悲剧的要求,它既不能打动慈善之心,更不能引起怜悯或恐惧之情。第三,不应写极恶之人由顺境转入逆境,因为这虽然会打动慈善之心,但不会引起怜悯和恐惧之情。为了达到悲剧的效果,"引起人们的怜悯和恐惧之情",亚里士多德提出,"怜悯是由一个人遭受不应遭受的厄运而引起的,恐惧是由这人与我们相似而引起的"[2]。这个人应该介于极恶和极善两种人中间,不十分善良,也不十分公正,之所以陷入厄运,不是由于为非作恶,而是由于犯了错误。这种人声名显赫,生活幸福,例如俄狄浦斯、提厄斯忒斯以及出身于他们这样的家族的著名

---

① 　[古希腊]亚里士多德:《诗学》,罗念生译,人民文学出版社1962年版,第9页。
② 　[古希腊]亚里士多德:《诗学》,罗念生译,人民文学出版社1962年版,第38页。

人物。这个人物不是大恶大善,也不是平凡如现代一般人,而是一个比我们好的人,他犯了错误而受了不应受之厄运,就会引起悲剧的效果。主人公在性格上应该符合自己的身份,特别应该注意人物在情节上、性格上的不一致要融入一致性之中,刻画性格时,人物所说的某一句话或做的某一件事从根本上也要符合必然律或者可然律。

因为亚里士多德提出人物遭受的苦难来自"过失",所以他并不将悲剧归咎于命运,也反对命运的引入,认为那样会削弱布局的内在联系。剧中人物的"幸福与不幸,则取决于他们的行动"①,不完全由于命运。而现存的古希腊悲剧中,也只有《普罗米修斯》《七将攻忒拜》《俄狄浦斯王》《特剌喀斯少女》等几部才算是真正的命运悲剧。因此,认为所有古希腊悲剧中都有浓厚的命运观是一个误解。

(五)效果:"净化说"

亚里士多德的悲剧理论所指向的核心和目的,就是悲剧的效果"借以引起怜悯和恐惧来使这种情感得到净化或者陶冶"②。看悲剧的最终结果是调整观众的情感,让他得以陶冶。其中在"陶冶"的原文"卡塔西斯"(katharsis,作宗教术语是"净化"的意思)的解释上分成两种派别:一种是罗念生将"净化"译为"陶冶";另一种是"宣泄说"。

罗念生认为,观看悲剧的作用并不在于净化怜悯与悲剧中的痛苦,因为就亚里士多德的原文将恐惧界定为"一种痛苦的或恐慌的感觉"来看,恐惧与怜悯本身就是一种痛苦,如果要净化痛苦,这二者也就不存在了。在恐惧与怜悯这两种情感的问题上,亚里士多德曾在他的伦理学思想中提到情感有过强、过弱与适度之分。例如恐惧和怜悯太强太弱都不好,在适当的方式下所发生的情感,才是适度的最好的情感,这种情感即是美德。那么悲剧的卡塔西斯作用就在于使恐惧和怜悯成为适度的情感。即观众在每次看剧之前,情感都还处于一种潜伏状态,当他们看到剧中的人物在遭受苦难时,会产生怜悯或恐惧之

---

① [古希腊]亚里士多德:《诗学》,罗念生译,人民文学出版社1962年版,第21页。
② [古希腊]亚里士多德:《诗学》,罗念生译,人民文学出版社1962年版,第19页。

情,又因观众作为旁观者,这种情感是能够受到理性的指导与控制的。以后在实际生活中就可以很好地控制自己的情感,恰当地激发或收敛感情,罗念生认为这就是悲剧的卡塔西斯作用,也就是"陶冶"。

"宣泄说",顾名思义即情感的宣泄。持此观点者认为人们在观看悲剧时,内心的怜悯或恐惧之情会受到剧情的触发而得到宣泄,观众可以在宣泄的过程中产生快感,发泄过后,情感可以得到满足;另有人认为重复激发怜悯或恐惧之情,可以使这两种情感的力量得到减轻。但目的都是为了让心理和情感能够趋于平静。亚里士多德也在《诗学》中提道:"这种快感是由悲剧引起我们的怜悯与悲惧之情",但由于没有过多解释,所以罗念生认为这种说法没有足够的说服力。在悲剧能够陶冶人的情感这一功用上,也可理解为文艺能够对社会道德产生良好的影响。在这一点上,亚里士多德与他那否定文艺的社会功用的老师柏拉图是不同的。

除了情感上的涤荡和陶冶,亚里士多德认为悲剧还能给人以摹仿的快感:"我们不应要求悲剧给我们各种快感,只应要求它给我们一种它特别能给的快感。既然这种快感是由悲剧引起我们的怜悯与恐惧之情,是通过人的摹仿而产生的,那么显然应通过情节来产生这种效果。"①人们对摹仿的作品总是能够感到快感,也是因为人们在欣赏文艺作品时,先是认知,其后才有审美,文学艺术可以反映生活的本质,而文艺形象或思想中保留下来的生活本身的丰富性与生动性相比科学而言又具有一定的独到之处,欣赏者可以从中产生一定的求知欲望,并能够通过对文艺形象或思想的理解,达到对生活本质和规律的认识,这就是文艺的认识功能。而求知欲望的满足自然会带来心理上的快感,亚里士多德由此也肯定了悲剧(文艺)的审美价值。

《诗学》体现了亚里士多德带有唯物主义倾向的美学观点,针对老师柏拉图的哲学和美学思想,肯定了文艺的真实性、认识功能与社会功能,他提出的有机整体概念,对文学的发展起到了深远的影响。但是他认为贵族等上层阶级的人才能作为悲剧主角等观点,也表现了其思想的局限性。

---

① [古希腊]亚里士多德:《诗学》,罗念生译,人民文学出版社 1962 年版,第 43 页。

第三章　朗吉努斯:崇高论与古典主义

　　崇高是一个古老的审美范畴,古罗马的朗吉努斯就有专门著述《论崇高》。可见,在古罗马时代,崇高特别是文学艺术中的崇高概念就被人们广泛关注。但是,从文献考证来看,朗吉努斯的《论崇高》被埋没了一千多年之后,1554年才被弗朗斯科·罗伯特里在巴塞尔翻译出版,后来法国古典主义的立法者布瓦洛把它翻译成了法文,这样,崇高概念才被18世纪的人所知晓和研究。朗吉努斯生活在古罗马时代,《论崇高》成书晚于贺拉斯的《诗艺》,但是两人都是以古希腊古罗马的文学艺术为研究对象,是对古典主义艺术实践的理论总结。朗吉努斯贬斥文章中的浮夸、矫情和幼稚,他推崇雄浑庄严、刚劲豪放的风格,这就是崇高。在他看来,崇高的风格有五个来源:庄严伟大的思想、慷慨激昂的热情、构想辞格的藻饰、严肃高雅的措辞和高雅尊严的结构。由此可见,朗吉努斯所论崇高,基本上以古希腊古罗马作家和作品为对象,主要针对文章的修辞和风格而论,同时也延伸探讨了作为审美范畴的崇高的基本特征。这为后代美学家伯克、谢林、康德、黑格尔、车尔尼雪夫斯基和利奥塔等研究崇高提供了基本的命题和思想的基础。

一、崇高本质:伟大心灵的回声

　　朗吉努斯作为古罗马时代的作家,他对希腊和罗马的作品非常熟悉,在论著中往往以荷马、埃斯库罗斯、索福克勒斯等的希腊悲剧和诗歌为例。正如德国艺术史家温克尔曼所说,古代希腊人推崇高贵的单纯和静穆的伟大之美,朗吉努斯对伟大的人格、宽广的心胸和高贵的品性极为推崇。与此同时，他极为鄙夷那些爱好金钱、卑鄙低俗的人格。朗吉努斯倾向于认为，文学或者文章格调的高下与人格和心灵的高下有着直接的联系。心灵高贵者，文章格调高雅、风格崇高；人品低劣者，文章难免空洞浮夸。

朗吉努斯所论崇高，主要是指诗歌、悲剧、演说、辩论等泛指文章的高雅雄浑、豪放壮丽，同时富有感染力的风格。他说："一个崇高的思想，在恰到好处时出现，便宛如电光一闪，照彻长空，显出雄辩家的全部威力。"①崇高的风格具有巨大的感染力和震撼力，那么这种文章和修辞的崇高来自何处呢？他认为，只有那些思想伟大和充满高贵热情的人才会有崇高的风格。换言之，用他自己的话来说就是："崇高的风格是一颗伟大心灵的回声"②，这是朗吉努斯《论崇高》的核心思想。

文章的崇高风格并不完全在于文章修辞和写作技巧，而在于写出文章的人，在于人的心灵。恰好像柏拉图所说的，凡是能成为伟大的人，绝不成为写伟大故事的人。也就是说，现实中心胸开阔、志向远大、心灵优美的人才可能写出风格雄伟的文章来。他说："首先指出崇高的来源是绝对必要的，我们说，一个真正的演讲家绝不应有卑鄙龌龊的心灵。因为一个终生墨守着狭隘的、奴从的思想和习惯的人，绝不可能说出令人击节称赏和永垂不朽的言词。是的，雄伟的风格乃是重大的思想之自然结果，崇高的谈吐往往出自胸襟旷达、志气远大的人。"③这一思想与中国古代的"知人论世"颇有形似之处。朗吉努斯还列举了《圣经》的《创世记》："上帝说，要有光，于是有了光，要有大地，于是有大地。"上帝的这一伟大只能用崇高来表达，创造一切的神充满了伟大的气魄和至高的力量。《创世记》中上帝用语言创造世界的这一形象，被黑格尔推崇备至，他认为唯有如此之上帝才是真正的崇高，他代表了永恒的无

---

① ［古罗马］朗吉努斯：《论崇高》，载《缪朗山文集》第 1 卷，缪朗山译，章安祺编订，中国人民大学出版社 2011 年版，第 65 页。
② ［古罗马］朗吉努斯：《论崇高》，载《缪朗山文集》第 1 卷，缪朗山译，章安祺编订，中国人民大学出版社 2011 年版，第 71 页。
③ ［古罗马］朗吉努斯：《论崇高》，载《缪朗山文集》第 1 卷，缪朗山译，章安祺编订，中国人民大学出版社 2011 年版，第 71 页。

限者,是世界的原动力。

创造丰功伟业的人、造福万世的人往往心灵至真至纯、胸怀远大,言语为心灵发声,才会有伟大崇高的文辞。拿破仑身材矮小,常被人嘲笑,有一个将军曾当面嘲笑他身材矮小,拿破仑说:将军,我可以立刻用剑来改变它。巴尔扎克在创作《人间喜剧》的时候,有一个座右铭:"拿破仑用剑无法完成的事业,将由我用笔来完成!"心学大师王阳明临死之际,弟子们问他还有什么遗言要交代,他说:"此心光明,亦复何言!"因此,朗吉努斯说:"文学上崇高的天才……此等人虽则绝不是白璧无瑕,却毕竟是超乎常人之上。在别的方面可以证明这些天才无异于常人,但崇高却把他们提到近乎神的伟大心灵的境界。"①

反之,那些卑劣低俗、自私龌龊的人绝不可能有伟大的心灵和高贵的操守,因此也难以有崇高的言词和文章。朗吉努斯认为,在古罗马的时代,已经失去了古希腊的那种黄金时代产生英雄气魄的社会风气。他说:"天才的败坏也许不应归咎于天下太平,而是应该归咎于我们内心的无穷无尽的祸乱,尤其是那些今日占据着蹂躏着我们生活的私欲。因为私欲是我们今日人人都受其害的痼病,况且奢欲奴役着我们,不妨说,陷我们的身心于深渊中。"②在古罗马社会晚期,社会日益腐败,人心也失去了古希腊时期的那种纯朴,为私有利益而竞争成了社会的主流。朗吉努斯认为,当今人们的第一个毛病就是爱好金钱,第二个就是爱好享乐,第三个就是挥霍奢侈,然后诸多毛病集于一身,那么人们就会产生出骄横、浮夸、虚荣和无耻,如此一来,人就不再是那个高贵的具有理性的人了,而变成了在泥潭中享乐的猪猡。他说:"这必然会发生的,于是人再也不向上看了,再也不关心自己的名誉,生活的堕落在恶性循环中逐步完成,他们灵魂中的伟大品质开始衰退、凋萎而枯槁,因为他们只重视必腐必朽的肉体,却不珍惜不朽的灵魂的发展。"③这样的话,全社会就只剩下

---

① [古罗马]朗吉努斯:《论崇高》,载《缪朗山文集》第1卷,缪朗山译,章安祺编订,中国人民大学出版社2011年版,第101页。

② [古罗马]朗吉努斯:《论崇高》,载《缪朗山文集》第1卷,缪朗山译,章安祺编订,中国人民大学出版社2011年版,第109页。

③ [古罗马]朗吉努斯:《论崇高》,载《缪朗山文集》第1卷,缪朗山译,章安祺编订,中国人民大学出版社2011年版,第109页。

了冷漠的心灵和贪图的私欲,大多数人虚度光阴,蝇营狗苟,距离崇高的心灵非常遥远了。

伟大的心灵对于崇高来讲是如此重要,那么人为何会感受到崇高呢?在朗吉努斯看来,这基于两个方面:一方面是人的心灵引导人们向上,成为宇宙中的高贵者;另一个方面是自然界和社会文化中遍布着崇高的事物,激发了人们的崇高感。对于崇高感来源的探索,朗吉努斯为后世从人的主观和自然的客观两个方面探讨崇高美学开了先河。他认为,人之所以能感受和产生崇高感,原因在于人类超越一切动物的地方——人的灵魂追求比自己更伟大的事物,有一种向上追求的渴望。关于人的灵魂具有向上的特性,柏拉图在《会饮篇》等中也有类似的论述。柏拉图说,人的灵魂具有羽翼,羽翼引导着灵魂向上天飞升,向往着神圣的理式世界,向往着真善美。而相应世俗的世界,特别是金钱、私欲和情欲如果任性胡来的话,人灵魂的羽翼就会被折损,就会跌入如动物一样万劫不复的深渊中。朗吉努斯对人的心灵也持一种推崇的美好的看法。他说:"天之生人,不是要我们做卑鄙下流的动物;它带我们到生活中来,到森罗万象的宇宙中来,仿佛引我们去参加盛会,要我们做造化万物的观光者,做追求荣誉的竞争者,所以它一开始便在我们的心灵中植下一种不可抵抗的热情——对一切伟大的、比我们更神圣的事物的渴望。"①在这种向上的热情和渴望的人心中,往往会超越对世俗的生活和低俗的事物的欣赏,从而对一切伟大的事物产生热情。

朗吉努斯将崇高产生的主观原因归之于人具有向往伟大的天性,有向上的积极追求,这符合人类本性善良的伟大的本质;同时,他也认为,只有那些看上去宏伟无边、激越巍峨的自然物和形象才能让人感到崇高。他说:"在本能的指导下,我们绝不会赞叹小小的溪流,哪怕它们是多么清澈而且有用,我们要赞叹尼罗河、多瑙河、莱茵河,甚或海洋。我们自己点燃的爝火虽然永远保持它那明亮的光辉,我们却不会惊叹它甚于惊叹天上的星光,尽管它们常常是黯然无光的,

---

① [古罗马]朗吉努斯:《论崇高》,载《缪朗山文集》第1卷,缪朗山译,章安祺编订,中国人民大学出版社2011年版,第101页。

我们也不会认为它比埃特纳火山口更值得赞叹,火山在爆发时从地底抛出巨石和整个山丘,有时候还流下大地所产生的净火的河流。关于这一切,我只需说,有用的和必需的东西在人看来并非难得,唯有非常的事物才往往引起我们惊叹。"①朗吉努斯在这里说明了产生崇高的事物的特点,不是因为对人类有用和必需,而一定要是非常之物,即自然中巨大的力量和无边的广度的事物。比如尼罗河、多瑙河等激越的河流、浩瀚无边的海洋、一望无际的星空、喷发巨石和岩浆的火山等。为何非要对这些无边无垠的事物才会产生崇高呢?朗吉努斯的回答是"惊叹",不是一般的感叹和惊讶,而是震惊。在无限的事物面前、雄伟的大自然风景面前,人的心灵被这些河流、海洋和星空所占据,叹服于大自然造化之功,对自然的佩服由衷而起,这些感觉就转化成了崇高。

除了自然界伟大的事物之外,人的伟大行为和伟大心灵也可以让人产生崇高感。他说:"在日常生活中,凡是伟大心灵所鄙弃的东西,绝不会是真正伟大的,譬如财富、荣誉、名声、权势,以及虚有其表的荣华。"在他看来,那些存在于社会和艺术中惊心动魄的神和英雄事迹才具有永恒的价值,激起人们的崇高感。比如《荷马史诗》中赞颂神灵的伟大:

"远得像守望人纵目看入朦胧的远方,

当他坐在哨岗上,注视着酒绿色的海洋,

引吭长嘶的天马一跃就是这么遥远。"

描写波塞冬的诗歌:

"高山和森林在颤抖,

四周峰风,特洛伊城,阿开亚人的船艘,

在波塞冬神大步走来的脚下动摇;

他乘风破浪而来,惊动了鲸鲵踊跃;

它们从海底升起,来迎接这位王侯;

海洋欢喜得雀跃,裂开了,飞溅着波涛。"

---

① [古罗马]朗吉努斯:《论崇高》,载《缪朗山文集》第1卷,缪朗山译,章安祺编订,中国人民大学出版社2011年版,第101页。

描写战争:

　　"酣斗如狂,有如枪手战神,有如烈焰,

　　席卷了荒山,烧遍了幽深茂密的森林,

　　口里唾这泡沫似的飞涎……"①

　　朗吉努斯认为,荷马描写的场面和形象之所以崇高,就是写出了神的纯洁、伟大和纯粹的神性,而人则被写成了神的模样,具有神一样的伟大心灵。荷马描写战争,天崩地裂一般,天国与冥土,人与神,都参加了战斗,经受着危险;埃阿斯在浓雾和深沉的黑夜中无法战斗,但他并没有乞求生命,而是祈祷拨云见日,战死沙场;这一切,让朗吉努斯感到"这些诗篇是惊心动魄的,……诗人往往能达到英雄事迹的伟大境界"②。因此,社会和艺术中呈现出来的神、英雄等事迹和形象就体现了崇高的美。

二、崇高的构成因素

　　朗吉努斯的崇高论主要是针对古希腊和罗马修辞论意义上文学风格的形成而言的。他指出,虽然崇高来自天才之作,但也可以通过学习而获得,只不过首先要明确什么是崇高,什么是伪崇高。有些文章或演说,看似华丽壮观,实则虚空无实。他首先指出了与真正崇高风格为敌的几种常见的伪崇高的文章弊病。

　　他认为,伪饰的崇高具有下面的特点:浮夸、幼稚、矫情、奇想和标新立异。文章的浮夸是一种最难以提防的毛病,一般作家为了力求壮丽,不知不觉就陷入了无病呻吟的枯燥之中。例如西西里的诡辩家高尔吉亚称薛西斯为"波斯人的宙斯"、秃鹰为"活的坟墓"等夸大之词。尽管悲剧在一定程度上允许夸张,但是失去了真实而过分追求文雅,过于雕琢,无疑是一种败笔。除了浮夸,

---

① [古罗马]朗吉努斯:《论崇高》,载《缪朗山文集》第1卷,缪朗山译,章安祺编订,中国人民大学出版社2011年版,第72—73页。

② [古罗马]朗吉努斯:《论崇高》,载《缪朗山文集》第1卷,缪朗山译,章安祺编订,中国人民大学出版社2011年版,第72—73页。

还有两种毛病也是人们常犯的:幼稚和矫情。幼稚是因为过于追求风雅而跌入无聊琐碎泥潭;矫情则是误用感情,尽情发泄自己的情感而不知道节制所致。如果作者的感情是矫揉造作的,那么读者或者听众也不会买账。第四种毛病是想入非非的奇想联翩。这是因为作者难以察觉自己的过错,自以为聪明,标新立异所致。朗吉努斯认为,这种卖弄的毛病普遍存在,"以色诺芬和柏拉图之英才,尽管曾受教苏格拉底门下,尚且有时候因卖弄小聪明而得意忘形"①,至于其他作家则更不在话下了。第五种毛病是标新立异。他说:"风格的美、词藻的崇高,乃至措词的美妙,固然有助于作品的成功,但是这些优点不仅仅是成功的,也是失败的根源。"②可能他认为,如果在文章中过度运用的话,会减弱或损害文章的内容。

既然文章有真假崇高的风格,那么如何辨别呢? 朗吉努斯认为,辨别真伪崇高需要有长久的经验,看文章是否具有不可抗拒的魅力。文章的好坏需要两个维度的考量:一个是时间的考验,另一个是个体体验的考验。朗吉努斯说:"真正伟大的作品是百读不厌的,很难甚至不可能抵抗它的魅力,它留给你牢固的、不可磨灭的印象。一般地说,凡是古往今来人人爱读的诗文,你可以认为它是真正美的、崇高的。"③真正崇高的文章可以超越种族、国界和时间,受到各种各样人的喜爱,这样的文章就成了经典。个体体验也是考量文章是否崇高的一个标准。他说:"有些篇章是否徒有堂皇的外表,端赖添上一些雕饰的藻饰,但一经细听,就发现它内容空洞,倒值得鄙视,不值得赞美。因为真正崇高的文章自然能使我们扬举,襟怀磊落,慷慨激昂,充满了快乐的自豪感,仿佛是我们自己创作了那篇文章。"④朗吉努斯说明了崇高的经典之作具有惊人的力量,让读者融于其中,情动于中,受到感动和启悟。譬如,莎士比亚

---

① [古罗马]朗吉努斯:《论崇高》,载《缪朗山文集》第 1 卷,缪朗山译,章安祺编订,中国人民大学出版社 2011 年版,第 68 页。
② [古罗马]朗吉努斯:《论崇高》,载《缪朗山文集》第 1 卷,缪朗山译,章安祺编订,中国人民大学出版社 2011 年版,第 69 页。
③ [古罗马]朗吉努斯:《论崇高》,载《缪朗山文集》第 1 卷,缪朗山译,章安祺编订,中国人民大学出版社 2011 年版,第 69—70 页。
④ [古罗马]朗吉努斯:《论崇高》,载《缪朗山文集》第 1 卷,缪朗山译,章安祺编订,中国人民大学出版社 2011 年版,第 69 页。

戏剧《凯撒》中安东尼在凯撒尸体旁边作的演讲,司马迁的《项羽本纪》、骆宾王的《讨武曌檄》等都具有崇高的风格,感动一代又一代的读者。

那么真正的崇高由哪些因素构成呢? 朗吉努斯说:"崇高的风格有五个真正的来源,……第一而且首要的是庄严伟大的思想,第二是具有慷慨激昂的热情。这两个崇高因素主要是依赖天赋的。其余三者则来自技巧。第三是构想辞格的藻饰,藻饰有两种:思想的藻饰和语言的藻饰。此外,是使用高雅的措词,这又可以分为用词的选择,象喻的词采和声喻的词采。第五个崇高因素包括上述四者,就是尊严和高雅的结构。"①对于庄严伟大的思想在上一节中已经论述过了,一颗伟大的心灵是崇高的必要基础。具体而言,崇高的构成因素包括如下几个方面。

第一,题材的选择和组织。他说:"在我们看来,崇高的原因之一在于能够选择最适当的本质成分,而使之组成一个有机的整体。因为能吸引读者的原因一方面是题材的选择,另一方面是选材的组织。"②他认为,最能表现主题的选材构成的整体极具感染力,最能呈现崇高的风格。譬如萨福描写恋爱的痛苦就是取材于现实中恋爱所带有的征候。

> 我觉得他宛若神明:
> 他坐在你面前倾听,
> 你那充满蜜意的话,
> 你那惹人怜爱的笑声——
> 这使得我的心,
> 在胸中鼓动不停。
> 只要看你一眼,
> 我便说不出声,
> 我的舌头不灵。

---

① [古罗马]朗吉努斯:《论崇高》,载《缪朗山文集》第1卷,缪朗山译,章安祺编订,中国人民大学出版社2011年版,第70页。
② [古罗马]朗吉努斯:《论崇高》,载《缪朗山文集》第1卷,缪朗山译,章安祺编订,中国人民大学出版社2011年版,第75页。

　　　　一种微妙的火焰，

　　　　立刻在我身上传遍，

　　　　我眼花，视而不见，

　　　　我耳鸣，听而不闻，

　　　　我的汗好像甘霖，

　　　　我浑身抖颤，

　　　　我的脸色比草还青，

　　　　我觉得我与死亡接近。①

　　朗吉努斯说，萨福表达爱情的感受不是来自一种感官感觉，而是视觉、听觉、肉体和灵魂等全方位的感受，表现的不是一种情感，而是复杂的甚至相互矛盾的情感的结合。因此，他认为萨福的诗歌给人崇高感，原因在于她选择了最动人的地方，并使之组成一个整体。

　　第二，铺张的运用。"所谓铺张：每一段的主题和论点都有不少起伏波澜，雄浑的文辞一句接一句滚滚而来，不断地增加其气魄。"②朗吉努斯认为，铺张作为一种修辞方法，在于丰富，它能使主题显得壮丽，但是如果没有崇高作为其核心的话，往往会流于冗长。他说："但是在其余一切铺张，去掉崇高的因素就不啻从肉体取去灵魂，因为若没有崇高的因素来支持，它们必至于立刻失掉其力量而显得空洞了。"③

　　第三，想象的运用。朗吉努斯说："风格的庄严雄浑遒劲，年轻人啊，多半是赖'意象'产生的。有人称之为'心像'。所谓想象作用一般是指不论如何构想出来而形之于言的一切观念，但是这个名词现在用以指这样的场合：当你在灵感和热情感发之下仿佛目睹你所描述的事情，而且使它呈现在听众的眼前。"④

---

① [古罗马]朗吉努斯：《论崇高》，载《缪朗山文集》第1卷，缪朗山译，章安祺编订，中国人民大学出版社2011年版，第76页。

② [古罗马]朗吉努斯：《论崇高》，载《缪朗山文集》第1卷，缪朗山译，章安祺编订，中国人民大学出版社2011年版，第77页。

③ [古罗马]朗吉努斯：《论崇高》，载《缪朗山文集》第1卷，缪朗山译，章安祺编订，中国人民大学出版社2011年版，第77页。

④ [古罗马]朗吉努斯：《论崇高》，载《缪朗山文集》第1卷，缪朗山译，章安祺编订，中国人民大学出版社2011年版，第80页。

例如,欧里庇得斯写复仇女神:那些血足蛇状的女妖迫害我,唉,她们在这儿,迫近了,向我猛扑! 仿佛作者目睹了复仇女神的追杀,同时也强迫观众看见他所想象的事物,让人产生恐惧和崇高感。

第四,辞格的运用。辞格包括誓词、设问、散珠、联用、虚字、倒装、变数、变时、变人称和婉曲等修辞方法。朗吉努斯极为重视辞格在崇高的文章或演讲中的应用,他认为辞格恰到好处是崇高感必不可少的因素之一。他反对在做文章或者演讲中滥用辞格,那样会适得其反,让人怀疑言说者玩弄手段、言不由衷。但是必要的、恰当的辞格运用却是崇高的必须途径。他说:"辞格乃是崇高风格的自然盟友,反过来又从这盟友取得惊人的助力。"①对于崇高与辞格的关系,朗吉努斯认为崇高应该是辞格的主心骨、辞格的目的,辞格应该是隐藏在崇高的风格背后,人们越是看不到辞格,就越能感受到辞格的效果。就像骄阳下的爝火无光一样,巧妙的辞格应该隐藏在美与崇高的光辉之中,从而使得热情而崇高的话更接近于我们的心灵。

其一,誓词是指天发誓的言词,具有庄严认真激情的力量,有助于崇高的风格诞生。他举例说狄摩西尼在阐释他的政治主张时,指着希腊英雄发了一个庄严的信誓:"你们绝不会错的,不,我敢以曾在马拉松出生入死的英烈为誓。"朗吉努斯说,这样的誓词非常具有震撼力,仿佛他把壮烈牺牲的先烈视若神明,他把出生入死者的精神注入了听众心中,这无比崇高热情的誓词必然让听众精神抖擞、自豪壮烈。其二,设问就是设想他人之问而自己作答,"凭借这个辞格使得他(狄摩西尼)的话不但更崇高而且更有说服力。因为热情的词句,当仿佛不是说者有意为之而是从情境中产生时更能感染人;而这种自问自答的方法似乎是感情的自然流露"。例如狄奥西尼说:"让我们渡海到马其顿去吧。有人问我:在哪里登陆呢? 战争自然会找出腓力的战略的弱点。"②其三,散珠格是词句之间省略了连接词,使得句子相连犹如不贯之珠。

---

① [古罗马]朗吉努斯:《论崇高》,载《缪朗山文集》第 1 卷,缪朗山译,章安祺编订,中国人民大学出版社 2011 年版,第 85 页。
② [古罗马]朗吉努斯:《论崇高》,载《缪朗山文集》第 1 卷,缪朗山译,章安祺编订,中国人民大学出版社 2011 年版,第 86 页。

例如色诺芬说:"以盾击盾,他们推进、战斗、厮杀、倒下。"其四,辞格的联用,"几个辞格的联用往往能产生极其动人的效果:两三个辞格仿佛结成同盟,互助合作,以提供劲势,增加说服力和美"①。其五,倒装格。"这个辞格颠倒措词或思想的自然顺序,仿佛显出了最真实的强烈感情之特征。"例如,希罗多德写的狄奥尼修斯的话:"我们的事态如在刀锋上,伊奥尼亚人啊,我们将做自由人呢,还是做奴隶、做逃亡的奴隶?"②其六,变数。朗吉努斯认为,修辞格、时态、人称和数的变化能够让文章变得丰富多彩、生动活泼,常对崇高的和热情的风格具有很强的修饰力。例如,"立刻算不清的人群在海滩上,喊道:鲔鱼! 鲔鱼!""于是,整个伯罗奔尼撒四分五裂了!"此外,有助于崇高的修辞还有变时态、人称以及婉曲等。

第五,措词的选择。朗吉努斯认为,文章的思想与语言形式往往互为表里、相互阐发,选择恰当和壮丽的词藻能够感染听众,使得文章风格雄浑绮丽、古雅庄严。因此他说:"华丽的词藻就是思想的光辉。"③措词,包括俗语、隐喻、夸饰、音律、陋句和琐词等。俗语,虽然通俗,但是运用得好的话,会让人立刻明白,更具有启发性和说服力。例如,形容一个人为了贪婪的野心而乐于忍受卑鄙无耻之事,忒奥庞坡斯说:"腓力有惊人的胃口,能吞下很多事情。"④隐喻,也是很重要的塑造崇高的手段。"过多大胆的隐喻之解药在于适情应境的强烈感情和真正的崇高意境。"⑤朗吉努斯认为,妙用比喻可以让文章更富有表现力,容易让听者产生共鸣。他举例说,善用隐喻的作家比如狄摩西尼热情如春潮暴涨、色诺芬用比喻把人体描绘得壮丽多彩。柏拉图描绘人体的时

---

① [古罗马]朗吉努斯:《论崇高》,载《缪朗山文集》第1卷,缪朗山译,章安祺编订,中国人民大学出版社2011年版,第87页。
② [古罗马]朗吉努斯:《论崇高》,载《缪朗山文集》第1卷,缪朗山译,章安祺编订,中国人民大学出版社2011年版,第89页。
③ [古罗马]朗吉努斯:《论崇高》,载《缪朗山文集》第1卷,缪朗山译,章安祺编订,中国人民大学出版社2011年版,第96页。
④ [古罗马]朗吉努斯:《论崇高》,载《缪朗山文集》第1卷,缪朗山译,章安祺编订,中国人民大学出版社2011年版,第96页。
⑤ [古罗马]朗吉努斯:《论崇高》,载《缪朗山文集》第1卷,缪朗山译,章安祺编订,中国人民大学出版社2011年版,第97页。

候,把头比作躯壳的城堡,颈比作建筑在头与胸之间的地峡,脊椎好比枢纽,快乐是诱人为非作歹的饵,舌头是味道的试石,心脏是静脉的结节,血液为循环的源泉等。柏拉图如此这般美妙的比喻,让朗吉努斯拍案叫绝,他说:"我所举的例子足以证明:比喻的词藻在本质上是雄伟的,隐喻有助于崇高的境界,况且热情的和描写的文章最是欢迎它们。"①

"音律的和谐不仅是进行说服和引起快感的天然的工具,而且是作出壮语和表达感情的奇妙工具。……文章即是语言的谐律,而这种语言是天赋于人的,不但能达到人的耳朵,而且能打动人的心灵,激发了各式各样的词藻、思想、行为等。"②因而,朗吉努斯认为,和谐的音律有助于引发人们向往一切壮丽、尊严和崇高的事物,支配着人们豪迈的心情。例如,狄摩西尼说:"这一纸法令使得当时笼罩着全城的危机过去了,宛如云散。"朗吉努斯认为,这个句子就特别悦耳,不仅在于它的思想,而且还在于它的音律完全符合长短格,这格也称为"英雄格律",具有最高雅的节奏,因而造成雄浑的气象。

第六,结构的配合。"在使文章达到崇高的诸因素中,最主要的因素莫如各部分彼此配合的结构。正如人体,没有一个部分可以离开其他部分而独自有其价值,但是所有部分彼此配合则构成了一个尽善尽美的有机体。假如他们结合成一体,而且以调和的音律予以约束,这样形成了一个圆满的环,便产生美妙的声音。在这种圆满的句子中,雄浑感几乎靠许多部分的贡献。"③朗吉努斯举例说,欧里庇得斯的《疯狂的赫拉克勒斯》中在赫拉克勒斯的孩子们被杀之后,他说:"我载满了灾难,再没有容纳更多灾难的余地了。"④

---

① 〔古罗马〕朗吉努斯:《论崇高》,载《缪朗山文集》第1卷,缪朗山译,章安祺编订,中国人民大学出版社2011年版,第98页。
② 〔古罗马〕朗吉努斯:《论崇高》,载《缪朗山文集》第1卷,缪朗山译,章安祺编订,中国人民大学出版社2011年版,第104页。
③ 〔古罗马〕朗吉努斯:《论崇高》,载《缪朗山文集》第1卷,缪朗山译,章安祺编订,中国人民大学出版社2011年版,第105页。
④ 〔古罗马〕朗吉努斯:《论崇高》,载《缪朗山文集》第1卷,缪朗山译,章安祺编订,中国人民大学出版社2011年版,第105页。

三、古典主义:摹仿典范与推崇理性

(一)借鉴古人,推崇希腊

面对罗马傲慢的堕落和古希腊辉煌的艺术成就,朗吉努斯指出了一条引向崇高境界的道路:摹仿古代伟大散文家和诗人们,并且同他们竞赛。借鉴古人是诗人达到崇高境界的一个途径。为何要借鉴古人呢? 他认为,第一,学习古希腊伟大的诗人的崇高精神。荷马,是希腊很多诗人雄伟篇章的共同源泉,希罗多德继承荷马精神成就了崇高的史学巨作;柏拉图尤为出类拔萃,从荷马那里汲取无数清水引入自己的作品,从而让自己的作品也庄严肃穆;更何况还有斯提西克洛斯、阿奇罗科斯等诗人无一不是从荷马那里学习了高贵庄严的精神。因此,朗吉努斯说:"许多人是从别人的精神获得灵感的,……所以古代作家的伟大精神中有一绪潜流注入慕古者的心灵中,好像从神圣的口中发出启示,受了这种感召,即令不大能有灵感的人也会因被人的伟大精神而同享灵感。"[1]第二,揣摩并以古希腊的典范作品为楷模。朗吉努斯一直认为,崇高依凭的是天才,不过他并不排除后天的学习和技巧的运用。"虽然这是天生而非学来的能力,我们也要努力陶冶我们的性情,使之达到高远的意境,仿佛使之孕育着高尚的灵感。"[2]他提出,当代的诗人要以古希腊的伟大作家为目标,向他们看齐并且在创作中与之竞赛。其实,朗吉努斯所提出的与古人竞赛,其实质就是把古典作品或者作家的标准内化,他甚至要求把柏拉图、狄摩西尼等人当作隐含的读者来进行创作。他说:"当我们苦心经营一篇要求文辞高妙思想雄伟的文章,我们最好在心中提出疑问:'荷马对这篇文章会说什么话呢,柏拉图和狄摩西尼或者修昔底德写历史著作时,怎样达到崇高的境界?'在竞赛时,此等英才就出现在我们面前,宛若耀眼的明星,使我们的心灵

---

① [古罗马]朗吉努斯:《论崇高》,载《缪朗山文集》第 1 卷,缪朗山译,章安祺编订,中国人民大学出版社 2011 年版,第 79 页。
② [古罗马]朗吉努斯:《论崇高》,载《缪朗山文集》第 1 卷,缪朗山译,章安祺编订,中国人民大学出版社 2011 年版,第 71 页。

扬举而达到心中凝想的典范。"①

　　膜拜和揣摩古希腊的诗人及其典范作品,成为罗马古典主义的重要内容之一。在罗马时代,不仅朗吉努斯认为创作崇高作品需向古人学习、摹仿典范作品,而且贺拉斯也指出诗人们应该"日日夜夜揣摩希腊典籍"②,继承希腊神话和史诗的题材。他们认为,希腊人的艺术真实纯朴、典雅高贵,思想深刻、见识超拔,罗马人要想建立属于自己的文化和文学必须学习希腊的典籍和艺术。对希腊艺术的尊崇和学习,也理所当然地成为17世纪新古典主义的文学规范。朗吉努斯认为,真正优秀的作品应该能够经受住时间的考验,被历代读者所推崇的必定是佳作。"真正伟大的作品是百读不厌的,很难甚且不可能抵抗它的魅力,它留给你牢固的、不可磨灭的印象。一般地说,凡是古往今来人人都爱的诗文,你可以认为它是真正美的、真正崇高的。"③这一点被法国的古典主义立法者布瓦洛所继承。布瓦洛在《对朗吉努斯的感想》中说:"一个作家的古老并不足以保证他的价值,但是一个作家因为他的作品而受到长久的经常的赞赏却是一个颠扑不破的证据,证明那些作品是值得赞赏的。"④因此,在法国新古典主义者看来,时间是考量一个作品是否是艺术经典的标准。而希腊的作品在他们看来就是符合在长久的时间考验中依然出类拔萃的作品,赢得了历史的名声而成为不朽的典范。布瓦洛等古典主义者认为,要继承古希腊古罗马的经典作品,首先就要继承他们的题材、人物和规则。于是,在17世纪法国的舞台上,无论高乃依还是拉辛,他们借用了荷马、埃斯库罗斯、索福克勒斯等希腊诗人的英雄和题材。同时,布瓦洛还继承了希腊的文艺理论,在《诗的艺术》中把亚里士多德《诗学》中悲剧的经验变成了古典主义严格而残酷的三一律。

────────────

① ［古罗马］朗吉努斯:《论崇高》,载《缪朗山文集》第1卷,缪朗山译,章安祺编订,中国人民大学出版社2011年版,第80页。

② ［古罗马］朗吉努斯:《论崇高》,载《缪朗山文集》第1卷,缪朗山译,章安祺编订,中国人民大学出版社2011年版,第43页。

③ ［古罗马］朗吉努斯:《论崇高》,载《缪朗山文集》第1卷,缪朗山译,章安祺编订,中国人民大学出版社2011年版,第70页。

④ ［古罗马］朗吉努斯:《论崇高》,载《缪朗山文集》第1卷,缪朗山译,章安祺编订,中国人民大学出版社2011年版,第187页。

（二）激情与理性

朗吉努斯生活在公元前 1 世纪的古罗马时代,正是希腊的美学思想和艺术品位向罗马渗透和扩张的时代。希腊对人的尊重以及对美的爱好在这篇论文中都有体现。朗吉努斯认为崇高的真正来源不在于自然物象,而在于人本身,在于高尚的人格和伟大的心灵。对人的尊崇,认为人的本性具有真善美的倾向,这一点为后世特别是 17 世纪法国古典主义者所继承。只不过,布瓦洛等人把朗吉努斯对人的心灵和人格的推崇变成了对人的理性的推崇,理性代替心灵成为时代美学的标准。就古典主义来讲,无论是古罗马的古典主义,还是 17 世纪的新古典主义,有一个共同的理念,就是理智与情感的平衡关系。

情感,特别是激情是文学创作和艺术活动的最关键因素。文学艺术以情感动人,无情感则不成为文学,甚至一切艺术都以情感的传递为目的。如托尔斯泰所言,艺术是作者体验到的独特而强烈的情感通过文本让阅读它的人也能感受到这种真挚而独特的情感的过程。在希腊和罗马的文学艺术中,情感占据着特别突出的地位。在《荷马史诗》中阿喀琉斯失去所爱时日夜不眠,哀号声响彻云天,赫克托耳死后,老王的丧子之痛让人悲悯难抑,甚至当战神被矛刺中后也会痛苦地嚎叫。在古希腊的史诗作品中,作者并不避讳表达人物的自然情感,不管这种情感是否道德、是否合适。在古希腊悲剧中,情感的表达就更为直接、更加集中、更加尖锐。埃斯库罗斯的《俄瑞斯忒亚》三部曲就写了迈锡尼宫廷的血族仇杀。《阿伽门农》中王后克吕泰墨斯特拉谋杀了丈夫阿伽门农,在阿伽门农的尸体旁手拿利剑说自己的原因:"我刺了他两剑,他发出两声呼喊,立刻四肢瘫痪,我趁他颓然倒翻,又补上了一剑,送他到地下阴间。……他喷出一股急流的血,宛如喷泉,一阵血雨的黑点把我全身洒遍,我畅快得不亚于刚长穗的麦田,我欣然接受一阵天降的喜雨甘霖,情形既然如此,阿尔戈斯的长老们,得快乐时且快乐吧,我却是狂欢!"[①]这样亲手杀了自己丈夫还感到无比喜悦的女人恐怕在文学史中也是不多见的,这种罪行深重却毫不畏惧的情感在埃斯库罗斯的笔下变得悲惨而激越了。在《祭酒人》中,同样是克吕泰墨斯特拉,当她的

---

① 《缪朗山文集》第 5 卷,缪朗山译,章安祺编订,中国人民大学出版社 2011 年版,第 114 页。

儿子奥瑞斯忒斯用剑插向她的胸口时,她袒露胸口说:"孩子,看你曾在这里睡过,你吮着我的乳头哪!"同样是生死之际,她不乞求、不呻吟,可怕的人居然有这样超常的镇静和无限的悲伤。埃斯库罗斯的悲剧对于那些人类内心中情欲、情感,甚至是罪恶的激情都没有回避,反而直逼人心的深渊,让读者无可逃匿。类似的悲剧比如索福克勒斯的《俄狄浦斯王》也同样充满血、罪行和悲悯的激情冲突,直面淋漓的鲜血和残酷的激情无疑是希腊悲剧的一个特点。

但是,在希腊时代对于这种艺术描写情感的倾向并不都是赞成的,柏拉图就是其中的代表。他反对文艺作品把神和英雄写成像普通人一样,好吃懒做、纵情享受,当遇到危险和痛苦的时候就发泄自己的悲伤和恐惧。他认为,神应该是不变的,是善的原因,不能跟人类一样具有七情六欲。同样,英雄就应该有英雄的样子,要无所畏惧、勇敢向前,遇到困难、恐惧和危险的时候要无比镇定,坚忍痛苦,为战士或者城邦的卫士作出表率。因此,他在《理想国》中没有给荷马、埃斯库罗斯、索福克勒斯等希腊悲剧家安排位置,因为他们的作品都是亵渎神灵、抹杀英雄,引导人们的感伤癖的。这种艺术有害论的基础在于柏拉图对理性与情感的看法。他认为,人的灵魂可以分成三种成分:一种是理性,一种是激情,一种是欲望。在人的心灵中最好的部分就是理性,其次是激情,最坏的是欲望,只有理性在激情的辅助下控制了欲望,人才合乎正义。对于激情,柏拉图认为是人性中的最重要部分,有好的激情和坏的激情。好的激情会增强人的理性坚定地维护正义的信念;坏的激情会帮助欲望去做罪恶或者低俗的事情,把人的灵魂败坏。因此,他对激情持一种谨慎的态度,认为应该由理性予以辨别和控制。柏拉图说:"对于灵魂的激情部分来说也一样,每当一个人想要满足他的激情,就会不假思索、不顾理性,出于妒忌而去追求荣誉,使用暴力去夺取胜利,出于愤怒而放纵坏脾气,难道不是吗? ……整个灵魂接受灵魂的爱智部分的指导,内部没有纷争的时候,结果会是灵魂的每一部分都在各方面各负其责,都是正义的。"①基于这样的思想,柏拉图给诗歌下了

---

① [古希腊]柏拉图:《理想国》,载《柏拉图全集》第二卷,王晓朝译,人民出版社2003年版,第604页。

逐客令,只允许那些增益理性的艺术存在于理想国中,不许甜言蜜语的抒情诗或史诗进来,因为这些诗歌只会摹仿人的非理性部分即情欲和激情。

在深受希腊文化影响的罗马时代,朗吉努斯与贺拉斯一样也受到了柏拉图的影响,对于激情与理性的关系与柏拉图如出一辙。而贺拉斯和朗吉努斯对情感和理性的看法,在某种程度上奠定了古典主义诗学的基础。古典主义文艺思想崇尚理性,贺拉斯首度提出文艺创作的"合理原则",即文艺要合情合理,这是他的文艺思想的核心。他在《诗艺》中谈到诗人创作时首先要"合情",即要有充沛的情感,否则作品不能动人,也就失去了观众。他说:"如果你要我落泪,首先要自己生悲。于是乎,你的不幸,忒勒福呀佩琉斯,才能令我动乎中,如果你不像凄切,就使得我昏昏欲睡或教我活活笑死。⋯⋯天之生人在始就使人心适应命途,使我们欣然喜悦,使我们勃然大怒,压倒我们在大地上,折磨我们以痛苦,然后教我们用语言倾吐胸中块垒。"①他认为,诗人在写作悲剧或喜剧的时候,只有自己先被人事所感动,情感激烈难以抑制,然后形诸笔墨、呈现于形象,最后才能感动读者。那么,读者以此也能感受到文本中所凝聚的情感,精神才会得到净化和提升。不过,文学中的情感表现并不是贺拉斯古典主义诗学的核心,他真正要标举的还是理性,不论是情感,还是题材的选择、情节的演绎、人物的性格等都要受到理性的指导。一个作品是否优秀,一个人物性格是否丰满,一个悲剧是否寓教于乐,它们的标准是什么呢?贺拉斯回答说"一切佳作的源泉在于正确的见识"。这个"见识"就是古希腊古罗马人认为的理性,即"一个人懂得对国家、对朋友的义理,敬爱父兄的孝悌,接待宾客的礼仪,元老应尽的义务,法官应秉的正义,奉命出征的将军应如何厥尽其职——他必然知道把人物写得合情合理"②。由此可见,贺拉斯认为人人需要具备见识,当然作家更需要具备的基本素质就是作为共和国的公民完成自己的义务和职责。他觉得诗人只要知道并恪守人应当尽的义务,坚守

---

① 〔古罗马〕贺拉斯:《诗艺》,载《缪朗山文集》第1卷,缪朗山译,章安祺编订,中国人民大学出版社2011年版,第36—37页。

② 〔古罗马〕贺拉斯:《诗艺》,载《缪朗山文集》第1卷,缪朗山译,章安祺编订,中国人民大学出版社2011年版,第45页。

自己的理性写作就必然会合乎情理。这种观点与柏拉图的"正义"说法极为相似,都强调了理智在文艺中的作用。

与贺拉斯一样,朗吉努斯也极为看重文艺创作中情感的或者激情的因素。"无情不能动人"这条基本文艺创作规律,他有非常独到的体会。诗人表现激情,其作品易出现崇高的风格。朗吉努斯说,萨福描写爱情发狂的诗让人激动不已,原因在于她描写了钟情男女如痴如狂的多重复杂感情,并把它们组合起来。而且,他特别推崇写作《伊利亚特》的荷马,认为青年时期的荷马精力旺盛、感情充沛,因而诗篇写得惊心动魄;但是《奥德赛》则写得趋于平淡,甚至废话连篇,原因在于荷马已经进入暮年,激情不复。于是他得出一个创作的结论:"我希望你认识,伟大的作家和诗人到了热情衰退之时,也往往沦于着重性格刻画。"[1]不过,朗吉努斯并不是一个"激情至上"者,相反他对激情与理性的关系有着深刻而辩证的看法。

在他看来,激情乃是崇高的来源之一,无激情则无崇高的风格。他极为推崇激情在创作崇高风格的作品中的作用,甚至用激情是否充沛来评论诗人们的风格和成就。他认为,狄摩西尼雄辩热情,宛如大海激情磅礴;柏拉图稳健,具有富丽堂皇的尊严;西塞罗则内心有一种强烈而持续的火焰,如同野火燎原,横扫一切,文章的力量崇高而激越。不过,尽管他知晓激情对于诗人来讲意味着什么,但是他还是辩证地看待激情本身。

崇高风格的形成依赖于热情,但是并不意味着任何热情都是合适的。朗吉努斯认为,凯齐留斯在论述崇高时只字未提热情,这种忽略对于崇高论来讲是大错特错的。但是,热情与崇高并不是一回事,"因为有的热情是卑微的,去崇高甚远,例如怜悯、烦恼、恐惧。反之不少崇高的篇章却没有热情"[2]。他在这里区分了热情的种类,认为有的激情比如敬重神明、爱国、爱情等是好的激情,有的激情譬如怜悯、恐惧等是卑微的激情,后者无助于崇高的形成。因

---

① [古罗马]朗吉努斯:《论崇高》,载《缪朗山文集》第1卷,缪朗山译,章安祺编订,中国人民大学出版社2011年版,第75页。

② [古罗马]朗吉努斯:《论崇高》,载《缪朗山文集》第1卷,缪朗山译,章安祺编订,中国人民大学出版社2011年版,第70页。

此,"我大胆地说,有助于风格之雄浑者,莫过于恰到好处的真情"①。其次,他认为激情不易过度,否则会走向情感的反面。有的作家故作深沉,想超越崇高,但是反而陷入了幼稚的境地。这些作家误认为只要"乞灵于酒神杖",宛如醉汉,尽量发泄情感,就会感动观众。在朗吉努斯看来,这是一个创作的误区:"那是感情用得不合时宜,在应该抑制的时候不知抑制。此等感情纯粹是个人的造作,因此使人生厌,在没有动情的观众看来,真是有失观瞻。"②最后,情感要受制于理性的羁绊。朗吉努斯认为,虽然崇高的作品来自天才,但是放任激情信马由缰,并不能得到真正的崇高。他说:"试想在情绪高涨之时,人的性情固然往往不知守法,但仍不是天马行空,不可羁縻,可见他们的道理适得其反。……况且,激昂的情绪,若不以理性控制,任其盲目冲动,随波逐流,有若无舵之舟,定必更加危险。因为天才常常需要刺激,也常常需要羁绊。"③总之,在朗吉努斯看来,崇高风格的形成必定依赖于天才的激情,这是慷慨激昂的洪流之根源。但是,诗人需表现积极的情感,而且这种情感不能听之任之,而要表现适应,用理性来予以控制。

至此,罗马古典主义的情感与理性的关系大致就清楚了:情感为诗歌创作所必须,但是不能放任激情流露,应该由理性加以羁绊和指导。这种理性高于情感的观念,到了17世纪法国古典主义时代,布瓦洛等人就把它们发展成了"理性主义"文艺思潮了。作为古典主义立法者的布瓦洛宣称:"首须爱理性:愿你的一切文章永远只凭着理性获得价值和光芒。"④在这种铁律下,古典主义用理性限制甚至窒息了鲜活的文艺创作,因此古典时代的悲剧被称为"戴着镣铐的舞蹈"。其始作俑者,无疑是贺拉斯和朗吉努斯等罗马古典主义者。

① [古罗马]朗吉努斯:《论崇高》,载《缪朗山文集》第1卷,缪朗山译,章安祺编订,中国人民大学出版社2011年版,第71页。
② [古罗马]朗吉努斯:《论崇高》,载《缪朗山文集》第1卷,缪朗山译,章安祺编订,中国人民大学出版社2011年版,第67页。
③ [古罗马]朗吉努斯:《论崇高》,载《缪朗山文集》第1卷,缪朗山译,章安祺编订,中国人民大学出版社2011年版,第65页。
④ [法]布瓦洛:《诗的艺术》,任典译,人民文学出版社2009年版,第5页。

第二编

中世纪至17世纪人学与美学

从公元 1 世纪基督教诞生到 16 世纪宗教改革是基督教神学统治的时期，基督教思想家普罗提诺、奥古斯丁、托马斯·阿奎那以《圣经》和基督教神学为依据，发展了人学思想，并据此发展了美学思想。整个中世纪，宗教神学占据了统治地位，科学以及人学学科全部笼罩在神学的阴影下，古希腊古罗马的健康人性被神性所取代。神对人的否定、灵魂对肉体的贬斥、宗教生活对世俗生活的压制成为这个时期人学思想发展的重要内容。在神学家看来，上帝创造了人类，人犯了原罪，成为耶稣的信徒才能得到救赎。奥古斯丁接受了新柏拉图主义，系统阐述了这种人类的"原罪说"，上帝是善的根源，不是恶的根源，人自身的欲望才是恶的根源。同时，他认为美来自上帝，上帝是真善美的统一体，美就是上帝的整一性。在神学家看来，上帝高于人类，人必须完全服从上帝，一切人的美好东西全部来自上帝，而且也要归之于上帝，这就是中世纪神学、人学、美学的基本观念。

文艺复兴时期的人文学者和艺术家重新发现了人，发现了现世生活的意义，也创造了丰富而灿烂的美的艺术。人文主义者排斥基督教对人的过度压抑，神退回到了教堂，人在自己的生活中占据了主要的地位。他们凸显了人的高贵、人的情感和人的现实幸福，不过这种人性的大复苏超出了某种社会性，变成了一种纵欲的狂欢，人的自然属性脱离了超越性的一面而成为人的本质。这一时期的人学体现在文学家和艺术家的作品中。但丁是中世纪最后一位诗人，也是文艺复兴第一位诗人，在他身上体现了基督教神学与人文主义人学的激烈冲突，这突出表现在他的《神曲》中。薄伽丘崇尚人的平等、智慧和爱情的幸福。拉伯雷的《巨人传》更是一部全面复苏人性、鼓吹人文主义的经典。尘世的生活、现实的幸福、爱情等感情的满足、生物性欲望的实现成为文艺复兴时期人学和美学的共同内容。文艺复兴公开否定了基督教对人的限制，同时也否定了神所给予人的提升。

17 世纪，随着资本主义经济的产生、自然科学的发展、社会组织的完善，封建主义在欧洲达到了顶峰,古典主义成为主要的统治范式。古典主义是封建阶级与资产阶级在势均力敌的情况下合作的结果,因此理智与情感、理性与激情的张力就成为时代的主题。布瓦洛在《诗艺》中说,唯有理性才是衡量一切的标准。同样,理智与情感的矛盾也普遍成为艺术家的主题,比如高乃依的悲剧、拉辛的《安德洛玛克》等都是要求理性压制感情。在人的观念上体现最为明显的是温克尔曼,他认为现代人应该学习古希腊人,因为他们心灵高贵、人格高尚。持反对态度的是莱辛,他认为人应该充分表达感情,不能压抑自己。

第四章　奥古斯丁:基督教人学与神学美学

奥古斯丁(Augustine,354—430 年)出生在古罗马时代的北非,是基督教哲学家、神学家。他被誉为早期希腊化教会典范向中世纪拉丁典范转变的关键思想家。汉斯·昆在《基督教大思想家》中称其为开启新典范的七大思想家之一。基督教思想史家冈察雷斯对奥古斯丁评价非常高:"奥古斯丁标志着一个时代的结束和另一个时代的开始。他是最后一位古代基督教作家,又是中世纪神学的先驱者。古代神学的主要流派汇合在他身上。从他身上发展起来的不仅仅是中世纪的经院主义,而且还有 16 世纪的新教神学。"①简单地说,奥古斯丁是继圣保罗之后对基督教思想和教会统一产生重大影响的神学家之一。他的思想研究不仅在神学和宗教领域内展开,而且对后世的哲学家譬如笛卡尔、马勒伯朗士、汉娜·阿伦特等都影响深远,其思想成为当代哲学美学的一个重要源头。

一、生平与著作

公元 354 年 11 月 13 日,奥古斯丁诞生于西罗马帝国非洲省的小城塔加斯特(Thagaste)。母亲莫妮卡是一名基督徒,她在奥古斯丁的信仰之路上起到了积极的作用,父亲帕特里修斯处于罗马社会中层。365 年,他被父母送到

---

① ［美］胡斯都·L.冈察雷斯:《基督教思想史》,陈泽民等译,金陵协和神学院 2002 年版,第 360 页。

马道拉(Madaurus)的语法学校接受教育,他喜欢学习拉丁文和修辞学,并大量地阅读西塞罗、贺拉斯和维吉尔等学者的哲学、文学和历史著作,直接受到了古罗马文化的影响。奥古斯丁非常崇拜西塞罗,决定学习雄辩术和哲学,但是家里并不富裕,他的父亲帕特里修斯到处筹措学费,最终得到一个财主的资助,他才得以到迦太基学习。此时,他的父亲却得病身亡,临终前接受了洗礼,成为基督徒。当时,迦太基是个经济繁荣、文明昌盛的大城市,在这里奥古斯丁真正开始认识社会和积累人生经验。

"我来到了迦太基,我周围沸腾着、振响着罪恶恋爱的鼎镬。我还没有爱上什么,但渴望爱,并且由于内心的渴望,我更恨自己渴望得还不够。……爱与被爱,如果进一步能享受所爱者的肉体,那为我更是甜蜜了。我把肉欲的垢秽玷污了友谊的清泉,把肉情的阴霾掩盖了友谊的光辉。"①奥古斯丁年轻的身心一旦沉溺于爱欲之中,立即不可自拔,后来他找了一个心意相知的情人同居起来,并生了一个儿子。不过,这段情爱关系并不是一时兴起,而是长达14年之久的相互陪伴和爱恋之情。"我们两人不是经过当时所谓合法的婚姻而结合的,而是由于苦闷的热情,我忘却了理智而结识的。但我仅有她一人,我对她是始终如一,并无其他外遇。"②374年,奥古斯丁在迦太基教授语法和雄辩术,并在戏剧比赛中获得大奖,一时文名大振,好评如潮。

373年8月起,奥古斯丁对摩尼教的教义产生了浓厚兴趣,研习摩尼教达九年之久,但并没有解决自己的内心矛盾和信仰问题。383年,一位摩尼教主教福斯图斯(Faustus)前来迦太基,极受教徒推崇,擅长辞令言谈,学识渊博。奥古斯丁就去拜见他,渴望能解决自己的思想困境,他说:"可是这位彬彬有礼的斟酒者递给我一只名贵的空杯,怎能解我的酒渴呢?"③不过主教大人倒是承认自己学识不够,于是奥古斯丁就逐渐脱离了摩尼教,打算到罗马去教书。

384年,奥古斯丁受罗马行政长官的任命,到米兰的皇家学校担任雄辩术

---

① [古罗马]奥古斯丁:《忏悔录》,周士良译,商务印书馆2016年版,第37页。
② [古罗马]奥古斯丁:《忏悔录》,周士良译,商务印书馆2016年版,第55页。
③ [古罗马]奥古斯丁:《忏悔录》,周士良译,商务印书馆2016年版,第82页。

的教授。米兰是罗马帝国的第二大城市,政治和经济地位比较高,宗教氛围也非常浓厚。奥古斯丁把他的母亲、儿子和好友都团聚在身边,在乡村别墅静修,研读《圣经》。此时,奥古斯丁在世俗婚姻与皈依信仰之间不断摇摆,心境矛盾而郁闷。他向一位姑娘求婚,并与长期同居的情人分手,但最后也没有结婚,而是选择了修道生活。他说:"我的罪恶在不断增长。经常和我同居的那个女子,视为我结婚的障碍,竟被迫和我分离了。我的心本来为她所占有,因此如受刀割。这创伤的血痕很久还存在着。她回到非洲,向主立誓不再和任何男子交往。她把我们两人的私生子留在我身边。但是不幸的我,还比不上一个女子,不能等待两年后才能娶妻,我何尝爱婚姻,不过是受肉情的驱使,我又去找寻了另一对象,一个情妇,好像在习惯的包庇下,继续保持、延长或增加我灵魂的疾疢,直至正式结婚。"①

　　在米兰的日子里,有两件事对奥古斯丁的信仰产生了重要的影响。一件事是他向米兰主教安布罗斯求教以及研读圣保罗的书信,这帮助他深入地理解了《圣经》教义。他说:"我读了自称'使徒中最小的一个'保罗的著作,这些思想憬然回旋于我心神之中,这时仰瞻你的神功伟绩,我不禁发出惊奇的赞叹。"②可以说,奥古斯丁的神学思想是对圣保罗思想的继承和发展。例如,原罪与恩典、"三位一体"等思想都有圣保罗的影子,不过善与恶、灵魂、自由意志等命题则是他自己的创举。另一件事是"隐修士安东尼"改变了奥古斯丁对生活方式的理解,也直接导致他皈依基督教。有一天,在皇宫身居要职的朋友蓬提齐亚努斯(Pontitianus)来拜访,告诉他关于"埃及的安东尼"(约251—356年)的故事。安东尼是首批基督教修道士之一,他把财产散发给穷人,自己到沙漠中居住和修道,主张极简生活和禁欲主义。"沙漠苦修士"远离尘嚣的圣洁生活和一心侍奉天主的情境震撼了奥古斯丁的心灵,此时他对自己无法摆脱红尘欲望的状况正惭愧不已,悲伤于自己年逾40却还徘徊在信仰与欲望的路上。

---

① [古罗马]奥古斯丁:《忏悔录》,周士良译,商务印书馆2016年版,第117—118页。
② [古罗马]奥古斯丁:《忏悔录》,周士良译,商务印书馆2016年版,第145页。

他朋友走后,奥古斯丁痛恨自己的罪恶生活,又找不到摆脱尘世欲望的方法,而理性又无法指导他打开信仰之门。这种激烈的思想斗争让他在花园里泪如雨下,他不由得匍匐在尘埃之中向上帝呼唤求救。突然他听到一个孩童的声音说:"翻开,读书吧。"在无花果树下,他随手翻看了圣保罗的书信,看到一段经文:"不可耽于酒食,不可溺于淫荡,不可趋于争竞嫉妒,应披服主耶稣基督,勿使纵恣于肉体的嗜欲。"奥古斯丁豁然开朗,犹如有一道恬静的光芒驱散了阴霾的欲望,心灵获得了平静,他皈依信仰了。387年的复活节,大主教安波罗修为奥古斯丁施洗,从此他正式投身于基督教会。

390年,奥古斯丁决定带领全家和朋友们返回北非传教,在奥斯提亚的第伯河口,母亲病倒了。他在《忏悔录》中深情款款地回忆,某日在旅店里母子二人凭栏远眺第伯河口畅谈生命、信仰和天主的场景。不久母亲去世,奥古斯丁非常悲痛,不过略感安慰的是母亲走得比较安详。祸不单行,回到家乡后不久,他儿子也不治身亡,这给他带来巨大的痛苦。之后,他把全部精力都投入阐发《圣经》教义、驳斥宗教异端和著书立说之中。

391年,年迈的希坡主教瓦勒留(Valerius)希望奥古斯丁能够到教会担任职务,帮助他与摩尼教和多纳图派进行论辩,于是奥古斯丁成了希坡教会的神父。395年,瓦勒留病逝,奥古斯丁被推举为希坡主教,从此他周济贫苦人民,生活简朴,为教会兢兢业业地工作了40年。奥古斯丁著述丰富,据说论辩小册子、回忆录、书信和著作合起来有500万字之巨。

奥古斯丁用了很长时间来批判和驳斥摩尼教。他写给旧友霍诺拉图斯一封长信——《论相信的益处》(On the Advantage of Believing),在其中阐释了信仰优先于理性思辨的重要性。391年,他给年轻的摩尼教朋友们写了另一封信——《论两个灵魂》(On the Two Souls),在书中反驳了摩尼教的善恶二元论,以及恶也是实体的看法。392年,奥古斯丁与摩尼教的希坡主教福斯图斯公开辩论,系统而彻底地批判了摩尼教的思想,并大获全胜。395年,奥古斯丁给未曾谋面的保利努斯写了一封《论自由意志》的信,在其中他继续探讨了善恶本源问题,认为恶不是实体,也不是源自上帝,恶是善的缺乏,他认为人们作恶或行善是基于人的意志的自由选择。

奥古斯丁战胜摩尼教之后,又迎战了多纳图派。多纳图派与公教会在非洲搞分裂,论争持续了一个世纪之久,其信徒已经成为北非教会内部分裂的势力。奥古斯丁不认同多纳图派的观点,认为他们不是在探索经典奥义,而是出于野心和利益在分裂教会。于是他写了《反驳帕尔梅尼亚》(Against the Letter of Parmenian),揭露了多纳图派的内部矛盾。后来,奥古斯丁又系统驳斥了伯拉纠主义的宗教思想。伯拉纠(Pelagius)宣扬基督徒严谨的禁欲生活,对人的罪恶之源加以思考辨析,进而发展出一套关于人类之罪的神学理论,称之为"伯拉纠主义"(Pelagianism)。

410 年 8 月,西哥特人攻陷罗马城,疯狂洗劫,帝国覆亡。罗马城的陷落对异教徒和基督徒都造成了极大的心理创伤。于是,罗马人就将帝国衰亡归咎于基督教会,认为人们只信仰基督而不崇拜罗马诸神是造成罗马衰落的文化原因。413 年,为解决这场信仰危机,奥古斯丁开始创作《上帝之城》(City of God)。《上帝之城》写作历经 14 年,全书共 22 章,他重新评论罗马史,认为罗马城之所以毁灭是罗马人骄奢淫逸的结果,属于咎由自取;同时,他着重阐发了基督教的教义,鼓励人们摒弃世俗生活,而向往"上帝之城"。430 年春天,非洲总督庞尼斐修兵败,汪达尔人兵临希坡城下。希坡教众齐聚在和平堂内,高唱赞美圣诗。8 月 28 日,奥古斯丁在歌声和炮声中安息了,死后被葬在希坡。奥古斯丁著作颇多,其中最重要的作品有:《忏悔录》《上帝之城》《论三位一体》《论基督教教义》《论信望爱》《论自由意志》《恩典与自由》等。

二、神学人学思想

基督教的诞生是人类思想发展史上的一件大事,基督教教会和神学哲学影响了人类思考自身的基本方式。一方面,神学给人类带来了救赎的希望,也带来了宗教的压抑和异化;另一方面,基督教在普世救赎的外衣下兜售了封建迷信,成为毒害人民的精神鸦片。尽管基督教的黑暗在中世纪有目共睹,但也深化和拓展了对人自身的思考和研究,人学的基本问题焕然一新,开拓出了新的境界。整个中世纪,基督教神学影响了人学理论的发展,神与人的关系成为神学人学的运思核心。在神与人的关系维度下,造物主崇拜与被造物的虔诚、人类的原罪与上帝的恩典、人的自由意志与人性的恶等问题逐渐成为这个时代思想家所关注的重要论题。古希腊的人性与命运的纠葛在中世纪演变为神与人的维度下灵魂中的善与恶、理性与欲望的矛盾。随着基督教的上帝对古希腊和古罗马神的压制,即在一神教看来,其他宗教神祇无疑都是"异教"邪神,那么美学也从原来的自然人性的美学变成了宣扬神之美的神学美学。

(一)人与神的关系

人神关系的演变是《圣经》中最重要的内容。上帝与人是造物主与被造物的关系,这是基督教人学第一含义。上帝是被尊崇的,而人在上帝面前是卑微的,也是有罪的。上帝创造了人类,并把人类安置在伊甸园里,遍地都是水果和食物,并且上帝为亚当创造了女人夏娃,这是上帝与人类始祖有约的开始。但不久,在蛇的引诱下人类祖先吃了辨别善恶的水果,被逐出伊甸园,因此上帝惩罚人类要面朝黄土地劳作才能糊口,女人要经历怀胎和生产的苦楚。但上帝惩罚人类并不单纯是因为人类偷吃智慧果,而是人类违背了上帝的意志,因此这种对上帝旨意和意志的背叛就是最大的罪,即原罪。人类与神的和谐关系破裂后,人类就开始堕落了:该隐杀死了亚伯,上帝毁灭罪恶的索多玛、大洪水毁灭人类等。每一次人类的堕落与被惩罚之后,上帝总会给人类新的希望和救赎,与新的人类后裔签订契约,重新赐福于人类。上帝用洪水毁灭人类后与诺亚立约,并用方舟拯救了世界上的生物和诺亚后裔。上帝与以色列人祖先亚伯拉罕和雅各立约,护佑以色列人昌盛繁荣。摩西带领族人出埃及,上帝在西奈山上与摩西族人立约,于是有了"十诫"约法。但是每次立约之后,人类都会原罪重犯,杀戮、贪婪、崇拜邪神、不敬上帝、纵欲等各种恶纷至沓来,于是上帝会再一次发怒而惩戒人类,直到上帝之子耶稣降临人世,以神子和人子的双重身份为人类赎罪,重新修复了人与神的关系。耶稣的死亡与复活是基督教走向爱的普世宗教的最重大事件。耶稣作为先知和赎罪者,体现了上帝爱人、救赎人的恩典,也表示着作为人类代表赎罪而与上帝有了"新约",基督教人学和美学有了新的起点。

（二）原罪、意志与神恩

在《忏悔录》中，奥古斯丁说："主，你是伟大的，你应受一切赞美；你有无上的能力、无限的智慧。一个人，受造物中渺小的一分子，愿意赞颂你；这人遍体带着死亡，遍体带着罪恶的证据，遍体证明'你拒绝骄傲的人'。但这人，受造物中渺小的一分子，愿意赞颂你。"[①]在这段话里，奥古斯丁明确表示了基督教的重要观点——即万能的造物主与卑微的受造物之间的非对称关系。《圣经》中很多故事都表达了人神的分裂与弥合，人神关系始终处于一定的张力之中。每当人类纵欲贪婪、相互征伐的时候，也就是人类背离了上帝的诫命和慈爱，上帝劝诫无效之时就会对人类进行惩罚或毁灭。但上帝是至爱的神，不忍心人类受苦和灭亡，所以会以各种方式让某些特异之人作为中介来传递上帝的旨意。例如，带领犹太族人逃出埃及的摩西、救赎人类罪孽的耶稣等，这些作为"中保"的先知和圣徒传达了上帝的爱，人类受到教育，然后人与神的关系就和谐统一了。

《圣经》中并没有明确提出人类具有原罪的说法，原罪观念来自圣保罗的阐发。他认为亚当和夏娃犯了罪被逐出伊甸园，这罪会代代相传，成为人类堕落的本性。圣保罗所谓"原罪"：第一是指人类运用自由意志不尊崇和服从上帝意志，第二是指人类在道德上的各种恶，比如贪婪、邪恶、纵欲、凶杀、诡诈、狠毒、傲慢、狂妄等品行上的堕落。上帝给予人类的高贵品行被丢弃和遮蔽了，人类自然的野蛮本性就占据了上风，而这种堕落与身体又密切相关。在圣保罗的神学观点影响下，奥古斯丁也认为，人类生来具有原罪，这种罪责是遗传的，婴儿也有罪恶。

这种人类原罪观有几个要点：第一，人的原罪来自亚当和夏娃在伊甸园中犯下的罪责。上帝说树上的智慧之果不能食用，这是一条禁止的诫命。但是夏娃受到蛇的引诱后也劝说亚当一起吃了智慧果，知道自己赤身裸体，有了羞耻感。这就违反了上帝的命令。奥古斯丁指出，亚当和夏娃的罪还不单在于吃了禁果，更重要的在于违反上帝的意志，推卸责任。因此，他认为人类自由

---

① ［古罗马］奥古斯丁：《忏悔录》，周士良译，商务印书馆2016年版，第1页。

运用自己的意志去做坏事,这才是原罪的本意。第二,婴儿也有原罪。人类始祖的罪感通过遗传而留存下来,同时婴儿本身也是充满欲望的。"可见婴儿的纯洁不过是肢体的稚弱,而不是本心的无辜。我见过也体验到孩子的妒忌:还不会说话,就面若死灰,眼光狠狠盯着一同吃奶的孩子。"①第三,人的罪恶不是来自上帝,而是来自人类被造物时的虚无。在善与恶的问题上,奥古斯丁本来信服摩尼教的善恶二元论,但这种二元论的悖论无法说服自己。他认为人犯罪不一定是为了利益,也可能是为了犯罪而犯罪的欲望,这才是真正的恶。他举例说自己少年时候跟一群无赖去偷桃,偷了桃子不是为了吃或者卖钱,而是拿去喂猪。"什么也得不到,因为偷窃本身就是虚无;这不过是更显出我的可怜。"②这种为了作恶而做的恶就是彻底的人性之恶。

在恶的问题上,奥古斯丁秉承了柏拉图的看法,即神是善的源,不是恶的源。他认为恶不是来自上帝,上帝是善与美的来源,善的根源不可能生长出恶的果子。那么,人类的恶来自哪里?奥古斯丁认为恶是善的缺乏,来自人被造的虚无之中。"我们要说的是,善如何能够成为恶的原因?因为,当意志放弃优于它本身的东西而转向劣于它的东西时,意志就变成邪恶的,这不是因为它转向的那个东西是邪恶的,而是因为转向本身是邪恶的。"③所以,奥古斯丁认为人类意志败坏,人不能通过自己的努力而获救,必须等待上帝的垂怜和恩典。

奥古斯丁的善恶观有点类似于中国明代王阳明的儒家思想。王阳明认为人之初没有罪恶,是善良的,人的恶来自意志的自由选择。他说,无善无恶心之体,有善有恶意之动。也就是说,人类的婴儿之心体是无知无觉的纯良之体,是无法分清善恶的本能之体,但当有外在事物引发"诱惑",心有所动,有所选择之时,也就是意志发动了,此时意志的自由选择动向导致了善恶之分。奥古斯丁指出,既然人的本性是善良的,人与人同样都是善良的材料造就,那么假如有两个心灵和肉体都一样善良的人,面临同一个美丽身体的诱惑,其中

①　[古罗马]奥古斯丁:《忏悔录》,周士良译,商务印书馆2016年版,第9页。
②　[古罗马]奥古斯丁:《忏悔录》,周士良译,商务印书馆2016年版,第34页。
③　[古罗马]奥古斯丁:《上帝之城》,王晓朝译,人民出版社2006年版,第501页。

一个意志在于欣赏而不占有，而另一个意志则产生邪淫的占有欲，这说明灵魂本身都是善的，而在面临外物诱惑时，意志发生了分裂和转向。意志向善者为善，意志向恶者为恶。

恶来自人的意志缺陷，是善的缺乏。那么人如何获得救赎呢？人要获得救赎不能依靠自身的努力，得依靠上帝的恩典。而且，获得恩典不是看人有多少有利于上帝的功劳，而是看其虔诚之心和灵魂的忏悔。上帝是至高无上的存在之因，人类是祈求救赎的罪恶之身，人要消除痛苦和罪恶，就必须等待和获得上帝的垂怜与恩典。

圣保罗认为，人类种种罪恶无法自我救赎，只能等待上帝的恩典以获得拯救，这就是"因信称义"。从律法与工作的报酬到上帝的恩典，圣保罗揭示了基督教如何从律法的特殊性走向爱的普遍性的真理之路。在惯常的基督教理解中，人们经常把受苦受难本身视为救赎性的。换言之，犹太教要求人们在律法之内，为了获得永生，必须受尽苦难为自己赎罪，不断地忏悔和鞭挞自己才能得到宽宥。对此，当代哲学家巴迪欧说："在保罗的思想中，当然是有十字架的，但是并没有受难之路。死难之地是有的，但是并没有走向死难的过程。保罗的说教有力而紧迫，没有任何为了痛苦的功德而宣传受虐的意思，没有任何荆冠、鞭笞、流血和浸满毒汁的海绵的悲怆意味。"①受难而得到拯救，类似于辛苦工作应得到报酬一样，在圣保罗看来，恩典不是工资报酬，也不是权利，而是神的无条件的不可预测的恩赐或馈赠。"'作工的得工价，不算恩典，乃是该得的'（《罗马书》4：4）。但是对于保罗来说，任何东西都不是该得的，主体的拯救不能以报酬或者工价的形式出现。信仰的主体性不能按工价论。它属于馈赠（kharisma）。一切主体都基于神的赠予（charisme）。一切主体都是有神宠的（charismatique）。"②在圣保罗看来，神的赠予是无缘无故的、白给的，只有不凭借任何自身的条件而获得救赎才显示出神救赎世人的平等性和普遍性。因此，唯有上帝的恩典才是针对所有人的，才能适应基督教的普遍性问题。

---

① ［法］阿兰·巴丢：《圣保罗》，董斌孜孜译，漓江出版社 2015 年版，第 87 页。
② ［法］阿兰·巴丢：《圣保罗》，董斌孜孜译，漓江出版社 2015 年版，第 100 页。

(三)"三位一体"与"中间者"耶稣

在奥古斯丁生活的时代里,基督徒普遍承认上帝是唯一的神,但作为上帝之子的耶稣是神还是人,圣父、圣子、圣灵的性质和地位到底如何认知,这就成为早期教义阐释的难题,也是教会教派斗争的焦点。在这个问题上,奥古斯丁坚持尼西亚公会信经的观点,认为三位一体,三者同一品格,耶稣基督同时具有神性和人性,并为此与异端阿里乌派论战。

公元 315—318 年,阿里乌(Arius)反对亚历山大主教的讲道,他认为耶稣不是永恒的,而是上帝在创世之前从虚无中创造出来的,因此耶稣不是上帝,而是造物之一,耶稣是被上帝所创造而享受到了神的荣光。这些观点在正统教会看来无疑离经叛道,直接割裂了上帝与耶稣的性质和关系,因此亚历山大的议会将阿里乌逐出了教会,宣布为异端分子。针对阿里乌对三位一体和耶稣基督性质的否定,奥古斯丁维护了三位一体神学,他写了《驳阿里乌的布道》(*Against an Arian Sermon*)、《驳阿里乌信徒马克西米努斯》(*Against Maximinus：An Arian*),宣讲了神的位格同质,耶稣为道成肉身,以神子为世人赎罪。

奥古斯丁认为耶稣是神与人之间的桥梁,是中间者形象。他说:"由于你神妙不测的慈爱,你向人类显示并派遣了一位真正的中间者,使人们通过他的榜样,学习谦逊。'这位天主与人类的中间者,即是降生为人的耶稣基督',他站在死亡的罪人与永生至义的天主之间,他死亡同于众生,正义同于天主,正义的赏报既是生命与和平,他以正义和天主融合,而又甘心与罪人同受死亡,借以消除复叛正义的罪人的永死之罚。"[①]奥古斯丁认为上帝、圣子和圣灵是三位一体的、同级同格的神。上帝以语言创造世界,以自己的形象创造人类,以道成肉身的耶稣降生为人,这是上帝自己把自己降为"仆人"形象来拯救世人。如此一来,耶稣基督就具有了神和人的二重性。如果完全是神性的模样,则高高在上,抽象而完美,人无法靠近;如果完全是与人同等的形象,则具有人的一切卑贱的欲望和腐朽的意志,人无法被救赎。因此,奥古斯丁认为耶稣基督的中间者形象,恰好是神的人间化,是上帝在人间的肉身化。同时,耶稣不

---

① [古罗马]奥古斯丁:《忏悔录》,周士良译,商务印书馆 2016 年版,第 243 页。

是高高在上的人，而是仆人的形象。《圣经·腓立比书》中说："你们当以基督耶稣的心为心。他本有神的形像，不以自己与神同等为强夺的。反倒虚己，取了奴仆的形像，成为人的样式。既有人的样子，就自己卑微，存心顺服，以至于死，且死在十字架上。"①

神学家认为，耶稣甘愿卑微于尘世，与人为友，向世人播撒爱和光，但遵从上帝的命令，走上十字架，成为牺牲者。这样的形象一方面是神性的显现，使得基督教的爱的宗旨在一个神人的身上成为现实，成为人们学习的榜样，这一神性使得耶稣基督成为美本体的显现。另一方面，耶稣基督又具有肉体的身躯和人的欲望，他在被捕前也曾恐惧，在十字架上也曾痛苦不堪和抱怨，但这一切都在瞬间消失，上帝的命令和耶稣自己的使命让他忍受痛苦，而完成以生命赎罪的举动。

奥古斯丁对神与人之"中间人"的思想以及对耶稣的论述，给后世留下了一笔美学遗产，即钉死在十字架上的耶稣基督不是丑陋和畸形的形象，而是散发着神性和人性的美的形象。"所以他被钉死在十字架上的形态是扭曲的，然而正是这种扭曲恰恰成全了我们的美。"②这一点被后来的黑格尔所继承。"这种和解的单纯内容就是绝对真理与个别的人的主体性结合为一体的过程：一个个别的人是神而神也是一个个别的人。"③

总之，奥古斯丁继承了圣保罗的思想，提出人具有可遗传的原罪，人因为有自由意志的选择，所以才有恶与罪，获救的希望在于皈依基督，寄托恩典的降临。人类原始存在罪恶，在人世间尘世之中也存在恶，但上帝怜悯人类，给人类获救和赎罪的机会，但是很多骄傲的人拒绝这一机会。于是，在上帝与人的对立中，上帝派遣了独子耶稣来拯救世界，以命抵罪。同时，奥古斯丁关于自由意志、善恶、爱、灵魂与幸福的思想也引发了后世神学家和哲学家对人自身的思考。

---

① 《圣经·新约》，《腓立比书》2：6，中国基督教两会出版部 2007 年版，第 347—348 页。

② 转引自刘春阳：《审美与救赎——奥古斯丁美学思想研究》，安徽教育出版社 2016 年版，第 130 页。

③ ［德］黑格尔：《美学》第二卷，朱光潜译，商务印书馆 1996 年版，第 294 页。

三、神学美学思想

如果说在神学方面奥古斯丁受到了圣保罗的巨大影响,那么在美学方面他很大程度上受到了罗马晚期的新柏拉图主义和普罗提诺哲学美学的影响。"由于圣奥古斯丁从异教信仰到基督教圣者的独特经历,以及在此期间有笔耕不辍的思想记录,他最终是将重理性的古希腊古罗马传统和重信仰的希伯来及基督教文化结合一体,奠定了新柏拉图主义和神学合流的中世纪思想传统。"①奥古斯丁与那些孤僻无趣的神学家不同,他爱好文艺,对戏剧演出流连忘返,自己创作剧本参加戏剧比赛,同时对各种美的现象和事物也非常感兴趣,并在早期写作了《论美与适宜》一书,但这本著作已经佚失。他的神学美学思想散见在《忏悔录》《上帝之城》等著作之中,不过思路和体系还是比较清晰的,其核心在于宣扬三位一体的上帝之美,批判人性和世俗之美。

(一)上帝是美本体

中世纪神学美学的核心理念是上帝为审美之本体,这一点源自柏拉图的"理式论"和普罗提诺的"太一说"。柏拉图认为世界万物的本源或本质是理念(理式),多种多样的美好事物其本源在于存在美的理式,美的理式才是审美的本质。这种美之所以为美的理式是因为其是美的事物存在或者不存在的理由,在某种事物中美的理式存在越多,就会越美,反之,不存在审美理式的事物则不美,即丑的。当然,神也有理式,这种理式即灵魂,换言之,神的灵魂是不变的、恒定的、真实的、全体的,因此柏拉图认为神之理式是完美的、不增不减的、完善的。同时,神的灵魂还有一个规定性,即神是真善美的来源或者本体,而不是假恶丑的来源。作为完美之理式的神是不能弄虚作假、不能变化多端、不能丑恶和凶残的,而是真实、真理、善良、正义和美好的化身。如果把柏拉图关于理式、灵魂和神的说法综合起来,即神是一切真善美的原因,而不是假恶丑的原因,换言之,神不为罪恶和丑陋负责。

---

① 陆扬:《中世纪文艺复兴美学》,北京师范大学出版社 2013 年版,第 44 页。

　　普罗提诺进一步把理式发展为世界的本体"太一"，主张审美是太一的流溢。他认为宇宙万物的本源是太一，即无限的、绝对的、超越一切存在物的东西，是真善美的统一，太一就是神本身。他把柏拉图的理式与神直接同一，作为宇宙本体的太一不增不减、无变化，但犹如光一样在世界中体现和流溢，从而形成理式世界、心灵世界和物质世界。普罗提诺把美分成了几个档次，首先是最高境界的审美，即绝对美，是太一本体的美；其次是心灵能够觉悟到的美或精神之美，包括超越感性的道德、事业、行为等之美；最后是感官能觉察的感性之美，比如听觉和视觉之美等。其中最高境界的太一或神才是美的本源。换言之，美的事物之所以美是因为分有了太一理念。"物体之所以美，是由于它们分享得一种理念。因为凡是无形式而注定要取得一种形式和理念的东西，在还没有取得一种理式和形式时，对于神圣的理性就还是丑的，异己的。这就是绝对的丑。……因为理念本身是整一的，而由理念赋予形式的东西也就必须在由许多部分组成的那一类事物所可允许的范围之内，变为整一的。一件东西既化为整一体了，美就安坐在那件东西上面，就使那东西各部分和全体都美。……这样，物体美是由分享一种来自神明的理念而得到的。"①也就是说，在普罗提诺看来，整一的理念是美的根本原因，多样的美的事物也是因为分有了理念而显得整一才美。神就是整一的永恒的理念，也是美的本质。

　　奥古斯丁把理式的永恒不变、抽象无限与太一的神性等融合起来理解上帝，认为上帝才是唯一的绝对，是一切善、真、美的本质，因此美就是上帝，上帝就是美本身。上帝是什么？这是在没有皈依基督教之前长期困扰奥古斯丁的问题。他按照比较朴素的唯物哲学思路，一直认为上帝是有形的，占据物理空间，是在时间中存在之物。这一思路明显无法感知上帝，因为上帝不是任何世间存在之物，而是创造天地万物的造物主。后来，奥古斯丁通过阅读《圣经》和聆听教父的宣讲，觉悟到上帝是无形的、无空间和时间的存在本身。"至高、至美、至能、无所不能、至仁、至义、至隐、无往而不在，至美、至坚、至定但又

---

①　转引自缪朗山：《西方文艺理论史纲》，章安祺编订，中国人民大学出版社 2011 年版，第152 页。

无从执持,不变而变化一切,无新无故而更新一切;……"①这就是奥古斯丁心中的上帝。就上帝与美的关系而言,奥古斯丁认为上帝就是美本身,是美的本体,是美的本源,是一切美好事物之所以美好的根本原因。

与此同时,奥古斯丁并没有严格区分善与美。他认为善是美的来源,或者说因为善所以才美。他与其他神学家一样,继承和发挥了柏拉图关于理式与善、恶的观点。柏拉图认为神不是恶的原因,只是善的原因,所以神不是恶的,神不为恶和罪负责,所以神是永恒的善。奥古斯丁认为上帝是至善本身,不会做出恶的事情,也不能为人类的恶和罪负责,恶不是来自上帝,而是来自人类自身的虚无,是上帝所赋予的善的匮乏和缺失。因此,至善者带来的就是至美,而不完善则是丑。

至此,奥古斯丁把美分成了两种类型:一种是上帝及上帝之城中的美,这是不变的、永恒的、灵魂的美;另一种是人世间的变化的、可腐朽的美。他在《忏悔录》中指出,美有多种多样,美好的事物都有动人之处,人人都爱。有日月星辰的美,有动物、大地和海洋的美,有人的思想、记忆和感官中的美,也有公平和智慧中的美,但所有这些美都比不上另一种美,即更好的天上之美。因为世界中的一切的美都是来自上帝的创造,上帝是美本身。"如果你喜欢肉体,你该因肉体而赞颂天主,把你的爱上升到肉体的创造者……如果你欢喜灵魂,你应在天主之中爱灵魂……万有来自于天主,就存在于天主之中……你们所爱的美好都来自他,但唯有归向他,才是美好甘饴,否则即变成苦涩。"②上帝作为万有的万能的创造者自然是美的事物的本源。不过,奥古斯丁似乎没有完全把美与善分开,美善都是来自上帝本身,而事物的美则不过是上帝这美本体的创造而已。"我认识到,清楚地认识到你所创造的一切,都是好的,而且没有一个实体不是你创造的。可是你所创造的万物,并非都是相同的,因此万物分别看,都是好的,而总的看来,则更为美好,因为我们的天主所创造的,'一切都很美好'。"③

---

① [古罗马]奥古斯丁:《忏悔录》,周士良译,商务印书馆 2016 年版,第 4 页。
② [古罗马]奥古斯丁:《忏悔录》,周士良译,商务印书馆 2016 年版,第 66—67 页。
③ [古罗马]奥古斯丁:《忏悔录》,周士良译,商务印书馆 2016 年版,第 136 页。

（二）光的美学

"上帝是光"是关于光之美学的基督教源头，奥古斯丁继承了《圣经》中光的神学观点并加以深化和发展。《圣经》开篇说："起初神创造天地。地是空虚混沌，渊面黑暗；神的灵运行在水面上。神说：'要有光。'就有了光。神看光是好的，就把光暗分来了。神称光为昼，称暗为夜。有晚上，有早晨，这是头一日。"①上帝创造万物之始就创造了光和明亮，自然之光照亮天地，才有了后来的造物工作。于是，光始终与上帝的本质联系在一起，光也具有了非物理性的本源性特征。换言之，上帝就是光本身，是大道所在。《约翰福音》中说："太初有道，道与神同在，道就是神。这道太初与神同在。万物是籍着他造，生命在他里头，这生命就是人的光。光照在黑暗里，黑暗却不接受光。……那光是真光，照亮一切生在世上的人。"②"耶稣是世界的光。""耶稣又对众人说：'我是世界的光。跟从我的，就不在黑暗里走，必要得着生命的光。'"③从这几段经文里可以知道，最初光的意象的含义也不是物理的光，而是道之光，或者说上帝本身就是生命的光，他把有罪的众人的生命从黑暗里拯救到光明之中来，也就是皈依基督信仰，生命获得新生。

通过《忏悔录》可知，奥古斯丁很长时间把上帝视为某种神通广大的实体，用理性和智慧来求解上帝的降临，但是南辕北辙，反而被世俗认可的"智慧"所障碍。后来在圣保罗思想的指引下，他意识到上帝是至高的存在本体，是万物的造物主，不是造物者，也不是任何实体，因此，认识上帝也不能通过尘世的理性，而要通过灵魂的观照。"我进入心灵后，我用我的灵魂的眼睛——虽则还是很模糊的——瞻望着我灵魂的眼睛之上的、在我思想之上的永定之光。这光，不是肉眼可见的、普通的光，也不是同一类型而比较强烈的、发射更清晰的光芒普照四方的光。不，这光并不是如此的，完全是另一种光明。这光

① 《圣经·旧约》（中文和合本），《创世记》第1节1行，中国基督教两会出版部2007年版，第1页。
② 《圣经·新约》（中文和合本），《约翰福音》第1节1行，中国基督教两会出版部2007年版，第160页。
③ 《圣经·新约》（中文和合本），《约翰福音》第8节12行，中国基督教两会出版部2007年版，第177页。

在我思想之上,因为它创造了我,我在其下,因为我是它创造的。谁认识真理,即认识这光;谁认识这光,也就认识永恒。唯有爱能认识它。"①所以在奥古斯丁看来,光不是自然物理的光,而是真理之光,是永恒之光,是道之光,是上帝本身的光。依赖肉眼与身体无法接触到神圣的光,依靠智慧和理性也不能认识这道光,只有依靠心灵和灵魂的力量、依靠爱才能感受和认识真理之光。这神性的感孕仿佛照亮灵魂深处幽暗的"光明",使得奥古斯丁心灵通透绽放,于是上帝自然降临和充实在他的身心之中。由此看来,光在圣保罗和奥古斯丁的顿悟之中,抑或光象征着上帝的复活和降临,有着无比尊崇的地位。于是,光在神学美学中就具有了较高的审美地位。

在柏拉图和普罗提诺的美学思想中,视觉是比较纯粹的审美器官,视觉之美由于较少受到肉体的影响而最接近理念和真理。普罗提诺在《九章集》中就说过,一种颜色的单纯之美,来自一种支配物质之黑暗的形式,以及一种不具形体的光,即理性和观念,因此他认为太阳或星辰由于其分有单纯的理念而显得光芒四溢。奥古斯丁贬低了肉体的地位和感官的作用,抬高了心灵的地位和视觉之作用,但这个视觉还不是物理的视觉,而是灵魂的视觉。只有依赖灵魂的透视才能认识上帝这个善美的光本体。"我爱天主,是爱另一种光明、音乐、芬芳、饮食、拥抱,在我内心的光明、音乐、馨香、饮食、拥抱:他的光明照耀我心灵而不受到空间的限制,他的音乐不随时间而消逝,他的芬芳不随气息而散失,他的饮食不因吞啖而减少,他的拥抱不因久长而松弛。"②在奥古斯丁的思想里,这种光明之美是用心灵观照的精神之美或神性之美。

12—14世纪,神学家们认为上帝是大全、是太一,也即上帝是弥散于全宇宙的光辉。葛罗塞特斯特(Robert Grosseteste)在《六日论注释》中认为:"光本身就是美的,因为它本性单纯,万物皆备于光。因此,光是最和谐的统一与比例,而比例之和谐就是美。于是,即使它没有具体形式的和谐比例,光也是美,也是最悦

---

① [古罗马]奥古斯丁:《忏悔录》,周士良译,商务印书馆2016年,第134页。
② [古罗马]奥古斯丁:《忏悔录》,周士良译,商务印书馆2016年,第202页。

目的。因此,光的金色之美因其闪耀焕然而美,星星看来最美……"①托马斯·阿奎那认为光是来自太阳的实体形式,具有主动性并由透明物体传递,因此光的美学特质就是光明、清晰、照亮事物、灵动等特征。但丁等中世纪文艺复兴时期的艺术家把光看作神性的照耀,他在《神曲》最后说:"浩荡的神恩哪,依靠你,我才敢于定睛对永恒的光如此深入地观照,以至于为此竭尽了我的视力!在那光的深处,我看到,分散在全宇宙的一切都结集在一起,被爱装订成一卷:各实体和各偶然性以及它们之间的相互关系,好像以如此不可思议的方式熔合在一起,致使我在这里所说的仅仅是真理的一线微光而已。……面对着那光,人就变得如此幸福,以致永不肯从那里转移视线去看其他的事物;因为善作为意志的对象全集中在那光里,凡在其中的都完美,在其外的则都有缺陷。"②

既然神圣之光可以照耀圣保罗的心灵使他受到上帝的召唤,也让奥古斯丁驱散了心灵深处的物欲阴霾,那么神性的光也会体现为中世纪美学和艺术中对现实自然光照的重视。从神之光到自然之光、再到绘画和绘本中的绚丽色彩、教堂装饰和衣服色彩的呈现,都是中世纪美学中的重要发展线索。在"黑暗"的中世纪艺术中,其实也充斥着对于光明、光亮、光线的频繁而高超的使用,并且光明在艺术中处于中心的地位。这个时期泥金手抄本、绘画或教堂的图画中,光不是外来的自然光,而是神圣之物自身发出的光芒,绽放着红、黄、白、青等绚丽的颜色。

（三）身体与世俗之美

上帝按照自己的形象创造了人类,这一经文含义被奥古斯丁引申到人的定义,规定了人的本质属性。他把人灵魂所具有的记忆、理解和意志三种功能比喻为上帝的"三位一体",人的本质是对神的摹仿。不过,奥古斯丁认为人的一切都来自上帝,人比动物优越而拥有灵魂的目的是为了用爱心践行基督之道。首先,记忆是人灵魂搜集和归类各种感受的仓库。记忆可以判断、区分

① 转引自[意大利]翁贝托·艾柯:《美的历史》,彭淮栋译,中央编译出版社 2011 年版,第127 页。
② [意大利]但丁:《神曲·天国篇》,田德望译,人民文学出版社 2000 年版,第201 页。

117

和安排感觉材料,从而进行分析判断形成认识,这是记忆上升为概念的过程。人拥有的记忆也来自上帝,是上帝的光照了并以不知觉的方式给予了人类的头脑。其次,理性也是神所赋予的先天能力,把记忆的知识进一步整理,就上升为理性知识。最后,上帝还把意志也赋予了人类。在奥古斯丁看来,人是具有自由意志的,可以自由选择,但是人类的意志分为好的意志和坏的意志两种,在多数情况下两种意志是矛盾的、分裂的。他认为人们应该用爱心崇拜造物主,应该爱好那些正当的事物,应该使用那些有用的事物,按照这样的秩序则是符合德性的正义生活,反之则是邪恶的。

在神学观点中,神高于人,神的崇高地位与人的渺小卑下相互对比,心灵的高洁与身体的污浊形成矛盾,身体与灵魂在奥古斯丁思想中被割裂开了。"这样我就有了一新一旧的双重意志,一属于肉体,一属于精神,相互交绥,这样的内讧撕裂了我的灵魂。从亲身的体验,我领会到了所谈到的'肉体与精神相争,精神与肉体相争'的意义。"①从这里可以看出,奥古斯丁不同于古希腊灵魂与身体结合的观点。他主张身心二元论,身体与灵魂都是实体,灵魂是内在本质,而身体是外在实体,内在本质决定外在实体。灵魂与肉体犹如主人与奴隶的关系,灵魂主导身体,灵魂支配身体,身体与欲望相联系,处于卑下的地位。"我扪心自问:'你是谁?'我自己答道:'我是人'。有灵魂肉体,听我驱使,一显于外,一藏于内。二者之中,我问哪一个是用我肉体、尽我目力所及,找遍上天下地而追求的天主。当然,藏于形骸之内的我,品味更高。"②

在奥古斯丁的哲学美学中,造物主与被造物、灵魂与身体、善与恶、美与丑不仅是相互对立的概念,而且具有属性上的等级差异。在他看来,如果说神性、光明、灵魂等"上帝之城"的范畴代表了神性之美,那么人的身体、欲望和尘世等概念则代表了俗世之美或人性之美,神圣之美是被高度推崇的,而身体由于与欲望和快感相联系,人性之美或世俗之美则被贬低了。由于奥古斯丁把灵魂与肉体二分,同时推崇心灵和灵魂的圣洁,贬低肉体和欲望的卑污,这

---

① [古罗马]奥古斯丁:《忏悔录》,周士良译,商务印书馆 2016 年版,第 154 页。
② [古罗马]奥古斯丁:《忏悔录》,周士良译,商务印书馆 2016 年版,第 203 页。

样他就按照肉体与欲望损坏灵魂的程度把人性或尘世之美——批判了一番。

　　奥古斯丁自身经历也印证了他的思想的变化,他一直受到肉体欲望与精神皈依之间的矛盾纠葛,心灵不得平静。直到他在花园里看到了圣保罗的书信,指引他剔除爱欲,才真正走上信仰之路。因此,他认为肉欲、口腹欲、耳目之欲、音乐舞蹈之欲、颜色等视觉之欲等都是限制人心灵提升的障碍,看到、听到和感受到的事物越是美艳动人,那么对心灵的伤害就越大。首先,他忏悔和批判了一直难以摆脱的身体和情感的欲望。他从年轻的时候就与女人同居,在情人返回北非之后还找了个情妇同居,所以在这一点上奥古斯丁也深刻忏悔了肉欲和身体之美给人们带来的心灵痛苦。其次,他批判了饮食的欲望。他认为饮食过于精美,会让人贪心顿起,讲究吃喝,就会远离基督所要求的简单而圣洁的生活,饮食仅仅满足生命需要即可。最后,他反思了嗅觉和听觉之美,芬芳的味道对于他来讲影响似乎不大,但是音乐之美对于他的诱惑力是非常大的。奥古斯丁把音乐分为旋律形式之美感的音乐和歌词内容之美感的音乐,前者是他所爱好的世俗音乐,往往感动不已,情绪激动,他认为这样是不利于灵魂修行的;而宗教的音乐则往往被歌词内容所吸引,而不是单纯的音律带来的美感。

　　他着力要忏悔和批判颇具诱惑力的视觉之美。"最后我将忏悔我双目的享受,希望身为天主的圣殿的人们以友谊的双耳诚听我的忏悔。……我的眼睛喜欢看美丽的形象、鲜艳的色彩。……白天,不论我在哪里,彩色之王、光华灿烂浸润我们所睹的一切,即使我另有所思,也不断用各种形色向我倾注而抚摩着我。她具有极大的渗透力,如果突然消失,我便渴望追求,如果长期绝迹,我的心灵便感到悒悒不乐。"①肉眼所见的美让奥古斯丁感觉落入了世俗美的罗网之中,而只有无形的眼睛才能感受真理之光的照耀,才能与神融合为一。与此同时,奥古斯丁说人们喜欢衣物、器皿、图像、装饰、技术之美,他们只是渴望娱乐耳目,这些事物超出了"朴素而实用"的范围,这样人们会因为外物而劳神,忽略内心的审视和灵魂的救赎。尽管世俗之美也是上帝创作的,但因此

---

① ［古罗马］奥古斯丁:《忏悔录》,周士良译,商务印书馆2016年版,第231—232页。

而无视神圣的至美,这就是舍近求远了。"因为艺术家得心应手制成的尤物,无非来自那个超越我们灵魂、为我们灵魂所日夜想望的至美。创造或追求外界的美,是从这至美取得审美的法则,但没有采纳了利用美的法则。这法则就在至美之中,但他们视而不见,否则他们不会舍近求远,一定能为你保留自己的力量,不会消耗力量于疲精劳神的乐趣。"①

(四)论戏剧艺术

当然,奥古斯丁最为谴责的满怀愧疚的艺术爱好却是戏剧。他对戏剧艺术的看法与柏拉图极为相似,都认为戏剧具有鼓动人心,激发情欲,诋毁神明的罪状,应该谴责和拒绝这样"诱惑具有更复杂危险形式"的艺术。

奥古斯丁自幼非常喜欢戏剧,热衷于文学故事,佩服荷马虚构故事的本领。他写作诗歌和剧本参与比赛,并且获得过奖励。等到他皈依基督教后,除了将上帝本体之美视为心灵应该珍惜和参悟的对象之外,就不断地忏悔他喜欢音乐、视觉之美和戏剧表演的罪过了。"由于我喜欢游戏,喜欢因打架胜人而自豪,喜欢听虚构的故事,越听耳朵越痒心越热,逐渐我的眼睛对大人们看的戏剧和竞技表演也发出同样的好奇心。"②少年时代的奥古斯丁与其他血气方刚的少年一样,喜欢追逐打闹,喜欢看激烈而痛苦的戏剧。当然,由于他觉得学习希腊文很困难,也无法从阅读希腊神话和史诗中获得乐趣。他天然喜欢拉丁文,热爱维吉尔及其史诗,古罗马或者古罗马改编的希腊故事是他所热衷的,他为狄多的失恋而亡流下眼泪,为木马计和火烧特洛伊而惊心动魄,痴迷于戏剧无法自拔。后来,他为自己迷恋戏剧和文学而深深悔过,其理由有三点,这三点与柏拉图一样,成为他驱逐戏剧的重要原因,也可以看作奥古斯丁的戏剧艺术观。

其一,荷马等古代作家虚构的史诗和戏剧诋毁神灵、贬低神性,诱导人们犯罪作恶。奥古斯丁非常佩服荷马、维吉尔等诗人丰富的想象力以及他们创造故事的能力,但又认为这种虚构越是引人入胜,就越发危害人间。也就是

---

① [古罗马]奥古斯丁:《忏悔录》,周士良译,商务印书馆2016年版,第233页。
② [古罗马]奥古斯丁:《忏悔录》,周士良译,商务印书馆2016年版,第12页。

说,他们的故事不讲究道德,也不尊重神,鼓荡那些无耻的事情加在神灵头上,使得人们认为作恶的事情也是正常的。"我不是在你那里读到了驱策雷霆和荒唐淫乱的优庇特吗？当然他不可能兼有这两方面;但这些故事却使人在虚幻的雷声勾引之下犯了真正的奸淫时有所借口。……说得更确切一些:荷马编造这些故事,把神写成无恶不作的人,使罪恶不成为罪恶,使人犯罪作恶,不以为仿效坏人,而自以为取法于天上神灵。"①"那些在罗马建立起来的悦目的游戏在舞台上表演着愚蠢和荒淫,不是依据人的邪恶的渴望,而是依据你们的神灵的安排。……这些神灵在这种毒害中找到了极大的快乐,因为它使人的心灵愚昧,好比陷入黑暗,又用这样愚蠢的丑恶使人的心灵失去尊严。"②

其二,悲剧具有感人的力量,这来自人类的同情心。"但那时这可怜的我贪爱哀情的刺激,追求引致悲伤的机会;看到出于虚构的剧中人的不幸遭遇,扮演的角色越是使我痛哭流涕,越称我心意,也就越能吸引我。"③然而,奥古斯丁却对自己和他人喜欢看悲剧而感到不解:人们不愿意自己遭受痛苦,但却喜欢看到他人遭遇困苦或悲痛的事情,甚至戏剧中越是具有逼真的苦难,勾引人的伤心,那么编剧就越能够受到称赞。他认为人们喜欢看到他人的眼泪和悲伤,这是源自人们对他人经历的同情心,这种同情是好的情感,但是对那些虚构的不道德的情感,比如狄多的爱情、朱庇特的荒淫故事等不能报以同情和怜悯。奥古斯丁认为人应该具有同情心和怜悯之心,怀有真正的慈悲心肠。因此人的同情心不应该以悲痛为乐趣,而应该以看不到人的不幸为目的。"这才是比较真实的同情,而这种同情心不是以悲痛为乐趣。怜悯不幸的人,是爱的责任,但如果一个人怀抱真挚的同情,那必然是宁愿没有怜悯别人不幸的机会。"④

其三,人们热衷于戏剧的原因在于好奇心及其带来的快感。奥古斯丁把戏剧艺术称为"一种诱惑的更复杂危险的形式",热衷戏剧的心理原因在于人

---

① 〔古罗马〕奥古斯丁:《忏悔录》,周士良译,商务印书馆2016年版,第18—19页。
② 〔古罗马〕奥古斯丁:《上帝之城》,王晓朝译,人民出版社2006年版,第45页。
③ 〔古罗马〕奥古斯丁:《忏悔录》,周士良译,商务印书馆2016年版,第39页。
④ 〔古罗马〕奥古斯丁:《忏悔录》,周士良译,商务印书馆2016年版,第39页。

们有一种以探索未知和知识为名的好奇心。"观看血淋淋的死尸有什么快感呢? 可是那里躺着一具尸体,人们便趋之如鹜,看得不寒而栗,觉得凄惨。……由于好奇的毛病,舞台上便演出种种离奇怪诞的戏剧。好奇心驱使我们追究外界的秘密,而这些秘密知道了一无用处,而人们不过为好奇而想知道,别无其他目的。"①他认为这种好奇心无疑等同于巫术,只能获得一些虚妄的知识,而不能见识真理。

奥古斯丁的戏剧观实际上是改头换面的柏拉图戏剧观。一方面他认为悲剧具有勾魂摄魄的感染力和情感力量,使得人们心智动摇,把不好的神祇当作榜样,诱导人们作恶,人们应该放弃和拒绝这种戏剧活动;另一方面他又认为戏剧激发人们的爱心和同情,但这一同情心应该符合道德标准和宗教标准。

(五)秩序之美与丑

奥古斯丁对各种色彩鲜明的事物和悦耳的声音非常敏感,常常留恋其中无法自拔。这种对文学、绘画和音乐的喜爱让他早期就思考了美的问题。386年,奥古斯丁写了《论秩序》,这部著作中蕴含着深远的美学思想。他在《忏悔录》中说他迷惑于尘世的各种美,但所爱的是低级的美,而没有找到美的本体根源。由于对文章之美、戏剧和演戏之美、音乐和装饰美的喜欢,奥古斯丁写成了《论美与适宜》的美学专著,但是后来遗失了。

奥古斯丁在《忏悔录》中对美下了个定义:"我的思想巡视了物质的形相,给美和适宜下了这样的定义:美是事物本身使人喜爱,而适宜是此一事物对另一事物的和谐。"②也就是说,美是一个事物整体的和谐和统一,整体世界具有各种完美的秩序。在早期著作《论秩序》中,他认为上帝建立的秩序,是世界一切活动的基础。一切秩序均为上帝所创造,是美的,因为他具有被造物等级秩序的和谐和一致性。上帝不仅创造了整个世界,也创造了整个世界的美。

不过在井然有序的秩序之美中,丑陋的事物何来? 在奥古斯丁看来,没有绝对丑的事物,只有善的秩序的缺乏之物。凡是存在之物都是有形式和形状

---

① [古罗马]奥古斯丁:《忏悔录》,周士良译,商务印书馆 2016 年版,第 234 页。
② [古罗马]奥古斯丁:《忏悔录》,周士良译,商务印书馆 2016 年版,第 70—71 页。

的,有的事物形式完善,那么这种事物就是美的。有的事物形式上不完善、不充分,不是一种实体,那么该事物就是丑陋的。也就是说,丑是形式的缺乏,而不是恶。他在《论灵魂的不朽》中指出从形式与质料二者的和谐来看,事物被赋予的形式越好,则越美,反之赋予的形式越不好,则越丑。总的来说,奥古斯丁认为森罗万象的宇宙归于上帝所创造的秩序和统一,这个秩序就是完美的。世界存在着等级和秩序,也存在着秩序的缺乏或优美的缺乏,这就是丑。"在我们看来,宇宙万象仿佛是混乱的。这正如我们如果站在一座房子的拐角,像一座雕像一样,就看不出这整座房子的美,再如一个士兵不懂得全军的部署;在一首诗里,一个富于生命和感情的音节也见不出全诗的美;对照的方法使演讲词有美;阴影在一幅画中也有其作用;所以美是由对立的和谐所显示出来的。"①奥古斯丁在中世纪美学中给予了丑一定的地位,从此丑的美学也被纳入美学研究对象中来,美丑对比、以丑衬美的原则也成为研究丑的基本思想。

作为中世纪神学家的奥古斯丁在西方美学史中起到了承上启下的重要作用,他上承古希腊美学和古罗马的新柏拉图主义,融合基督教正统思想,开创了基督教美学,下启托马斯·阿奎那、但丁等基督教美学家。他关于秩序与和谐的美、对戏剧的看法及丑的研究对后世美学影响都很大。如果从人学的角度来看,奥古斯丁一方面开启了人性中新的命题,比如自由意志、神恩、罪恶等问题,极大地丰富了西方人学的内涵;但另一方面也应该看到他作为正统神学家,完全透露出以神性压倒人性、以所谓圣洁生活来否定人世幸福的宗教路径。所谓"黑暗"中世纪也就是指无限膨胀的宗教势力、严肃的封建社会、被压抑的人性,人们在茫茫黑夜中默默忍受着那些封建势力、宗教势力和意识形态的压迫和束缚,这一切"黑暗"的严肃性非得等到文艺复兴的一声春雷才被打破,才迎来人性的曙光。

---

① 转引自缪朗山:《西方文艺理论史纲》,章安祺编订,中国人民大学出版社 2011 年版,第 161 页。

第五章　笛卡尔与布瓦洛:17 世纪理性人学与古典主义

　　从中世纪到文艺复兴,人性就像从阴暗压抑的洞穴里走到了大自然的旷野中一样,从宗教神权和封建贵族的束缚下解放了人的本能属性。在某种意义上,人的发现无疑是一次人的本能和欲望的大解放,神权和神性受到了极大的破坏,严肃的政权也暂时失去其压迫力。人性和欲望的真正解放在漫长的人类文明压抑史中就像灵光一闪,旋即又被神权和政权所压制。不幸的是,在17 世纪随着航海贸易、新大陆发现、技术进步和科学的发展,又增加了新的宰制性内容,这就是人类给自己看似明智的礼物——理性。在这个世纪里,新兴资产阶级朦胧地张开了眼睛,认为在上帝被怀疑之后,自我、理性和主体可以代替上帝成为自己的主人,一个新的理性和自治的时代来临了。本来希望依靠科学的严谨、王权的平衡和自我的理性带来启蒙的幸福生活,但这个希冀永远像挂在牛嘴边的青草一样,可望而不可即。

　　一方面,17 世纪的人鼓吹理性至上和科学主义,认为理性才是正常的人性;另一方面,文艺复兴绽放出来的炽热的欲望之火还没有熄灭,顽强地以"激情"存在于理性人学和古典主义艺术的"叛逆"之中。17 世纪古典主义又被称为新古典主义,它来自对古希腊古罗马文艺典型的学习和摹仿。其词源为 classic(经典的),意味着典型、模范或者同类事物中最完善者。古典主义(classicism)提倡阅读和摹仿古代经典、崇尚理性、讲究秩序和和谐的一种美学典范和文艺风格。"古典主义是一种写作或绘画的方式,它标志着宁静的美、高雅、严谨、整饬和明晰。"①古典主义鼎盛于法国路易十三和路易十四的时代,其时新资产阶级与封建贵族旗鼓相当,拥簇于王权周围,经济发展繁荣,海外争霸战争不断胜利,法国的封建专制日臻完善,路易十四号称"太阳王",展现王权作为政治统一的象征;在哲学理论上,笛卡尔等唯理主义流行,主张理性为真伪的唯一判断标准,注重推理和秩序,压制情感和激情。在文艺方面,戏剧成为体现古典主义美学话语的重要艺术类型,高乃依、拉辛、莫里哀等辉煌的戏剧作品使得古典主义成为雄霸一时的艺术风范。

也许理性与激情的矛盾是17世纪人学和美学的主要问题。在美学和艺术方面,虽然新古典主义在封建王权的支持下大行其道,但巴洛克主义和稍后的浪漫主义却始终与之相对立。古典主义讲究理性、秩序、和谐、整一的美学风格,而巴洛克艺术偏偏热衷于激情、偏激、动态、非对称、华丽等艺术风貌,后来的浪漫主义也继承了巴洛克艺术的"基因",进一步挑战和颠覆了古典主义。

古典主义美学和古典主义艺术的出现,与当时的政治经济状况和阶级状况等密切相关,但更为直接的应该是古典主义人学与古典主义艺术的双重作用。理性主义哲学和人学的内涵直接启发和规范了古典主义美学内容,这个中介就是笛卡尔的理性人学与布瓦洛的古典主义艺术。正是有了笛卡尔对人的哲学的全面"更新",才有了布瓦洛为艺术立法的雄心壮志。

一、笛卡尔的理性人学与美学

由重视经验而发展科学技术,由海外贸易而发现新大陆,由实验、经验而提倡唯物主义,这些科学和文化的语境给17世纪哲学和人学的发展带来了新的因素。"17世纪到19世纪上半叶的欧洲号称'理性的时代'。西方文化始终存在着理性主义的传统,但是,近代西方所崇尚的理性不是古希腊人和中世纪人所谓的'理智'或'理性灵魂',而是运用在新兴的自然科学之中的理性。

---

① 多米尼克·塞克里坦:《古典主义》,艾晓明译,昆仑出版社1989年版,第3页。

近代西方哲学发生了'认识论转向',哲学与自然科学结盟,把科学知识的基础、性质、方法和范围作为哲学研究的主要任务。通过认识论的论证,哲学家把理性的核心界定为'自我'或'自我意识'。崇尚'自我'是近代理性主义的显著特征。"①这个时期的哲学应该是一个新的开端,自我、主体、理性成为后来哲学的核心词汇。主体性哲学的开端就是笛卡尔,他的自我意识、身心二元论、灵魂和激情等观点肇始着理性主义和古典主义的核心思想。

笛卡尔是理性主义哲学的开创者,被誉为"近代哲学之父"。他出生在法国都兰纳州的贵族家庭,曾经在耶稣教会高等学校研读古典哲学和神学,对数学等自然科学钻研尤为深入,后曾学习法律,但终身思考和献身于哲学。笛卡尔曾在三十年战争期间投笔从戎,转战欧洲,战后也曾周游欧洲列国,见多识广,视野开阔。1623年,笛卡尔退役,专门从事哲学研究,打算建立一套真实有用的哲学体系。他认为神学和宗教荒谬的地方很多,不是真实可靠的知识。"可是当我全部修毕这些课业,照例被认为成了学者的时候,我的意见就立刻完全改变了。因为我发现自己为这么多的怀疑和错误所困扰,因而觉得我的努力求学并没有得到别的好处,只不过是愈来愈发现自己的无知。"②继而他对宗教哲学、形而上学等都进行了研究,发现很多东西都不是建立在真实性基础上的,到处是虚妄的知识。于是他开始对世界上的一切存在进行怀疑和审视,只有经过自己思维的审视之后发现是真实的,才能进入他的哲学体系。

(一)"我思"与"我在"二元论

如果对笛卡尔人学思想作个简单概括的话,那就是作为时代最强音的理性理论、机械论的身体理论和经验性的灵魂的激情理论,同时又给上帝这一绝对实体保留了理性边缘的位置。人是什么及如何构成,是笛卡尔哲学的思考起点。1633年,笛卡尔在《论人》中谈到了自己的哲学之路:"我们这些人是由一个灵魂和一个身体组成的。因此,我首先应该单独地解释一下我们的身体,其次是单独地考察一下我们的灵魂,最后我会给你们指出这两种性质是如何

---

① 赵敦华:《西方人学观念史》,北京出版社2005年版,第230页。
② 转引自缪朗山:《西方文艺理论史纲》,章安祺编订,中国人民大学出版社2011年版,第248页。

相连和联合在一起，从而组成人的。"①他的研究是从怀疑世界的真实性开始的。他在《方法论》（1637）中着重把世界放在怀疑的天平上逐一衡量，以去伪存真，找到真实可信的知识体系。他在《第一哲学沉思录》（1644）、《哲学原理》（1644）等著作中探讨了自我意识、身体、实体、上帝等重要观念。在这些著作中，笛卡尔把身体当作一个机械系统或物理体系，同时也用自然科学的逻辑来考察精神或自我意识，并把身体与精神对立起来，形成了身心二元论。笛卡尔把真实存在的事物称为"实体"，他把世界划分为三种实体：自我意识（思想）实体、身体实体、绝对实体（上帝）。从造物与被造物的区别来看，人及其万物都是被造物的实体，上帝是造物的实体，一切事物存在的原因都在于上帝这个绝对实体的存在。在被造物的实体中，人类是最复杂的身体与灵魂二分的实体。如果说这个时期，笛卡尔把人视为一种可以思想的精密机器的话，那么1649年《论灵魂的激情》则推进了身心一体问题的思索，把灵魂的激情当作重要研究对象。这部著作是笛卡尔系统研究"人性"的封顶之作。

　　"他提出的第一原则'我思故我在'是人的主体性觉醒的第一声呐喊，人的主体性从此登上了历史舞台，标志着理性主义人学的诞生。"②笛卡尔是用理性来衡量世间的一切，从中找到真实的、永恒的真理性的东西，然后以此实体为基础建立可以认识世界和改造世界的知识体系。他在《方法论》中提出了大胆怀疑、小心求证的方法论原则：凡是未被自己认为是真实的事物，不能当作真理来接受；把每一个问题分解成小问题，使之易于解决；从表面的简单的现象出发进行观察思考，逐步上升分析推理。据此可以看出，笛卡尔采用了从感性材料到理性思考，从分析判断到逻辑总结的思路，对包括宗教在内的一切知识进行了重新认识，世界上存在的一切都需要在理性的审视下为自己的存在辩护。笛卡尔界定了"实体"的概念，即能够自己存在而不需要依凭其他事物存在的事物。这一观点与柏拉图对灵魂的看法有高度相似性，灵魂是一切自动而非他动的事物。在这里，笛卡尔强调实体是自动、自为的主体。人们

---

① ［法］勒内·笛卡尔：《论灵魂的激情》，贾红鸿译，商务印书馆2019年版，第3—4页。
② 赵敦华：《西方人学观念史》，北京出版社2005年版，第232页。

可怀疑身边存在的一切事物包括自己的身体,因为没有直接证据确认身体及其周围的世界是真实存在的。对五官感觉的冷热、软硬、气味等也不能够说明该事物一定存在,比如在梦中一切感觉都是真实的,但却不存在。所以,笛卡尔认为唯一能够实际证明存在的事物就是我在思考这个事实。我在思考的我思,是确定的第一实体,不依凭其他而存在的真实。

由此观之,"我思故我在"有如下内涵:首先,"我"不是指有血有肉的身体,而是指思维和自我意识。笛卡尔的怀疑论把形而上学的概念和宗教神学都放在了重新考量的天平上。他不仅否认观念和概念存在的合理性,而且也怀疑人存在于其中的客观世界的合理性。因此,在他看来身体也是值得怀疑的东西,物质世界没有什么东西能靠得住。其次,"思"指的是思维、思想等意识活动。笛卡尔说:"思想(cogitatio)是什么? 所谓思想就是在我们身上发生而为我们所直接意识到的一切,因此不只是理解、意欲、想象,就是知觉无疑。"①最后,"故我在"意思是基于我思想这一事实的确定存在,那么我才知道我自己的存在属实。他在"我思"与"我在"之间找到了一种必然的联系,而这一联系才是人类自身存在的阿基米德点。笛卡尔说:"我们在怀疑时,不能怀疑自己的存在,而且在我们依次推论时,这就是我们所得到的第一种知识。……我思故我在的这种知识,乃是一个有条有理进行推理的人所体会到的首先的、最确定的知识。"②冯俊认为:"我在思想,所以我就存在;我思想多久就存在多久;如果完全停止了思想,我也就完全停止了存在。思想与存在之间是直接同一的,没有任何差别,存在就是思想的存在,没有'我思'就谈不上'我在'。'我在'就是一个思想的东西存在。从我思想就可以得出我存在。"③人们要认识世界,必须首先确定认识世界的自我是否存在,而自我是以我思想、我意识来确定知识的。因此,笛卡尔实际上把自我确立为一个思想的、意识存在的实体。因此,"'自我'成为理性的象征、人的本质,这也是西方

---

① [法]笛卡尔:《哲学原理》,关文运译,商务印书馆 1960 年版,第 8 页。
② [法]笛卡尔:《哲学原理》,关文运译,商务印书馆 1960 年版,第 7—8 页。
③ 冯俊:《开启理性之门:笛卡尔哲学研究》,中国人民大学出版社 2005 年版,第 50 页。

人学的一个重大转折"①。

　　尽管笛卡尔把能思想的自我确定为第一实体，但是人为何会思想？有自我意识的人从何处而来？对这一个终极问题的回答还是找到了基督教里面。他认为一种是被造物的实体，比如人，另一种是绝对的实体，即上帝这个造物的实体。人能够思维，并且像一架设计精美的机器，作为实体的人类自身不能够创造自我思维和思想，这一切只能来自更为高明的实体，那就是上帝。"的确，我们只能设想有一个绝对对立的实体，那就是上帝。"②换言之，在笛卡尔看来，人具有自我意识，能够思维和思想，正是理性才使得人能够对身体及其外在世界进行观察、分析、判断和综合，从而形成认识世界的知识体系。但是人类无法创造意识自身，那么高贵的理性来自何方？笛卡尔把理性依然归之于上帝这个绝对实体。但是作为最高实体如何自动地与人这个身心二元分裂的实体互动，反而成了理性主义的一个难题。这一问题直到康德和黑格尔才得到了唯心主义的解决。

　　笛卡尔把人分为思想实体（自我意识）与身体实体，是两种性质不同的真实存在的实体。"每一个实体都有一种主要的属性，如思想就是人心的属性，广袤就是物体的属性。"③能思想的实体必然有一个依凭存在，那就是身体，身体在长、宽和高等广袤中存在。另外，能思想的实体就是灵魂，即意识到自己的感觉、知觉、想象、记忆、决意、理解、激情等。但是笛卡尔是身心二元论，即认为身体与精神或灵魂互不统摄，那么身心之间的沟通和互动如何解释就成为他的难题。他在纯粹具有物理属性的身体与纯粹思想的灵魂之间找到了大脑中心的"松果腺"，认为这是精神与物质交换和交流的中心。现代医学证明"松果腺"是不存在的，所以笛卡尔无法沟通精神与肉体、灵魂与身体这两种实体，也说明他的哲学是近代哲学的开端，还不成熟。

　　（二）灵魂的激情与美

　　人性中真正活跃的部分、彰显人之为人的地方就在于灵魂的激情。笛卡

①　赵敦华：《西方人学观念史》，北京出版社 2005 年版，第 234 页。
②　[法]笛卡尔：《哲学原理》，关文运译，商务印书馆 1960 年版，第 20 页。
③　[法]笛卡尔：《哲学原理》，关文运译，商务印书馆 1960 年版，第 20 页。

尔对灵魂的一般本性作了基本概括,他把灵魂的功能分为两种:灵魂的行动与灵魂的激情。灵魂的行动来自和取决于灵魂的意志活动,"而相反,我们则可以大体上把我们身上所有种类的知觉或认识称为灵魂的激情"①。因此,"在考察了灵魂的激情和所有别的思维的不同之后,似乎我们就可以一般地把这些激情确定为一些知觉,或一些感觉,或一些灵魂的情感,他们特别地关于我们的灵魂,而且是被一些动物精气的运动所引发、维持和增强的"②。也就是说,灵魂中有一部分意志和知觉与身体运动相联系,支配肉体活动,除此之外的知觉、想象和情感部分则归属于灵魂的激情部分。激情不是对外界事物的感知,譬如气味、声音、颜色等,也不是肉体的某些感受,比如饥渴、疼痛等;也不是支配身体活动的意志,比如走路、舞动手臂等物理运动。但是,激情与身体也是统一的,相互之间连接为一体,灵魂内部的激情活动必然会带来一定的身体反应,因此笛卡尔认为"灵魂是与身体的所有部分相联系在一起的"③。不过他认为激情不在于心脏,而在于大脑,特别是存在于大脑中的"松果腺",在这里灵魂与身体、神经与感受密切联系和相互交汇。笛卡尔还对激情进行了分类,划分为惊奇、爱、恨、渴望、高兴、悲伤六种基本激情,并对此作了概论。

笛卡尔详细论述了爱、恨与美、丑之间的本质联系,他把美感称为"欣赏",把人们对丑陋事物的感受称为"憎恨"。早在 1630 年他在《答麦尔生神父的信》中就论述了美与快乐的关系,他说:"一般地说,所谓美与愉快所指的都不过是我们的判断与对象之间的一种关系。……按理,凡是能使最多数人感到最愉悦的东西就可以说是最美的,但是正是这一点却无从确定。其次,同一件事物,可以使这批人高兴得要跳舞,却使另一批人伤心得想流泪;就全要看我们记忆中哪些观念会受到刺激。"④

首先,笛卡尔探索了爱与恨的定义:爱是"当一个呈现给我们的事物在我们看来是好东西的时候,也就是说适合于我们的时候,这就使我们拥有了一种

---

① [法]勒内·笛卡尔:《论灵魂的激情》,贾红鸿译,商务印书馆 2019 年版,第 14 页。
② [法]勒内·笛卡尔:《论灵魂的激情》,贾红鸿译,商务印书馆 2019 年版,第 19 页。
③ [法]勒内·笛卡尔:《论灵魂的激情》,贾红鸿译,商务印书馆 2019 年版,第 20 页。
④ 转引自范明生:《十七十八世纪美学》,北京师范大学出版社 2013 年版,第 370 页。

对该事物的爱,同样,当一个呈现给我们的事物在我们看来是不好的或是有害的时候,这就会激起一种恨的激情"①。换言之,爱与恨的情感与某事物对我们有利与否密切相关,对我们来说是善的、好的和完美的,相对激起的情感则是爱;如果某物对我们有害或不完美,那相对应的情感则是恨。由此可见,情感与人类自身的善结合得非常紧密。其次,爱与恨是一种激动的情感。笛卡尔认为,爱是一种灵魂的激动情感,是由于动物精气的运动引发的心灵和身体反应,这一情感使得主体与好的事物有意识地保持一种亲近。恨则与之相反,虽说它也是一种由于动物精气激发的激动情感,但它是要与有害的或坏的事物保持一种距离或者远离。最后,爱与恨的分类。笛卡尔把爱分成了"简单喜爱、友爱和虔诚之爱"三种。这三种爱划分的标准是给予对象的爱与爱自己的程度比例。第一种是简单的喜爱,即人们对某一对象的爱不超过对自己的爱,比如人们喜欢花朵、喜爱猫狗等宠物等,对这类事物的喜欢的情感不会比喜欢或爱自己更多。第二种是友爱,即主体对他人之爱与对自己的爱程度对等,比例相当。例如对高贵人格奉献我们的友情。第三种是虔诚之爱,是主体对对象的爱比对自己的爱要多的激情,例如人们对上帝之爱,以及人们对为之奉献甚至牺牲生命的人或事物的爱。

笛卡尔认为,与美丑有关的情感是欣赏与憎恶。爱与恨的情感是内在感官呈现于理性的判断,即理性判断某物是否有利于或有害于主体。而善的好的事物与有害事物在主体的外在感官(视觉)的呈现,即对美与丑的事物的反应为欣赏或憎恶。因此,人们对视觉呈现给主体的漂亮的事物的爱,称为"欣赏",反之称为"憎恶"。"由此,这就是出现了两种类型的爱,即人们对于美好的事物的爱,和另一种人们对于漂亮的事物的爱,这后一种爱人们也可以称之为欣赏……"②不过,他也指出欣赏这种情感比其他激情要强烈,因为漂亮的事物直接作用于感官,而不是理性,所以对灵魂的触动性和欺骗性更大。

那么为何人们会喜欢美的与好的事物,而憎恶丑的和恶的事物呢? 笛卡

---

① 〔法〕勒内·笛卡尔:《论灵魂的激情》,贾红鸿译,商务印书馆 2019 年版,第 41 页。
② 〔法〕勒内·笛卡尔:《论灵魂的激情》,贾红鸿译,商务印书馆 2019 年版,第 55 页。

尔认为,人对于丑恶或丑陋事物的憎恨是看到了这些事物与死亡的气息相连,这种生命消逝或丧失的情境给人一种死亡危机,使人们产生一种激动情感,极力要避开当前凶恶的事物或景象。而美的事物则给人们带来一种快乐的情感,笛卡尔称这种对美的事物的欣赏快感是所有属于人类的美好事物中最大的快乐,也是使人们非常强烈渴望拥有的一种快乐。这种快乐为何会产生呢?笛卡尔的观点有点类似于柏拉图在《会饮篇》中提到的"爱是寻找另一半的追求完美的情感"。他认为人生在某个阶段或年龄会认为自己不够完美或完整,当遇到了另一个人或事物比较美好的时候,就会觉得这个人或事物是完美的,可以弥补我们的缺憾。这种自我完美或完善的追求似乎是被造物主放在灵魂中的一种印象,使得人们自动去追求最完美的事物,这种激情就是爱。简言之,美是关联于事物是否好看、漂亮的,欣赏则是人们对视觉上漂亮的事物的喜爱,反之,憎恶是对丑陋事物的反感和远离。不过,笛卡尔这种朴素的美学与那个时期重视人的感性经验有重要的联系,美好与否与主体对事物是否有利的判断有关。

(三)灵魂的冲突与意志

尽管笛卡尔关于爱、恨等激情与美丑的论述对古典主义艺术有一定的影响,但是对古典主义美学产生的最大影响还是他对意志、理性和激情之间冲突的理解和解决之径的观点。

笛卡尔认为灵魂的成分有意志、知觉、想象、情感或激情等,这些成分都可以被动物精气、神经、想象等驱动。所谓"动物精气"是由心脏中最精细的血液构成的流向大脑的部分,它可以驱动灵魂和身体运行。他把灵魂分为灵魂的行动与激情,灵魂的行动是人类的意志活动,直接来自并决定于灵魂自身,灵魂的激情则是所有种类的知觉。笛卡尔又把意志分为两类:一种是把灵魂的意愿或意志贯彻到身体来完成的灵魂行动,另一种是针对非物质对象的在灵魂中完成的行动。同样,知觉也从身体与灵魂两个维度作了区分,一部分知觉来自身体,另一部分知觉来自灵魂,即意志、想象的知觉和思维等。当然其中还有属于灵魂的想象,有现实镜像的复现,有些是虚妄的事物。因此,笛卡尔把来自灵魂自身的、被动物精气所引发、维持、驱动和增强的知觉、想象、情感、感觉等思维统称为"灵魂的激情",也就是人性中非物质层面、非身体的精神部分。

就灵魂的运行机制来说,后期笛卡尔承认身心一体,身体与灵魂密不可分,相互关联互动。他强调人只有一个灵魂,但灵魂发挥作用的地方不在于心脏,而在于大脑,确切地说是大脑实体正中央的腺体,前后脑的导管输送动物精气来推动腺体内激情的运动。那么,为何大脑中腺体就是灵魂所在地呢?他认为人类的身体器官都是成双成对的,例如双眼成像,对于同一事物的两个影像必须在大脑的某个部分融合在一起,人们才能感受到一个事物的知觉,因此"这样,人们就能容易地领会到,这些影像或别的印象就是在这个腺体这里通过那充满大脑腔管的动物精气汇集而成的"①。然而,心脏感到激情所在,那是因为大脑传下来的印象通过细小神经中介而被心脏所感受。

所以,笛卡尔指出了灵魂与身体协同运作的机制:"因此,在这里,我们可以设想,灵魂的基本处所是大脑中央的一个小腺体,在那里灵魂通过精气、神经,甚至是血液的中介而影响身体其余的所有部分,血液则可以通过参与精气中印象的形成,并且经由动脉而把它们发散到各个肢体。……我们细小的神经网在身体上分布得如此广泛,以至于一旦有感觉对象刺激我们而引发了它们形成各异的运动的时候,就会相应地打开大脑的那些相关小孔,这就使得那些存在于这些腔管中的动物精气以不同的方式进入肌肉中,它们以什么样的方式可以被驱动,就可以什么样的方式来推动那些肢体。"②他对灵魂运动的基本步骤与现代医学表述的规律大致相同,不过更为重要的是他详细描述了灵魂在某种激情袭扰下可能会产生一定的犹豫、冲突和矛盾。

当人们看到一只猛兽,它的形象反光使得视觉神经形成两个不同影像,分别由动物精气驱动汇聚于大脑的腺体中,这时融合成一个动物印象,使得灵魂看到了这个猛兽的形象。如果这动物与使曾经伤害过我们的动物非常相似的话,那么我们可能在灵魂中产生恐惧的激情,变得害怕和畏惧。动物精气就会

---

① [法]勒内·笛卡尔:《论灵魂的激情》,贾红鸿译,商务印书馆2019年版,第22页。
② [法]勒内·笛卡尔:《论灵魂的激情》,贾红鸿译,商务印书馆2019年版,第23页。

按照这一恐惧想象驱动腺体,并通过腺体驱动神经,导致人们调转肩头,迈开下肢逃跑,这样灵魂就从恐怖的镜像和想象形成了恐惧的激情,并在动物精气和神经作用下导致身体的行动。但是,在猛兽镜像反馈到大脑腺体之后,也有部分的动物精气驱动血液和神经,以其他的方式来创造一些特别的动物精气,驱动腺体镇定下来,并激发防卫的意志。简言之,笛卡尔认为灵魂中有一种东西会在"害怕的感觉促使灵魂想逃跑"与"勇敢的感觉促使灵魂希望战斗"之间进行决策,这个东西就是意志。

在笛卡尔看来,意志是灵魂从激情到行动的决策者。至于灵魂激情、灵魂行动与意志的关系,笛卡尔认为,"意志的本性就是自由,它从不会被限制。我在灵魂中区分的两种思维,一种是灵魂的行动,也就是说它的意志;另一种就是它的激情。在此,我们采用激情这个词的最一般的意义,也就是说,它包含了各种类型的知觉,第一种类型的知觉就其能力来说是绝对的,而且身体对它也仅仅能间接地有所影响,而相反,后一种类型的知觉绝对地相关引发它们的一些身体活动,并且它们只能被灵魂间接地改变,当然灵魂就是它们的原因的情况除外。所有灵魂的行动就在于,仅仅通过它,灵魂才能意愿某个东西,才能使那与之紧密相连的小腺体如此地运动起来,从而产生与这个意志相应的一种行动效果。"①此之谓"灵魂的能力"。简言之,笛卡尔认为,灵魂中感觉、形象、想象、情感等激情部分本身就相互冲突,同时激情与理性判断也有相互冲突的时候,在想象、知觉、激情与理性的冲突下,能够决定灵魂行动的部分就是意志。意志是在激情与理性之间进行自由选择的,由此可见,尽管灵魂的激情会受到理性的评判,但是从根本上能够限制或者控制激情的不是理性,而是意志。

被动物精气所鼓动的激情会导致心脏出现激动,小的激情会因为动物精气的消耗而逐步停息,但最粗暴和最有力的激情会在动物精气的驱动下加强心脏激动和身体动作,而意志的作用在于它可以控制和减缓激动的效果,同时尽量克制身体的运动。例如,人们生气时要挥舞手臂打人或遇到猛兽迈开脚步逃跑,意志会让我们的身体停下来。

---

① [法]勒内·笛卡尔:《论灵魂的激情》,贾红鸿译,商务印书馆 2019 年版,第 27 页。

　　人们通常把灵魂的冲突理解为灵魂的低级部分与高级部分，即感性与理性、本能欲望与意志之间的冲突。笛卡尔认为，实质上我们在灵魂中感受到的冲突是动物精气和意志同时起作用的不同类型的活动之间的冲突。"由于在我们身上只有唯一的一个灵魂，并且这个灵魂在自身中没有任何的部分划分，它同时是感性的和理性的，它所有的欲望同时也是其意志，因此，当人们在自身中扮演几个不同的而且通常是互相相反的角色时，就犯下了错误，这个错误的出现只是在于人们没有很好地对我们灵魂的功能与自己身体的功能做出区分而已，而实际上人们应该把所有那些在我们身上发现的与我们理性相背的东西都归属于自己的身体。"①在这段重要论述中，笛卡尔发现人的灵魂本身就是矛盾的，存在着感性与理性、欲望与意志等矛盾，但他把这些矛盾都归之于身体欲望与理性之间的冲突。一种来自身体的本能欲望被动物精气所驱使，引起灵魂的激情，即使理性判断这一激情是错误的或者不道德的，但也无法有效遏制它。不过，灵魂的激情付诸灵魂的行动时，两种动物精气和神经都会在腺体中发生方向相对或相反的促动，这样灵魂到底导向哪个行动，此时就是由意志决定了。灵魂可以顺从动物精气推动的小腺体而满足人们对某些事物的渴望或欲望，但也可以通过意志而推动小腺体避开或者停止某些行动。笛卡尔说，就像让我们感到害怕的东西驱使动物精气进入肌肉而抬腿逃跑，但意志也可以通过腺体而积聚其他动物精气而命令肌肉停止运动。

　　在意志对于激情与行动的决策上，灵魂力量有了强大与弱小、德性宽宏与狭小之分。笛卡尔说："由此，正是通过对上述的冲突的理解，每一个人都可以认识自己灵魂的力量或软弱了。因此，对于那些其意志能够极其容易地克服激情，并可以使伴随身体的运动停下来的人来说，毫无疑问，他们具有着强有力的灵魂。"②强大的灵魂用意志阻止或者干预激情的行动，使人的行为符合人性要求、理性目的或社会道德；但是有一些人的灵魂不会使意志与激情发生冲突，也就是说，他们会顺应激情的要求，即使理性的判断或善恶的决断不

① ［法］勒内·笛卡尔：《论灵魂的激情》，贾红鸿译，商务印书馆2019年版，第31页。
② ［法］勒内·笛卡尔：《论灵魂的激情》，贾红鸿译，商务印书馆2019年版，第33页。

允许某些激情的存在。

那么,对一般人而言,当灵魂的激情(欲望)与意志产生冲突时,有哪些可以引导人们趋向正义或德性的活动呢? 笛卡尔认为还是要高举意志的自由选择的作用,让意志成为德性的象征。他认为人之所以成为自己的主人,在于人有自由意志的运用和对自由意志的支配。也就是说,人们普遍理解的理性主义者的笛卡尔并没有把理性看作人最本质的属性,而是把意志作为人之为人的基本属性和能力,而意志受到德性的导引。人生在世,激情随处可见,而且笛卡尔认为人们有时候很难用理性来控制自己的情绪、情感和激情,造成激情过度。在古典时期,过度的激情被认为是不好的现象,譬如高兴、悲伤、怜悯、战栗等都会让人心脏鼓荡、血液沸腾,狂热起来。笛卡尔认为对这种过度的激情,人们需要一些"补救"措施,使得人平静下来,按照理性和德性生活。他提到一些方法,譬如被想象和影像鼓动激情的时候,用理性剥离出哪些是虚假的、不真实的,由此来减缓激情的程度;有时候激情或情感会持续一段时间,在这段时间中"冷却"激情,不做任何判断,随着时间变迁,激情会延迟或者转移到其他地方;当激情要求灵魂做出行动时,意志应该主动与激情相对立,制止激情鼓荡的灵魂行动。

总之,他认为灵魂的快乐不仅与灵魂的激情相互关联,更重要的是与理性、智慧和意志相关联。在笛卡尔看来,人的灵魂摇摆在欲望、激情与理性之间,而决定人灵魂行为的则是意志,意志最终应该听凭德性的引导。"在这里,智慧是很有用的,它可以教会人们去做自己激情的主人,并且巧妙地对它们加以安排和控制,这样,这些激情可能引起的不良后果,就变得完全可以忍受了,甚至人们可以从所有这些事情中感受到一种快乐。"①

二、布瓦洛等的古典主义美学

17世纪法国古典主义美学的盛行不仅在于有笛卡尔理性主义哲学和人

---

① [法]勒内·笛卡尔:《论灵魂的激情》,贾红鸿译,商务印书馆2019年版,第131页。

学为基础,而且还在于有自己的理论家布瓦洛,也有践行和丰富古典主义艺术的高乃依、拉辛和莫里哀等戏剧家。理论与实践相互印证,哲学与美学互相驰援,共同繁荣了古典主义美学。笛卡尔的理性人学被引入艺术实践和美学研究中,产生了重要的社会影响。"法国古典主义者多半是笛卡尔哲学的信徒,布瓦洛尤其深受它的影响。他把笛卡尔的唯理主义全部应用到文艺批评上了:'尊重理性'是他的美学原则,'摹仿自然'是创作的基本规律,'真善美的统一'是他对文艺的最高理想,这些主张像一条红线似的贯串于《诗的艺术》中,这是唯理主义在美学上的具体体现。"①笛卡尔理性人学作为17世纪法国乃至于欧洲的主流思想是当时统治阶级思想意识的集中体现,文学艺术也概不例外。

(一)尊崇王权

古典主义美学的发展基本上与欧洲封建专制的兴衰相始终,与王权威严和贵族趣味有密切联系。一般来讲,古典主义发展可分为三个时期:第一,初始时期,亨利四世和路易十三秉政,初步建立君主专政,国家统一,社会有序,文艺逐步规范化,古典精神在孕育之中。第二,路易十四执政时期为古典主义的鼎盛时期,国王大权独揽,统一全国,他对政治、经济、军事、宗教、文学和艺术等都进行了改革和整顿。路易十四在政治上强调"朕即国家",君主的意志就是国家的意志,用绝对权力控制贵族阶层和资产阶级,对君主忠诚就是对国家忠诚;强调"君权神授",君主即为宗教领袖,成为精神道德的模范和象征。路易十四以严厉的法律规范了社会各阶层的地位和文化特征,王族、贵族、僧侣等为统治阶级,资产阶级和平民等为第三等级。他推行重商主义,重视资产阶级,大力发展经济贸易,开拓海外市场,使资本主义得到了迅速的发展。第三,路易十四统治晚期,封建专制走向反动,资本主义迅猛发展,文艺的宫廷趣味过于空虚雕琢,沦为歌功颂德的工具。在17世纪欧洲,国王及其宫廷是政治和文化的中心,贵族风范和宫廷品味成为古典主义真正的底色。

作为意识形态的文化和艺术必然是政治秩序和经济发展的体现。古典主

---

① 缪朗山:《西方文艺理论史纲》,章安祺编订,中国人民大学出版社2011年版,第289页。

义文化要求封建贵族依附于王权,资产阶级也依靠国王支持来发展经济,因此,崇尚王权成为欧洲封建制鼎盛时代的政治要求和文化需求。封建阶级与资产阶级在经济实力和政治势力势均力敌的时候,全社会的一个基本共识就是每个阶级可以有自己的政治追求和"激情",但谁都不能"过火",保持冷静的头脑和安稳的社会局面,这一平衡的政治态势则需要理性的裁判,这个裁判就是王权。在古典主义戏剧中,每当剧中人物的激情和理智发生矛盾,封建贵族与资产阶级发生激烈冲突时,往往把国王或者王后直接抬出来作评判者,这是王权意志成为理性权威的直接表现。因此,"诗人剧作家在他的支配之下,须循着他所认为最适当的路线发挥其才能,创作的风趣须合于他的艺术趣味,主题的思想须合于他的道德观念,所以路易十四自命为当代文学艺术的中心人物,当时一般文学艺术的趣味确实可以说是路易十四的趣味;他在表面上是一个规矩的、勤勉的、有礼的、爱美的、中庸的人物,他一身兼备常识、自制、威严、明达的德性,对于文学喜欢整齐、明丽、典雅、有教育意义。这种趣味原是17世纪法国哲学思想和政治思想的反映,也可以说是当时的时代精神,所以黄金时代的古典主义文学直接是路易十四趣味的体现,间接是整个时代精神面貌的反映"[①]。

(二)理性至上

笛卡尔理性人学影响古典主义艺术的一个重要方面就是用理性来衡量一切,理智控制情感,激情过度必然引起覆灭。笛卡尔把人的灵魂分解为意志、理性、激情等,激情里包含了欲望、想象、知觉等。当人们的欲望和想象操纵情感或激情,而理性无法控制的时候,就看灵魂的意志如何进行选择了,并且笛卡尔用了多种理性的方法来弥补或补救激情失控,使得人能够按照德性或道德来获得幸福生活。笛卡尔的理性与激情之间矛盾的看法与法国古典悲剧特别是高乃依和拉辛的戏剧创作及其理论有着异曲同工之妙。

作为古典主义诗学集大成者,布瓦洛则公开把理性定为艺术的第一法则,他的《诗的艺术》被奉为古典主义的法典。他出生于巴黎,幼年丧母,先学习

---

① 缪朗山:《西方文艺理论史纲》,章安祺编订,中国人民大学出版社2011年版,第274页。

神学，后转学法律，父亲死后，布瓦洛继承了遗产，遂转入文艺创作，以讽刺诗人和文艺理论家扬名文坛。布瓦洛与莫里哀、拉辛、博马舍、拉封丹等文艺名家关系非常好，经常一起讨论创作，评点人物。他先后发表了《讽刺诗集》《书简诗集》等。1674年，他发表了《诗的艺术》，受到国王的赞许，批评才能轰动文坛。后来，他又翻译了古罗马朗吉努斯的遗作《论崇高》，并写了一些随感录。这两部文艺论著成了法国古典主义理论的纲领。因为布瓦洛为路易十四整顿了文艺界，为古典主义艺术立法，所以国王委任他为王室的史官，1684年，他入选法兰西学院。

布瓦洛认为理性是放之四海而皆准的真理，遵循理性是做人写诗的基本原则。文艺创作和鉴赏都应该以理性为评判的标准。"因此，首须爱理性：愿你的一切文章永远只凭着理性获得价值和光芒。"①也就是说，文艺家首先应该尊重理性和智慧，在理性的指导下从事文艺创作才能写出合情合理的人物和情节，写出流畅的文字和韵脚。布瓦洛推崇法国诗人马莱伯（Malherbe）为诗宗，认为他堪称现代作家的楷模，尽管马莱伯的诗歌缺少想象力和激情，但他的诗作哲理明晰，提倡道德规范，用语典雅纯净。因此，布瓦洛说："他在法国第一个使人在诗里感到正确的音律谐和，他指出：一字之宜，便会有多大效力，他又迫使着缪斯服从道德的箴规。这位明哲的作家修订了法国语文，……因此，你也追随吧；要爱他语言纯净，效法他用字遣词既巧妙而又清明。"②

在理性评判的原则下，布瓦洛对高乃依和拉辛等人的悲剧"又爱又恨"，一方面他感受到法国古典悲剧家的天才力量，把古代故事化腐朽为神奇，另一方面他也批评了高乃依等的悲剧中对激情和情感过度的描绘。他认为激情纵然可爱可敬，但还应该在理性控制之下而不能泛滥成灾。"然而我也并不像老道学那么古板，要从一切雅言里阉割掉恋爱美谈，这样丰富的藻饰，要舞台一概屏除，连罗狄克、施罗娜，也诋为传播毒素。最不正当的爱情经过雅洁的描写，也不会在人心里引起欲念的奸邪。狄多尽可以啼泣，卖弄着她的风姿，

---

① ［法］布瓦洛：《诗的艺术》，范希衡译，人民文学出版社2014年版，第5页。

② ［法］布瓦洛：《诗的艺术》，范希衡译，人民文学出版社2014年版，第11—12页。

我一面寄予同情,一面还责她过失。"①布瓦洛在《诗的艺术》中评价了高乃依和拉辛的悲剧作品,提出一个古典时代共同关注的艺术问题:理性与激情冲突及其处理。正是这个问题导致高乃依受到宫廷御用文人的攻击,被迫放下创作的笔。

高乃依是法国伟大的古典悲剧家,创作了《熙德》《贺拉斯》等优秀作品,也在《诗剧艺术谈》中表述了他的戏剧理论。高乃依善于表现悲剧主人公在道义与激情的冲突中进行艰难的选择,最后理性战胜情感,这也是笛卡尔理性与激情二元论在文艺作品中的直接运用。他的悲剧人物往往出于信仰和义务而战胜情感,为大我的利益而牺牲小我,重视戏剧冲突和心理描写,其英雄人物高大悲壮。他在《诗剧艺术谈》中说:"悲剧的庄严,要求诗人描写一些重要的国家利益,一些比爱情更崇高更有男儿气概的激情,譬如,雄心壮志或血海深仇,使我们看到比情人之死更重大的不幸。在悲剧中使用一点爱情是可以的,因为爱情往往有吸引力,而且可作为我所说的国家利益和重大激情的基础,但爱情必须居于次要地位,把首要地位让给它们。"②尽管高乃依已经把爱情等情感置于国家义务和道义之下,悲剧的目的也在于宣扬理性的胜利,但是由于《熙德》的巨大成功而引起了文坛宿将们的猛烈批判。斯鸠德理(Scudery)、迈烈(Mairet)和沙坡兰(Jean Chapelain)等写了《对熙德的感想》一文,指责高乃依悲剧不符合"三一律",违反了合情合理的古典道德标准。他们认为施曼娜因爱情而忘记了父仇,她的情感战胜了孝心,为私情而忘记伦理大义,是情感不服从理性和意志的表现;同时也责备施曼娜是个不知羞耻、不遵守女戒的姑娘,是应该批判的。在法兰西学院权威们的批判声中,高乃依被迫搁笔,遵循古典主义的严苛规定。

"高乃依的悲剧的基本调子是理性战胜感情,因而塑造出英雄的性格;拉辛的悲剧的基本调子就是感情战胜理性,因而塑造出弱者的性格。在悲剧的终局,拉辛的主人公往往为情欲而牺牲,他们之所以为厄运所支配,主要是由

---

① [法]布瓦洛:《诗的艺术》,范希衡译,人民文学出版社 2014 年版,第 63 页。
② 缪朗山:《西方文艺理论史纲》,章安祺编订,中国人民大学出版社 2011 年版,第 276 页。

于情欲的争夺。所以拉辛对于人物的心理分析,具体言之,其实是恋爱心理的分析。"①拉辛借助古代题材,把一种强烈的激情灌注于人物身上,就像《安德洛玛克》中的主人公一样,各自为了占有的欲望和爱的激情而放弃理智,最终导致覆灭。如果说高乃依通过悲剧主人公来宣扬义务和理性战胜了激情,正面颂扬理性的胜利,那么拉辛则悲戚地把主人公放任情欲视为一种惩罚,反面地提醒了观众恣意纵情的悲惨结局,二者同样具有教育意义和道德价值。拉辛曾说:"我描写激情,目的在于显示激情会陷入于如何的不幸;我描写败德,是为了使人知道败德的一切丑恶现象。为社会利益而创作的作家,他的主要目的应该在于此,这个目的也是古代作家念念不忘的。古人的戏剧是一所真正的学校,其道德教育之重要不下于哲学家的……我们应该希望我们的现代作品像古代作品那样富有教育意义。"②无论是高乃依、拉辛,还是笛卡尔和布瓦洛,都强调了古典主义最重要的特征是理性至上,人应该有理性的意志,应该控制激情和感情,保持中庸人性。

（三）"三一律"

古典主义戏剧继承了亚里士多德的戏剧理论,并片面地发展了他对戏剧情节、地点和时间的规定,形成了戏剧"三一律"。一方面,这种严苛的戏剧律条是戏剧发展和戏剧体裁创新的镣铐;但另一方面,天才的戏剧家们在这束缚中也练就了高超的戏剧艺术,给后世留下了很多艺术瑰宝。古典主义要求艺术家们摹仿古希腊古罗马的典范之作,古代人性崇高,自然淳朴,现代人也应该学习古人的人性之美。同时,古典主义也要求文艺作品要真实自然,或者说文艺要像真实的现实一般,具有"仿真性"。所以,在戏剧创作上要宗法贺拉斯的《诗艺》和亚里士多德的《诗学》。布瓦洛规定了古典戏剧的"三一律",他说:"剧情发生的地点也需要固定,说清。比利牛斯山那边诗匠能随随便便,一天演完的戏里可以包括许多年:在粗糙的戏曲里时常有剧中英雄,开场是黄口小儿终场是白发老翁。但是我们,对理性要服从它的规范,我们要求艺

---

① 缪朗山:《西方文艺理论史纲》,章安祺编订,中国人民大学出版社2011年版,第278页。
② 缪朗山:《西方文艺理论史纲》,章安祺编订,中国人民大学出版社2011年版,第280页。

术地布置剧情发展;要用一地、一天内完成的一个故事,从开头到末尾维持着舞台充实。"①这样的戏剧规范针对中世纪和文艺复兴时期宗教神秘剧、奇迹剧和世俗戏剧而来,这些戏剧情节散漫,枝节过多,人物复杂,时间长短不一。为了进行戏剧改革,固定戏剧演出的地点,像真实的人生一样要求戏剧时间不超过 24 小时,人物也都仿照古代英雄那种普遍的人心和人性,从这一角度来看,"三一律"也具有一定的历史进步性。但是古典主义把它视为一种严格规定,并依此来裁夺现实的戏剧创作,统治戏剧 200 多年,这就是一种戏剧艺术的桎梏了。从戏剧写作规律来讲,"三一律"的问题在于在一天一地表现一个故事的话,那么故事情节势必难以自圆其说,因为情节的发展往往超过一天甚至数天、数月,人生的事件是连续叠加的,是偶然与必然的结合,硬是压缩在一天之内则势必采用巧合和插入的情节,这样看起来反而不那么"自然"了。从社会层面来看,硬性规定的一天一地限制了戏剧表现的地点自由转换和时间的演进,影响了文艺对广阔生活天地的反映。直到 19 世纪浪漫主义戏剧才打破了"三一律"的束缚,重新让戏剧如人生一样复杂、多彩和绚丽。

总之,古典主义,顾名思义就是向古希腊古罗马的文艺典籍学习,摹仿古人,艺术风格高贵典雅,绘画、雕塑、园林等艺术讲究秩序、统一、和谐之美。换言之,古典主义美学趣味是典型的凡尔赛宫廷的艺术品位,尽管当时盛行巴洛克艺术,但法国占据主流的还是古典主义艺术类型。布瓦洛说:"一切要合乎常情,但要达到这一点,路是滑而难行的,很不易防止过偏;你稍微走差一步就堕落不能自救。理性之向前进行常只有一条正路。"②这个艺术的正路就是坚持秩序和自然之美学规范,反对巴洛克主义艺术。

---

① [法]布瓦洛:《诗的艺术》,范希衡译,人民文学出版社 2014 年版,第 32 页。
② [法]布瓦洛:《诗的艺术》,范希衡译,人民文学出版社 2014 年版,第 6 页。

第三编

18世纪启蒙主义人学与美学

17—18 世纪的人学观念发生了重大变化,这个时代的人普遍思考的是人如何从自然状态走向社会状态。人的观念在人的自然属性与社会属性之间存在。文艺复兴时期的思想家和艺术家们从黑暗的中世纪走出来,从神的附庸地位脱离出来,发现了人自身的价值。在人的价值中,为自己的快乐活着、及时行乐就是人的本性。这一点大大地凸显了人的动物性和自然属性的一面,而忽略了社会性的、作为人类共同体的一面。当然,文艺复兴时期的欧洲社会也是存在两面性的,正如巴赫金所言,一方面是封建政权、封建制度、封建主义和宗教的严肃性,另一方面是人民自己的狂欢的、劳作休息的诙谐性。这两者共同构成了文艺复兴时期人的观念的复杂性。

　　新的世纪来临,随着封建制度在欧洲的日益坚固和完善,封建生产制度的确立和经济的繁荣,社会和文化的稳定性结构逐渐形成。经过文艺复兴人的动物性对社会的解构和颠覆,很多哲学家重新思考在没有上帝的情况下人从何处来,自然状态的人是什么样子,以及自然人如何成为社会的人,即如何形成以政权形式存在的社会共同体。在 17 世纪的思想家心里,人们首先有个原始社会的自然状态,这是社会形成和文化建构的基础。自然人的社会规范就是自然法,“霍布斯、洛克、卢梭可算自然主义人学的第一代。他们系统地论述了‘自然人’从‘自然状态’向社会的过渡,建立了西方民主制度所需要的社会契约论”①。

　　近代以来的自然人观念源于荷兰法学家格劳秀斯(Hugo Grotius)。他割断了自然法与宗教的联系,把自然法视为人类的本质属性。换言之,17 世纪的哲学家开始抛弃神和宗教因素,设定人类起源的自然状态来探讨人的本质与社会的关系问题。英国哲学家霍布斯(Thomas Hobbes)在《利维坦》中深入思考了人的自然状态及其如何联结成为人类社会的问题。霍布斯的人学基于

---

① 赵敦华主编:《西方人学观念史》,北京出版社 2005 年版,第 180 页。

人性本恶的观点,因为人相互之间会不断地打斗和战争,因此需要用强有力的人或者一群人来进行管理,这就是专制国家的诞生。

霍布斯认为,在人类的自然天性中,有三种因素引发了人们之间的战争:第一,为了求得满足生存的利益而竞争;第二,为了保有自己已经获得的利益而猜忌;第三,为了荣誉而进行的侵犯。霍布斯说:"这种战争就是每一个人对每一个人的战争。……最糟糕的是人们不断处于暴力死亡的恐惧和危险中,人的生活孤独、贫困、卑污、残忍而短寿。"①由此他得出一个结论,即没有一个共同权力使大家慑服时,人们便处于这种战争状态。

在这种状态下,人有保全自己生命的天然自由,这就是自然权利。"著作家们一般称之为自然权利的,就是每一个人按照自己所愿意的方式运用自己的力量保全自己的天性——也就是保全自己的生命——的自由。"②人们在维护自己的生命安全的时候,也天然地运用了自己的理性,遵循理性所发现的人与人相处的一般法则,霍布斯称之为"自然律"。他认为,第一条自然律就是在有希望和平的时候人们会力求和平,在没有和平时会利用一切条件和办法保护自己。第二条就是人们会放弃自己对任何事物的权利,而力求与他人同样的权利。换言之,就是"己所不欲,勿施于人"。这种权利的相互转让,就是自然契约。第三条就是"所定信约必须履行",不然就是一纸空文,人们依然在战争中打斗。履约为正义,失约为不义。他认为,自然法是永恒不变的,是自然社会的基本准则。

霍布斯认为,自然法是唯一的道德哲学,因为遵循正义、感恩、谦谨、公道、仁慈,这些品格都是善的,反之就是恶的。但是,自然法的遵循如果在于每个人的主观,而无法获得外界强有力的保证,那么就没有和平,因此人类社会需要把自然法上升为具有强制力的社会规范和法律。法律的基础在于人的概念。在古希腊,人的概念是指主动发出言语和行为的个人或者代表他人言语和行为的个人,前者叫自然人,后者叫虚拟人或拟人。换言之,人除了作为肉

---

① [英]霍布斯:《利维坦》,黎思复、黎廷弼译,商务印书馆1985年版,第94—95页

② [英]霍布斯:《利维坦》,黎思复、黎廷弼译,商务印书馆1985年版,第97页

身存在之外,还有一个社会性的存在,就是要扮演或者代表自己或者他人。代表其他人的个人就是代理人,被代表者就是授权人,双方之间有个代理的契约。一群人可以把自己的言语和行为托付给一个人或者一些人,这个人或一些人就具有了一个统一性的单一人格,大家把自己的意志服从于他的意志,把自己的判断服从于他的判断。把权利转让给单一人格的目的在于用他的强制权力保证共同体中每一个人的权利和安全。换言之,国家的定义在于人人与之订约、授权,以便使之运用全体的力量和手段来保卫和平与生命。

霍布斯的人学观强调在原始时期自然状态下人是相互斗争的,是殊死搏斗的,没有和解。人只有在保存自我生命的时候,才发出和平的愿望。但这种愿望还必须有强有力的社会组织来实施,否则人们不会达到自治和自由。

不过,法国哲学家卢梭对这种观念深恶痛绝,他提出了人本性善良而虚弱,是一个"孤独的野蛮人",为了自我保存人们才把自然权利出让给一个组织,该组织成为主权者,主权者保障自然人的人身安全和财产权,这就是个人与社会的契约。当然在卢梭看来,不仅霍布斯对人的看法是错误的,而且狄德罗、伏尔泰等启蒙思想家对人和人性的看法也是有问题的。卢梭是18世纪启蒙思想家中的特立独行者,他的文明的野蛮人思想其实是反理性主义、反智主义的浪漫主义哲学,他的《新爱洛伊斯》《忏悔录》等文学作品开启了浪漫主义美学的潮流。

第六章　伯克:经验主义人学与崇高美学

埃德蒙·伯克(Edmund Burke,1729—1797 年)是英国保守主义政治家、思想家和美学家。伯克出生在爱尔兰都柏林的宗教家庭,他母亲信奉天主教,父亲信仰新教,他也信仰新教。伯克青年时代就读于都柏林的三一学院,1748年毕业后到伦敦就读法学,不久放弃法学到欧洲留学。1756 年,他成为英国首相、辉格党领袖罗金汉侯爵的私人秘书,涉足政界,担任议员。他反对国王专横权力,提出限制王权,反对当时国王乔治三世。他在美国独立战争期间,支持美国独立,并且谋求英国与美国的和平解决,这段时间写了《美洲三书》,具体阐释了他对美国的政策和思想。他谴责东印度公司在亚洲的非人剥削和压迫;法国大革命爆发后,他是英国第一个批判法国大革命的政治家,出版了《法国革命论》一书,成为英美保守主义政治思想的先行者。伯克不仅是个保守派的政治家和辉格党精神领袖,而且兴趣广泛、对各种艺术涉猎颇深,特别是对美学问题多有建树。他在 1757 年 4 月出版了《关于我们崇高与美观念之根源的哲学探讨》一书,该书出版后多次再版,对英国的美学、文学艺术界产生了重要的影响,并很快扩展到欧洲与美洲。

"18 世纪是卢梭、康德和萨德侯爵的世纪,是甜美人生与断头台的世纪,活力爆发的巴洛克极盛期与洛可可、新古典主义美学蓬勃的世纪。……启蒙运动时代僵冷而疏远的外表底下,奔流着一股不受羁制的、暴烈的骚乱激情伏流,那个世界的男女既残酷又文雅。"①翁贝托·艾柯(Umberto Eco)的这段话

---

① ［意］翁贝托·艾柯:《美的历史》,彭淮栋译,中央编译出版社 2011 年版,第 237 页。

概括了18世纪的三大美学潮流——启蒙主义美学、古典主义美学和巴洛克美学的并存状态。不过,仔细观察18世纪的美学状况的话,恐怕还要加上一个以崇高为美的新审美观念,那就是浪漫主义美学的勃兴。在古典的文雅严谨和启蒙的理性教条控制之下的人们,心中对激情的渴望、心灵与肉体的骚动伴随着崇高这个美学概念的诞生重新找到了突破口。18世纪后半叶,哥特建筑的复兴,哥特文学的兴起,早期浪漫主义诗歌和思潮,以及民族国家的认同和建构,都与崇高观念有着密切的联系。也可以说,崇高,特别是伯克的崇高论促生了哥特艺术的繁荣和浪漫主义美学的基本观念,而这两者表达了审美现代性的核心概念。崇高和哥特美学在社会层面来讲,参与建构了欧洲现代民族性的形成,成为民族国家现代性的构成部分。

一、经验主义人学与趣味

在伯克看来,崇高在美学上具有独立的价值,是与优美相比肩的一种古老的审美范畴。他认为,虽然朗吉努斯在《论崇高》中对崇高有了出色的论述,但并未把崇高与优美区别开来,也未能展现崇高独特的审美内涵。伯克认为,虽然美与崇高有共同的人类鉴赏的基础,但却是两种性质和表现都不相同的美学范畴。伯克从经验主义哲学出发,强调了经验和体验在人类本性中的作用。他把经验、感觉与理性、智力对立起来。在关于崇高和优美的理论中,他始终贯彻着一条思维线索,那就是判断美的事物无须动用理性,而是经验、感觉和激情的领域。因此伯克可谓第一个认为美是无关理性的美学家,这一点为后来的康德所继承。康德认为,美的领域属于情感范围的判断力批判,而不属于纯粹理性的判断和道德的实践理性判断。他论述的基础就是人类理性和趣味有着某种共同的标准:趣味的共通性。

伯克首先指出,从表面上看,人类的理智和感觉差异很大,但实际上却有某种共同性,否则人类将无法沟通和生活。在人类分歧中,人们会找到某些存在于人类天性中的准则,以沟通你我。在艺术欣赏或者美的领域中,趣味就是这一共同天性。什么是趣味呢?伯克说:"它是一种功能,是极易受到外界触动的人类心灵的功能,它也能够对想象力的活动和优雅的艺术品进行判断和欣赏。"①在伯克看来,趣味就是一种自然的审美判断,与理性的关联性不大。他进一步分析了趣味的三种构成因素,同时也是人类感知外在事物的天赋能力:感觉、想象力和判断力。

伯克认为,人类的感觉具有一致性。每个人的身体器官构造如此接近,感知外界事物的方式必然有相同之处。对于某个人的眼睛来说,太阳是光明的、黑夜是黑暗的,那么对于其他的人也必然有同样的感受。人们以同样的方式感受着冷与热、伟大与渺小、坚硬与柔软、粗糙和光滑。实际上,人类不仅感知事物的方式和获得的结果如此一样,而且这些感知所带来的情感状态也是非常接近的。所有人都会说醋是酸的,蜜是甜的,芦荟是苦的,当人们品尝这些事物的时候获得的感受也必然是一致的,即人们都会同意甜美是令人愉悦的,而苦则是令人不快的,如此看来,感知所带来的情感状态也是相同的。伯克认为,感知和情感是人类认识世界的基础,如果像休谟或者德国理性主义哲学否定人类感知事物的一般规律的话,那么就陷入了怀疑主义的泥潭。他说:"如果我们允许自己认为感觉给予不同的人以不同的事物观念,那么这种怀疑主义就会使得在任何事物之上进行的理性分析都是徒劳无益的、轻佻漂浮的,甚至导致怀疑理性本身,而正是理性使我们对认知的一致性表示怀疑。……那么我们就必须承认,每个外界事物在一个人身上激起的痛苦和愉悦,也必然适用于所有人,它们的发生是自然的、简单的,仅仅通过适度的力量而影响人;因为如果否认这一点,那么我们就会想:同样的原因以同一种方式影响了同一类对象,但却产生不同的效果,这是多么荒谬的一件事啊!"②

在感知及随之而来的痛苦或愉悦感的基础之上,伯克认为人类还有一种共同的能力,那就是想象力。想象力是以同样顺序和方式随意再现感官所接受的意象,或者表现为以另外的秩序重组这些意象的一种内心力量。想象力

---

① [英]埃德蒙·伯克:《关于我们崇高与美观念之根源的哲学探讨》,郭飞译,大象出版社2010年版,第17页。
② [英]埃德蒙·伯克:《关于我们崇高与美观念之根源的哲学探讨》,郭飞译,大象出版社2010年版,第17页。

不能脱离现实感知去任意地创造,而必须在现实感受的印象基础上去再现或者重组意象。因此,想象力遵循的原则就是相似性,这是对外界事物的模仿。伯克指出,在两个完全不同性质的事物面前,人们几乎没有什么想象力,但是在相似的事物之间人们会被触动,相互联结和比较,进而产生新的意象,也从而带来愉悦感。他认为,人类想象力有三点共通之处:其一,对某些事物的感知极为相似,因此带来的愉悦感就相同;其二,看到非常形似的描摹作品时感到的满意程度相似;其三,在一些打动人的时刻怀有的同情心相同。因而他说:"只要趣味本身是自然而然的,它就普遍适用于所有人。"①

趣味还是一种精确的判断力。他说:"从最一般的意义上而言,趣味绝不是一个简单的观念,而是有来自对感官初级感觉、想象力的次级感觉以及理性能力所得结论的整体把握;它与这些能力之间的复杂关系相关,也与人类的激情、习惯和行为方式有关。"②在其中涉及较多的是趣味与理性的关系,他的一个基本观点是趣味与理性关涉不多。

激情不必诉诸理性。伯克认为,在事物刺激起人们的感觉之后,想象力推波助澜在内心(他称之为内感官)再现时就产生了一种该事物的激情。所有的人都会依赖于同情心而对激情进行感知,而不是依靠理性。伯克说:"当激情被内感官再现的时候想象力的表现,这是因为所有人都可以通过天赋的同情心来感知这种激情而不必诉诸理性,而且每个人内心的公正性也无可置疑。喜爱,悲伤,害怕,生气,快乐,这些激情轮流冲击着每一个人,它们不是专横地、随意地影响人的内心,而是通过某种特定的、自然而然的以及统一的法则来发挥作用。"③

趣味高低来自感性,而非理性;趣味低下或错误在于感性能力的欠缺。他认为,虽然人的感性能力和判断力有着相同的一致性,但是在不同的人身上表

---

① [英]埃德蒙·伯克:《关于我们崇高与美观念之根源的哲学探讨》,郭飞译,大象出版社 2010 年版,第 22 页。
② [英]埃德蒙·伯克:《关于我们崇高与美观念之根源的哲学探讨》,郭飞译,大象出版社 2010 年版,第 25 页。
③ [英]埃德蒙·伯克:《关于我们崇高与美观念之根源的哲学探讨》,郭飞译,大象出版社 2010 年版,第 24 页。

现或者拥有的能力高下却不一样。有些人生性冷酷淡漠、感觉迟钝，有些人为粗俗的或感官娱乐所兴奋，有些人爱慕虚荣或忙碌追求金钱，等等，这些人由于持续地受到粗野的、暴躁的东西冲击，从而想象力根本不能出现精巧、雅致的活动。在鉴赏艺术品中，趣味高雅往往依赖于感性。他认为，好的判断力需要最为细腻和丰富的感性能力的支持，因为人的理智需要借助想象力才能更好地深入事物中去获取知识；反之，好的判断力却不一定拥有感性的愉悦性，而这种判断力往往会受到趣味低下艺术品的影响。换言之，理性的高下与否，依赖于感性的完善，而感性作为独立的感官能力则无须依靠理性。

想象力的感性愉悦优于判断力的愉悦。伯克认为，建立在感性直接感知基础上的想象力所带来的愉悦感比理性判断力所带来的愉悦感要强烈、直接和独立。人们面对自然界的事物，譬如早晨清新、亲切，充满生气的景色本身就给感官带来无限的愉悦，这种感性的愉悦是永恒存在的，而且是不变的、强烈的。但是理性的判断力给人的愉悦不过是比别人更正确的时候所带来的一种心理满足，一种自豪感和优越感。然而，这种优越感也许会随着年龄和环境的变化而变成滑稽的感觉，同时就对人的影响程度而言，不好的艺术品反而有强烈的刺激。

综上所述，伯克认为感性有其独立于理性的价值，趣味不依赖于理性的判断，审美与理性无关。他说："趣味是人类头脑的一种独立功能；当我们第一眼看到一件作品时，我们就很自然地通过一系列直觉而被触动，其中不关涉之前对于作品优缺点的理性分析。当趣味和想象力、激情相关的时候，我相信它很少关涉到理性；但是当涉及整体的安排、条理化和协调一致的时候，简单来说，当涉及那些最好趣味区别于最差趣味的特征的时候，我认为，起作用的是理性能力而非其他。"①换言之，就审美领域（崇高与美）的考察而言，感性及其想象力就是一个主要原则，而涉及艺术品趣味优劣的时候才会关涉理性。伯克在此就把理性的作用限制在了狭小的艺术鉴赏的范围之中，而对美和崇

---

① ［英］埃德蒙·伯克：《关于我们崇高与美观念之根源的哲学探讨》，郭飞译，大象出版社 2010年版，第 27 页。

高的广泛考察,伯克依赖的是事物作用于人的生理感官的变化以及想象力所呈现的激情特征。

二、优美与崇高的本质论

对于美和崇高的性质,伯克认为激情激发崇高和美感与理性无关。他在严格划分了感性与理性领域的基础上,重新审视了优美、崇高与理性、感性的关系。他认为,人们心灵中最原始的感觉就是激情,正是激情才使人体验到美和崇高的感觉,而人心中产生优美或崇高的感受几乎与理性没有什么关系。自然界伟大和崇高的事物促发了人的一种特别的情感状态,即惊惧。伯克说:"在这种状态下,人们心中只剩下他所面对的对象,而不能同时注意到其他的事物,也不能对占据其心神的那个对象进行理性分析。由此,崇高才具有如此巨大的力量,它不但不是通过理性分析产生,恰相反,它通过某种不可抗拒的力量把我们席卷而去,根本来不及进行理性分析。"①崇高感来自自然物对人的一种生存威胁,让人们产生生命的恐惧。恐惧作为一种刺激人神经和内心的情感,使人产生崇高感。因此,伯克对崇高的定义是:"凡是能够以某种方式激发我们的痛苦和危险观念的东西,也就是说,那些以某种表现令人恐惧的,或者那些与恐怖的事物有关的,又或者以类似于恐怖的方式发挥作用的事物,都是崇高的来源;换言之,崇高来源于心灵所能感知到的最强烈的情感。"②他在这个定义中认为最强烈的情感才是引发崇高的唯一源泉,那最强烈的情感在他看来,无疑是涉及人类生命安全的自保的激情。伯克把人类的激情分成两类。一类是自保的激情,主要是痛苦或危险、死亡,这些让人们心中充满了恐惧感,并且自保的激情在人类所有激情中是最有力量的、最强烈的,是理性无法控制和干涉的。这种威胁人类生命安全或者制造痛苦的事物,

---

① [英]埃德蒙·伯克:《关于我们崇高与美观念之根源的哲学探讨》,郭飞译,大象出版社2010年版,第50页。

② [英]埃德蒙·伯克:《关于我们崇高与美观念之根源的哲学探讨》,郭飞译,大象出版社2010年版,第36页。

就是崇高的来源。另一类激情,即社会交往本能。社会交往本能又可以划分为两类:第一类是旨在维系生命繁衍的性关系,第二类是发生在人与人、人与动物、人与自然之间的一般社会交往关系。这两种社会交往的激情带给人们的都是快乐,失去它们则感到一种痛苦。他论述说,性关系是与动物一样的遵循着自然的法则,因此很多称之为爱的混合激情,其实就是性爱的美。不过,美却并不只是性之美,而是一种社会特质。伯克说:"我把美叫作一种社会特质,因为当男人或女人——不只包括人类,还包括其他的动物——让我们感到快乐或者愉悦的时候,我们心中就涌起一种温柔和爱的情感。"①当然这种美的情感,除了性爱之外,还包括一般社会交往中的同情、模仿和竞争心。

在伯克心目中,崇高是人们在面临危险和痛苦的时候所体验的一种恐惧或恐怖的激情,在这种崇高事物和崇高感受之中理性根本无能为力,而是处于瘫痪状态,人的感官和心灵被恐惧所贯穿,由于人处于相对安全的位置,那些崇高的事物不能直接威胁人的生命,于是人们的感知才从痛苦转向快乐,产生痛并快乐着的崇高感。与崇高一样,在伯克看来,美感基本上与理性也是没有关系的。伯克在"论美"部分,首先批判了美学史上的三种基于理念而来的美学观念:第一种"美体现在部分的比例之中",第二种"美在于事物的适合性",第三种"美在于完满"。他认为,世界上动物和植物各种比例都有,没有固定的美的标准,但是鸟类、野兽和人都很美,根本没有统一的标准比例。同时,他批判了"符合事物目的就是美的"美学观点。有些人认为不仅人为的而且自然的事物,都是因为其躯体的各个部分适合于目的而产生美感,他觉得这种观点经不起经验的推敲,"因为我们知道,一个楔子形的猪嘴是完全适用于其目的的,小小的、深陷的眼睛以及整个猪头,也适合于它的挖掘和拱地,若是依据上述原则,它将是美若天仙的"②。他还举例说,塘鹅的尖嘴上挂个大大的袋子,刺猬长满刺的盔甲、箭猪蓬起的硬毛、灵活实用的大象鼻子,这些都是非常

① [英]埃德蒙·伯克:《关于我们崇高与美观念之根源的哲学探讨》,郭飞译,大象出版社 2010 年版,第 38 页。
② [英]埃德蒙·伯克:《关于我们崇高与美观念之根源的哲学探讨》,郭飞译,大象出版社 2010 年版,第 89 页。

符合该动物的生存和生活目的的,具有非常强的适用性和目的性,那么人们都认为它们是美的吗?伯克认为,这显然证明了美在于事物的适用性的观点不能成立。最后,他也驳斥了美在于事物的完满的观点。他认为,如果事物完满了就是美,那么健硕、臃肿的女性就是最美的了,事实证明女性的美感在于弱小、令人爱恋。

那么,为何会有这些美学观念呢?真正的美具有何种特性呢?伯克认为,美所引发的类似于爱恋的感觉,来自这些美的事物必备的一些性质:譬如娇小、平滑、光亮、柔和、精细等,也就是具有形状上的细小、性质上的柔弱的特点。人们感受这些美的事物,不是用理性去判断的。换言之,美具有独立的、不依赖于理智的特性。伯克认为,人们无论是认为美在于比例、在于适用性,还是认为美在于完满,这些观点无不是一种秩序的观念,是把美视为某种知性的产物,而事实上美的确与理性无关,而是触动感官和想象力的缘故。他说:"我们发现美的事物并不需要刻意长久的注意力和探究;美感不需要我们理性的任何帮助,即便意志也是没有关联的;外在的美在我们心中有效地激起某种程度的喜爱之情,就像冰激发我们冷的观念,而火激发我们热的观念一样。"[1]

由此,可以看出,伯克认为崇高和美的原因是某些事物的固有的特性,这些特质是自然而然存在的现实。同时,这些事物激发了人的躯体感受,进而激发了某种激情才让人们产生了美感和崇高感,而与理性无关。伯克作为经验主义美学家,在探讨美与崇高中标举了三种因素:经验、感性和激情,同时排斥了理性、逻辑和秩序的观念。

三、崇高美学论

埃德蒙·伯克的崇高论不同于古典的崇高概念,他赋予了崇高以18世

---

[1] [英]埃德蒙·伯克:《关于我们崇高与美观念之根源的哲学探讨》,郭飞译,大象出版社2010年版,第80页。

独具特色的内涵,成为一种新美学观念的先驱。伯克的崇高是从古典主义的藩篱下突围而出的,在反古典主义的审美范式中彰显着浪漫主义审美范式的特点。相对于朗吉努斯而言,伯克的崇高美学具有如下特质。

（一）对古典主义崇高论藩篱的突破

首先,伯克凸显了崇高美的独立性。朗吉努斯认为崇高是一种文章修辞的风格,是思想的严肃、篇章的结构和修辞的手段共同造就的那种雄浑绮丽、伟岸阔达的文学风格。尽管朗吉努斯也认为人们在面临自然界中达到人类感官感知极限的非常事物比如大海、星空、河流、峭壁和瀑布等,也会产生崇高感,但是他的论述重点显然不在此,而在于希腊史诗、悲剧中的雄奇事件、人物和语言。伯克不同于朗吉努斯把崇高定位为一种建构于修辞的文学风格,而是把崇高与美对立起来,并首次在美学史上把崇高定位成一种相对独立的审美范畴。"我们关于崇高与美的观念经常被混为一谈;这两种观念经常被不加区别地适用于完全不同的,甚至在某些情况下截然相反的对象。即便是朗基努斯(Longinus)在他那本无与伦比的、考察同一主题的著作里,也认为彼此极端不同的事物都可以归入同一个'崇高'概念之下。"①显然,伯克不同意把崇高与美的对象混在一起研究。

其次,扩大了崇高美的范围。在《探索》中,他在朗吉努斯未曾详细论述的自然界这一领域展开了对崇高对象的考察。他认为,在自然界和社会生活中,凡是能引发人类痛苦与恐惧或恐怖的事物都是崇高的来源或者崇高的对象。威胁人类生命的拥有巨大力量的事物,譬如凶残的豺狼虎豹、小而危险的毒蛇、悬崖峭壁、湍急的瀑布、轰鸣的惊雷、庞大的建筑物、浩瀚的海洋、模糊黑暗的事物、光亮和色彩等都是崇高感形成的对象。很明显,伯克所论崇高的对象几乎涉及围绕着人感情的一切事物,而朗吉努斯则相对集中在文学艺术领域中富有表现力的意象。

再次,二人对激情的看法对立。朗吉努斯和伯克都认为情感是崇高感产

---

① ［英］埃德蒙·伯克:《关于我们崇高与美观念之根源的哲学探讨》,郭飞译,大象出版社 2010 年版,第 2 页。

生必不可少的因素,然而对激发崇高的情感重要性及其种类的看法就不一样了。朗吉努斯认为,"崇高是一颗伟大心灵的回声",其含义是说崇高必诞生在心灵纯洁、人格伟岸的作者身上。换言之,崇高的风格必然来自具有崇高人格的人,那么人格平庸或者卑下的人无论如何也写不出崇高的文辞。朗吉努斯把人格的伟大与否看成了崇高的必要条件。因此他指出:"首先指出崇高的来源是绝对必要的,我们说,一个真正的演讲家绝不应有卑鄙龌龊的心灵,……雄伟的风格乃是重大的思想之自然结果,崇高的谈吐往往出自胸襟旷达志气远大的人。"①但是,在伯克看来,崇高的产生几乎与人格的伟大与否没有任何直接的关系,而与体验到的恐怖或者痛苦的激情有关。伯克说:"凡是能够以某种方式激发我们的痛苦和危险观念的东西,也就是说,那些以某种表现令人恐惧的,或者那些与恐怖事物相关的,又或者以类似恐怖的方式发挥作用的事物,都是崇高的来源;换言之,崇高来源于心灵所能感知到的最强烈情感。"②对于伯克而言,这种最强烈的情感绝对不是柔情或者甜美之情,而是类似于死亡和痛苦的恐惧感。

在对待情感的性质上,朗吉努斯与伯克再次产生了巨大的分歧。朗吉努斯虽然认为情感是崇高的必要因素,但不是所有的情感都能产生崇高,因此他把情感分成两类:一类是积极的慷慨激昂的热情;另一类则是消极的卑微的情感。他认为,激情与崇高不能完全等同,不能说有了激情就等于有了崇高,"因为有些热情是卑微的,去崇高甚远,例如怜悯、烦恼、恐惧"③。朗吉努斯明确地把"恐惧"列入不能产生崇高的激情之列,这样的看法大概与他把崇高归之于高尚伟大的人格有关,一个心灵伟大的人面临灾难或者危险时,不能表现出惊慌失措的恐惧,或者不能让恐惧占据自己的心灵。这种观点其实还是古希腊对英雄的品行的规定,柏拉图就在《理想国》中明确表示过英雄是不应该

---

① [古罗马]朗吉努斯:《论崇高》,载缪朗山:《西方美学经典选译》,章安祺编订,中国人民大学出版社 2011 年版,第 71 页。

② [英]埃德蒙·伯克:《关于我们崇高与美观念之根源的哲学探讨》,郭飞译,大象出版社 2010 年版,第 36 页。

③ [古罗马]朗吉努斯:《论崇高》,载缪朗山:《西方美学经典选译》,章安祺编订,中国人民大学出版社 2011 年版,第 70 页。

等同于普通人的,他们作为城邦的保卫者应该把勇敢视为唯一品格,对于那些在危险面前颤抖不已、痛哭流涕的人,柏拉图认为应该清理出战士的行列,同样艺术也不许这样描写战士。可见,朗吉努斯明确地把恐惧去除出可以产生崇高的激情之列,延续了柏拉图伟大人格的观念。

伯克一反朗吉努斯对心灵和人格的推崇,"静穆的伟大"在伯克看来不及恐惧带来的精神冲击力强。换言之,他认为那些美好的激情在激发崇高感上远不及恐怖、恐惧和痛苦来得实际和有效。他说:"毫无疑问,在对身体和心智的影响方面,比之于那些最有见识的声色之徒所能表达的,或者那些最具想象力、具有最健康、最敏锐的感官之人所能感受到的愉悦,我们所承受的痛苦都要胜出许多。……如果说痛苦的作用要比愉悦大得多,那么一般来说,死亡的观念就更甚于痛苦。"①伯克指出,这些痛苦和恐惧之情实际上来自人类的一种自我保存的本能目的,这一目的在于维护生命的存在和活力,一旦有威胁生命的事物出现,人类就会产生恐惧和痛苦的激情。而这种基于自保产生的激情要比基于社会交往产生的愉悦感来得强烈得多,因此伯克说,涉及个体自保的激情主要就是痛苦和危险,它们是所有激情中最有力的。伯克的崇高论受到了18世纪英国经验主义的深刻影响,他从个体的生活经验和审美体验入手首次揭示了崇高产生的心理学和生理学原因。

(二)崇高对象的扩大

在朗吉努斯看来,崇高的对象是伟大的事物,并且还要配以雄伟的心灵才行。他认为,激情在崇高中是一个关键的因素,但是限定了激情的类型,即只有那些积极的、伟大的情感才能导致崇高,而软弱与恐惧之类消极情感则与崇高无缘。到了18世纪,伯克却认为,恐惧这种最为激烈的情感才激发了人类的崇高感,那些引发崇高感的事物也比古罗马时代增多了。围绕着人类的一切感官感觉,只要是给人类带来死亡、痛苦等恐惧情感的事物都可以激发崇高,这无疑就扩大了崇高的对象范围,标志着自然美正式进入了崇高的领域。

---

① [英]埃德蒙·伯克:《关于我们崇高与美观念之根源的哲学探讨》,郭飞译,大象出版社2010年版,第36页。

伯克认为,激发崇高感的对象有一个总的特征:令人恐怖。只要能够见到的事物,无论尺寸上是否巨大都让人恐怖,那么这些事物就是崇高的来源。不论是浩瀚的海洋,还是剧毒的毒蛇,因为可夺取人生命的恐怖让人产生痛苦或死亡的忧惧进而成为崇高的对象。他说:"事实上,无论在任何情形下,或隐或现,恐怖都是崇高的主导原则。"①以恐怖或恐惧为原则,伯克把自然事物、动植物、想象中的事物都纳入了考察的范围。

巨大的、无限的事物是崇高的来源。伯克说,尺寸上的巨大和无限的事物能使人产生欣喜的恐惧感,这是崇高最为本真的影响所在,也是崇高最好的检测标准。尺寸的巨大,是指广延上的高度、深度和长度。他举例说,悬崖峭壁、无垠星空,庞大的建筑物都可以带给人无限的感觉,因此也是崇高的来源。

具有极大破坏力的力量也是崇高的来源之一。他指出,愉悦感总是来自服从人们意志的弱小事物,而痛苦或者死亡总是其他力量强加于人们身上,所以那些力量、暴力、痛苦和恐怖经常交缠在一起,甚至同时涌入人们心间。当人们看到一个人或一个动物或一个自然物拥有巨大无比的力量,而这种力量又极具掠夺性和破坏性的时候,力量伴随着恐怖就促发了崇高感。伯克举例说,阉割的牛虽然有力量,但是无危险,而一头野蛮的公牛就极具破坏力,从而激发人们的崇高感。同样道理,野牛、雄狮、老虎、黑豹或者犀牛等,只要它们的力量不是用于人们的实用目的而取悦于人们,那么它们就是崇高的。

模糊、连续、匮乏、富丽堂皇和令人感到困难的事物或意象也是崇高的来源之一。伯克认为,要使事物显得恐怖,模糊是必要的。在人们清醒的状态下如果可以看清危险的事物,那么一部分的畏惧心理就消失了,反之,那些妖魔鬼怪之所以让人恐惧就是因为它们的形状和性质是模糊的、不确定的。譬如,传说中的妖魔、野蛮的偶像崇拜、富丽堂皇或阴森的宫殿庙宇等,这些事物都是"黑暗的、不确定的、混淆难辨的、恐怖的,最高的程度至于崇高"②。

---

① [英]埃德蒙·伯克:《关于我们崇高与美观念之根源的哲学探讨》,郭飞译,大象出版社2010年版,第51页。

② [英]埃德蒙·伯克:《关于我们崇高与美观念之根源的哲学探讨》,郭飞译,大象出版社2010年版,第52页。

宗教中的意象也是崇高的来源之一。朗吉努斯在《论崇高》中就曾经提到过希伯来的《圣经·旧约》中"上帝说要有光,于是就有了光",这个意象具有崇高感。可见,在古罗马时代美学家已经注意到了宗教特别是基督教中的崇高美了,伯克也详细探究了宗教及其宗教艺术中的崇高美。他认为,在《圣经》中凡是上帝显灵或说话,自然界中所有恐怖的事情都因神的显现而让人感觉敬畏和庄严。伯克觉得,《约伯记》中有一段话由于其描述的事物的恐怖具有不确定性和模糊难辨的性质,因此产生崇高感。"有灵从我面前经过,我身上的毫毛直立。那灵停住,我却不能辨其形状;有影像在我面前。我在静默中听见声音说:'必死之人岂能比神公义吗?'"①伯克指出,这段话所描述的景象是那么的黑暗、严肃和恐怖,因而是崇高的。

在上帝惩罚人类或者帮助人类时,由于他具有无限的力量和无上的威严,因此人们感到恐惧和崇拜,进而感到崇高。例如,"当主降临,地震天塌。""大地啊,你因见主的面,就是雅各神的面,便要震动。他叫磐石变成水池,叫坚石变为泉源。"②在诗歌与绘画艺术中的地狱、魔鬼等形象也是让人感到崇高的。例如,"圣安东尼的诱惑"中那些古怪、狂野的奇异画面。《神曲》中的地狱、炼狱等景象也是令人恐惧而崇高的。伯克甚至认为,诗歌在表达崇高方面优越于绘画,因其语言所制造的含混性更易于让人感到恐惧。"在所有这些主题中,诗歌是最具有表现力的。它所表现的幻象、鬼魂、鸟身人头的怪物以及寓言式的人物形象,都是非常宏大的、令人震惊的。"③

光、黑暗、阴沉的色彩、巨大的声音、突然显现或断续的景象、苦味与恶臭等也都可以引发崇高感。伯克说,黑暗具有比光更为强烈的恐惧感,因此也更具有崇高感。"黑暗比光明更能令人产生崇高感。……黑夜比白天更为崇高

---

① ［英］埃德蒙·伯克:《关于我们崇高与美观念之根源的哲学探讨》,郭飞译,大象出版社 2010
　　年版,第 55 页。

② ［英］埃德蒙·伯克:《关于我们崇高与美观念之根源的哲学探讨》,郭飞译,大象出版社 2010
　　年版,第 60 页。

③ ［英］埃德蒙·伯克:《关于我们崇高与美观念之根源的哲学探讨》,郭飞译,大象出版社 2010
　　年版,第 56 页。

和庄严。"①因此,光要想被人感到崇高,那么最好是给人强烈的、压迫式的印象,比如太阳的光芒直射眼中,这时令人茫然一片,顿感壮观;或者类似闪电快速地移动,给人以强烈的印象。同样道理,建筑物要想给人一种崇高感,那么就得设计得比较昏暗、阴沉。色彩要想获得崇高美,也必须是那些阴郁的、深的颜色,比如黑色、棕褐色、深紫色,而不能是那些色彩鲜明的颜色比如白色、绿色、黄色、蓝色、浅红、紫罗兰色等。

伯克认为的这些能够激发恐惧而产生崇高感的事物,在过去的美学史上几乎都没有什么地位,换言之,很多都是第一次进入美学的视野。恐惧的、怪诞的事物有了属于它们自身的尊严,这是美学的一次革命。

(三)崇高感产生的生理原因

伯克在探讨崇高与美产生的原因时,特别说明了他所要追问的是崇高与美的直接原因,而不是最终原因,最终的原因掌握在上帝手中,已非人力所及。其实,他在此表露了其美学探讨主要是基于经验的,而不是理性的。他说:"当我们跨出事物的直接感性特质这一领域时,就已经不能为我们所掌控。此后所做的一切,不过是软弱无力的挣扎而已,仅仅证明此一领域不属于我们。"②他还特别举了牛顿发现万有引力定理一事来说明感性与理性的界限:牛顿发现万有引力来解释事物是效果显著的、科学的,但是当他用太一来解释引力的原因时就放弃了一贯的谨慎。至此,伯克说明了他探讨崇高与美产生的途径:具有崇高或美特质的事物刺激人类的感官感知,感官产生某种崇高或美的激情,其中联系事物与激情的就是人类的感官,因此,他把感官的生理变化视为崇高与美产生的直接原因。

伯克认为,面临恐惧的事物刺激的时候,人的心灵受到震动,进而表现在外部感官动作上。也就是说,心智与感官是互为因果的,是相互联系而运作的,不过,伯克的生理学观点还处于刺激—反应生理学阶段,恐惧或痛苦的内

---

① [英]埃德蒙·伯克:《关于我们崇高与美观念之根源的哲学探讨》,郭飞译,大象出版社 2010 年版,第69—71页。

② [英]埃德蒙·伯克:《关于我们崇高与美观念之根源的哲学探讨》,郭飞译,大象出版社 2010 年版,第109页。

心情感会相应地反应在躯体的生理变化上。他说:"痛苦和恐惧,是以同种方式作用于身体的相同部分,只是在程度上稍稍有所不同而已。痛苦和恐惧都包含在某种不自然的神经紧张之中,……唯一的区别就是使人痛苦的事物通过身体感觉作用于人类的心智,而令人感觉恐怖的事物则一般通过给人一种危险的观念,而作用于人类身体器官,……二者都倾向于使人紧张不已、缩成一团,或者剧烈的神经兴奋。"①既然恐惧能够引发不自然的神经紧张和剧烈兴奋,那么凡是能够引发此类神经紧张的事物也就会产生恐惧的激情,当然也就是崇高的直接原因了。伯克认为,崇高感是人体器官的一种神经紧张或兴奋,美感则是神经器官的休息状态。

伯克根据当时的生理学和心理学的发展,认为人类在劳动或锻炼的时候,身体各个器官处于紧张状态,肌肉和神经都得到锻炼和发展,维系了机能的正常。劳动对于人来讲,既是生活的必需,也是身体的必需。反之,人类在休息或者无所事事的时候,本质上躯体进入一种松弛状态,各个器官不能发挥其功能,纤维组织丧失必要的弹性,并且"在那种无精打采的状态下,比之于它们足够紧张有力,神经更易于发生可怕的痉挛。忧郁、沮丧、绝望,常常还包括自杀,都是这种萎靡不振的状态下我们悲观看待事物的结果。对于此类弊端的最好补救方法,就是锻炼或劳作;劳作就是对困难的克服,在这种情况下,肌肉就会有力地收缩,这也类似于痛苦,因为痛苦就是包含于紧张或收缩状态之中的,在任何状态下都是如此,只是程度不同而已"②。在这里,伯克把劳作与休息、机体器官的紧张与松弛、人类兴奋的生活与萎靡不振的生活画上了等号。换句话说,人类器官在劳动中得到锻炼,无论痛苦还是恐惧都会引发神经兴奋和紧张,这种生活值得过,因为这证明作为一个人还在社会中活生生存在着;反之,如果人进入一种让机体器官休息的状态,那么整个人的生活就会变得萎靡不振、恹恹欲睡,最后导致忧郁、绝望乃至自杀,这种生活是死人一样的生

---

① [英]埃德蒙·伯克:《关于我们崇高与美观念之根源的哲学探讨》,郭飞译,大象出版社2010年版,第111—112页。

② [英]埃德蒙·伯克:《关于我们崇高与美观念之根源的哲学探讨》,郭飞译,大象出版社2010年版,第114页。

活,不值得提倡。如此一来,伯克认为,不仅是人体的粗糙器官需要劳作,而且人类的精致器官,包括五官感觉、神经等,也需要劳作,需要刺激它们保持激活状态。伯克说:"劳作不仅对于维持身体较为粗糙的器官功能而言是必需的,而且对于那些想象力以及其他精神力量作用于其上或者通过其发挥作用的精致器官,也是同样必要的。……那么,既然适当的锻炼对于身体的比较粗糙的肌肉组织而言是必需的,而且如果缺少这种锻炼,它们就会失去活力、萎靡不振,这一原理也当然适用于前面提到的精致器官;因此要使它们处于良好状态,就必须适当程度地刺激它们、锻炼它们。"①

那么精致器官所需要的锻炼是什么呢? 就是保持这些精神器官的紧张状态,那些可以导致它们兴奋或神经紧张的事物就是恐怖或恐惧之物,也就是崇高的事物。伯克说:"正如一般的劳作作为某种痛苦,是可以锻炼比较粗糙的身体器官一样,特定种类的恐怖也是可以锻炼身体系统的那些精致器官的;……如果痛苦或恐惧得到某种缓和而不至于那么有害,如果一种痛苦尚未达到激烈的程度,而且某种恐怖也不至于危及人的生命,那么由于这些情感从人体中——不管是粗糙的还是精致的器官——清除了某种危险的、讨厌的累赘物质,它们就能激发欣喜之情;不是愉悦,而是某种令人欣喜的恐惧,某种带着害怕的平静;欣喜从属于自保的激情,后者是所有激情中最为强烈的。这一激情的对象就是崇高的事物。……因此某种形式的恐惧或痛苦,一般而言都是崇高的原因。"②他在此详细解释了崇高作为一种生理反应,从痛苦感转化为快感的过程。人不得不进行的劳动对于人类的器官来说,就是一系列的身体器官和精神器官的兴奋和紧张,类似的活动会让人的生命能力得到运作和保存。精致的精神器官的紧张,对于人体来说无疑是痛苦的,但是这种痛苦又不威胁或者损害器官本身,只是为了刺激精神器官更为生机勃勃而已,由此痛苦就转化为一种愉悦了。

伯克的这种生理—心理学观点与弗洛伊德精神分析学对神经等高级心理

---

① [英]埃德蒙·伯克:《关于我们崇高与美观念之根源的哲学探讨》,郭飞译,大象出版社2010年版,第114页。

② [英]埃德蒙·伯克:《关于我们崇高与美观念之根源的哲学探讨》,郭飞译,大象出版社2010年版,第114—115页。

器官的看法基本上是一致的。弗洛伊德认为,人体感官的兴奋过程其实就是一种神经紧张,痛苦无疑是最为震动的紧张,会调动身体的各个器官参与其中。从神经学来说,神经紧张就是精神兴奋的过程,无论是情感的愉快状态还是痛苦或惊恐状态,精神从松弛进入兴奋、从兴奋转入松弛的过程就是人体器官神经兴奋的积聚和释放过程,也就是从痛苦感中获得快感的方式。因此,弗洛伊德认为,人们经历过某种悲惨或者痛苦的创伤事件之后,由于其过程中神经兴奋或能量过于强烈进而在人的心中形成了某种痕迹或者情结。情结,是结合着情感的创伤感觉,躯体器官无法在正常的神经紧张中获取的强烈的兴奋,其必然通过梦、口误、笔误、神经症等再次表现出来,以重温那种强烈的神经紧张。由此可见,人类的精致器官(或者弗洛伊德所说的心理器官)对于痛苦或者恐惧之类的神经紧张或兴奋是多么想多次重复体验。这种痛苦产生快感的体验,被弗洛伊德称为一种超越本我的快乐原则的强迫重复的死亡本能。死亡本能就是迫使人类心灵无意识地多次去体验曾经的痛苦或者创伤经历以满足部分躯体器官获得超级的兴奋和快感。

伯克认为,能够引起神经紧张或兴奋的事物就是崇高,这种精致器官的劳作就是崇高诞生的原因;相对而言,美感则是人体精致器官的一种自然放松。他详细论述了在各种导致崇高感的事物刺激下生理—心理反应的机制及其运作状况。视觉上的无限事物、巨大事物以及连续之物表现为崇高,这是由于图像不断地刺激视网膜达到最高程度的刺激,自然会导致眼睛快速运转,一部分精细神经和肌肉非常紧张,其感受能力也达到了极致,因此会产生痛苦—崇高的感觉。听觉上的崇高的产生也遵循大致相同的原理:如果巨大的声音连续刺激耳朵,耳朵就会非常紧张。当声响中断后,人们会期待下一次刺激,这种等待本身就意味着耳朵器官的紧张,例如时断时续的炮声等。"通过刺激本身、期待和惊奇的联合作用,每次刺激都会加剧耳朵的紧张,最终就会达到可以引发崇高感的程度,它肯定会带来痛苦。"①伯克所论巨大声响激发的崇高

---

① [英]埃德蒙·伯克:《关于我们崇高与美观念之根源的哲学探讨》,郭飞译,大象出版社2010年版,第118页。

感,或许托尔斯泰《战争与和平》中安德烈公爵首次上战场听到轰隆隆的炮声可以印证,这个场面令他产生一种战场的崇高感。而美则是精致器官的暂时休息,伯克说:"美之所以能够起作用,乃是因为让整个身体系统放松下来。这样的一种放松,有很多外在的表现;对我而言,一种自然的放松才是所有实际愉悦感受的原因。"①

四、恐惧、刺激和变化:审美现代性的先声

很多美学史包括英国鲍桑葵《美学史》对于伯克论崇高的价值表现出一种偏见和不理解。也就是说,对于伯克论崇高与美的美学价值及其对 18 世纪之后现代社会的影响理解尚且不到位,评价偏低。一个原因是基于伯克的反对法国大革命的政治保守主义立场,误以为伯克是一个反对启蒙、开历史倒车的落伍思想家;另一个原因是经验主义倾向导致人们把伯克与康德对比时凸显出康德对人主体性和理性的推崇,反而显出伯克的经验论的偏颇之处。这些看法都是从现代的角度去看伯克及其思想的,应该把伯克放在 18 世纪的世界及人们对这个世界的看法的变化中来认识其美学的革命性意义。

恐惧作为激情悬置了理性,恐惧就是生命力的体现,这对后世的美学和艺术影响至深,或者说自伯克开始形成一个恐怖美学。伯克认为,恐惧或者恐怖作为人类的一种激情,来临时表现为死亡和痛苦,这两种感觉就人的理性来讲是无法控制的,处于理性的范围之外。恐惧是人类最强烈的情感之一,排除了理性控制情感的作用,释放了情感的自尊和合法性。引发恐惧的事物激发了人的崇高感,崇高因此也是不被理性所控制和分析的。伯克认为,在恐惧来临的时候,所有活动都已经停滞,心中只剩下面对的恐怖对象,而不能对它及自己进行理性的指导,由此崇高才具有不可抗拒的力量,不仅不通过理性分析,而且还要把人们整个心灵席卷而去,从而体验到痛苦并快乐的感受。这种激

---

① [英]埃德蒙·伯克:《关于我们崇高与美观念之根源的哲学探讨》,郭飞译,大象出版社 2010 年版,第 126 页。

情状态才是人类真正拥有生命力的象征。他把激情与理性、平庸的理性与激情的伟大对立起来了。他说,人类心中有一种好奇心理,希望从不同的新奇事物中得到满足,"好奇,它常常不断变换出现在我们面前的事物;它是一种非常强烈却又极易满足的需求;它常常表现为头晕目眩、坐立不安以及焦虑苦闷。从其性质上来说,好奇是一种非常具有活力的本能。……简而言之,如果许多事物出现在我们面前的时候,没有包含有新奇的力量在内,而我们心中也没有任何好奇的激情,那么生命中所经历的事物除了带给我们厌恶和疲倦之外,什么也不会影响我们"①。由此可以看出,伯克认为人的生活应该保持好奇的刺激,而达到此目的的方法之一就是身临恐惧或恐怖、痛苦之中,无论是游走于崇山峻岭、冒险于异国他乡,还是从事哥特艺术,乃至暴动和革命,总之都比那种懒洋洋的、平庸的厌恶生活要好得多。

关于恐惧对人生命感和人生观的影响,与伯克同时代的乔治·博罗(George Borrow)也认为恐惧赋予了生命一种必要的张力。他说:"可怕的恐惧,你占据了人们的心灵,人类理性之光都无法将你驱散。恐惧啊,你是否真如医生所说伴随疾病而来? 不,你正是悲哀之本,是与人类时时相伴的无穷痛苦的根源,是人类在未及出生前即已痛切体味到的深远影响……它可能是智慧之母,一切杰作可能都出自它的手。"②至此,恐惧在某种程度上被看作艺术的品位或者艺术之精粹。伯克曾论述了绘画的清晰与模糊之间的区别,他认为模糊比清晰更适宜表现地狱、鬼怪等恐怖的观念和意象:"我恰巧最为赞同的却是那些古怪的、狂野的奇异画面,而非任何能够带来严肃情绪的东西。……它所表现的幻象、鬼魂、鸟身人头的怪物以及寓言式的人物形象,都是非常宏大的、令人震惊的。"③在绘画艺术中,西班牙的戈雅、瑞士的亨利·福塞利等把魔鬼、地狱等景象引入画框,去表达对世界的恐惧感,仿佛有意识

---

① [英]埃德蒙·伯克:《关于我们崇高与美观念之根源的哲学探讨》,郭飞译,大象出版社 2010 年版,第 29 页。
② [美]保罗·纽曼:《恐怖:起源、发展和演变》,赵康、于洋等译,上海人民出版社 2005 年版,第 146 页。
③ [英]埃德蒙·伯克:《关于我们崇高与美观念之根源的哲学探讨》,郭飞译,大象出版社 2010 年版,第 56 页。

地实践了伯克的理论。

亨利·福塞利(Henry Fuseli)的画作有《撒旦过度混乱》《牧羊人的梦》等,特别值得一提的是他创作于1782年的《梦魇》。这幅画是根据他的梦境所作,袒胸露乳的年轻女子睡在床上,一匹带着鬃毛的马,还有浑身长毛的小怪物,让这个画面充满了神秘的、魔幻的、而又恐怖的色彩,它成为艺术史上的里程碑。1788年福塞利创作了一幅名为《艺术格言》的画,题词中说:"厌恶庸俗,无法作为表达情感的手段。同情和憎恶是区分恐惧和恐怖的分界线;面对我们厌恶的事情,我们颤抖,却很少同情。"①他的画作充分表达了雨果曾在《克伦威尔》序言中所说的"丑怪"已经堂而皇之地进入了艺术的殿堂,成为艺术的主角。西班牙画家戈雅创作了以恐怖、神秘为题材的系列画作,比如《农妇或时光之神》《大公羊》《埋葬沙丁鱼》等。戈雅"表达了整个欧洲的潜意识,参加了在18世纪末的哥特式运动,同时也预示一个新世界。他绘制了一些食人的场景,既带有恐惧,又乐此不疲。他画的《农神萨图恩》难道描绘的仅仅是吞噬孩子的大革命吗?"②同时代,德国的文学家、美学家席勒如同伯克一样,对恐惧与崇高的关系予以了深入的思考。他在1792年发表的《论悲剧艺术》中说:"伤心、可怕,甚至恐怖的事物,对我们都有难以抵挡的吸引力;苦难与恐怖的场面,我们既排斥,又受吸引,看见有人讲谋杀之事,就围拢过去;我们渴切猛读鬼故事,故事愈令我们寒毛直竖,我们愈手不释卷。人的精神的这股冲动,在现实中更加明显。……这现象必定根源于人这种动物的本性,必须解释为人类普遍的心理律则。"③

伯克和席勒对崇高或悲剧与恐惧之关系的思考,既是对18世纪文学与艺术中恐惧或恐怖得到广泛运用的理论概括,又进一步促发了18世纪末到19世纪初的哥特文学、哥特建筑以及后来的浪漫主义艺术。18世纪中叶之后,哥特文学伴随着哥特建筑浮出历史的水面,成为神秘而恐怖的艺术典型,哥特

---

① [美]保罗·纽曼:《恐怖:起源、发展和演变》,赵康、于洋等译,上海人民出版社2005年版,第149页。
② [法]热拉尔·勒格朗:《浪漫主义艺术》,董强、凌敏、姜丹丹译,吉林美术出版社2002年版,第62页。
③ [意]翁贝托·艾柯编:《美的历史》,彭淮栋译,中央编译出版社2011年版,第289页。

文学艺术充分体现了伯克崇高论的思想。在伯克等人的精神导引下,出现了专门写作废墟墓地、教堂修道院、血腥犯罪、幽灵鬼怪、强盗乱伦等的哥特小说,如沃伯尔的《奥特朗托堡》、贝尔福德的《法赛克》、刘易斯的《僧侣》、安·拉德克利夫的《意大利人》《奥多芙的秘密》、马楚林的《流浪者梅莫斯》等。这些哥特小说所写的皆是惊心动魄的事件和恐怖丑陋的人物,刺激着18世纪人们的神经和心灵,一刻也无法宁静,享受了他们所期待的痛苦和崇高。其中,哥特小说家安·拉德克利夫的小说被认为是直接受到了伯克崇高理论的影响。伯克在论崇高时说,光线阴暗、巨大而模糊的事物容易引起恐惧,而激发崇高感,安·拉德克利夫在《奥多芙的秘密》中的景物和人物描写充分体现了这一观点。例如,主人公艾米丽到达奥多芙城堡时,"夜色降临的时候,他们进入一条很深的峡谷,两边都是高不可攀的悬崖峭壁,只有东边有一条狭长黑暗的通道,让人看了毛骨悚然;两边的山峰层层叠叠,山脊满是黑压压的松树,显出艾米丽从未见过的庄严景象。……艾米丽带着满心的敬畏抬头看着这座属于芒托尼的城堡;虽然它被阳光包围着,可它哥特式建筑特有的雄伟和灰黑色发裂的高墙还是让艾米丽感到阴森庄重"①。安·拉德克利夫充分利用了阴暗的黑色、模糊的阴森、巨大雄伟的哥特建筑共同营造了恐怖阴森的气氛。同时,她还吸收了伯克所说的恐惧在于效果的观点,用模糊不清、断断续续的声音来营造主人公恐惧的心理,比如艾米丽在密室中看到坐在角落里的僵尸等,这种恐惧效果被后来的恐怖电影发扬光大了。

伯克的崇高美学促进了18世纪人们对自然的欣赏态度及对自然美的推崇。尽管古罗马的朗吉努斯在《论崇高》中也提到崇高的对象不会是蜿蜒曲折的溪流,而是尼罗河、多瑙河等大江大河,浩瀚无垠的海洋,地震及火山爆发等此类特异的自然景观;但伯克才是真正在审美意义上把巅峰绝壁、飞流瀑布、星空和大海纳入人们的审美观照之中,成为人们超越庸常生活的另外一种有品位的、刺激的生活。伯克在谈论自然时,认为崎岖陡峭的绝壁、声响巨大

① 〔法〕安·拉德克利夫:《奥多芙的秘密》,刘勃译,中国人民大学出版社2004年版,第235页。

的瀑布、狂怒的暴风雨等之类"狂野"和"粗糙"的自然能够激发人的崇高感。他说:"一座漫坡皆绿的大山,在这方面就不如某座昏暗、阴沉的山;乌云密布的天空就比碧空万里要令人感觉震撼;黑夜比白天要更为崇高和庄严。"①伯克的这种对奇崛荒野的自然的偏爱从卢梭对自然的看法可见一斑,他把自然的淳朴与城市文明的污浊对立起来,认为真正高贵的野蛮人应该是切近自然、纯真如大地和天空一样的人,而城市里的文明人由于受到世俗的、金钱的、腐败的空气污染变成了堕落者,由此真正的人类应该是与原初的、自在的自然相互亲近的人。伏尔泰也曾经说过,中国人的园林比欧洲人的花园更接近于自然本身,具有天然之情趣。伯克不过是把那个时代崇尚自然的倾向导向了纯粹的、未经人类雕琢的荒野和绝壁。也正是由于对原始自然的推崇,所以人们普遍认为要想亲近自然就要走到更远、更险要、更原始的地方去,于是"旅行"成了 18 世纪达官贵人、文人骚客的一种新生活方式。

"18 世纪是旅行家急切见识新风景、新风俗的时代,非如前人般出于征服欲,而是为了玩味新的快感、新的情绪,并且由此发展一种对异域、对有趣、惊异之事的品位。这可以说是'山岳诗学'(Poetics of Mountains)诞生的时代:鼓起勇气横跨阿尔卑斯山的旅人,见其不可攀越的绝崖,一望无际的冰河,下临无地的深谷,举目无垠的大地,为之惊迷。"②对这种欣赏险远荒野的旅行,美学家沙夫茨伯里说,怪石嶙峋的悬崖、洞穴瀑布等在荒野的装点下令人沉醉,因为它们代表更真实的自然。他们要在崇山峻岭间领略庸常生活所不能给予的战栗,在飞流瀑布和暴风骤雨中感受上帝的力量,总之那个时代的人们厌弃日常生活的平庸和琐碎,常需要远离都市的喧闹,走入自然的崇高中陶冶情操、淬炼趣味和道德。笛福《鲁滨逊漂流记》中出身资产阶级家庭的鲁滨逊就是因为难以忍受日常生活的厌倦才冒险漂洋出海;现实中德国的大作家歌德厌烦了宫廷生活,才匿名越过阿尔卑斯山去意大利旅行,才有了《意大利游记》和歌德精神的新生。在英国,诗人托马斯·格雷与哥特小说家霍勒斯·

---

① [英]埃德蒙·伯克:《关于我们崇高与美观念之根源的哲学探讨》,郭飞译,大象出版社 2010 年版,第 71 页。

② [意]翁贝托·艾柯编:《美的历史》,彭淮栋译,中央编译出版社 2011 年版,第 282 页。

沃波尔于 1739—1741 年穿越阿尔卑斯山的旅行中就有了对自然崇高的描绘,他们认为悬崖、洪流、峭壁,无不孕育着宗教和诗歌,他们努力寻找新的感官极致体验作为新美学的尝试。

综上所述,伯克的崇高美学对 18 世纪人们的自然欣赏、哥特小说、恐惧美学及其绘画艺术等都产生了深远的影响。在伯克的崇高论中,可总结出这样几条美学思想:崇高成了与美并列的独立美学范畴,它的审美对象扩大到了自然物、动植物、意象、艺术等各个领域,为后来的康德论崇高确定了一定的审美对象和审美领域。崇高与美作为审美活动,都与理性无涉,是一种感性、想象力和判断力组成的审美趣味。人们之所以会产生崇高感,在于那些巨大的、连续性的、无限的事物刺激了人类的五官感觉,让这些感官感到痛苦或者恐惧,由此产生了崇高感。人类崇高与美的产生来自人类的两种本能,即自保的激情和与社会交往的激情,激情中的痛苦和恐惧产生了崇高,爱恋产生了优美。

那么,是什么观念导致了伯克对特异的、非常事物的喜爱以及对恐惧感、崇高感的推崇呢? 伯克对崇高和美的总结是:其背后的原因是人类的身体器官和心灵器官要保持活力和生命力,就必须进行一定程度(适量)的劳作。换言之,精致的人类器官(心灵器官)必须保持刺激状态才能证明是一个活着的人,而刺激就来自恐惧和痛苦。在伯克看来,最不值得过的生活就是四肢不勤、肉体和精神松弛、忧郁懒惰的生活。对人体保持刺激,感受痛苦和恐惧等激情生活,给理性划定一定的范围和界限,生活要变化,这些观念已经完全不同于 17 世纪的古典主义对世界的完整性和统一性的看法,也不同于 18 世纪启蒙主义对世界的理性的、科学的看法,而是一种崭新的现代宗教——浪漫主义世界观的先声。伯克的思想在美学上表现为:背弃理性,崇尚激烈的情感,打破美的平衡和统一,标举不协调和动感,想象力丰富,寻找刺激和变化等。这种美学表达在人生观念或者 18 世纪的世界观中就是追求人生的刺激和变化,这无疑是后来浪漫主义现代性的一个突出特征。卡林内斯库所说"Modernity"的一个核心词义就是变化,瞬间的体验,这就是现代性的基本含义。

卡林内斯库认为,18 世纪,在现代性概念的形成中,美的概念成了历史范畴,浪漫派从经验中重新定义了新的美学观念。古典与浪漫、古典与哥特、古代与现代、素朴与感伤、理性与感性等对立,都体现了一种美学观念的变迁。他举出了赫尔德、雨果、司汤达、波德莱尔等人对现代的体认和思考,认为从古典主义向浪漫主义转变中,现代意义上的"现代性"观念逐渐成形。他说:"新型的美是基于'独特',基于'怪诞'与'崇高'的结合所提供的各种可能性,基于'有趣',基于代替了古典完美理想的其他此类相关范畴。"①在 19 世纪的某个时刻,这种新型的美学中启蒙现代性与审美现代性分裂了,文化现代性对资产阶级作为历史阶段的现代性公开排斥,它充满了否定的精神。笔者认为,卡林内斯库对现代性的基本论断是正确的,但是他忽略了一个人及其观念在现代性概念形成中的作用,那就是伯克及其恐惧—崇高美学思想。伯克与席勒一样,把感性与理性对立起来;与卢梭一样,把伟大的自然与平庸的日常对立起来;与歌德一样,把崇高与美对立起来,他启发了后来的康德、黑格尔等美学家对崇高美之内涵的思考。换句话说,伯克是现代性概念内涵形成中的一个关键思想家,他在审美现代性中把崇高与美、理性与感性、激情与理智、恐惧与放松对立起来,这些对立体现了现代性的一个基本核心:刺激的生活、变化的生活才是现代的。

伯克说:"如果很多事物出现在我们面前的时候,没有包含有新奇的力量在其内,而我们心中也没有任何好奇的激情,那么生命中所经历的事物除了带给我们厌恶和疲倦之外,什么也不会影响我们。……一定程度的新奇,必然存在于每一影响我们心智的事物之中;而在我们内心之中,激情也必然或多或少伴随着好奇。"②在这段话中,伯克就把平常的疲倦、厌恶与恐惧的激情、刺激划分开来,对立了起来。在他看来,日常的事物只能给人们以厌倦,粗糙的生理器官和精致的心理器官都处于松弛状态,这种状态容易引起人们懈怠、忧郁和自杀,无疑与生命力本身是矛盾的。他以为生活必须要有一定程度的刺激变化,这样才会让人类的精致器官变得敏锐、活跃,成为一个活生生的人。这种

---

① [美]马泰·卡林内斯库:《现代性的五副面孔》,周宪、许钧译,商务印书馆 2003 年版,第 44 页。
② [英]埃德蒙·伯克:《关于我们崇高与美观念之根源的哲学探讨》,郭飞译,大象出版社 2010 年版,第 29 页。

对生活的厌倦与对恐惧崇高的渴望,在伯克看来是具有时间性的,那就是恐惧—崇高的刺激变化属于新的时代,对生活的不变的厌倦属于古典主义时代。马克思、恩格斯在《共产党宣言》中提出:"生产的不断变革,一切社会状况不停的动荡,永远的不安定和变动,这就是资产阶级时代不同于过去一切时代的地方。"①也正是这种变化动荡构成了现代性的概念。从马克思的角度来看,作为 18 世纪英国早期工业革命、资产阶级政党政治的观察家、政治保守主义精神领袖的伯克,他在论崇高与美的观念中所体现出来的恐惧、刺激和变化难道不正是审美现代性的先声吗?

---

① 《马克思恩格斯文集》第 2 卷,人民出版社 2009 年版,第 34 页。

第七章　狄德罗:启蒙主义与文艺美学

德尼·狄德罗(Denis Diderot,1713—1784 年),法国启蒙思想家、唯物主义哲学家、无神论者和作家,百科全书派的领袖。在法国启蒙思想家中,论社会威望,他不如伏尔泰;论对 1789 年的法国大革命的直接影响,他不如卢梭;论对政治自由主义和民主共和制度的影响,他不如孟德斯鸠。可他却是那个时代启蒙思想家心目中的领袖。狄德罗是一个伟大的思想家,更是一个敏于行动、敢于斗争的革命家、实践家。他的最大成就是主编《百科全书》(Encyclopédie)(1751—1772 年),此书概括了 18 世纪启蒙运动的精神。恩格斯称赞他是"为了对真理和正义的热诚而献出了整个生命"的人。

一、生平与著作

狄德罗出生在法国朗格尔市一个富裕的剪刀匠家庭,10 岁时被送入耶稣会学校学习希腊文、拉丁文和古代作家的著作。1729 年,他赴巴黎求学,在路得维克大公学院学习了修辞学、逻辑学、伦理学等,在此期间,接触到了培根和霍布斯等人的经验论哲学。离开学校后,他在巴黎经历了 10 年自由文人的流浪生活,出入于沙龙和剧场,靠当家庭教师和卖文为生。1746 年,他的第一部哲学著作《哲学思想录》问世,书中公然散布对上帝的怀疑,指责上帝的凶残。后为回击宗教的压迫,他写作了《哲学思想录增补》。1747 年,他写成《怀疑论者的漫步》,书中以不同观点的人物之间展开论战的形式探讨了宗教问题及许多哲学基本问题。1749 年,他因写作《论盲人书简》被投入巴士底监狱。

1745 年,巴黎出版商普鲁东本来打算将英国出版的《科技百科全书》译成法文,后来发现该书已落后于形势,遂决定新编一部法国的《百科全书》(原名为《百科全书,或科学、艺术和手工艺大词典》),并邀请启蒙作家狄德罗和数学家达朗贝尔主持此事。1751 年,他开始主编《百科全书》,他认为,事实上,百科全书的目标是把散落在地球表面各处的知识都搜集起来,将它们的大致轮廓和内在结构呈献于同时代人的眼前,并将它们留给我们的后代,以便能将过去几个世纪人们的工作成果保存下来,为将来几个世纪的人们所使用。

参加编撰《百科全书》工作的人员极为广泛,有文学家、医师、工程师、旅行家、航海家和军事家等,几乎包括法国知识领域具有先进思想的一切杰出代表人物。除该书的主编狄德罗和副主编达朗贝尔外,启蒙主义作家孟德斯鸠和伏尔泰也为它写过文艺批评和历史的稿件,卢梭写过音乐方面的条目,哲学家爱尔维修、霍尔巴哈和空想社会主义者摩莱里、马布利等人,都是《百科全书》哲学方面的撰稿人。他们的观点不尽相同,但能相互协作,积极参加过《百科全书》的编纂工作,又有唯物主义启蒙思想的人士,在历史上被称为百科全书派。《百科全书》的编纂、出版工作,从1751 年开始,至1772 年完成,历时 22 年。

其间,耶稣会以剽窃罪起诉"百科全书"的编纂者们。1752 年,路易十五迫于压力禁止《百科全书》前两卷的出版,下令没收未出版的手稿,作为皇家出版总监的马尔泽布建议狄德罗把手稿藏在最安全的地方——自己的家里。1757 年,新闻人佛勒龙曾在最高法院向首席检察官马尔泽布提出对百科全书派的公诉,罪名是"他们形成一个集团,为着拥护唯物主义,摧毁宗教,鼓吹独立自由和败坏风俗",同时指责狄德罗是那个庞大组织的首领,在他领导下那个群体正在迅速扩大,人数与日俱增,他们正在密谋造反。达朗贝尔因恐受连累,于 1759 年宣布退出,由狄德罗一人主持此项艰巨而繁重的工作。在狄德罗等人的据理抗争下,《百科全书》的出版虽几经周折,但最终在 1772 年问世了。全书共 32 卷,包括正文 17 卷、附录 4 卷、图片 11 卷。

1765 年,狄德罗饱受各方面攻击,生活窘迫,没钱陪嫁女儿,俄国女皇叶卡捷琳娜二世斥巨资购买了狄德罗的私人图书馆,同时委托狄德罗代为保管,这在生活保障方面给了狄德罗强有力的支持。1773 年,《百科全书》完成后,他应俄国女皇叶卡捷琳娜二世的邀请,抱着推行和实践启蒙主义哲学王的理想来到了俄国彼得堡。女皇对狄德罗极为赏识,逐日交换看法,但是女皇并没有完全接受狄德罗的自由主义政治思想,因此他回到了法国。启蒙主义的哲学王实验如同伏尔泰之于普鲁士腓特烈二世的实验一样,以失败而告终。

狄德罗和其他的启蒙思想家一样,认为以往一切不合理的社会制度都是某些谬误的观念造成的。而今"理性"的阳光已经照射出来,历史的真理已被发现,只要运用"理性"启迪人们的头脑,照亮人们的心灵,清除一切迷信和偏见,历史的错误便会被纠正,社会秩序将重新安排,人类便可进入自由、平等、博爱的理性王国。他像牛一样有耐性,像狮一样有思想的力量,不畏社会压力和伦理的诘难,发唯物主义之朴素萌芽,著下数千言的玑珠之文。

狄德罗哲学方面的著作有《对自然的解释》《达朗贝尔和狄德罗的谈话》《达朗贝尔的梦》《关于物质和运动的哲学原理》等。狄德罗对启蒙主义文学创作经验进行了理论上的总结,逐步形成了以启蒙人学为基础的启蒙主义美学思想。狄德罗也是一位优秀的作家,著有长篇小说《宿命论者雅克》《修女》《拉摩的侄儿》,戏剧《私生子》《家长》。美学评论作品《关于〈私生子〉的谈话》《论戏剧诗》在法国戏剧史上有不可替代的地位;《画论》《沙龙随笔》是造型艺术的重要理论文献;《论美》展现了狄德罗重要的美学主张。1784 年 7 月 30 日,狄德罗走完了他为真理和正义奋斗的人生历程,在他逝世的前一天,他留下了这样一句至理名言:"迈向哲学的第一步,就是怀疑。"①

二、美学理论

狄德罗哲学代表了 18 世纪法国唯物主义哲学的最高水平,它力图超越当时占主导地位的机械论,勾画出物质世界的普遍联系和自身运动,反对用孤立

---

① 关于狄德罗的生平和著作部分参见［法］亨利·勒费弗尔:《狄德罗的思想和著作》,张本译,商务印书馆 1985 年版;尚杰:《尚杰讲狄德罗》,北京大学出版社 2008 年版。

的、静止的、片面的观点看待世界。虽然狄德罗哲学的形成受到了拉美特利的影响，但是他的哲学和拉美特利极端的"人是机器"的机械论有很大的区别。

（一）唯物论

在认识论和方法论方面，狄德罗继承和发展了英国哲学家培根和洛克的经验论。首先，狄德罗坚持感官是观念的来源、感觉是对外部世界的反映的唯物论原则，反对巴克莱的感觉唯心主义。外部对象作用于感官，使人们形成了感觉、记忆和理智的注意，在人们心灵中形成了观念，而观念是相互联系的，一个观念可以唤醒另一个观念，在此基础上就形成了人的认识和思维活动。与洛克一样，狄德罗将外部感觉和内部感觉作为人们观念的来源，强调认识的先决条件是承认客观世界的存在及其对人们的作用。

狄德罗比培根先进的地方在于他提出了观察、思考和实验三结合的方法。他的名言是："我们有三种主要的方法：对自然的观察、思考和实验。观察搜集事实；思考把它们组合起来；实验则证实组合的结果。对自然的观察应该是专注的，思考应该是深刻的，实验应该是精确的。"①这三种方法结合起来才能形成正确的认识，而认识最终还需要接受实验的验证。狄德罗虽然没有提出实践是检验真理的标准的思想，但是他将实验看作检验认识正确与否的重要手段，亦是难能可贵的。

狄德罗坚持唯物主义的一元论，认为世界的统一性在于物质性。物质世界是普遍联系的，各种事物和现象不可能是孤立的。自然界从来就不会产生单独的事件，自然界是一个整体，如果现象不是相互联系着，就根本没有哲学。也就是说，狄德罗把宇宙看作一个有机整体。森罗万象的宇宙中存在各式各样的万千事物，这些事物看似毫无关系，但实际上万物有着本质的关系。例如，狄德罗认为，自然的物质世界、人体的生物世界、无机界和有机界都是联系的，从量变到质变，时刻存在着事物的转化和变化。宇宙中的一切都受到自然规律的支配，凡是自然中存在的事物都是不以人的意志和神的意志为转移的

---

① ［法］狄德罗：《狄德罗哲学选集》，江天骥、陈修斋、王太庆译，商务印书馆 2011 年版，第71 页。

客观存在。而科学家的任务就是从万千自然事物中进行观察、试验和总结，得出自然界和社会的基本规律。

狄德罗坚持唯物主义的认识观，认为感性认识是第一位的，只有在感性认识的基础上才能抽象出理性的认识。理性的认识就是对感性世界的规律性总结，是真理。在他看来，所谓真理就是与事物符合，就是获得最高的世界的真。狄德罗说："我们的感觉和思维的机能是与生俱来的，思维机能的第一步在于对感觉进行考察，加以联系、比较、组合。看到相互之间的协调和不协调的关系等等。我们有生而来的种种需要，因为有需要，才求助于满足需要的各种不同手段。"[1]

在狄德罗看来，世界上的各种事物之关系是不断变化的。宇宙在进化之中，事物也在相互关联中发生变化。人们根据这些手段的效果来判断其中事物有好的、坏的、简便的、不完整的，所谓满足人们需要的手段大多数是工具、机器；但是任何机器都需要组合，需要致力于同一目的的各部分加以安排，这就是人们的需要和人们的机能的最直接的运用，而自生来它们便提供关于秩序、配合、对称、结构、比例、统一的概念。它们都是建筑在经验之上的，人们也是通过感官而获得这些概念的。

对于狄德罗的哲学观念和美学观念的联系，缪朗山先生指出："整体、关系、变革，这三个概念是他的自然哲学的支柱，也是他的美学思想的支柱。这三者是彼此联系的，讨论他的美学思想，离不开这三个概念。"[2]

（二）美学思想批判

人们对"美"的本质的探索之路是崎岖的，"（我们）首先发现，人们谈论最多的事物，象命运安排似的，往往是人们最不熟悉的事物；许多事物如此，美的本质也是这样的"[3]。狄德罗梳理了从古希腊的柏拉图一直到他所处的18世

① ［法］狄德罗：《狄德罗美学论文选》，张冠尧、桂裕芳等译，人民文学出版社1984年版，第22页。
② 缪朗山：《西方文艺理论史纲》，载《缪朗山文集》第八卷，章安祺编订，中国人民大学出版社2011年版，第332页。
③ ［法］狄德罗：《狄德罗美学论文选》，张冠尧、桂裕芳等译，人民文学出版社1984年版，第1页。

纪美学家们对美的本质以及美感的论述。他认为，柏拉图曾写过的两篇有关美的对话集——《斐德若》和《大希庇阿斯》，前者告诉人们，人对美的爱好比对美本身还要多，后者则是说"他在告诉我们什么是美，倒不如说他在告诉我们什么不是美"①。

　　奥古斯丁曾经写过一本论美的书，这本书已经佚失了，但是他对美的基本观点被清晰地保留了下来，他认为一个整体的各部分彼此之间有着精确的关系，这种关系使此整体成为"单一体"，也是美的显著特征。也就是说，他认为构成各种美的形式和本质的就是"统一性"。沃尔夫在《心理学》一书中曾这样说道，有的事物使人们喜欢，有的使人们讨厌，这种差别成了美和丑。使人们喜欢的叫作美，使人们讨厌的叫作丑。美包含在完善之中，具有这种完善的事物凭着这种完善，就可以在人们心里引起快感。美可分成两类：真实的美和表面的美，真实的美由真实的完善产生，表面的美由表面的完善产生。而完善并不比美更美，或是比美更易理解。克鲁萨先生认为，应当注意事物和人们的感觉之间的联系，"这真美"，这句话意味着，人们看到了某种赞成的或者喜欢的东西。狄德罗认为，他的这种定义并非来自美的本质，而仅仅是来自人们对美的存在所感到的效果；这种定义和沃尔夫先生的定义具有同样的缺点。

　　哈奇生认为：人们不应该追问"美是什么？"正如人们不该问"可见性是什么？"他认为美是可以用人的美的内在感觉器官感觉到的东西。所谓"美的内在感官"是人们辨别美好事物的能力，就如同视觉是用来识别颜色概念和形体概念的一样。他认为美如苹果一样是一种实在，人们看到苹果是视觉神经及视觉感觉器官在起作用，人们感受到美同样是"第六感受器"在起作用。人有一种特殊的感官通过感受快感使自己感到美的存在，打动这种感官的东西必须具有一定的性质，即那些多样化中寓有一致性的感觉，可称之为美。什么是"多样化中寓有一致"呢？就是说，在一致的程度相同的物体中，最多样化的最美，反过来，在多样化相同的物体中，最美的就是最一致的物体了。狄德

---

① ［法］狄德罗：《狄德罗美学论文选》，张冠尧、桂裕芳等译，人民文学出版社1984年版，第2页。

罗部分地承认这种观点,但是在抽象真理和普遍真理的证明中美的这种概念却得不到应用。

安德烈神父在《论美》中将美和实用相联系,认为世界上只有一种美,它的基础是实用;因此,凡是能产生人们所期望的效果的东西就是美。实用即美,但实用并非全美,实用也有丑;实用在不同人看来感受不同,非实用的东西也美,如装饰美、自然美。

(三)审美论

在通过一系列对美本质问题的考察之后,狄德罗提出了自己的美学本质论,即美在关系说。狄德罗认为人们必须依靠理性和实验来发现世界上到处存在的关系,即关于秩序、关系、比例、联系、安排、对称的概念,人们被大量的含有同样概念的无限事物所包围。狄德罗认为,美有一种质的规定性,那就是"它存在,一切物体则美,……它不在,物体便不美;它改变性质,美也随之改变类别;与它相反的品质会使最美的东西变得讨厌和丑陋,总而言之是这样一个品质,美因它而产生,而增长,而千变万化,而衰退,而消失,然而,只有关系这样的概念才能产生这样的效果。"①"因此,我把凡是本身含有某种因素,能够在我的悟性中唤起'关系'这个概念的,叫作外在于我的美;凡是唤起这个概念的一切,我称之为关系到我的美。"②前者重点在"能够"指外在于人主观的客观存在的事物的客观的美;后者则成为"关系到我的美"即已经进入主观感受的被感受到的美。

第一,美是无利害的品质。"我说的一切"其实是"我"排除那些与味觉、嗅觉有关的品质;尽管这些品质也能在我们心中唤起关系的概念,但是当人们仅仅从这些品质出发考虑它们所附之物体时,人们决不把这些物体称为"美",如人们说"美味"指"好吃的东西",而当人们说"多美的一条比目鱼""多美的一朵玫瑰花"的时候,从玫瑰和比目鱼身上所着眼的,不是与味觉和

---

① [法]狄德罗:《狄德罗美学论文选》,张冠尧、桂裕芳等译,人民文学出版社1984年版,第24—25页。
② [法]狄德罗:《狄德罗美学论文选》,张冠尧、桂裕芳等译,人民文学出版社1984年版,第25页。

嗅觉有关的品质，而是其他品质。① 鲍姆嘉通把美学称为"感觉学"是有一定道理的，在感觉的功利和美的无功利之间并非有一条严格分明的鸿沟，二者并非全然区别开来的。它们之间有兼容的时候，就是说在美与实在感之间有一致的地方，如狄德罗提到的马主人看到他的马在地里干活，认为马是美的，同样认为马是美的，还有路上的行人，这行人则是完全无功利的。

第二，事物本身的关系与事物之间的关系。事物中的关系不是认识到的，而是感受到的，即可以称之为"美"。这里并不是说把一个物体叫作美的，就必须鉴别在这物体中占主导地位的是哪一种关系，人们说一栋建筑物是美的，没必要说出建筑物的具体比例。

观察事物有两种方法：一是孤立地对事物本身进行观察，二是与其他事物对比起来观察。同样关系存在的方式也有两种。其一，当我说"这朵花是美的"时是在孤立地看这朵花，只是说明我在它们的构成部分之间看到秩序、安排、对称、关系，这样的美应该叫作真实的美。艺术的模仿则在于模仿大自然中的最美。狄德罗认为："如果你要画一朵花，而且画哪朵你都无所谓，那就画花中最美的那朵吧；如果你要画一株植物，而主题并不要求你画一棵干枯的橡树或榆树的话，那就画植物中最美的那株吧。"②由此而知：要模仿美丽的大自然，就必须作最广泛的观察和比较；在大自然中，完善的东西太少，但事物各自有其价值。其二，如果我把这朵花跟其他的花联系起来观察，当我说它们是美的时，那就是说在它们同类的物体中，在花类和花类中，这朵花和那条鱼在我心中唤起的关系的概念最多，实际的关系也最多。这种相互比较而产生的美，即人们所谓相对的美。例如，陆游的《卜算子·咏梅》中写的是孤立的梅花之美："驿外断桥边，寂寞开无主。已是黄昏独自愁，更著风和雨。"孤独寂寞的梅花开在断桥边上，顾盼自怜。毛泽东的《卜算子·咏梅》中则把梅花和

---

① 狄德罗的意思是，"一切"之中并不包含直接功利的满足肉体生存的品质，终其原因，在"美味""美女""美气"中有无真的美的因素的存在，或者说美感的无功利是否在所有事物中都是一致的呢？这依然是一个值得探讨的问题。

② ［法］狄德罗：《狄德罗美学论文选》，张冠尧、桂裕芳等译，人民文学出版社 1984 年版，第 27 页。

其他花卉的美联系起来:"风雨送春归,飞雪迎春到。已是悬崖百丈冰,犹有花枝俏。俏也不争春,只把春来报。待到山花烂漫时,她在丛中笑。"二者相互比较产生的美感是截然不同的。

第三,美是随着关系而变化的。人们把那些本身含有某种因素能够唤起"关系"概念的一切,叫作真实的美,而把凡能唤起与应作比较的东西之间的恰当关系的一切叫作相对的美。第一种,具体就是客观事物的美,这种事物可以是单一的自身关系体现,也可以是在某物与其他事物的对比中获得关系的美,一物自身与多物之关系,都不因为人的存在与否而客观存在的关系,称之为真实的美,或客观的美。悲剧《贺拉斯》中有句卓绝的话:"让他死",如果问一个对高乃依悲剧一无所知的人听到这句话有何感想,他会觉得这话既不丑也不美。但是,如果告诉他这是一个人被问及另一个人应该如何战斗时的答复,那就可以看到答话者有一种勇气,并不认为活着总比死去好。如果再告诉他这场战斗关系祖国的荣誉,而战士正是这位被问者的儿子,是他剩下的最后的一个儿子,而且,这个年轻人的对手是杀死了他的两个兄弟的三个敌人,老人的这句话是对女儿说的,他是个罗马人,于是随着对这句话和当时环境之间的关系作一番阐述,"让他死"这句原先既不美也不丑的回答就逐渐变美,终于显得崇高伟大了。如果把环境和关系改变一下,把"让他死"从法国戏剧里搬到意大利舞台上,从老贺拉斯口中搬到司卡班口中,这句话就将变成滑稽了。美总是随着关系的变化而变化,而消失。

那么,在狄德罗眼中,关系的实质是什么?关系只存在于人们的悟性中,但它的基础则在客观事物之中,关系可分为三种:真实的关系(存在事物之中)、见到的关系(存在它之外)和虚构的智力的关系。但一个物体之所以美是由于人们觉察到它身上的各种关系,指的不是由人们的想象力移植到物体上的智力的或虚构的关系,而是存在于事物本身的真实的关系,这些关系是人们的悟性借助人们的感官而觉察到的。不管是怎样的关系,美总是由关系构成。

但是,关系依然和理念一样是一个宽泛化的概念,美有时的确产生于关系之中,关系中包含有比例、对称、多样统一等形式美的东西,同时也有上下文这样的内外的关系,这是关系和美的联系中富含价值的一面,但并不能因此就证明美的本质就是关系。首先,单个拥有典型关系的事物未必是美的。例如,一只大小适中、比例和谐的蟾蜍是最美的吗? 其次,按照美的事物之间关系重新模仿的事物未必是美的。例如,狄德罗的"美在关系"说侧重于从世界的关系构成角度来谈论美的本质,有一定的合理性和真实性。他的观点与形式主义美学的代表阿恩海姆所著《艺术与视知觉》中的一句话有些相似,即不必联系式样所再现的自然事物,就能从式样本身见出表现性。也就是说,不管现实中艺术的对象为何物,只要它们拥有同样的式样,就有了美。例如,有人分析王维的诗《使至塞上》中的句子:"大漠孤烟直,长河落日圆",一条横线与一条竖线的垂直相交,并在相交处有了一条圆弧线,这种构图样式就具有雄浑苍凉的表现性,或者美感。不过,人们在现实中有时可以看到一道围墙里面,有一个体育馆的圆形屋顶,前面竖着一根高高的电线杆,这种样式还有雄浑苍凉的美吗? 可见雄浑苍凉的美感不是与横线、竖线和圆弧线的关系有本质联系,而是与大漠、孤烟、长河、落日等具体物象之间的关系有关。最后,事物之间的关系有时候也是不美的。尽管关系存在,但此时美、彼时则不美;人们都知道老虎食肉,在林中遇虎则不美,尽管它有关系存在;但若虎在笼中,则美,依然有关系存在;美有时随关系变动,但有时则不随之变而变。同时,有时大大改变或突破关系则形成崇高之美,如火山之爆发、大江之奔流、海洋之苍茫,无人为的看见关系,但依然很美。由此可见,关系仅是美的一个局部的属性,并不是它的本质,美的本质如果有,则像柏拉图所说,万物有之则美,无之则丑矣。

　　不过,根据狄德罗的美学观,有哪些因素可以影响美的集中表现呢? 狄德罗说:"在试图阐明美的根源之后,我们现在要研究的是人们对美所抱的分歧意见何在。……因为我们将证明这一切分歧均来源于人们在大自然或艺术的产品中所见到的或引进的各种不同的关系。"[1]换言之,美的根源的分歧来自在事物中见到的不同的关系,下面来研究分歧产生的原因。

---

[1] ［法］狄德罗:《狄德罗美学论文选》,张冠尧、桂裕芳等译,人民文学出版社 1984 年版,第34 页。

第一,关系在事物中多少不一。从单一关系的感觉得来的美,往往小于从多种关系的感觉得来的美。一张美的面孔或一幅美的图画给人的感受比单纯一种颜色要多,星光闪闪的天空胜过蔚蓝的帷幕,风景胜过空旷的田野,建筑物胜过平平的空地,但关系在作品中达不到这一点会因缺乏而陷于单调,超过这一点又会因关系过多而显得累赘。第二,抓住全部或部分的关系。比如,盲人摸象。第三,不能只看事物自身的关系,还要联系事物在大自然的整体中所占的地位。人们对整体的认识有深有浅,对物体大小所形成的尺度标准的精确性也就大相径庭,但永远不知道什么时候它是最准确的。第四,利益、情欲、愚昧、风俗、信仰等,对于人们的周围的物体来说,或妨碍它们或促使它们在人们心中唤起或不唤起好几种概念,消灭其中十分自然的关系,而建立起偏颇的偶然的关系。第五,人们是从自己的技艺和知识出发来看一切事物的,多多少少扮演着那个批评阿佩莱斯的鞋匠的角色,虽然人们只懂鞋,却要评论腿。①第六,人们对抽象来的概念理解不完整。第七,偶然性会影响审美的判断。令人厌恶的概念,偶尔也会附在最美的物体上。狄德罗举例说,有人喜欢西班牙的酒,那么这人只要在喝酒的时候吃点呕吐剂,就会讨厌它了。西班牙酒是好的,但人们身上与它相关的条件却不相同,同样,过道是华丽的,但是我的朋友在这里丧了命,在这条过道里,我看见的只是断气的朋友,再也感觉不到它的美了。②

三、戏剧理论

狄德罗认为,文艺(包括戏剧)应该是反映真实的自然,而不应该局限于帝王将相的贵族生活。他反对古典主义对戏剧艺术的束缚,同时高举启蒙理性和自然真实的旗帜,要求直接反映那个时代的资产者、商人等中下层人们的

---

① 阿佩莱斯,公元4世纪古希腊著名画家,他经常举行画展,自己躲在幕后听人的议论。一天,一个鞋匠批评了画中人物的鞋,阿佩莱斯于是修正了这一缺点。第二天,鞋匠又批评画中人物的腿,画家叫道:"鞋匠,只管你的鞋吧。"
② 其中这一点论述了物体与人之间的关系变化对美的影响,主观性在认识美中是极为重要的,尽管一朵花有真实的美,但刚刚失去双亲的人则看不出美来。

生活。他是一个具有雄心壮志的戏剧改革家，一面进行戏剧创作，一面进行戏剧理论的阐释。1757 年 2 月，狄德罗创作的第一部严肃喜剧《私生子》发表，不久之后，《和多华尔的三次谈话》，即《关于〈私生子〉的谈话》也与读者见面，文中他第一次阐明关于创立新的严肃剧种的理论。后来在他的《论戏剧诗》中更加详细论述了正剧思想。

（一）严肃剧

在狄德罗之前的戏剧，主要有古希腊古罗马"三大家"的悲剧和阿里斯托芬的喜剧，以及文艺复兴时期莎士比亚等的悲剧和喜剧，古典主义时期高乃依、莱辛的悲剧和莫里哀的喜剧。它们的共同特点如下：第一，悲剧与喜剧的定义大致遵从亚里士多德的《诗学》中的规定性。悲剧表达高尚的人物遭受不幸的命运，美好事物的毁灭引起了观众的悲悯之情；喜剧是嘲笑比现在的人坏一点的人的各种品性，是批判性的。悲剧与喜剧的定义有严格区分，两种体裁界限分明。第二，古典主义戏剧规定：悲剧的主人公无一例外是古代伟大的君主、贵族、豪门巨族，而喜剧则嘲笑社会底层人物和市民阶层。帝王将相是空虚的牵线木偶，而第三等级的市民阶级则是被嘲笑的小丑。狄德罗针对这种现象说："喜剧和悲剧在任何等级里都会产生，所不同者只是痛苦和眼泪更经常地出现在臣仆的家庭，而快乐和欢笑则更经常地降临帝王的宫殿。"①

首先，严肃剧或正剧介于悲剧与喜剧之间，兼具悲剧和喜剧的特点。对于悲剧和喜剧的严格界定，是古典主义清规戒律之一，同时还有三一律对戏剧的束缚。狄德罗要表现更为广阔的、多样的复杂题材必须打破古典主义的束缚。因此，他提出在悲剧与喜剧之间应有一个第三品种，即不悲不喜、亦悲亦喜的严肃正剧。他说："一切精神事物都有中间和两极之分。一切戏剧活动都是精神事物，因此似乎也应该有个中间类型和两个极端类型。两极我们有了，就是喜剧和悲剧。但是人不至于永远不是痛苦便是快乐的。因此喜剧和悲剧之

---

① ［法］狄德罗：《狄德罗美学论文选》，张冠尧、桂裕芳等译，人民文学出版社 1984 年版，第96 页。

间有个中心地带。……任何的戏剧作品,只要题材重要,诗人格调严肃认真,剧情发展复杂曲折,那么即使没有使人发噱的笑料和令人战栗的危险,也一定有引起兴趣的东西。而且,据我看来,由于这些行动是生活中最普遍的行动,以这些行动为对象的剧种应该是最有益、最具普遍性的剧种。我把这种戏剧叫做严肃剧。"①

其次,严肃剧应该悲喜交集、风格杂糅,即戏剧中有悲伤也有喜悦。古典主义(包括古希腊古罗马与 17 世纪法国新古典主义)时期,悲剧与喜剧的风格截然不同。悲剧应该是肃穆、激越、悲壮的,喜剧应该是滑稽、机智和讽刺的,相互之间几乎不会交叉,不然就会被认为风格不纯净。但是在狄德罗看来,戏剧应该像文艺复兴时期的莎士比亚戏剧一样,戏剧就是悲喜剧,即悲剧因素与喜剧因素融合在剧作中,和谐相处,因为生活本身就是悲喜交集的。

严肃剧处在其他两个剧种之间,左右逢源,可上可下,这就是它优越的地方。喜剧和悲剧是戏剧创作的真正界标。一切自觉有戏剧天才的作家必须首先练习写严肃剧。它不受时间和地点的影响,会博得人们的喜爱,在这种剧里,喜剧最令人发笑的特点和严肃剧最感人的特点杂然并陈,时而像喜剧,时而像严肃剧。其特点包括:题材必须是重要的;剧情简单和带有家庭性质,而且一定要和现实生活很接近,不应借用过多的喜剧色彩,它包含独白,严肃剧倾向于悲剧,而不是倾向于喜剧,因为喜剧中独白很少而且非常短;如果一部作品同时借用喜剧和悲剧的不同色调那是很危险的;寓于作品中的教训必须强有力而带普遍性。他指出必须大力注意哑场表演,撇开只能产生暂时效果的剧情,重视剧情突变和画面的塑造,画面越美,观众就越喜欢。

再次,严肃剧的人物应该具有普遍性。喜剧中的人物代表一种类型的人,而悲剧中的人物只是个人(具体的人),严肃剧中的人物性格往往和喜剧的人物性格具有同样的普遍性;但不像悲剧里的人物性格那样个别。因此,狄德罗

———————
① [法]狄德罗:《狄德罗美学论文选》,张冠尧、桂裕芳等译,人民文学出版社 1984 年版,第90 页。

认为,一出戏剧到底是悲剧还是喜剧、正剧,其决定因素不是描写的主题,"而在于戏的格调,人物的感情、性格和戏的宗旨。爱情、嫉妒、赌博、秽行、野心、仇恨和欲望等等的效果都使人发笑、深思和发抖"①。

最后,严肃剧的内容是表现严肃的事情和正经的道德。狄德罗认为戏剧表现的对象应该是:第一,现实生活。戏剧主要表现的不应该是已经死去的人物,不是传说中的英雄和帝王将相,而应是活生生的现实社会中的人物,在那个时代,就是要表现资产阶级、商人和市民。这种对于现实主义的提倡,其实代表着新的意识形态的确立。狄德罗是戏剧界的意识形态大师。第二,人生的重大事件和家庭生活中的严肃事件,普通人的人生重大时刻和关键事件。"一个现实的场面,真实的服装、和动作协调合拍的谈吐、简明的动作、一些你不可能不曾为你的双亲、朋友和你自己担过忧的危险等等,这一切会给你什么印象,你难道想象不出来? 厄运的突然降临,对身败名裂的恐惧,穷困的境遇,使人走向倾家荡产,从倾家荡产走向绝望,从绝望走向轻生的激情等,这些并不是罕见的事情。"②

狄德罗根据内容的不同,把严肃剧分成两类:一种是要描写人类的美德和责任的严肃喜剧,其目的在于嘲笑和纠正人类的恶性败德;另一种是家庭悲剧,它以家庭生活中的不幸事件为描写对象,这种悲剧不同于过去的英雄悲剧,而是以大众的灾难和小市民的不幸为题材。"轻松的喜剧,以人的缺点和可爱之处为对象,严肃的喜剧,以人的美德和责任为对象;悲剧一向以大众的灾难,大人物的不幸为对象,但也会有以家庭的不幸事物为对象的。"③那么严肃剧应该以责任、道德和由地位而产生的麻烦的职责——正派为对象。

(二)情境论

古希腊戏剧表现的中心是命运、人与命运的抗争,例如俄狄浦斯、安提戈

---

① [法]狄德罗:《狄德罗美学论文选》,张冠尧、桂裕芳等译,人民文学出版社 1984 年版,第96 页。
② [法]狄德罗:《狄德罗美学论文选》,张冠尧、桂裕芳等译,人民文学出版社 1984 年版,第103 页。
③ [法]狄德罗:《狄德罗美学论文选》,张冠尧、桂裕芳等译,人民文学出版社 1984 年版,第132 页。

涅等;由此,亚里士多德在《诗学》中得出,好的戏剧都应该以行动为中心,表现好的行动,无好的性格可以是好戏剧,但是无好的行动就不是好戏剧了。这也就是所谓的"情节中心论"。莎士比亚戏剧中,表现的主要也是一种性格悲剧,比如哈姆雷特的犹豫沉思,导致自己毁灭的悲剧;李尔王由于轻信和偏听,导致流浪;奥赛罗由于性格急躁、嫉妒心重,杀死了自己的妻子。这些人的过错造成自身的悲剧。古典主义时期,喜剧也是一种性格悲剧,这就是人们所说的"性格中心论"。

启蒙主义时期,处于革命的前夜,社会矛盾激化,单纯的情节和平静的人性,不足以满足资产阶级表现自我与社会的冲突的愿望。所以,狄德罗认为戏剧应该探索和表现的中心不是人性和性格,而是人生存和存在的社会处境和各种社会关系。"结论是,要搬上舞台的,说老实话,已经不是人的性格而是人的社会处境了。……今天,处境却应成为主要对象,性格为次要的。……现在,作为作品基础的应该是人物的社会地位、其义务、其顺境与逆境等。依我看,这个源泉比人物性格更丰富、更广阔,用处更大。"①处境(condition)不仅指人的身份、地位,还有全部生活条件、社会环境和社会关系。

首先,情境就是复杂的现实的社会关系。狄德罗强调时代特征和艺术样式、文艺题材、文学主题是同步的。古代社会的情境(环境)消失了,那么神秘的史诗、绝对的抒情剧也难免消失,因为古时的人相信一切神祇皆为真实,而在我们的时代那些不免被看成迷信,艺术(史诗)已失去它的土壤,放之现代就成了空中楼阁式的荒诞怪异的东西,当然无以动人和无人欣赏。"史诗美丽的装潢适合希腊人、罗马人和十五、十六世纪的意大利人,但现在却被法兰西人所扬弃;寓言里的天神、神示,刀枪不入的英雄和浪漫的冒险故事今天已经不时兴了。"②狄德罗认为,时代变化了,艺术的永恒目的是摹仿自然,戏剧应当真实地摹仿当代社会环境(情境),描写"我们"土地上的生活和我们每日

---

① [法]狄德罗:《狄德罗美学论文选》,张冠尧、桂裕芳等译,人民文学出版社1984年版,第107页。
② [法]狄德罗:《狄德罗美学论文选》,张冠尧、桂裕芳等译,人民文学出版社1984年版,第111页。

都在变化的情境。"要使高贵的社会身份能感动人,就必须使情境突出,只有这个办法才能使那些因冷漠而被压抑的灵魂吐出人性的声音,没有这人性的声音,就不能产生伟大的效果。"①严肃剧的题材是现实社会、现实的人及其现实的情境。

那么,什么是情境呢？狄德罗的美学观念认为美的艺术在于事物的关系,同样道理,情境也是阶级、职业、地位、身份、家庭、朋友等具体环境中人与人之间的社会关系。每个人都在社会处境中生存,同时社会每天都在生成新的处境,人们对很多处境并不熟悉,所以戏剧在表现处境方面大有用武之地。"社会处境！从这块土壤里能抽出多少重要的情节,多少公事和私事,多少尚未为人所知的真理,多少新的情况啊！各种社会处境之间,难道不和人类个性之间一样具有矛盾对比吗?"②

其次,情境是人与社会环境的矛盾冲突。传统戏剧以人物性格为中心,而狄德罗认为以后所有剧种中人的社会处境要取代人物的性格。他说:"过去,人们从性格引出情节线索,一般是找出能烘托出性格的场合,然后把这些情景串起来。现在,作为作品基础的应该是人物的社会地位、义务,其顺境与逆境等。依我看,这个源泉比人物性格更丰富,更广阔,用处更大,因为只要人物性格渲染过分些,观众心里就会想,这人物并不是我。但他不能不看到在他面前展示的情境正是他的处境,他不能不把耳朵听到的和自己联系起来。"③狄德罗的意思是:古典主义戏剧刻画人物的性格,但性格不一定会让观众联系起自身来,从而也就难以增益观众的道德感。而正剧的刻画中心是情境,在舞台上出现的人物性格可以与观众性格不同,但是作为人的现实处境却是极为相似的。就像狄德罗的《私生子》《家长》等严肃剧一样,同一身份和地位的人遇到的幸福和麻烦也许是相同的,爱情、婚姻和家庭的矛盾与纠葛可能情节不同,

---

① [法]狄德罗:《狄德罗美学论文选》,张冠尧、桂裕芳等译,人民文学出版社 1984 年版,第111 页。

② [法]狄德罗:《狄德罗美学论文选》,张冠尧、桂裕芳等译,人民文学出版社 1984 年版,第108 页。

③ [法]狄德罗:《狄德罗美学论文选》,张冠尧、桂裕芳等译,人民文学出版社 1984 年版,第107 页。

但处境类似。"在这部剧本中,儿子和女儿的婚事是剧中两大关键。财产、门第、教育、父亲对儿女的责任、儿女对父母的责任、婚姻、独身生活,一切属于家长这一地位的东西都用对白引出。"①于是,人们看到处境类似的人物在戏剧的舞台上获得不幸或者幸福,让人们在受到吸引之余感受道德的教育,这无疑得自作家对处境出色的刻画。

最后,情境决定人物性格。在喜剧中,惯常用性格对比的手法来塑造人物,比如急躁粗暴的人搭配一个镇定温和的人,这样两个性格迥然不同的人一起处事往往就有了戏剧冲突和戏剧效果了。在中国传统文学中,也经常采用性格对比的手法,比如《水浒传》中粗野暴躁的黑李逵经常搭配机灵英俊白皙的浪子燕青一起出去办事,这样性格对比效果突出,让人印象深刻。但是,狄德罗认为,这种性格对比过于机械,没有深入处境之中。狄德罗指出:首先,性格相互对比不仅影响风格的一贯性和表达的自然,同时,容易显示人为的戏剧技巧,导致戏剧矫揉造作;其次,现实中人们的性格只是不同而已,却没有或者说较少地对立,而性格和情境间的对比,利害和利害的对比,却是随时都存在的;再次,人们进行性格对比,无非想突出其中一个,如果具有对立性格的人物同时出场,才会收到预想的效果,则剧情展开极不自然;最后,在悲剧中很少用性格对比,一般悲剧都是要突出主角的独特个性,即使在配角中形成对比,也是比较少的。所以,狄德罗认为在严肃的戏剧体裁中,不允许人为的机械的性格对比。

那么,在严肃剧中,人物性格与情境是什么关系呢? 狄德罗明确指出"人物性格要根据情境来决定"②。真正的性格之间的对比应该是利益之间的对比、人物与情境之间的对比、人物与情境之间的矛盾,在矛盾中展示人物性格。狄德罗举例说:"假使你写阿尔塞斯特恋爱,就让他爱上一个风流的女子,如果是阿尔巴贡,就让他爱上一个贫苦的女子。"这样的话,"人物的境遇愈棘手

---

① [法]狄德罗:《狄德罗美学论文选》,张冠尧、桂裕芳等译,人民文学出版社 1984 年版,第133 页。

② [法]狄德罗:《狄德罗美学论文选》,张冠尧、桂裕芳等译,人民文学出版社 1984 年版,第179 页。

愈不幸,他们的性格就愈容易确定。考虑到你的人物所要度过的二十四小时
是他们一生中最动荡最严酷的时刻,你就可以把他们安置在尽可能大的困境
之中。情境要有力地激动人心,并使之与人物的性格发生冲突,同时使人们的
利害互相冲突。应该使一个人不破坏别人的意图就不能达到自己的目的;或
者使大家关心同一件事,然而每个人希望这件事按照他的打算进展"①。狄德
罗反对那种性格形式的对比,而推崇把人物放在激烈的人与人、人与环境、人
与利益的冲突和煎熬之中,来凸显人的内心和人物性格。

（三）教化论

启蒙时代的文学家对戏剧作用的看法并不一致。伏尔泰、达朗贝尔和狄
德罗认为,戏剧是启蒙人心智的重要工具,具有较直观的和强烈的教育作用。
而卢梭则秉承柏拉图等反对戏剧的传统,认为戏剧鼓荡情欲、放纵人心、破坏
风俗,所以不宜在日内瓦等地建剧院。尽管狄德罗支持戏剧艺术,鼓吹戏剧的
魅力,但是他却跟古典主义时期的戏剧家一样,认为戏剧具有较大的较强的道
德教育作用。

首先,他认为戏剧的题材和主题应该是正派的和道德的。虽然戏剧有着
丰富多样的题材可供选择,也要让观众愉悦,但是作家创作之时心中一定要存
在道德观念和为了有德性的人创作,这是创作严肃剧的前提条件。"真理和
美德是艺术的两个朋友。你想当作家吗？那就请首先作一个有德行的人。如
果一个人没有深刻的感情,别人对他还能有什么指望？而我们除了被自然中
两项最有力的东西——真理和美德深深感动以外,还能被什么感动？"②"正派
的严肃剧到处会获得成功,……当人们写作的时候,心目中应该总是想到道德
观念和有德行的人。"③不过,狄德罗也指出,尽管严肃戏剧要表现道德,却不
是写令人生厌而沉闷的道德教训和编成对白的说教。在一部正剧中,表现方

---

① ［法］狄德罗：《狄德罗美学论文选》,张冠尧、桂裕芳等译,人民文学出版社 1984 年版,第
179 页。
② ［法］狄德罗：《狄德罗美学论文选》,张冠尧、桂裕芳等译,人民文学出版社 1984 年版,第
227 页。
③ ［法］狄德罗：《狄德罗美学论文选》,张冠尧、桂裕芳等译,人民文学出版社 1984 年版,第
134 页。

式和道德主题并不矛盾;用真实的方法处理主题;人物性格多样、独特,应着力刻画;激情表现越强烈,剧本的趣味就越浓;风格应有力、庄严、高尚、激烈,更富于感情。

其次,戏剧的作用在于惩恶扬善和道德教化。他认为,一切摹仿艺术都应该引导人们憎恨罪恶、热爱道德,艺术家要完成哲学家和道德家的工作。戏剧应该谴责那些恶行败德,宣扬正派道德的行为。所以狄德罗说:"只有在戏院的池座里,好人和坏人的眼泪才融汇在一起。在这里,坏人会对自己可能犯过的恶行感到不安,会对自己曾给别人造成的痛苦产生同情,会对一个正是具有他那种品性的人表示气愤。当我们有所感的时候,不管我们愿意不愿意,这个感触总是会铭刻在我们心头的;那个坏人走出包厢,已经比较不那么倾向于作恶了,这比被一个严厉而生硬的说教者痛斥一顿要有效得多。"①戏剧巨大的感染力并不是来自直接的道德说教,而是来自虚构的方式,以曲折的情节、真挚的情感来打动人心,使人在不知不觉中受到剧中人物的情感和德行的感动,从而受到教育。

(四)情节论

亚里士多德在悲剧理论中指出,情节是一出戏的核心。换言之,任何好的戏剧冲突和人物性格都必须通过曲折动人的剧情来表现,否则就只能是空的。虽然狄德罗创作的《家长》等戏剧并不十分成功,但是他对于情节安排的论述却有着深刻的道理。

首先,在布局与提纲的关系中,应该坚持布局优先,提纲随后。"亚里士多德在他的《诗学》的某一处说:无论你是写一个大家熟悉的题材,还是尝试一个新的题材,都要从拟定故事的提纲开始,然后再去想那些将会扩展故事的插曲和情境。题材是大家都可以利用的,但是诗人可以发挥自己的想象去处理其余的一切;谁要是能用最简单最必要的方式完成任务,谁就取得了最大的

---

① [法]狄德罗:《狄德罗美学论文选》,张冠尧、桂裕芳等译,人民文学出版社 1984 年版,第137页。

成就。"①

狄德罗认为,对于创作剧本而言,布局就是谋篇布局的意思,应该占据第一位。第一,布局先于对话。布局比对话重要,有很多戏剧家写的对话很精彩,但是布局在狄德罗看来有些问题,比如莫里哀的喜剧。因此,他说:"布局支撑一个复杂的剧本,而台词和对话的艺术使得一个简单的剧本可听可诵。……布局按照想象构成,台词则应该依据自然。"②第二,布局先于枝节与人物。布局比人物性格、枝节都重要,应该先布局,而后写人物和枝节。因此,他说:"特别要对自己立下戒律:绝对不在布局尚未确定以前就把任何一个枝节的想法落笔。"③第三,布局还要先于各场景。写戏的人头脑中想象一个妖娆的夫人、一个悲戚的场面很容易,如果这时候就落笔写某个场景的话,最后难免会与布局不相融合。到时候会难以割舍美好的场景,去迁就它而破坏全局的构架。因此,他说:"无论你用韵文还是用散文写,请你先行布局,然后再想到各场景。"④总之,狄德罗认为,所谓布局就是提纲和枝节的关系。

其次,在情节与枝蔓的关系上,要强主干,弱枝节。狄德罗说,在确定布局之后,很多情节都涌上心头,那么如何处理主干情节与枝蔓的关系就成了主要任务。他在戏剧思想上反对古典主义,但在研究戏剧创作规律上却认同于"三一律"中"只写一个事情"这一点。他认为,"三一律"不易遵循但却合理。具体来说,第一,戏剧的题材应该集中,事情集中于某一片刻。他认为,小说体裁可以把无数的小枝蔓和细节组合起来形成事件,使得小说更为曲折和逼真,但是由于戏剧的体裁限制,不允许事无巨细地展示在舞台上,因此必须有所取舍。戏剧取舍的标准就是生活中特殊的片刻,因此情节应该集中于一件事上。

---

① [法]狄德罗:《狄德罗美学论文选》,张冠尧、桂裕芳等译,人民文学出版社 1984 年版,第149 页。

② [法]狄德罗:《狄德罗美学论文选》,张冠尧、桂裕芳等译,人民文学出版社 1984 年版,第146 页。

③ [法]狄德罗:《狄德罗美学论文选》,张冠尧、桂裕芳等译,人民文学出版社 1984 年版,第148 页。

④ [法]狄德罗:《狄德罗美学论文选》,张冠尧、桂裕芳等译,人民文学出版社 1984 年版,第148 页。

枝节太多则形不成一个脉络贯通的整体,而戏剧则须为一整体,即一件事。第二,戏剧是为了演出而不是阅读的。狄德罗相当重视情节的自然发展,不甚看重错综复杂多变的情节安排。在古代剧本中,简单的剧情,有力的台词,强烈的激情,几个画面,一两个有力刻画出来的人物,就是这个剧本的全套装备了。剧情简单是因为复杂的剧情人们不易记住,而且故事一旦给人知道,复杂的剧本就失去效果。第三,反对多条线索,枝蔓必须符合内在逻辑。狄德罗主张,事件必须有一个主题,共同向一个目标前进,枝节之间须有必然联系,这样才显真实,任何相联系的事件要人相信必须有内在的逻辑,即合乎情理。同时,情节不要过于奇特,越是奇特的情节越要有合理的解释。总之,狄德罗认为:"诗人对于枝节的选择必须严格,而且在利用时应善于节制;他应该把各个枝节按照题材的重要性作适当的安排,并在它们之间建立一种几乎不可或缺的联系。"①

最后,在戏剧场面与剧情突变的关系上,要通过戏剧场景推动情节,避开剧情突变。狄德罗不喜欢剧情突变。他认为,这是在建立许多奇怪的假设上的生拼硬凑,因此观众很难见到一个成功而自然的组合。他更喜欢戏剧性场面,这种场面在舞台上虽然罕见,却会产生很多可喜又可靠的效果;突变,也就是亚里士多德极为推崇的"突转",是指突然出现的意外事件改变人物的行动。不过,狄德罗认为,只要剧情突变合乎逻辑,推动情节达到高潮,也可使人物性格得到深入展现,那么这种突变是好的。但是剧情突变在戏剧中不能太多,否则会显出过多的巧合。所谓"戏剧场面"指剧中人在舞台上或坐或立,情态自然真实,就像是被画家忠实地描绘出来。戏剧场面也许可理解为"戏剧场景",例如,孔明的"吊孝"之类,是抒发人物的内心和情感的抒情场面,"戏剧场景"感动人们的不外乎是情境中的人物倾诉。情境指人的遭遇和环境,处悲苦境中方有悲苦人,洋场小姐的苦闷必然没有贫家被迫卖身的女子的苦痛显得痛苦和感人。光有情境依旧不完美,还应该有"倾诉"的抒情场景。

──────────

① [法]狄德罗:《狄德罗美学论文选》,张冠尧、桂裕芳等译,人民文学出版社1984年版,第154页。

（五）表演论

作为启蒙主义思想家和艺术家，狄德罗在理智与情感的问题上比较矛盾。他在《论戏剧诗》等作品中声称艺术家只有将充沛的感情灌注于人物，人物才能有生气，才能够感动人。但是，他在《演员奇谈》中探讨戏剧演员在舞台表演是体验了剧中人物的感情，还是不动感情的理智模仿时，却极力推崇理智地模仿式表演，而贬低情感在表演中的作用以及情感本身的价值。这一点与卢梭正好相反。卢梭在《致达朗贝尔的信》中批评戏剧鼓动人心、诱惑情欲，但他却在《忏悔录》和《新爱洛伊丝》中极力推崇情感在人生命中和人格中的至高地位，文学作品就是作家真挚情感的结晶。可以说，狄德罗与卢梭在艺术表现情感问题上的矛盾，还是根植于他们对人的看法不同。卢梭认为人是有情感的，有爱有真挚的情感才是真正的人。或者说，卢梭心中的人就是有情感的自然人。但是，狄德罗认为，人是有理性的社会人，人生活在复杂的社会关系之中，理智地处世，生活在人群之中才是幸福的。所以，当卢梭在巴黎郊区的森林中隐居的时候，狄德罗讽刺说"孤独的人才是坏人"，而卢梭反唇相讥说"坏人不是孤独的人，而是上流社会的人"。当然，具体到演员表演时，情感还是理智也的确是一个戏剧艺术的专业问题。

狄德罗说："我要求伟大的演员有很高的判断力，对我来说他必须是一个冷静的，安定的旁观者，有洞察力，不动感情，掌握一切模仿的艺术，或表演各种性格和角色莫不应付裕如。"①他认为，演员在表演的时候应该不动感情，十分冷静地模仿他要表演的剧中人，这样才会活灵活现。感情丰富，易于冲动的人不易成为一流的演员，因为他们忽而好，忽而坏，不知模仿，总是在表演他自己。换言之，狄德罗的表演观就如同中国戏曲界的一句老话那样："先学无情后学戏"。

那么，不动感情的演员如何去表演那些痛苦或欣悦的心灵呢？狄德罗认为，演员在舞台上不能真正动感情，因为一旦动情就会被情绪遮蔽理智，而无

---

① ［法］狄德罗：《狄德罗美学论文选》，张冠尧、桂裕芳等译，人民文学出版社 1984 年版，第 280—281 页。

法完成表演。不动感情的演员则是去模仿动真感情时的人的外部特征或形式,凭借认真的观察和细致的摹仿,演员再现了真感情的外在标志,使得人们相信演员是在体验激情的情况下表演的。而且,好的演员会在头脑中设置一个人物的最高范本,自己经常揣摩这一范本,并且在记忆中一次次复刻人物的动作、语言、表情等外在形式,逐渐至臻完美。"凭感情去表演的演员总是好坏无常。他们的表演中没有一致性,而真正的演员则表演时凭思索,对人性的研究,凭经常模仿一种理想的范本,凭想象和记忆。他每次表演用同一方式,都同样完美。一切都事先在他的头脑中衡量过、配合过、学习过、安排过。"①

例如,法国著名的演员克莱蓉,她早已把某出戏剧表演中的一切细节以及角色所说的每句话都记得烂熟了。她设法在事先自己塑造一个范本,并遵循着它。这个范本尽可能是崇高的、伟大的、完美的。这个范本是她从戏剧脚本中取来的,或是凭想象把它作为一个伟大的形象创造出来的,并不代表她本人。由于刻苦钻研,她终于尽可能地接近了自己的理想。"但在斗争结束之后,当她上升到她塑造的形象的高度,她控制得住自己,不动感情地复演自己。……她像是套在一个巨大的服装模特里,成了它的灵魂;她的反复练习使这个模特依附在自己身上。她随意地躺在长椅上,双目紧闭,凝然不动,在回想梦境的同时,她在听着自己,看着自己,判断自己,判断她在观众中间产生的印象。在这个时刻,她是双重人格:她是娇小的克莱蓉,也是伟大的亚格里庇娜。"②狄德罗认为,克莱蓉做到了一边有感受,一边冷静,亦她亦己,用冷静的头脑来节制自己的双重人格,节制某种热情的冲动。

伟大的戏剧家特别用心观察他们周围的物质世界和精神世界里发生的一切。比如,戏剧舞台上母亲如此发自肺腑的哀怨、痛苦的叫声,猛烈地震撼着观众的心灵,难道她此时此际并没有动真情?狄德罗说,演员绝对没有动感情。证据是这些叫声都是经过衡量的,它们是朗诵体系的组成部分,就像音乐

① 〔法〕狄德罗:《狄德罗美学论文选》,张冠尧、桂裕芳等译,人民文学出版社 1984 年版,第281—282 页。
② 〔法〕狄德罗:《狄德罗美学论文选》,张冠尧、桂裕芳等译,人民文学出版社 1984 年版,第283 页。

演奏一样,在适当的时刻出现适当的声音。演员的表演依靠上百次的练习。
演员的表演才能,就是"他的全部才能并不如你想象的那样在于易动感情,而
在于毫厘不差的表现感情的外在标志,使你信以为真。他发出的惨叫是记录
在他耳朵里的。他的绝望的姿态是凭记忆做出来的,曾经在镜子前演习
过。……他的发抖、动怒、昏晕,所有都属模仿,都是事先记录下来的功课,虽
做作,却悲怆动人,尽管虚假却达到崇高的境界。……但演员并不是剧中人,
他扮演剧中人,而且演得十分出色,使你误认为真,只有你们才产生这种幻觉;
演员自己很明白,他本人并不是他所演的角色"①。狄德罗认为,不动感情而
摹仿感情的外在标志,这正是演员正确处理角色的方法。

他认为,极易动感情的是平庸的演员;不怎么动感情的是为数众多的坏演
员;唯有绝对不动感情,才能造就伟大的演员。他指出,在人生舞台上真正不
自知的演员是所有易动感情的人,而冷静反视人群和自我的则是生活中的旁
观者,或者是戏剧舞台上的演员,易动情之人成为他们观察和临摹的范本。他
总结为"观察"的才子和"表演"的群众。

狄德罗认为,要求演员表演不动感情是艺术需要摹仿真实,表现出美感
来。戏剧里所谓真是什么意思? 指的不是按照事物的本来面目表现它们,而
是剧中人的行动、言词、面容、声音、动作、姿态与诗人想象中的理想范本保持
一致,而且演员往往还要夸大这个理想范本。真实的表现痛苦的表情是难看
的,因为有情感贯穿在里面。真正不幸的女人痛哭流涕并不能打动你的心,因
为真实的感情爆发多数情况下是不美的,甚至有的愚蠢和丑陋。在现实生活
中允许动情时的丑陋,但是在戏剧艺术中却不允许丑的出现,而一切丑的表情
和动作都要化为优美和优雅。"我们要求人在最痛苦的时刻也保持人的性格
和人类的尊严。这个英勇的努力产生什么效果呢? 它能使人从痛苦中得到排
遣,能减轻痛苦。我们要求这个女人倒下去的时候仪态端庄,柔若无骨;要求
这个英雄像古代角斗士一样,在竞技场中间,在看台上观众的掌声包围下,优

---

① 〔法〕狄德罗:《狄德罗美学论文选》,张冠尧、桂裕芳等译,人民文学出版社1984年版,第
286—287页。

雅地、高贵地,做出漂亮别致的亮相然后死去。"①因此,伟大的演员要摆脱感情因素的影响,在表演中放弃自我,忘记自己,变成铁石心肠才能演好戏。演员表现的是对范本的模仿的理想高度、深度,表演的不是情感的自然变化,而是个性,他自己最好忘却自己的个性,这样才能成为"一切人","失去我一个,成为千万人"。

"易动感情的人听凭自然冲动的驱使,他表达的正是自己的心声。当他减弱或加强这个呼声的时候,他就不再是他自己。这时候是一个演员在做戏。"②例如李宗仁在自传中说蒋介石之哭中山陵,别人知道他是做戏,他亦自知,这实乃理智控制下的情感表现。伟大的演员观察各种现象,易动感情的人为他提供范本,他揣摩这个范本,经过思考之后决定应增加或删除什么以便自己的表演臻于完美。同时,狄德罗也贬低了情感的价值。他说:"我以为多情善感是伴随着器官的软弱性而产生的,它是横膈膜活动灵便、想象力活跃、神经纤细的结果。有这种禀赋的人富于同情心,容易颤抖,赞叹,害怕,发慌,哭泣,助人,逃跑,失去理智,夸张,蔑视,鄙夷不屑,往往对真、善、美没有任何明确的概念,对人不公正,易于发疯。多情善感的人增多,各种各样的好事、坏事以及过分的赞扬和斥责就成比例地增多。"③这段话也许是狄德罗有意针对卢梭的情感和个性而发,极力用社会人观念贬低卢梭的自然人观念。

① 〔法〕狄德罗:《狄德罗美学论文选》,张冠尧、桂裕芳等译,人民文学出版社1984年版,第291页。
② 〔法〕狄德罗:《狄德罗美学论文选》,张冠尧、桂裕芳等译,人民文学出版社1984年版,第307页。
③ 〔法〕狄德罗:《狄德罗美学论文选》,张冠尧、桂裕芳等译,人民文学出版社1984年版,第314页。

第八章 卢梭:自然人学与浪漫主义艺术

让-雅克·卢梭(Jean-Jacques Rousseau,1712—1778 年)是伟大的启蒙思想家、政治哲学家、文学家,是浪漫主义艺术的先驱。卢梭一生过着贫困而颠沛流离的生活,但他做人单纯真诚,无人出其右。也许正是这份人性的坦诚和性格的淳朴让他在 18 世纪的封建礼教盛行、虚伪造作的上流社会中无法立足,但正是这种爱好天然和纯真的个性让人们看到了绚丽而珍贵的思想瑰宝和文学遗产。如果单从卢梭的文艺作品来总结他的思想,是片面的、分散的,只有把卢梭的所有著作都读了,才能形成一个关于他的完整形象。卢梭一半是文学艺术的,他是写《忏悔录》《新爱洛伊丝》的浪漫主义先驱。文学家的卢梭给人感觉是比较孤独、敏感的。当阅读了他的《论科学与艺术》《社会契约论》《论人与人之间不平等的起因与基础》等巨著之后,发现他又是一个非常认真地思考人与社会之间关系的伟大的政治哲学家。18 世纪政治学家比如霍布斯、格劳秀斯等都认为,人生来就不自由、不平等,人就应该被奴役。但卢梭第一次提出:人在他一生中,最为宝贵的事情就是自由。他鲜明地提出"人生来是自由的、平等的,人不应该受到任何外在强力的主宰"的观点。他的平等、自由、公正的思想后来成为美国《独立宣言》和法国《人权宣言》的主要来源。

罗曼·罗兰曾评价卢梭说:"伏尔泰是百科全书派这一庞大而密集的星群中最灿烂的明星。卢梭却是孤身一人,单枪匹马进行战斗。我们将看到在他的战斗中他甚至触怒了百科全书派,因为他拒绝了他们的道德,而在社会的观点上他也高过他们。伏尔泰和他的战友狄德罗、达朗贝尔、霍尔巴赫、爱尔维修极力赋予新精神的否定以人性,专心致志于旧社会及其偏见和弊端的抨击;他们是有理性的吹毛求疵的和爱嘲弄的战士。只有卢梭一个人描述了建设的方面,肯定了新的信仰;他是共和国的宣布人。法国革命宣称他是它的肇始人。"①卢梭生前不断被人嘲弄、讽刺和打击,他自我感觉是那个时代最孤独的人,在别人眼中卢梭也是一个不容于社会的另类。这并不是卢梭的罪过,他太纯洁了,以至于难以跟染缸一样黑的社会沆瀣一气;他的思想太超前了,以至于把代表历史进步的百科全书派的朋友们都甩在了身后。

一、生平与著作

1712 年,卢梭出生于美丽小城日内瓦,这也是自由的共和国。卢梭对他的出身感到很自豪,他的很多作品都书名为"日内瓦公民,让-雅克·卢梭"。父亲是个钟表匠,母亲喜欢文学艺术。在卢梭出生后不久,母亲去世,跟随父亲长大,后因父亲被诬陷,诉讼失败后逃走,将其托付给他的舅舅。12 岁时,他和表兄一起被送去做学徒工。卢梭处于社会底层,先是做律师的秘书,后又跟雕刻匠学习。卢梭在屡遭暴打后,开始了社会底层的流浪。从严格意义上来说,卢梭一直过着流浪汉的生活。

1728 年春,卢梭去安纳西见一位乐善好施的贵族妇女。他惊讶地发现这不是一位笃信宗教的丑老婆子,而是"一个风韵十足的面庞,一双柔情美丽的大蓝眼睛,光彩闪耀的皮肤,动人心魄的胸部的轮廓"②——她就是德·华伦夫人。卢梭受到她热情温柔的招待,一下子深深爱上她。华伦夫人为卢梭的前途着想,将他送入都灵教会学习。改教之后,他在贵族家里做过仆人、秘书、翻译,帮人抄写乐谱,后在都灵、安纳西、里昂等地过着真正流浪汉的生活。他贪婪地在大自然中行走,也被底层民众的淳朴和善良所感动。1731 年秋,卢梭来到尚贝里,回到华伦夫人身边。卢梭晚年回忆说,他和华伦夫人共同生活

---

① [法]罗曼·罗兰:《卢梭的生平和著作》,王子野译,生活·读书·新知三联书店 1993 年版,第 2 页。

② [法]卢梭:《忏悔录》,范希衡等译,人民文学出版社 1992 年版,第 46 页。

的 8 年,是他一生中最幸福、最快乐的时光。这样保护与被保护的"母子关系"后来演变为情人关系,但这种关系让卢梭感到一种甜蜜的痛苦。"我幸福吗? 不,我只是得到了肉体上的满足。有一种难以克服的忧伤毒化了它的魅力。"①同时,卢梭阅读了大量的哲学、政治、历史、文学、音乐等书籍,并学会了思考和研究,这为他一生的事业打下重要基础。1737 年,卢梭外出旅行就医,回来后发现华伦夫人已经找了新的情人。虽然华伦夫人依然对卢梭很好,但他觉得他们彼此之间失去了之前的亲密感。故而 1741 年,卢梭决定离开华伦夫人,独自前往巴黎开始新的生活。

　　1742 年,卢梭初到巴黎,试图以新音乐记谱法来获得成功,但是没有人赏识,后来改写成《现代音乐论》出版。他逐渐结识了伏尔泰、狄德罗、格里姆、霍尔巴赫、达朗贝尔等启蒙思想家和艺术家。1744 年,他创作的歌剧《风流诗神》在上层沙龙演出受到了广泛赞誉,卢梭的音乐才华也被人们公认。1752 年,卢梭创作的歌剧《乡村卜师》(Le devin du Village)在枫丹白露宫的演出获得了巨大的成功。国王路易十五大加赞赏,要赐给卢梭一份年金,但卢梭拒绝了。这件事也引发了卢梭与狄德罗的激烈争吵。他说:"有了年金,真理完蛋了,自由完蛋了,勇气也完蛋了。从此以后怎么还能谈独立和淡泊呢? 一接受这笔年金,我就只得阿谀逢迎,或者噤若寒蝉了。"②卢梭在音乐上的成功使他成为上流社会争相交往的对象,可他都避之不及。他写了《论法国音乐的信》参与音乐论战,并受狄德罗的邀请为《百科全书》撰写了音乐条目。

　　1749 年,狄德罗因发表《论盲人书简》被当局关进了监狱。卢梭经常冒着暑热步行到监狱探望狄德罗,甚至写信给当时最有权势的女人即国王的情人蓬巴杜尔夫人为他说情。一天,卢梭在去看望狄德罗的路上,看见了第戎学院的征文题目"论科学与艺术的复兴是否有助于风俗淳朴"。卢梭激动万分,好像进入另一宇宙,变成了另一个人。他说:"我的情感也以最不可思议的速度激扬起来,提高到跟我思想一致的地步。我的全部激情都在对真理、对自由、

---

① ［法］卢梭:《忏悔录》,范希衡等译,人民文学出版社 1992 年版,第 186 页。
② ［法］卢梭:《忏悔录》,范希衡等译,人民文学出版社 1992 年版,第 358 页。

对道德的热爱窒息掉了;而最惊人的是这种狂热在我的心田持续达四五年之久。"①1750 年,卢梭的论文《论科学与艺术》获得一等奖,狄德罗高兴万分,马上把论文打印出来,并写信说:真是直冲云霄,这样的成功还没有前例呢。在这个小册子中,卢梭的观点实际上与当时的社会观点完全对立。他认为,科学只会带来罪恶,艺术反而是鼓荡人的情欲让人堕落。一个反面立论的书让他一夜成名,但这也引起了很多人对他的攻击。

1753 年,第戎学院又以"论人类不平等的起源"为题目征文,卢梭终于有机会把心中思考的观点彻底发挥出来。在《论人与人之间不平等的起因与基础》中,他说:"我扫尽人们所说的种种谎言,放胆把他们的自然本性赤裸裸地揭露出来,把时代的推移和歪曲人的本性的诸事物的进展都原原本本地叙述出来;然后我拿人为的人与自然的人对比,向他们指出,人的苦难的真正根源就在于人的所谓进化。"②这部书真正奠定了他民主政治的人学基础。如果说《论科学与艺术》是对虚伪的礼教和上流社会的攻击,那么这部书就是彻底否定作为社会制度基础的私有制和私有财产。在私有财产问题上,代表平民和小资产阶级的卢梭与代表大资产者的伏尔泰等尖锐对立,百科全书派与卢梭的矛盾分歧日益明显。卢梭成名后,上流社会的贵妇人和风雅人物争相与他结交,可是他厌烦透了那些虚伪的礼数和伪善的心灵,反而去掉那些华丽的衣服,以抄写乐谱为谋生手段,拒绝像伏尔泰、格里姆那样跻身于上层富贵名流之列。

1756 年 4 月,卢梭离开了巴黎,到埃皮奈夫人为他准备的"退隐庐"生活。卢梭在靠近蒙莫朗西森林的退隐庐中感到了复归自然的乐趣,他说:"我到的当天晚上,差不多就在我的窗前,在毗连住宅的一片林子里就听到了夜莺的歌唱。……我越观察这个媚人的幽境,就越觉得它是为我而设的。这地方僻静而不荒野,使我恍如遁迹天涯。"③卢梭这一时期迎来了创作的丰收,《社会契约论》《新爱洛伊丝》和《爱弥尔》等名作相继问世。在《新爱洛伊丝》第一卷

① [法]卢梭:《忏悔录》,范希衡译,人民文学出版社 1992 年版,第 331 页。
② [法]卢梭:《忏悔录》,范希衡译,人民文学出版社 1992 年版,第 366 页。
③ [法]卢梭:《忏悔录》,范希衡译,人民文学出版社 1992 年版,第 380 页。

完成后,他说他当时的心里充满了温柔的感情,虽然想象中存在这样一个完美的女人,然而现实生活中却没有这样的一个对象,这时乌德托夫人过来看望他。乌德托夫人是埃皮奈夫人的小姑,与卢梭很早就相识,但没有交往过。这次看望,让卢梭一下子爱上了她。但她有丈夫,也有个情人叫圣朗贝尔,也是卢梭的朋友。卢梭控制不了对乌德托夫人的感情,并向其表白。但乌德托夫人不接受他的爱情,却接受他的友情。卢梭在《忏悔录》里有一段柔情似水的描述,"我们时常面对面地用过晚餐,然后到树丛深处,在那月光下,经过两个小时最热烈、最缠绵的私语之后,她又在半夜里离开树丛和朋友的怀抱,身和心都和来时一样无暇、一样纯洁。"①可以说,对卢梭一生影响最大的感情就是他对乌德托夫人的爱情。然而伴随他一生的女人却是一个仆人——戴莱丝,她与卢梭同居,生过五六个孩子,但每个孩子都被送入了收容所。更具有讽刺意味的是,卢梭写了一部谈论如何教育孩子的名著——《爱弥儿》,这也就落下了被人攻击的口实。《新爱洛伊丝》出版后,卢梭曾表示整个欧洲的贵妇人都在看这本书,也都在为男女主人公的感情落泪、感动。但《爱弥儿》的出版导致他彻底和上流社会分道扬镳。由于无法在法国立足,他接受英国哲学家休谟的邀请前往英国避难,并开始了《忏悔录》的创作。后来,卢梭重新回到法国,在巴黎附近过着隐姓埋名的生活,在孤独中写作《山中书简》《一位孤独漫游者的遐想录》等著作。1778 年 7 月,卢梭散步归来后辞世,享年 66 岁。

卢梭生前一直争议不断,逝世后却声望日隆。在法国大革命最残酷的时代,主张建立资产阶级共和国的雅各宾党人把卢梭视为最伟大的英雄,因为他给法国带来了共和主义和民主主义。1794 年,人们举行盛大的游行来纪念卢梭,并将他迁葬于法国的先行祠,就此奠定了卢梭在法国的崇高地位。卢梭的民主共和、社会契约思想不仅直接影响到法国的《人权宣言》,同时也影响到美国"三权分立"的政权形式。可以说到目前为止,卢梭的思想依然是活着的思想。

纵观卢梭对人的看法,会发现他其实把原始的自然人、野蛮人与 18 世纪

---

① 　[法]卢梭:《忏悔录》,范希衡译,人民文学出版社 1992 年版,第 419 页。

上流社会的文明人对立起来,把自由、平等的自然状态与不平等、不自由的社会状态对立起来,把戏剧等艺术与道德教化对立起来。这一系列相互对立的观念导致卢梭认为自然的野蛮人是文明的、道德的、自由的和情感的,而当时的封建社会则是压迫、剥削、虚伪、浮华和冷血的。这种自然人学观念也造成了卢梭特有的反理性主义、反智主义的浪漫主义美学。他反对戏剧鼓荡人心、放纵情欲、伤风败俗,这与古希腊的苏格拉底、柏拉图的思想一脉相承;他反对艺术使得风俗浮夸、道德沦丧,认为只有对人有益、有教化的艺术才是好的艺术。尽管他在哲学著作《爱弥儿》等中反对艺术和戏剧,但是他本人的文学创作却开启了浪漫主义的浪潮。卢梭的小说《新爱洛伊丝》和自传《忏悔录》不仅是 18 世纪法国文学的典范之作,而且它们透露出色彩鲜明的浪漫主义元素:多愁善感的人物、淳朴真诚的激情、恬静美丽的大自然。这些浪漫主义的美学元素为后来的哥特文学、浪漫主义文学,甚至 19 世纪现实主义文学的创作带来了革命性的变革。自然、自由、淳朴、道德的野蛮人是卢梭的人学与美学沟通的共同之处。卢梭是"反理性"的理性主义,"反艺术"的艺术家,"反政治"的政治学家。

二、自然人与社会契约

卢梭的自然人学观主要集中在《论人与人之间不平等的起因与基础》和《社会契约论》中。在这两本书中,他实际要解决的问题是人如何由自然状态走向社会状态,人与政治应该是怎样的关系。卢梭在《论人与人之间不平等的起因与基础》中从人的原始状态出发论述了幸福的、孤独的野蛮人以及人类不平等的原因。卢梭在"引言"中就批驳了霍布斯的人性恶的观点。他认为,哲学家要对人进行研究就必须追溯人的自然状态,但是格劳秀斯、洛克和霍布斯等政治哲学家并没有做到这一点。而且,霍布斯等还认为人类本性充满了需要、贪心、压迫、欲望和骄傲等,实际上自然的人类并非如此。因为这些哲学家把人类的社会状态当成了自然状态,把文明人的人性恶当作了野蛮人的罪状。换言之,霍布斯描写的自然状态的人是 18 世纪资产者和封建贵族疯狂压迫人民和掠夺人们的写照。同时,卢梭声称上帝造就人类的宗教观点并不可取,自然状态也并非历史真实,而是探讨人性的一种自然假设,即人类的应然状态。

卢梭指出人类有两种不平等:第一种是自然或生理上的不平等,指的是人生来的年龄、体力、智力、心理素质等各方面的巨大差异性;第二种是精神或政治上的不平等,指的是因风俗或社会而产生的不平等。从第一种自然的不平等如何到了第二种不平等,这是卢梭探讨的重点:"在事物的进步过程中,什么时候权利接替了暴力,天性开始服从于法律;其次,它还要阐明由于什么样的一连串奇迹,才使强者决心为弱者服务,才使人民决心牺牲真正的幸福去换取臆想的安宁。"①在18世纪哲学家看来,人的自然本性就是生存和性的需要,即"食色,性也"。卢梭也是从生存劳动与繁衍生殖两个维度来论述人的自然本性的,当然他认为自然的不平等并没有造成文明社会的压迫。

人类诞生之初,人的身体比动物优越得多。卢梭以轻松、浪漫的笔调写道:"我看见他在一棵橡树下心满意足,悠然自得;哪里有水就在哪里喝,在向他提供食物的树下吃饱了就睡;他的需要全部都满足了。"②在他看来,原初的人类并不是群体性地生活在一起,而是单个的、孤独的野蛮人。这个人不需要同类,也不需要与他人一起劳动,不需抵御严寒和防御野兽的袭击。他的这种预设与唯物主义的人类起源是对立的,也是不符合历史事实的。但是,卢梭为了以悠闲自得的野蛮人来反对文明社会强加在人类身上的不自由的枷锁,也就情有可原了。

人类摹仿动物获得食物,并且具有一种超越一切动物的本能:人类可以把所有动物的本能学到手。这就是后来马克思所说的人类可以按照一切动物的尺度来进行生产。因此,人类体魄健壮,完全可以对抗猛兽和寻找食物。他们

---

① [法]卢梭:《论人与人之间不平等的起因与基础》,李平沤译,商务印书馆2011年版,第46页。

② [法]卢梭:《论人与人之间不平等的起因与基础》,李平沤译,商务印书馆2011年版,第50页。

有了疾病,只靠天然愈合,而不依赖于药物。野蛮人生活孤单而懒散,不去运用脑力,只要吃饱了就会睡觉。"他唯一操心的事情,是保护他的生命。他熟练的本领,主要是进攻和防卫:主动去猎获别的动物,并保护自己不被别的动物吃掉。"①总之,野蛮人没有任何知识,也不需要什么思想和观念,他们只有来自自然冲动的欲望,这个欲望也不会超过他身体的需要:食物、女人和休息。

卢梭认为人类之所以是人类,是因为具有两种天然的情感:自爱心与怜悯心。野蛮人既不善良,也不作恶,他们还没有善恶的道德观念。在他们心中只有生理的欲望,利于保护自我生存的品质就是善,不利于保护自我生存的品质就是恶,这就是自爱心。除此之外,人类还有一种对同类的怜悯、同情之心。"人天生就有一种不愿意看见自己同类受苦的厌恶心理,使他不至于过于为了谋求自己的幸福而损害他人,因而可以在某种情况下克制他的强烈的自尊心,或者在自尊心产生之前克制他的自爱心。我认为这是人类唯一具有的天然的美德。"②在卢梭看来,怜悯心是可以超越和克制自爱心的。也就是说,人在处理自我与他人关系时,只有怜悯心才自然地可以缓和人类因自爱、自尊而产生的自私自利,才可以让自我去帮助他人而不是损害他人。这一人性构成了社会基本规范的基础:即在谋求你的利益时,尽可能不要损害别人。

霍布斯等哲学家认为人类如同动物一样,在面对性对象的选择上就会产生争斗,导致人类相互残杀,显示了人性的野蛮。卢梭认为,虽然性冲动和欲望对人类而言也是一种强有力的本能需要,在某些时候会引发人与人的冲突,但总的来讲野蛮人的性活动单纯是一种生理的满足,任何一个异性都可以,而不像文明时代的人类集中在某一个异性身上,后一种称之为爱情。他说:"每一个野蛮人都静静地等待着自然的冲动,不加选择地爱上一个异性,而且是以快乐的心情而不是疯狂的心情去爱:需要一满足,欲望便随之完全消失。"③伏

① [法]卢梭:《论人与人之间不平等的起因与基础》,李平沤译,商务印书馆2011年版,第56页。
② [法]卢梭:《论人与人之间不平等的起因与基础》,李平沤译,商务印书馆2011年版,第72页。
③ [法]卢梭:《论人与人之间不平等的起因与基础》,李平沤译,商务印书馆2011年版,第78页。

尔泰等哲学家认为,以两性关系为基础的家庭生活及其语言才是文明社会诞生的前提。但是,卢梭认为这又是把现在的文明状态颠倒为自然状态的过错。他认为,原始状态的人无所谓家,走到哪里就住在哪里,男人与女人的结合是发自生理的、偶然的,而不是所谓的爱情。同时,妇女为了自己的生理需要而进行哺乳,一旦孩子有了自己寻找食物的能力就会离开母亲,不再回来。由于交流的简单,所以初期的野蛮人也不需要语言,因此野蛮人并不需要他人,也不需要建立社会联系。因此,对于人的自然状态,卢梭的结论是:"野蛮人既然成天在森林中游荡,没有固定的工作,没有语言,居无定所,没有战争,彼此从不联系,既无害人之心,也不需要任何一个同类,甚至个人与个人之间也许从来都不互相认识,所以野蛮人是很少受欲念之累的。……千百个世纪都像原始时代那样浑浑噩噩地过去;人类已经老了,但人依然还是个孩子。"①

那么社会的不平等来自哪里? 卢梭认为是技术的发展以及随之而来的私有财产造成的。随着人口的增多,人类必须依靠发明新技术(捕鱼、狩猎、耕种)对自然不断进行改造,并以群体的方式进行生产活动。在技术革新和使用工具的基础上,劳动导致家庭和夫妻关系的产生,并开始占有私有财产。"从一个人需要别人的帮助之时起,从他感到一个人拥有两个人的食物是大有好处之时起,人与人之间的平等就不存在了,私有财产的观念就开始形成,劳动变成了必要的事情,……奴隶制和贫困也开始产生。"②卢梭认为,冶金和农耕技术让人类走向堕落,因为依靠技术对土地的耕种必然会导致土地被分割,这样就产生了土地的私有权,于是自然的不平等就逐渐导致利益和私有财产的不平等。当社会分为富裕与贫困阶层的时候,有权有财产的富有阶层就利用权力通过侵占和剥削其他人的劳动和财产而增加自己的财富。富人一旦尝到剥削的甜头,就开始不劳而获地压迫他人,于是统治和奴役、暴力和掠夺就开始了。

---

① [法]卢梭:《论人与人之间不平等的起因与基础》,李平沤译,商务印书馆 2011 年版,第 80 页。
② [法]卢梭:《论人与人之间不平等的起因与基础》,李平沤译,商务印书馆 2011 年版,第 93 页。

长期财富的不平等让大多数贫困的人开始反抗小部分的富人,于是富人开始了美丽的谎言,即为了保护弱小和平等,人们应该公认财产权和权利的让渡,承认社会首领的权威。这就是政治关系和意识形态的出现。个人财产权和法律的建立、行政官的设置、合法权利变成专制权力等导致了政治的不平等。政治不平等必然反过来加深社会不公平和压迫制度。所以,卢梭的结论是:"这一切都不是人类的原始状态,使我们所有的自然倾向发生变化和遭到败坏的,是社会的风气和它所产生的不平等现象。"①

那么,财产和社会的不平等现象如何得到纠正呢?卢梭认为改革政治是首要选择,并且政治也应该追溯到人的原始自然状态,并从自然关系树立起政治的样板——这就是政治契约论。卢梭是在一种应然的状态下去探讨人类有史以来的社会政治制度,也就是说,他遍观了自人类诞生以来的所有的政治制度,包括奴隶制、君主制、各种独裁、民主制。在这些制度之后,他发现应该有一种制度是人类最好的制度,是人们为之奋斗的目标。他思想的主要来源有:第一,古代希腊和斯巴达的民主制、雅典的民主制和古罗马的共和制;第二,日内瓦的民主制。

卢梭的政治观点,被何兆武精辟地总结为:人生而自由平等,国家只是人自愿结成的同盟,一个自愿结成的共同体,一旦国家剥夺了个人的自由,那么国家和个人之间形成的契约也就不复存在了,人民或者个人也有权利利用手中的一切夺回自由。② 同时,卢梭强调契约是个人与政权或者与国家之间自由、自愿的关系,一旦政府或者权力变成了压迫权利剥夺个人自由的时候,人民就有反抗压迫的权利,这是合法的、正当的。也正是这一点成为后来法国大革命最主要的思想来源。卢梭的生而平等、按照契约自愿结成国家、当政府压迫权利的时候人民有权利反抗政府的整套思想,构成了法国大革命时期人权宣言的基础。即使卢梭仅凭这部薄薄的《社会契约论》,他依然是人类历史发展中重要的思想家。

---

① [法]卢梭:《论人与人之间不平等的起因与基础》,李平沤译,商务印书馆 2011 年版,第120 页。
② [法]卢梭:《社会契约论》,何兆武译,商务印书馆 2003 年版,第 1 页。

卢梭说:"人是生而自由的,但却无往不在枷锁之中。"①"人生而自由"是他对人类的自然状态的解释。换言之,他反对神权专制下的自由观,自由不是神或上帝所赋予的,这就意味着宗教对人的价值选择没有任何影响。"无往不在枷锁之中"是自古以来的现实政治制度。他认为,只有当一个社会充满秩序的时候才能保障人的生命、自由、权利。那么这个社会制度(契约)来源于什么地方呢? 卢梭认为,社会契约的自然来源是家庭。中国的家庭观是以父母为中心的等级结构的家庭,但卢梭的家庭观则是基于契约的平等结构的家庭。父母对孩子是出于爱才去抚养。或按照《论人与人之间不平等的起因与基础》说的:父母是因为生理需要才去抚养孩子,当孩子能够独立去寻找食物的时候,他就要离开父母,与父母脱离关系。家庭是政治的细胞,父亲相当于政府首脑。从家庭到政府,再到社会政治制度,卢梭说明了一切以保障自然人的自由权利为目的而结成社会契约。

为了阐明政府为自由人的共同体,卢梭明确批判了几种政治观点:第一,反对奴隶制。荷兰政治学家格劳秀斯认为,君主生来就是君主,奴隶生来就是奴隶。正如鲁迅先生说的"坐稳了奴隶"和"做奴隶而不得"的两个时代的交替,奴隶就没有想过要推翻君主自己做主人。卢梭认为,这是不可取的,没有人天然愿意做奴隶,奴隶制具有天然的不合理性。第二,反对强制。卢梭认为,如果人民根据强制去顺从的话,就不需要根据义务去服从了。如果迫于强势去服从的话,就成了被迫而不是自愿。当人们超越这种强力的时候,他就是自由的。第三,反对自由让渡(转让)。按卢梭的理解,转让即奉送或者出卖。黑格尔谈道,奴隶等于把自己的生命权交给别人了。当你一旦把自己的生命权交给别人的时候你就不是一个人了,因此奴隶在奴隶社会并不是一个人,而是非人。卢梭认为,奴隶一旦把生命权转让出去之后就如同死亡一样,所以"奴隶是一种自由的转让"的观点是没有任何理由的。

格劳秀斯认为,一个人可以把自由转让给别人,公民同样可以把自己的权利转给国王。卢梭强烈反对这种观点。他认为,当一个人把一种权利转让给

---

① [法]卢梭:《社会契约论》,何兆武译,商务印书馆 2003 年版,第 4 页。

别人以后,别人可以保障他的这种权利,当他不能保障这样权利的时候就没有必要转让这种权利。当国王还要靠公民去供养时,那么他就不能保证公民的权利,因此公民就没有必要转让自己的权利。同时,卢梭认为,战争也是一种强制,战争是国与国之间的行为,而不是人与人之间的行为,因此在战争中人与人之间都不具有生杀的权利。至此,卢梭指出构成战争的乃是物的关系,而不是人的关系,即战争的目的是获取财富和土地而不是任意去杀人,当一旦去任意杀人的时候就不是人与人之间的战争了,而是野兽的战争。以上卢梭对专制、奴隶制、君主制的反驳,要说明的只有一点,即所有不合理的不公正的政治制度都是基于一个理由:我和你签订一个负担完全归你,而利益完全归我的约定;只要我高兴我就守约,只要我高兴你也得守约的霸王条款。所有不平等的条约、不平等的政治制度都是基于此原理而订立的。卢梭认为这都不是平等的、自由的,因此必须全部推翻。

那么,到底什么样的契约才是人性的公正的契约呢?卢梭说他不清楚人类是怎么从自然状态转化到社会状态的。但是人类必须从自然状态转化到社会状态。原因很简单,就是一个人无法独立生活。在这里有一点卢梭没有想清楚:他认为一个孤独的自然人在社会上生存只要有吃的、有喝的、有女人、有躺着可以休息的树。但是在原始社会是不存在的,这也是卢梭的一个理想状态。人一生下来就是一个群体性的存在,就连猿猴也是,群体存在首先要处理的就是人与他人的关系,其次才是在这个群体中或者利用这个群体该如何去生存。由于卢梭在这里预设了一个理想的野蛮人的点,因此他没有办法去解决人如何从自然状态过渡到社会状态的问题。但是有一点他是特别清楚的,即人类必然要从自然状态过渡到社会状态。

为什么要进入社会状态呢?进入社会状态之后理想社会秩序应该是什么样子的呢?卢梭认为要寻找出来一种结合的形式使得他能以全部共同的力量来保卫和保证每一个结合者的人身和财富,并因为这一结合而使每个人与全体相结合的个人又只不过是在服从其本人,并且仍然像以往一样自由。简单说就是两点:一个人只有在共同体中才能保障人本身的生命和财产;在这个共同体中,没有损失任何东西,还像自己一样自由,这才是社会契约论的精华之所在。具体来说:第一,个人要把所有权利让渡或者转让给集体,每个结合者及其自身的权利全部转让给集体,归集体所有,所有权是集体的。甚至,当集体要你献出生命的时候,你不可以说生命是自己的个人自由。因为你已经和集体缔结了一个契约,即你把命付给共同体,共同体保障你的生命安全,但是当共同体需要你献出生命的时候,你也要毫不犹豫地献出生命,因为这是生命与生命的契约。换言之,共同体就是主权,主权是一个单一的人格,是一个生命,是众多生命聚集成的一个生命。第二,这种转让是毫无保留的,所以联合体尽可能完美,每个结合者也就不再有什么要求。卢梭把社会公约简化成这样的语句:"我们每一个人都以其自身及其全部的力量共同置于公意的最高指导之下,并且我们在共同体中接纳每一个成员作为共同体不可分割的一部分。"①意思就是每个个体,包括他的生命在内,他的人身自由、财产、能力全部归集体所有。每一个人的存在和行为都必须置于公共意志的指导之下,个人意志不得与公共意志相抵触。在共同体中的每个成员都是平等的,都是共同体中不可分割的一部分。

　　卢梭的《社会契约论》贯穿着一个核心思想:社会契约的基础是个体即总体、共同体即个体,共同体中所有个体的意志汇聚成的共同体的意志形成了公意、人民的意志。公意和个人意志之间没有矛盾,每个个体的意志不外乎是自己生存和发展,公共意志的目的也是每个人的自由的发展。个人意志越是与共同体意志统一,共同体越是会体现个人自由。这点后来升华为康德的伦理学思想。康德的伦理学认为,每个人伦理学的要求就是共同体对我的外在要求,我要靠着共同体对我的外在要求转化为我个人的内在要求和自由选择。个人行为是共同体外在的要求,在有道德的人的心中就变成了自己的内在要求,康德认为只有这样的人才是最具有道德的、最自由的人。简言之,卢梭认为社会契约是自然人的自由选择,自然人把自己的权利交给由自然人联结成的共同体,从而遵从公意。公意是人民集体的最佳选择,也是每个个体的自由选择,公意就是为了保障个人权利和自由。所以,卢梭指出社会体系的基础应

---

① [法]卢梭:《社会契约论》,何兆武译,商务印书馆 2003 年版,第 20 页。

该是"基本公约并没有摧毁自然的平等,反而是以道德的与法律的平等来代替自然所造成的人与人之间的身体上的不平等;从而,人们尽可以在力量上和才智上不平等,但是由于约定并且根据权利,他们却是人人平等的"①。

三、论戏剧艺术

卢梭的戏剧观是立足于18世纪法国封建主义社会的现实体验的。他将上流社会的文明人和他所想象的自然人、野蛮人相对立。这种尖锐对立使他特别讨厌上流社会的虚假道德、勾心斗角和自私自利,向往纯真的底层民众和天然的自然风景。他赞扬和向往的是那些"坐在橡树底下,吃饱喝足睡一觉,悠然自得的野蛮人",并认为野蛮人才是真正文明的人。这一观念引起了他与伏尔泰、狄德罗、格里姆等百科全书派的分歧。卢梭被他们诬陷为"野蛮人"和"社会怪人"。基于这两点,在文学艺术上卢梭坚持的是反理性主义、回归自然的浪漫主义文艺观。

17—18世纪,欧洲最重要的艺术形式是戏剧。或者说,这个时代是戏剧的时代,悲剧大师高乃依、拉辛,喜剧大师莫里哀都是古典主义戏剧的高峰。启蒙时代的思想家们也不甘示弱,他们纷纷发表戏剧作品,为启蒙运动呐喊助威,其中伏尔泰、狄德罗等都有很优秀的戏剧作品,而且在戏剧理论方面也颇有建树,狄德罗有《论戏剧诗》《关于〈私生子〉的谈话》,德国文艺批评家莱辛有《汉堡剧评》等。法国和德国的戏剧创作热潮和理论研究的兴旺,对于理性、自由等人本主义哲学的传播起到了无可替代的作用。但是,在当时对戏剧的赞美中却有一个人发出了刺耳的批判声音,这就是卢梭《致达朗贝尔的信》。

1755年,法国启蒙运动的精神领袖伏尔泰移居日内瓦附近的别墅,并在别墅的小剧场中上演他及其他作家的剧作,邀请了日内瓦的各界名流观看演出。这件事引起了日内瓦当局的警惕,禁止了伏尔泰的戏剧演出。于是伏尔

---

① [法]卢梭:《社会契约论》,何兆武译,商务印书馆2003年版,第30页。

泰找来《百科全书》的主编、法国哲学家达朗贝尔商量对策,由他写一篇在日内瓦修建一座剧院、可以公开演出戏剧的文章来达成此事。后来,达朗贝尔写了《百科全书》第七卷"日内瓦"的条目。在该条目中,他阐述了在日内瓦修建剧院、演出剧院的合理性:青年可以享受高雅的娱乐,用法律规范演员行为举止,为日内瓦建立艺术的名望等。1757年,该词条随《百科全书》的出版后在日内瓦引起了轰动,人们热切希望在日内瓦建立一座剧院。狄德罗去看望卢梭时,把此事告诉了他,并说剧院不日将动工。日内瓦是卢梭的祖国,并且卢梭很为作为民主共和国的日内瓦勤劳而朴实的民风民俗自豪。他听说伏尔泰的密谋之后,非常愤慨,于是在1758年写了一封直接批判达朗贝尔的信,并公开出版。在《致达朗贝尔的信》中,卢梭对文艺的看法得到全面的阐释。

在这封信(其实是一部完整的论戏剧的著作)中,卢梭从柏拉图的诗学思想出发,反对了以亚里士多德《诗学》为代表的戏剧理论,批判了法国自高乃依以来的戏剧创作,并且指出戏剧无助于纯化风俗和教化人心,反而会让人更加堕落。这种反理性主义的观念与其自然人的人学观密切联系在一起。他把文明的上流社会与勤劳的平民社会对立起来,把文明的野蛮人与封建阶层的文明人对立起来,因此他也把戏剧分成了有用的娱乐与无用的娱乐,将游手好闲的上流社会的戏剧与民风淳朴的底层民众的娱乐划分开来。他激烈地批判来自封建阶级的一切文明及其艺术形式,大力支持属于普通劳动者和平民的一切生活方式及其艺术,这是他论戏剧的基础。

第一,戏剧的目的是娱乐,而不承载理性说教。他按照柏拉图的观点,认为戏剧分两种:一种是有用的戏剧,有利于劳动者劳作,社会发展,民族文化繁荣;另一种是无用的,不能得到教益的,是不能存在的。"一个劳动惯的人,如果闲着没有事干,就会感到浑身难受;有良好的心理状态的人,对那些无聊的娱乐是感到很厌恶的。"①托尔斯泰也曾说过上流社会的人就是看看戏,开开舞会。从中可以看出卢梭和托尔斯泰一样,将普通劳动者与上流社会的人对立。他认为在法国的戏剧中,既让人感到快乐,又让人得到教益的戏剧

---

① [法]卢梭:《致达朗贝尔的信》,李平沤译,商务印书馆2011年版,第38—39页。

是没有的,教化与娱乐在戏剧中是分开的,这也就几乎否定了当时所有的戏剧。

第二,戏剧主要在于表现情感,鼓荡心灵,而没有理性指导。他曾说过,在舞台上表演理性的戏是不让人看的,一个没有感情或始终克制自己感情的人在舞台上是不能引起任何人兴趣的。此外,对于戏剧是否能像亚里士多德《诗学》中所说的"悲剧是一种净化"那样,卢梭的观点是不能。他认为一个善良温和的人,就是善良温和的人,而不是通过看戏而变得善良温和;对于那些激荡人心、蛊惑人心的情节能否让人产生警惕,卢梭也认为不能,他认为看完戏,留在人们脑海里的就是那些非常刺激神经、超出想象的情节,那些激荡的情感,人们并没有因此而受益。人的情感应该是理性的,但在戏剧中人不能控制情感,情感反而占据主导,不受束缚,所以说戏剧无法净化人心,只能让人学坏。

第三,戏剧主人公中英雄被嘲笑,恶人被羡慕。亚里士多德认为,悲剧的主人公是比现实要好一点的人,喜剧的主人公是比现实要差一点的人。卢梭认为,这两点是脱离现实的,悲剧所塑造的人物中好人是被嘲笑的,恶人是被羡慕的。例如,在悲剧《阿特赫》《玛霍梅》中,被当作英雄人物的恶人都顺顺当当地完成了自己的坏事,并恣意地品尝做坏事给他们带来的好处;而喜剧中的主人公不是坏人,是一个老好人,如果对这样的人不赞美,而去嘲笑他的话,人们要如何去行善呢? 故而,不论悲剧描写的恶人,还是喜剧描写的好人,都不能使人得到教益,也无法使人变得善良,戏剧是没有用的。

第四,戏剧题材残忍恐怖,教人作恶。古希腊、古罗马的英雄史诗和悲剧并不出现血腥残忍的情节,同时这种情节让人恐惧而避免作恶。但是18世纪法国伏尔泰等人的悲剧则注重描写悲剧的过程,展示血腥和残忍的场面。卢梭对此十分厌恶,这样的戏剧不但不能使人警惕,反而让人学习罪恶。他指出,"在法国的悲剧描写的人物中,一个杀其父并娶其母,因而成为自己孩子的兄长;另一个强迫一个当儿子的亲手杀死自己的父亲;一个逼迫当父亲的亲手杀死自己的儿子,并喝了他的血,一想到法国舞台上这些骇人听闻的事情,就不寒而栗;用这种恐怖的情节来做世界上性格最温和厚道的人民的娱乐!

不,……我绝不赞成。"①而喜剧则善于表现人心的邪恶,因此表演越受观众喜欢,那么收到的效果就越坏。"正是这个莫里哀(对他的才能,我比谁都更钦佩)的喜剧作品是教人干坏事和传播恶劣风俗的教科书,甚至比课堂上专门讲授干坏事的书更有害得多。"②卢梭认为,当时戏剧在题材的选择上是恐怖的、残忍的,不能起到对人性的教化作用,不能提高人的素养,所以他反对戏剧。

第五,演员职业卑贱,受人轻视,生活方式腐化风流。古希腊悲剧的演员往往是政府官员或有修养的人,这是因为悲剧的内容是严肃的表现神或者英雄的事迹。而古罗马时期则不同,开始轻视演员的职业和指责演员生活腐化堕落。在法国,演员为了挣钱而牺牲色相,受人轻视。同时,演员花钱挥霍,生活风流。这样一群人生活在朴素的老百姓中间,底层的劳动者就会受到不好习惯的干扰。

总之,卢梭从戏剧功能、题材、人物、情感、演员等诸多方面论述了戏剧不能增进风俗淳朴,反而会伤风败俗,因此善良而勤劳的日内瓦人民不需要法国的戏剧,更不需要劳民伤财地建造剧院。劳动人民需要健康地娱乐,比如市民俱乐部。劳动者在乡间俱乐部经常聚会,在林间散步,在宽旷地方做体操,在大湖里游泳,在森林里打猎。"总之,我们朴朴实实的俱乐部的种种活动,都有助于把俱乐部中的男人培养成朋友,培养成公民和士兵,一句话:使他们全都成为自由的人民。"③

四、浪漫主义美学的先声

歌德说:伏尔泰结束了一个时代,而卢梭则开始了一个时代。他们所处的时代是一个新旧交替的衔接时代。伏尔泰与上流社会关系很好,他的戏剧得

---

① [法]卢梭:《致达朗贝尔的信》,李平沤译,商务印书馆2011年版,第60—61页。卢梭提到的三个悲剧主人公分别是高乃依的悲剧《艾狄普》中的艾狄普,伏尔泰的悲剧《玛霍梅,或宗教狂热》中的宗教狂热者赛义德,老克雷利翁的悲剧《阿特赫和蒂耶斯特》中的阿特赫。
② [法]卢梭:《致达朗贝尔的信》,李平沤译,商务印书馆2011年版,第61—62页。
③ [法]卢梭:《致达朗贝尔的信》,李平沤译,商务印书馆2011年版,第144页。

到了上流社会的赞赏,整个欧洲都把伏尔泰视为了不起的文化英雄。卢梭同样处于这个时代,却被人们认为是一个闯入上流社会的野蛮人,一个被社会唾弃的阴暗的人。究其原因就在于伏尔泰与卢梭对时代的看法截然不同。伏尔泰较好地结合了古典主义和启蒙主义思想的精华。而卢梭不仅否定古典主义,并且批判启蒙思想,尤其是其中高举理性主义的部分。卢梭的主要思想是推崇自然、推崇情感,反对理性至上。因此,可以说卢梭是反启蒙的启蒙主义思想家,是一个情感主义者,是启蒙主义思想家中的另类。实际上,所谓"情感主义"就是后来的浪漫主义。在艺术史上,卢梭是18世纪末19世纪初整个欧洲浪漫主义的先驱。换言之,浪漫主义的萌芽始于卢梭。浪漫主义因素主要体现在《忏悔录》和《新爱洛伊丝》之中。

(一)情感主义

卢梭与伏尔泰、狄德罗等毕竟都属于百科全书派的启蒙思想家,共同之处在于都推崇情感,但情感必须要受到理性和道德的指导。理性支配下的情感才是最好的,即情感要受到理性的控制、调节和指导,只有这样的情感才是被认可的、是道德的。这也是启蒙运动的一个基本前提。有两个方面能够很好地体现这一点。

第一,理性和道德指导下的情感至上,或者称之为"发乎情,止乎礼"。卢梭认为伦理道德是束缚或指导情感的,而不是去完全熄灭情感。卢梭说,生活对于他来说,就是爱。他在《忏悔录》中指出,他一生只有与乌德托夫人的爱才是爱情,但乌德托夫人爱圣朗拜尔。虽然她没有接受卢梭的爱,但接受了他的崇拜和友谊。卢梭说,乌德托夫人在友谊上是慷慨的,而在爱情上却是吝啬的。在这煎熬而幸福的单恋中,卢梭极力用理智控制欲望和感情。他说:"克己的义务荡涤了我的灵魂。一切美德的光辉都装饰着我心头的偶像,玷污它那神圣的形象就等于把它毁灭。"①换言之,卢梭认为伦理道德是指导和限制激情的,而不是用来完全熄灭情感,因为纯真的感情弥足珍贵。

实际上,卢梭始终用理智的友谊与激烈的爱情相互竞争,这也是他对感情

---

① [法]卢梭:《忏悔录》,范希衡译,人民文学出版社1992年版,第418页。

的看法。他的传世之作《新爱洛伊丝》就是脱胎于他与乌德托夫人的爱情,一个自传体的浪漫主义小说。故事存在一个三角关系:男主人公圣普乐是一个贫民家庭教师,他的女学生——贵族家庭出身的朱莉,朱莉的丈夫贵族沃尔玛。圣普乐,就是卢梭的自画像。他与朱莉的家庭和社会等级的悬殊导致他们的爱情没有结果。朱莉的父亲看不起圣普乐的贫民身份,因此强烈反对两个人在一起。在朱莉的要求下,圣普乐去意大利旅行。朱莉的父亲给她介绍一个上流社会的贵族——沃尔玛,后来朱莉与沃尔玛结婚了。但是,圣普乐与朱莉的感情并没有因为圣普乐的离开和朱莉的结婚而结束。结婚后,朱莉意识到她心爱的人仍然是圣普乐,因此朱莉与丈夫坦诚自己深爱着圣普乐,而沃尔玛很通情达理,让圣普乐回到自己的家里教育他们的孩子,于是三个人便很奇怪地生活在一起。

不过,这样的关系对三个人来说既是幸福又是伤害:圣普乐认为朱莉爱的是自己,却要和别的男人结婚;从朱莉的角度来说,一个是自己的丈夫,一个是自己的前情人,所以她只能用理智处理与圣普乐的关系,控制在最最好的朋友之中,不能越出友情的界限,因为一旦越出道德的界限就会伤害她的丈夫,失去了做人的底线;对于沃尔玛来说,他也很痛苦,明知道是她的前情人并且她深爱着圣普乐,但是圣普乐却要出现在他们的生活当中,虽然不会担心他们会做出什么越轨的事情,但也是对朱莉的一种考验,看看在经过时间、空间的洗礼后他们的感情能不能消磨掉。但是实际上朱莉的这种感情却变得更加强烈,最后朱莉为救她的孩子落水死了。可以看出,卢梭把他对乌德托夫人的全部感情都发泄在这本书里了。

从卢梭对《新爱洛伊丝》故事的处理和人物的定位来看,这本书是可读的。原因就在于:每一个人物都是真诚的、淳朴的,对谁都是敞开心扉的、没有任何阴谋诡计;这里边的人都在遵守着他们在社会中的身份,不会越出这个身份去做事,不单单是靠理性的控制。按照启蒙主义者完全以理性来控制的话就不应该有这种感情的存在,而实际上卢梭是在用伦理道德去控制这种情感,当然这种伦理道德的根源还在于理性。

第二,人的情感应该是真诚的、淳朴的,批判上流社会的伪善。18世纪的上流社会中,人们之间的情感是虚伪的、矫情的、造作的,卢梭对此非常厌烦。卢梭把人的感情分为两种:一种是上流社会贵族的情感;一种是平民的情感。他对上层社会和平民社会作了严格的区分,他说青年时期遇到的好人多,而在他的中年时期遇到的坏人多,这是因为他在青年时期生活在下层社会,而在成名之后却生活在上流社会。无论是在《忏悔录》中,还是在《新爱洛伊丝》中,他都旗帜鲜明地对上层贵族强烈批判、对下层平民强烈推崇,后来这种思想演变为平民主义。也正是因为卢梭的平民主义思想和平等主义,他在法国大革命中受到雅各宾派的推崇。卢梭在《新爱洛伊丝》中借英国朋友爱德华之口说出了对贵族的批判:贵族有什么呢? 只有贵族头衔,只会祸害老百姓,对当代社会来讲没有任何作用。不过《新爱洛伊丝》却受到了上流贵族社会的极力推崇。同时,卢梭对平民百姓的感情却非常深厚,首先因为他出身于贫民家庭,做过类似秘书、打杂、仆人等各种下层的职业,因此他与下层老百姓的关系是非常紧密的。《忏悔录》中记载:他在一次非常饥饿、非常困窘的时候,到了一个乡间的小酒店里,点了好多菜本想以打工还清债务,没想到老板不仅很热情地免费请他吃饭,而且还给了他一瓶酒。类似于这样的事情在《忏悔录》中是非常多的,普通的下层民众善良的心地、真挚的情感、简单的为人处世都给卢梭留下了非常深刻的印象。

但是在反观上流社会的人的时候,那种人与人之间的情感、人与人之间的关系,太令卢梭感到伤心了。卢梭在《忏悔录》中写道,曾经保护他的埃皮奈夫人,他的好朋友格里姆、狄德罗和霍尔巴赫等都一直在反对自己甚至诋毁自己。到底有什么深仇大恨使得他们这样做? 卢梭与埃皮奈夫人的决裂最具有典型性。埃皮奈夫人是通过别人结识了当时已经很出名的卢梭,她对卢梭很关心,甚至把自己的短裙改为坎肩寄给卢梭穿,使得卢梭非常感动。卢梭在《忏悔录》中说,哪怕有一天他们关系破裂的时候,当看到埃皮奈夫人随衣服寄来的短信时心里都是特别温暖的。

卢梭把格里姆介绍给埃皮奈夫人,他们成为最好的朋友,后来发展为情人关系。他们友谊的破裂有一个导火索,就是埃皮奈夫人发现自己怀上了格里姆的孩子,她便写了一封信给卢梭,让卢梭陪她到瑞士去旅行,实则避人耳目,在瑞士待产。卢梭很清楚这件事,他不想替格里姆背黑锅,再加上当时卢梭正深爱着乌德托夫人,所以拒绝了她的要求。在埃皮奈夫人出发去瑞士之前,她和格里姆分别给卢梭写了一封信,实际上就是断交信,逼迫卢梭离开退隐庐。当时的欧洲中产阶级还是比较重视家庭、亲情、友谊、爱情的,但是越往上层人们对爱情的游戏,人与人之间的虚伪、勾心斗角越是让卢梭感到失望,他在 40 多岁的时候便退出了整个上流社会,在外隐居。狄德罗曾经说过一句话让卢梭为此与他绝交,狄德罗说,只有心地阴暗的人才会远离人群,自己孤独地生活。他的言外之意就是在讽刺和嘲笑卢梭。但是卢梭也在《致达朗贝尔的信》中说到,只有心境恬静、善良的人才能在自然风光中去生活,只有那些坏人才在上流社会蹚污泥浊水。这也是两个人关系决裂的重要原因。

卢梭在《新爱洛伊丝》中特意安排了一个平民圣普乐和一个贵族少女朱莉的爱情,实际上是以一个典型的爱情来反对上流社会中这种平民与贵族不对称的等级观念、批判封建社会不平等的婚姻观。与此同时,卢梭又不让朱莉和圣普乐真正地在一起,目的就在于讽刺和批判法国上流社会中的那些所谓的爱情。"但是,假定一个年轻的女子,生而有一颗既正直又温存的心,未婚之前让爱情把她征服了,结婚之后又恢复了精神力量,反过来战胜了爱情,又成为有德性的人,谁若是告诉你说,这幅图景就其整体来说是有伤风化而一无是处,谁就是个说谎者、伪善者,你不要听他的话。除了这个从根本上跟整个社会秩序有关的针对风俗和夫妻间的忠诚的目标之外,我还怀有一个较深刻的目标,即是整个社会协调与社会和平。"[①]所以卢梭认为他的《新爱洛伊丝》在宣扬感情的同时,也在坚守道德立场方面做得很好。他在书的序言中说:"我说出我心中的想法,这有什么可怕的呢? 这本书信集,通篇的笔调都是哥特式的,比哲学书更适合妇女们读。对那些生活放荡但仍有几分忠厚之心的女人,这本书也是有用的。"[②]他言外之意就是说,对于埃皮奈夫人那些人只要

---

① 〔法〕卢梭:《忏悔录》,范希衡译,人民文学出版社 1992 年版,第 410 页。
② 〔法〕卢梭:《新爱洛伊丝》,李平沤、何三雅译,译林出版社 1993 年版,第 2 页。

你们心存善意、心存厚道,读读这些书还是有用的。

(二)自然主义

"18 世纪后半叶,卢梭吹起'回归自然'的嘹亮号角,于是,他以高扬壮美的原始荒蛮向人的典雅、文明的形象和贵族气派挑战。只有当人们远离人类社会的喧嚣,投入人迹罕至的大自然怀抱时,才能领略这种原始蛮荒状态的粗犷之美。"①在启蒙时代,卢梭率先发现并投身于原始的、荒蛮的大自然之中,并影响了同时代以及后来的人对自然的观念。在 18 世纪之前的文艺作品中,也有不少描绘大自然风光的佳作,但它们都是孤立地展示风景,自然风光还没有成为文学作品的内在构成因素。在卢梭的作品中,对大自然的描写成为作品的有机组成元素,成为其不可分割的一部分。从美学的角度来看,西方人到了 17 世纪的荷兰画派才开始关注自然风景,而中国早在魏晋时期就开始对自然景物加以独立观照了。这说明当人们对自然开始欣赏的时候,人类道德文明程度已经很高了。

首先,卢梭对自然美的首创在于:自然风光与爱情描写相互融合。在外国文学上,卢梭是第一个把自然纳入小说中的作家,而且自然景物是作为小说的内在构成元素出现的。内在元素就是自然风景对人的思想情感有一种结构性的作用。换言之,人的内在情感要在自然风光中予以展现和发展。在《忏悔录》中写得最好的两段:第一段写 1736 年他和华伦夫人在风光秀丽的沙尔麦特隐居:"那一天正是雨后不久,没有一丝尘土,溪水愉快地奔流,清风拂动着树叶,空气清新,晴空万里,四周的一片宁静气氛一如我们的内心。……午饭后,我们来到大树的阴凉底下,我拾些为煮咖啡用的干树枝,妈妈则在灌木丛中兴致勃勃地采集药草。……由于你,我的幸福已达极点,但愿它永不减退!但愿它和我能领会到这种幸福的心一样久长!"②第二段是他在"退隐庐"与乌德托夫人在一起的浪漫时光。在《新爱洛伊丝》中,卢梭给人们印象最深的就是朱莉让圣普乐离开他去阿尔卑斯山旅行,圣普乐在下着雪的大森林中给

---

① [美]威廉·弗莱明、玛丽·马里安:《艺术与观念》,宋协立译,北京大学出版社 2008 年版,第 554 页。
② [法]卢梭:《忏悔录》,范希衡译,人民文学出版社 1992 年版,第 232 页。

朱莉写了一封热情洋溢的信。卢梭在《忏悔录》《新爱洛伊丝》中为后世的爱情文学创建了一个模式，即在美丽的自然风光的背景中两个相爱的人在一起。这种写景抒情模式对歌德的《少年维特之烦恼》、司汤达的《红与黑》都有影响，他们都是把个人感情的发展与自然风光结合在一起，这一点也是构成浪漫主义文学的重要元素。自此之后，绚丽的自然风光与优美的爱情就像一幅风景画一样结合在一起，成为浪漫主义文学的基本模式。

其次，在卢梭的作品中，自然已经被凸显为现代文明的对立面，自然是抵挡现代性侵扰的心灵栖息之所。人偶尔去郊外旅行不是对生活的一种补充，而是对心灵的治疗。在卢梭看来，巴黎等发达城市已经出现了城市病，上流社会的人因政治斗争、经济利益、勾心斗角而精神猥琐、情感虚伪，现代性的弊端在启蒙之初就已经暴露出来。只有当投入大自然之中时，人才能收获源源不断的营养，让人们感觉到自己还是一个人。卢梭在《论人与人之间不平等的起因与基础》中指出，只有孤独的、野蛮的人才是最幸福的，所以在他的作品中也多次出现了孤独的散步者的形象。

自然风光是与现代性弊病相对立的。实际上启蒙主义就是现代性的开始并且达到了新的高峰。启蒙现代性最强大的武器就是理性，唯有理性才是衡量社会一切的标准。然而，当一个人完全只有理性的时候就变成了机器，法国哲学家就公开说"人是机器"。卢梭强烈反对唯理性论，他推崇自然，抛弃理性的强烈压制，认为只有在大自然中才能成为最秀美的人，淳朴的人性才能回归。卢梭说："你们看见我要死的时候，就请把我抬到橡树的树荫下，我保证会复原的。"[1]实质上，卢梭对自然的推崇也就是对现代性的美学批判。卢梭跟席勒生活的时代差不多，席勒在《审美教育书简》中提到现代性的社会必然会带来感性和理性的分裂，因此他提出只有在将理性冲动和感性冲动融为一体的游戏中，人才是充满幸福的人性化的人。席勒是将卢梭感受到的但没有完全说清楚的东西用他的理论给说清楚了，即用游戏对现代性进行批判，有理论家将席勒的文化批判称为"审美性现代性"。因此，也能够看出卢梭作品中

---

[1]　[法]卢梭：《忏悔录》，范希衡译，人民文学出版社1992年版，第221页。

自然的力量所在,那就是批判都市、治疗人心、让人回归人性。

最后,卢梭的自然观的特异之处还在于:他除了推崇风光绚丽的自然之外还特别推崇原始的蛮荒自然。"18世纪是旅行家急切见识新风景、新风俗的时代,非如前人般处于征服欲,而是为了玩味新的快感,新的情绪,并且由此发展出一种对异域、对有趣、怪异及惊异之事的品味。这可以说是'山岳诗学'(poetics of mountains)诞生的时代:鼓起勇气横越阿尔卑斯山的旅人,见其不可攀越的绝崖,一望无尽的冰河,下临无底的深谷,举目无垠的大地,为之惊迷。"①而卢梭就是那个时代真正痴迷于崇山峻岭和荒野风光的流浪汉和旅行家。他一生酷爱漫游,畅游于山川草木之间,是他最大的爱好。卢梭认为那些没有被人类涉足的荒野风光才是最美的、最能治疗人心的。这一点是卢梭的首创。卢梭非常喜欢自然风光、甚至有点荒凉的自然风景。

他描写了第一次到"退隐庐"的情景:"我越观察这个媚人的幽境,就越觉得它是为我而设的。这地方僻静而不荒野,使我恍如遁迹天涯。"②18世纪英国美学家伯克的崇高美学、哥特美学都与废墟、蛮荒、荒凉之自然的欣赏有关系。伯克认为那种强烈地刺激人们情感的东西、让你感觉痛苦的东西才是崇高,例如山崩海裂、荒郊野外、悬崖峭壁等。卢梭在观看荒野中的加尔大桥时,就表现了对荒野和废墟的喜爱。"这一朴素宏伟的工程的壮丽气派引起我的惊叹,特别是由于这个建筑物正是建筑在广漠无人的荒野中,这一片寂静荒凉的景象使得这个古迹更显得奇突和令人赞叹不已。"③

在《新爱洛伊丝》中,卢梭借圣普乐之口表达了在攀越阿尔卑斯山时的感觉。"有时候是高高悬挂在我头上的重重叠叠的岩石。有时候是在我周围喷吐漫天迷雾的咆哮的大瀑布。有时候是一条奔腾不息的激流,它在我们身边冲进一个深渊,水深莫测,我连看也不敢看。我有几次在浓密的树林深处走迷了路。"④同时,卢梭也表达了大自然风光对人的灵魂洗涤和心灵宁静的作用。

① [意大利]翁贝托·艾柯:《美的历史》,彭淮栋译,中央编译出版社2011年版,第282页。
② [法]卢梭:《忏悔录》,范希衡译,人民文学出版社1992年版,第380页。
③ [法]卢梭:《忏悔录》,范希衡译,人民文学出版社1992年版,第243页。
④ [法]卢梭:《新爱洛伊丝》,李平沤、何三雅译,译林出版社1993年版,第53页。

"在这个地方,在我周围的清新空气中,我找到了我心情变化的真正原因,而且明白了为什么我又恢复了久已失去的内心的宁静。……看来,站在比人居住之地高的地方,就会抛弃所有一切卑下的尘世感情;当我们愈来愈接近苍穹时,人的心灵就会濡染苍穹的永恒的纯洁。人到了高空之地,心境变得凝重而不忧虑,内心的痛苦也就消失了,全身都有一种轻松和甜蜜的感受。因此,风景宜人之地,可以使人的情欲有益于人,而不像在其他地方使人受到折磨。"①卢梭在此是把自然欣赏与人的意义结合起来,这种描绘在《新爱洛伊丝》中比比皆是,并对后世绘画产生了积极的影响。德国浪漫主义画家卡斯帕·大卫·弗里德里希的《云海上的旅行者》:在一座雄峰之上,一位穿着风衣的男子拿着手杖凝视着远方。作为浪漫主义画家,作者想要表达的就是人站在最高峰、站在悬崖峭壁上对大自然的领悟。浪漫主义艺术包括文学、绘画等,对大自然风光的欣赏很大程度上受到了卢梭的影响,所以卢梭是浪漫主义美学的先驱。

(三)文学形式的创新

卢梭最重要的文学成就便是他对小说形式的创新。卢梭对于《新爱洛伊丝》的成功很自豪,同时也很自信。他认为,这部小说在言情和心理描写方面比得上法国女作家拉法耶特夫人文笔优美、细腻入微的《克莱芙王妃》,在题材和趣味方面比得上英国作家理查生的《帕米拉》和《克莱丽莎·哈娄》,所以它是独一无二的具有永恒魅力的小说。

首先,《新爱洛伊丝》是书信体小说,由圣普乐、朱莉、德·沃尔玛、爱德华和克莱尔等人的通信组成。漫游小说或者冒险小说可以无拘无束地展现情节和人物,即人物可以随着情节的变化而不断变化。但在书信体中人物与情节是非常受限制的,因此卢梭采用正、副人物相沟通的方法来解决这一问题。主人公圣普乐、朱莉在一起的时候,朱莉会写信告诉表妹克莱尔;当他俩分开的时候,两人之间不仅互相写信,而且圣普乐会给好友爱德华写信,朱莉也会写信给表妹克莱尔;当朱莉要和沃尔玛结婚的时候,是表妹克莱尔给圣普乐写信

---

① [法]卢梭:《新爱洛伊丝》,李平沤、何三雅译,译林出版社1993年版,第54页。

通知他这一消息。因此这一循环和互证的形式就打破了书信体中人物刻画和
情节递进的僵局。

其次,卢梭的创新还在于书信体小说的非情节性。18世纪是小说的世
纪,小说人才辈出,名作不断涌现,例如笛福的《鲁滨孙漂流记》和《摩尔·弗
兰德斯》、菲尔丁·理查生的《克莱丽莎·哈娄》等。理查生的小说与笛福的
《摩尔·弗兰德斯》都是新流浪汉小说或新漫游小说。《摩尔·弗兰德斯》讲
一个女野心家在社会上的冒险生活,她在底层做妓女、拐卖儿童等无恶不作,
她试图通过骗婚来发财致富,最终找到一个上流社会的百万富翁。这类现代
小说起源于流浪汉小说。流浪汉小说起源于16—17世纪西班牙小说《小赖
子》。流浪汉小说的好处在于随着人物运动轨迹的转移,可以经历各种稀奇
的事情,展现社会各个阶层不同人的面貌。英国理查生的小说、笛福的小说等
都是脱胎于这种流浪汉小说。所以卢梭说:"诚然,理查生有他的长处,他把
所有的场面和人物的特点都很好地描绘出来了,但是,在场面和人物的数量方
面,他与最乏味的小说家同出一辙,他们总是拿大量的人物和奇遇来弥补他们
思想的枯窘。不断地表现闻所未闻的事件和走马灯似的一掠而过的新面孔,
用这种办法来刺激读者的注意是容易的,但是要把这个注意力警察保持在同
一个对象上,又不借助神奇的遭遇,那就显然比较困难了。"①17—18世纪的
英国小说中最有特色的就是各种奇异的事件会随着人物的展现而展开,即人
物必然会随着情节的展开而展现他们的性格,这是英国现代小说的一个基本
的模式。

但是卢梭反对以惊险刺激的情节展示人物性格的文学写法。卢梭在《忏
悔录》中把他的作品与理查生的作品进行对比,指出他在题材的单纯和趣味
高雅方面超过了理查生。"有一点是人们在这部书里所最忽视,而同时又将
用于使这部书成为独一无二的作品的,就是题材的单纯和趣味的连贯。整个
趣味集中在三个人物身上,贯穿了六卷,没有穿插,没有传奇式的遭遇,而无论

---

① [法]卢梭:《忏悔录》,范希衡译,人民文学出版社1992年版,第513—514页。

在人物方面还是情节方面,没有任何邪恶之处。"①在《新爱洛伊丝》中,小说的情节基本固定,没有离奇的情节,即非情节模式。那么,卢梭在情节的曲折和人物的变化之外,还依靠什么取胜? 第一是思想;第二是情感;第三是文笔。卢梭的小说恰在这三点上是非常成功的。

最后,他是浪漫主义的先驱,是"新旧交替"的表现。所谓新旧交替是指在艺术上他既有巴洛克文学长于议论的特点,又有哥特小说对自然风光描绘的特点,并将两者有机结合起来,于是就形成自己的文学特色即浪漫主义。巴洛克是17—18世纪艺术风格和美学的代称,原指有瑕疵的珍珠,后来"从宽泛的意义而言,巴洛克风格的特点是强调壮丽宏伟、戏剧性的夸张和强烈的情感力量"②。在文学上,巴洛克是指一种矛盾事物的混搭,情节的杂乱,人物的层出不穷,议论性非常强的文学样式。卢梭的作品带有明显的巴洛克文学的痕迹,通篇满是对各种社会主题的议论。圣普乐在给朱莉的信中更多的是在谈政治形势;而朱莉在给圣普乐的信中更多的是在泛论自杀、人的尊严、上流社会、决斗、家庭教育等。

哥特小说是18世纪末出现的新的小说形式,《新爱洛伊丝》的序言中写道:这本书信集通篇的比较都是哥特式的,比哲学书更适合妇女们读。哥特人是古罗马帝国灭亡之后从斯堪的纳维亚半岛过来的民族,哥特人统治欧洲的时间是非常短的,之后很快被日耳曼人取代。哥特式指的是16—17世纪,整个民族的复兴运动。英国、德国等日耳曼人都在寻找自己民族的起源,很多民族都说自己是哥特人的后代,因为他们的文化赋予了哥特人自信、独立、爱自由和不屈服强力等特点。17—18世纪的欧洲民族独立的意识形态让他们寻找到了哥特人。于是,整个欧洲掀起了一场复古运动,即哥特运动。首先是哥特风格在建筑上的复苏。在这场运动中建起了遍地的哥特式大教堂——内饰华丽高耸的大教堂,哥特式的欧洲城堡,最典型的就是在英国人们把议会大厦建成哥特式的建筑。哥特小说的题材是凶杀、暴力、色情、爱情,主人公一般是

① ［法］卢梭:《忏悔录》,范希衡译,人民文学出版社1992年版,第513页。
② ［美］威廉·弗莱明、玛丽·马里安:《艺术与观念》,宋协立译,北京大学出版社2008年版,第399页。

贵族,情节一般是通过旅行展开,在其中会描写绚丽的自然风光,哥特式小说中的一支就是情节离奇变幻的吸血鬼类型。在文学上,第一篇哥特式小说是华尔普洱的《奥特朗托堡》。

卢梭小说受哥特文学影响的第二个证据就是华尔普洱通过韦尔兰德夫人邀请卢梭去他的哥特城堡居住。因此可以看出卢梭在当时的生活中也是深受哥特风格影响的。《忏悔录》当中通篇是哥特式的比较。首先在人物设计方面,哥特文学早期的主人公一般多为一个贵族恶棍,同时还有一个和善可亲没有等级观念的好的贵族。在卢梭的《新爱洛伊丝》中朱莉的丈夫沃尔玛就是好的贵族的典型。其次就是自然风光,对那些庄园、场景的描述都是哥特式的。在《新爱洛伊丝》之前没有人用如此绚丽、优美、淳朴、清晰、浪漫的文笔去写小说,这种绚丽浪漫的风格是哥特文学的风格。卢梭浪漫主义的特点是继承哥特文学的。

第九章　莱辛:启蒙戏剧与诗画艺术

莱辛(Gotthold Ephraim Lessing,1729—1781 年),是德国启蒙运动时期的剧作家、美学家和文艺批评家。他作为德国启蒙运动的杰出代表,是歌德和席勒的直接先驱。别林斯基在谈到德国民族文学的诞生时曾提道:"德国文学的革命不是由一个伟大的诗人开始,而是由一位智慧且刚毅的批评家莱辛来完成的。"①可见莱辛在德国文学史中所处的重要地位。

一、生平与著作

1729 年 1 月 22 日,莱辛出生于德国萨克森的小城卡门茨,父亲是当地教堂的牧师。少年莱辛学习了希腊文、拉丁文、英文和法文,表现出惊人的语言天赋,爱好希腊罗马古典文学和德国文学。1746 年 9 月,他提前从迈森"圣阿芙拉公爵学校"毕业,进入莱比锡大学学习神学,后又改学医学,但他的兴趣却始终在文学和哲学方面。当时的莱比锡是德国最大的商业和文化中心,热闹的戏剧活动深深地吸引了莱辛。他的第一个剧本《年轻的学者》,由当时著名演员诺爱拜尔夫人领导的倡导戏剧改革的剧团在莱比锡演出,并获得了巨大的成功。自此莱辛想要成为"德国的莫里哀",立志为文学奋斗终身。后来剧团倒闭,作为担保人的莱辛因无力偿还债务于 1748 年 6 月避居维滕贝格。

同年 11 月,莱辛来到柏林,正式开始了文学创作和文学批评事业。父母

---

① [俄]别林斯基:《别林斯基选集(第三卷)》,满涛译,上海译文出版社 1980 年版,第 599 页。

一直反对他从事不正当的"文学"创作,希望他能谋取一个长久的职业来养家糊口,为了教育不听劝告的莱辛,停止了对他经济上的帮助。莱辛不得不破釜沉舟,以卖文维持生活,并成为德国文学史上第一个靠写作为生的职业作家。此后的 12 年中,他往返于柏林、维滕贝格和莱比锡之间,为生计奔忙。他编辑了多种刊物,出版了 6 卷《文集》(1753—1755),包括了他之前创作的诗歌、寓言、剧本和评论,他还翻译了《狄德罗先生的戏剧》,创造性地将狄德罗的戏剧理论和作品介绍到德国。

1759 至 1760 年间,莱辛共写作了 55 篇关于当代文学的评论,并将其编纂为《当代文学书简》出版。该书作为与高特舍特派进行理论论争的成果,用大量的篇幅讨论了德国戏剧改革的问题。

1760 年 10 月至 1765 年 5 月,莱辛在布雷斯劳担任普鲁士将军陶恩钦的秘书,他有机会到图书馆研究古希腊文化与艺术,以及宗教史和斯宾诺莎哲学,这些都直接影响了他人道主义世界观和历史观的形成。1766 年,他完成了美学名著《拉奥孔,或论画与诗的界限》,并于 1767 年 4 月应邀到汉堡任"民族剧院"的艺术顾问。此间,他为一年中上演的 52 出戏撰写了 104 篇评论,1769 年结集成《汉堡剧评》出版。汉堡这个只经营了一年就倒闭的"民族剧院"反而是靠莱辛的《汉堡剧评》而广为人知。不幸的是,莱辛与人合办的印刷厂也在此时破产,雪上加霜的他再一次陷入经济危机的窘境。

为了谋得固定收入,莱辛于 1770 年到不伦瑞克公爵的沃尔芬比特尔图书馆当管理员。不过,晚年的莱辛并不比早年幸运多少,仅能用微薄的收入保持一种简朴而清贫的生活。1772 年,他的悲剧《爱米丽雅·伽洛蒂》在布伦瑞克成功上演,也没有真正改变他的生活困境。1775—1776 年,莱辛陪伴公爵的亲戚出国旅行,并于 1776 年 10 月 8 日与一位名叫夏娃·柯尼希的女子成婚。莱辛的幸福来得太晚,去得却太快。仅仅一年之后,他的妻子夏娃就因为难产而离开人世,这给人过中年的莱辛致命一击。此时,难缠的论敌开始不断地攻击他,汉堡牧师葛茨就宗教问题也与莱辛展开了激烈的论战。他在 1778 年把论战中的 11 篇文章结集为《反葛茨》出版。第二年,莱辛的最后一部无韵诗体剧《智者纳旦》演出。1781 年 2 月 15 日,莱辛积劳成疾,因脑溢血在不伦瑞克告别了他历尽沧桑、贫苦辗转、生命不息、论战不已的一生,享年只有 52 岁。

二、启蒙主义戏剧与戏剧理论

狄德罗在法国创立了市民阶级的严肃剧种,提出了现实主义的戏剧理论;在德国,与之呼应的是莱辛。莱辛是德国市民阶级民族戏剧的开拓者。作为著名的剧作家,莱辛创作了德国第一部高水平的市民悲剧《萨拉·萨姆逊小姐》(1755)和被誉为德国三大喜剧之一的《明娜·封·巴尔赫姆,或军人之福》(1767),以及《爱米丽雅·伽洛蒂》(1772)和《智者纳旦》(1779),后三部被称作莱辛的三大名剧。莱辛以其《汉堡剧评》(1767—1769)为德国戏剧创作的繁荣指明了道路,为德国戏剧理论的发展奠定了基础,被称为"德国新文学之父"。

(一)启蒙主义戏剧创作

莱辛的第一部喜剧《年轻的学者》,讽刺的是那些只会死读书的所谓学者们,提倡关注现实。1749 年,他创作了《犹太人》,第一次让犹太人以正面形象出现在德国戏剧舞台上。《信仰自由者》表达了他关于不同信仰和见解的人应该相互容忍、和睦相处的美好想法。1750 年,莱辛把普劳图斯的《三角钱戏剧》翻译改编成喜剧《财宝》。莱辛把他所写的 90 多篇寓言收录在《文集》的第一卷《寓言和故事》中,题材和内容多是针对教会、专制主义,或是揭露文坛的落后现象,有很强的现实性。

1755 年,他发表了德国文学史上具有划时代意义的第一部高水平的市民悲剧《萨拉·萨姆逊小姐》(*Miss Sara Sampson*),讲述的是一个再版的美狄亚故事。英国青年密勒封早年与玛尔伍结合,并生有一女,但他后来喜新厌旧,转而追求年轻貌美的萨拉,并与之一起隐居到伦敦附近的小城,玛尔伍找到他们后,在劝说密勒封无效的刺激下,密约萨拉并将其毒死。故事以玛尔伍逃走、密勒封自尽的结局而落幕。该剧一改只能将帝王将相作为戏剧舞台主人公的传统,第一次以市民生活为题材,以小市民为正面形象和悲剧主人公,反映了市民阶级的思想情感和喜怒哀乐。由此开启了德国启蒙主义的狂飙突进运动,表现出了德国市民阶级的意识觉醒。

1760—1765 年,莱辛作为布雷斯劳的将军秘书,有机会亲眼目睹普鲁士军国主义的种种卑劣行径,以这种生活体验为基础,创作出了被称为德国"三大喜剧"之一的《明娜·封·巴尔赫姆,或军人之福》。故事以德国 1756—1763 年间的七年战争为背景,讲述了军官泰尔海姆与萨克森贵族明娜小姐的爱情误会和团圆结局。普鲁士军人泰尔海姆少校在战争中负伤,受政府命令到萨克森某城市征收军费,但他为人正直善良,看到城中军民困顿,便自己垫出了这笔钱,萨克森人开了一张支票给少校,使他能够在战后从战争赔款中拿回欠款。这一举动赢得了明娜小姐的爱情,随后两人订婚。但是战争结束后当少校凭借这张支票取回垫款时,竟遭人诬告,并称这笔钱是萨克森人在战时给他的贿赂,被国王遣散回家的泰尔海姆失去了事业,陷入生活的困境,为了不影响明娜的生活,决定与她解除婚约。最后二人在小旅店偶然相遇,并在女仆的帮助下互剖心迹,终于皆大欢喜。这一故事是对普鲁士国王腓特烈二世政权的尖锐讽刺,鞭挞了专制制度。歌德称之为"第一个从重要生活中摄取素材,具有时代特点的剧作"①。该剧的地点发生在柏林的小旅馆,时间为一个白天,遵循了法国古典主义的"三一律"。但是因为剧作从时事中取材,体现了现实主义原则,具有彻底的现实主义题材和现实主义批判精神。

莱辛最出色的剧本是他的市民悲剧《爱米丽雅·伽洛蒂》。故事发生在文艺复兴时期的意大利某公国,亲王孔萨迦因为看上了上校奥塔多的女儿爱米丽雅的美丽,派人假扮匪徒在爱米丽雅举行婚礼的前夕枪杀了新郎,并自导自演了一出"英雄救美",从"匪徒"手中救出爱米丽雅,藏匿于王宫。爱米丽雅的父亲奥塔多得知真相后,为了避免女儿在强权下受到玷污,忍痛答应了女儿的请求,亲手杀死了爱米丽雅。悲剧以美丽的女主人公倒在血泊中结束,坏人并未受到惩罚。由于当时德国强大的封建势力,个别的消极抵抗的市民阶层尚未形成新的阶级意识,在这样一个软弱的现实中,莱辛并没有为剧本安排一个光明的尾巴,是为了让观众在悲剧中警惕自身,也表现出了对封建专制主

---

① 陈定家:《〈拉奥孔〉导读》,四川教育出版社 2002 年版,第 15 页。

义的抗议。该剧剧本结构十分紧凑,从矛盾冲突到悲剧结局围绕亲王霸占爱米丽雅展开,一线到底,没有多余的枝蔓。整个剧本情调压抑,凄婉悲戚的悲剧气氛贯穿始终。它对席勒、歌德等后来的创作都有很大的影响。

莱辛最后的一部诗体剧《智者纳旦》主要讲述宗教间的斗争,他主张各种宗教都是与人为善的,教众应该都是兄弟,要相互敬爱和互相宽容。《智者纳旦》被他直接用来反击与他论战的葛茨的宗教偏见。通过莱辛的《汉堡剧评》和他的戏剧实践可以知道,他继承了狄德罗的正剧理论,并创立了德国的市民剧,主张反映现实、反映真实社会的现实主义戏剧。

(二)市民剧理论

18世纪的德国,由于宗教和诸侯纷争,混战了30年,各地纷纷独立为小的诸侯国,一时间竟有300多个,这些诸侯国之间政治独立,经济封闭,相互进行军事讨伐,衰弱的德国连资产阶级都难以诞生。后来,普鲁士王国崛起,逐渐统一北方,开始军国主义统治,同时重视商业资本,谋求经济上的改革开放,城市开始繁荣,形成了代表资产阶级思想观念的市民阶层。不过,在思想和文化上,德国仍然极度落后,宫廷里还在机械地模仿着法国古典主义,启蒙的先驱高特舍特也持新古典主义的戏剧观点。舞台上的主人公还是帝王将相、才子佳人等,没有第三等级的位置,市民和资产阶级只配做被嘲笑的丑角和配角。

在这样的现实背景下,莱辛树立了自己的现实主义文艺理论和市民剧理论。第一,戏剧应该反映现实、表现市民阶层。他继承了亚里士多德的艺术模仿自然的观点,提出戏剧应该模仿德国的现实生活,其中最重要的就是市民阶层的真实生活。题材上反对写王公贵族及其宫廷生活,他说:"王公和英雄人物的名字可以为戏剧带来华丽和威严,却不能令人感动。我们周围人的不幸自然会深深侵入我们的灵魂;倘若我们对国王们产生同情,那是因为我们把他们当作人,并非当作国王之故。"①也就是说,戏剧产生效果的地方在于模仿普通人,现实中的普通人,而不是装腔作势的权贵们。第二,戏剧应该悲喜融合。

---

① [德]莱辛:《汉堡剧评》,张黎译,上海译文出版社1981年版,第14页。

莱辛翻译了狄德罗的戏剧和戏剧理论,并将其引入德国文坛。市民剧是莱辛综合了类似莎士比亚悲喜剧的法国"泪剧"与英国"市民悲剧"之后提出来的。他反对法国的古典主义戏剧,也反对高特舍特那样早期启蒙文艺理论家的新古典主义理论。他说:"悲剧与喜剧……倒不如让人轮换一下,在喜剧里也哭一哭,从宁静的道德行为里找到一种高尚的娱乐。就悲剧来说,过去认为只有君主和上层人物才能引起我们哀怜和恐惧,人们也觉得不合理,所以要找出一些中产阶级的主角,让他们穿上悲剧角色的高底鞋,而在过去,唯一的目的是把这批人描绘得很可笑。悲剧经过变革,成了市民的悲剧。"①

他在提出市民剧理论的基础上也进行了实践。梅林曾经指出:"德国觉醒起来的市民阶级的阶级意识,在某种意义上说,在《爱米丽雅·伽洛蒂》一剧中达到了顶峰。此剧的命运也反映了当时市民阶级的命运。"②他的《萨拉·萨姆逊小姐》和《明娜·封·巴尔赫姆,或军人之福》都完美地践行了他的理论。

(三)性格中心论

在戏剧人物的性格论方面,莱辛一方面批判亚里士多德《诗学》中的"事件—情节中心论",另一方面批判狄德罗《论戏剧诗》中的"情境中心论",认为在戏剧中最重要的应该是人物的性格,只有人物性格写好了,才是一部好戏,否则就是失败的。他说:"一切与性格无关的东西,作家都可以置之不顾。对于作家来说,只有性格是神圣的,加强性格,鲜明地表现性格,是作家在表现人物特征的过程中最当着力用笔之处;最微小的本质的改变,都会失掉为什么他们用这个姓名而不用别的姓名的动机;而再没有比使我们脱离事物的动机更不近情理的了。"③

在性格与事件的关系上。莱辛与亚里士多德不同,他把性格放在戏剧的第一位。莱辛认为,对作家来说,塑造人物性格比情节更重要,因为事件不过是性格的延续,同一种性格的人可能做相同的事情,但不同性格的人做事情可

---

① 转引自朱光潜:《西方美学史》,人民文学出版社 2002 年版,第 309 页。
② [德]弗·梅林:《论文学》,人民文学出版社 1982 年版,第 9 页。
③ [德]莱辛:《汉堡剧评》,张黎译,上海译文出版社 1981 年版,第 125 页。

能完全不同。

同一性格的人做的事相同。事件是由人来做的,不过是人的性格的合理、必然的延伸而已。同一性格的人做出的事情,可以说几乎是相同的,但同一事件却可以由不同性格的人来做,由此可知,性格比事件更重要,是事件的本质。例如莎士比亚喜剧《威尼斯商人》中的夏洛克与巴尔扎克小说《欧也妮·葛朗台》中的葛朗台,同样是吝啬鬼,在女儿给了情人钱财之后,作出的反应和说出的语言几乎完全一样。《说岳全传》中的"牛皋",《水浒传》中的"李逵",《三国演义》中的"张飞",《杨家将》中的"呼延赞",这些中国古代小说中性情暴躁的人的所作所为也大多一致。见利忘义的小人、移情别恋的情人、义薄云天的好汉、落魄街头的秀才、嫉贤妒能的奸臣、口蜜腹剑的小人、奸邪淫荡的荡妇等,做出的事情也几近雷同。

不同性格的人做的事不同。"丰富的教育意义并非寄寓于单纯的事件,而是寓于认识",即不同的性格。换言之,莱辛认为,事件可能是同性格的人所共有的,但性格却是特殊的、本质的东西。例如,同样是妓女,因为有"侠气",秦淮名妓杜十娘、董小宛,民国时期的小凤仙等甚至比男子更懂得仁义道德,更讲义气。《金瓶梅》中的潘金莲、李瓶儿、庞春梅、韩六儿等同样是淫妇,但性格不同,做出的事就不同,结局也自然不同。潘金莲杀武大郎而嫁给西门庆,地位低下,无依靠无钱财,只靠卖弄聪明和一味地谄媚来讨好西门庆,所以明为妾、实为妓,最后被吴月娘卖出,死在武松的刀下;李瓶儿虽逼死了前夫花子虚,又带走了他的金银珠宝,但在嫁给西门庆后,一改淫妇形象,变成为人和善温顺的贤妻良母,死后被西门庆风光大葬,也算死得其所,为正妻角色;庞春梅,被西门庆纳为小妾前是潘金莲的贴身丫鬟,也是她的心腹。但春梅为人大方泼辣,气度大,做事虽绝,却很讲理,最后被周守备招为妾,很快就成了正夫人;韩六儿,是西门庆伙计韩道国的老婆,她不过是想"傍大款",从西门庆那儿挣得一份好钱而已,虽然无不奉承,但一旦西门庆有难,就趁火打劫,逃之夭夭。

在性格与情境的关系问题上,莱辛虽然承认狄德罗关于戏剧中情境的重要性的观点,但是他认为情境要为性格服务,戏剧在于塑造特定环境中的独特人物性格。他认为,这种特定的环境就是社会历史的真实条件,如果脱离了特定的环境去描绘人物性格,就会像古典主义一样落入不真实的状态。换句话说,人物性格应该来自某一独特环境,在这一环境中突出性格的主要特征。莱辛将莎士比亚《哈姆雷特》中父亲鬼魂的出现与伏尔泰作品中的鬼魂进行比较,指出还是前者描写的真实和独一无二,而后者的描写则不过是作者为了吓唬和迷惑读者却不知如何下手而创作出来的一个不真实的可笑东西。这是因为,"莎士比亚的鬼魂真是从那个环境里产生的,因为它出现在庄严肃穆的时刻,出现在恐怖的寂静的夜间,出现在充满着忧郁、神秘气氛的环境中,犹如我们当年和乳母在一起等待和想象鬼魂时一样。"在这一问题上,"莱辛虽然没有讲出'典型'两个字,却是比以往西方任何一个文论家都更深刻和正确地阐述了典型的含义"①。

莱辛还对性格的一致性、目的性与个性进行了阐释,他认为,戏剧作家在塑造人物性格的时候,首先应该符合人物性格本身发展的必然性和可能性,即人物性格有其内在的逻辑上的一致性,不能违背性格的发展逻辑而自相矛盾。比如,奥赛罗迅速行动的性格,不能在剧首是一个样,剧尾又是另一个样;对苔斯蒂蒙娜一个样,对伊阿古却是另外一个样。

比较一下《水浒传》小说与电视剧中李逵的性格就能看出来,人物性格的内在一致性是人物真实的基础,否则不能令人信服。施耐庵《水浒传》中李逵的性格是火爆、粗鲁、天真、纯朴,这几点与电视剧中李逵性格基本一样。不过,在对待女人这方面却大有不同。文学作品中的李逵不亲近女色,就是一个爱玩闹的孩童。同时他也憎恨那些喜好女色的人,即使是正常行为,也认为这有损男子汉的威风。小说中,当李逵看到林冲生擒扈三娘之后,宋江不仅不杀扈三娘,还派心腹把她送到宋太公处好生照看,他就到处放言说宋江想收扈三娘做压寨夫人,还故意斧劈了扈成,让他做不成女婿。在第七十三回"黑旋风乔捉鬼,梁山泊双献头"中,李逵又误认为宋江抢了刘太公的女儿,回到山寨一直砍到杏黄旗,要杀了宋江,说:"我闲常把你做好汉,你原来却是畜生!你

---

① 孙津:《西方文艺理论简史》,陕西人民出版社 1986 年版,第 198 页。

做得这等好事!⋯⋯杀了阎婆惜,便是小样,去东京养李师师,便是大样。你不要赖,早早把女儿送还老刘,倒有个商量。你若不把女儿还他,我早做早杀了你,晚做晚杀了你!"①但是电视剧里的李逵在王英结婚时鼓励他与扈三娘比武,还坐在人家门口。李逵在"燕青智扑擎天柱任原"和"征伐方腊"的时候,居然有了"怜香惜玉"之心。这就违反了人物性格的统一性和一致性,给人物性格带来了损害。

性格的目的性,就是指人物性格要有审美教育的意义。莱辛说:"一个缺乏教育性的性格是缺乏目的性的。"②他如同狄德罗一样,认为戏剧是引导人们向善和道德的最好途径。在论述性格的个性时,莱辛反对狄德罗的人物性格具有普遍性的看法。他认为,人物性格应该是普遍性与个性的统一。

三、"有人气的英雄"

1766 年《拉奥孔,或论画与诗的界限》的出版,在当时德国的学术界引起了强烈的反响。文学界所有的代表人物,如赫尔德、歌德、席勒、黑格尔、施莱格尔等,都给予了高度的重视并参加了热烈的讨论。歌德后来回忆莱辛对他的影响时说:"卓越的思想家从幽暗的云间投射给我们的光辉是我们所最欢迎的。我们要设想自己是青年,才能想象莱辛的《拉奥孔》一书给予我们的影响是怎样,因为这本著作把我们从贫乏的直观的世界摄引到思想的开阔的原野了。像电光那样照亮了我们。"③

1755 年,温克尔曼发表了《关于绘画和雕刻中摹仿希腊作品的一些意见》。他赞赏寓意画体裁,认为雕像群中的拉奥孔之所以不哀号,是因为希腊杰作有一种普遍和主要的特点,这便是高贵的单纯和静穆的伟大。即表现希腊人艺术的本质——人的心灵的高贵和伟大,可以坚忍痛苦的耐性。而莱辛反对这种看法,他认为拉奥孔之所以在雕塑中不怒号,是因为作为空间艺术的

---

① 　施耐庵:《水浒传》,人民文学出版社 1997 年,第 954 页。

② 　[德]莱辛:《汉堡剧评》,张黎译,上海译文出版社 1981 年版,第 181 页。

③ 　[德]歌德:《歌德自传:诗与真》,李咸菊译,团结出版社 2004 年版,第 207 页。

绘画和雕塑不能表现人过于扭曲的肌肉和令人恐惧的表情,那样是丑陋的,而表现美是空间艺术的唯一目的。同时,他也阐述了拉奥孔在遭受巨大痛苦的时候该不该怒号的问题。莱辛指出,古希腊人在遇到痛苦的时候,不会压抑人的本性,而是尽情流露情感的本来面目,这痛哭流涕和哀号并没有损害人的高贵和尊严,反而更显出英雄具有人的味道,不再是"高大全"的没有人性的英雄,而是"有人气的英雄"。

莱辛与温克尔曼的矛盾,集中于一点,就是怒号是否能表现人的伟大和心灵的尊严。温克尔曼坚持不怒号,即英雄不是凡人。遭受痛苦的时候应该用心灵的力量来压抑痛苦,表现出不同于一般人的伟大,这样才是英雄。这一点其实与当时社会矛盾有关系,温克尔曼的观点难免成为安于当时黑暗现实的镇静剂,要求被黑暗压迫的人们在痛苦中要压抑自己的自然感受,以静穆的精神忍受命运的毒箭、专制的暴虐、现实的不公,逆来顺受,苟且偷安。这也符合当时统治者的利益,因此温克尔曼的《艺术史》受到了萨克森王的青睐。这和儒家提倡的"温柔敦厚"的诗学理想是一个道理。在政治清明的年代,哀而不伤、怨而不怒的艺术思想可能是美的、有道理的,但是在社会严重不公、风起云涌的年代,再提倡温柔敦厚的美学,无疑是统治者为了自己的根本利益,进行意识形态统治的手段。

莱辛认为,人有表现自己情感的权利。怒号是人的一种自然本能,当遭受身体、心灵与环境的痛苦时,人就应该自然地表达这种本性。拉奥孔是因为预言特洛伊的灾难而遭到打击,他的怒号并不有损他自身的品德的伟大。当痛苦袭来的时候,我们可以哀号,当压迫来临的时候,我们有权利反抗,当黑暗遮蔽光明的时候,我们有寻找光明的权利。这充分说明了德国资产阶级争取表达自然权利的自由。

号叫是身体苦痛的自然权利,人并不以号哭为耻。古希腊人并不像温克尔曼所说,都是静穆的伟大的人,都能以坚韧的心压抑痛苦这种人性的弱点。莱辛指出,希腊人其实是将表现痛苦当作自然的表达。他说:"号喊是身体苦痛的自然表情,荷马所写的负伤的战士往往是在号叫中倒在地上。爱神维纳斯只擦破了一点皮也大声地叫起来。这不是显示这位欢乐女神的娇弱,而是让遭受痛苦的自然本性有发泄的权利。就连战神在被狄俄墨得斯的矛头刺伤时,也号喊得可怕,仿佛有一万个狂怒的战士同时在号叫一样,让双方军队都胆颤心惊。"①因此,莱辛指出:"荷马的英雄们却总是忠实于一般人性的。在行动上他们是超凡的人,在情感上他们是真正的人。……我们北方民族的古代英雄的英勇特征在于压抑一切痛感,面对死神的袭击毫不畏缩,被毒蛇咬了就面对微笑死去。……希腊人却不如此。他既动情感,也感受畏惧,而且要让他的痛苦和哀伤表现出来。他并不以人类弱点为耻;只是不让这些弱点防止他走向光荣,或者阻碍他尽他的职责。"②

莱辛还指出,悲剧要引发观众的怜悯,其中一个方法就是把身体的痛苦与其他灾祸结合起来,好像一个人遭受了全人类的不幸,人们设身处地想象他的处境,就会毛骨悚然,感到怜悯和恐惧。一种是身体的痛苦,比如疾病、受伤等,如果是身体健康、勤劳又有能力的人,即使在荒岛上也不过是另外一个鲁滨逊,不会让人同情。另一种是人与人的社交关系被完全剥夺,人被误解或者被割断了与他人的一切温情联系,心灵上彻底孤立无援,方显出人的不幸来。例如,关汉卿的《窦娥冤》,窦娥这个温顺的童养媳,无人不在欺辱她,无人真正关心她,怎不令人垂泪? 屈原,心为国家社稷鞠躬尽瘁,却无辜见弃,仿佛不见容于天地之间,正气难伸,读之怎不令人愤愤不平?《水浒传》中林冲被奸佞所害,夜奔上梁山后遭到王伦拒绝,经朱贵说情要投名状,寒冬腊月偏两天没有看到一个人过去,彷徨无依。鲁智深瓦罐寺恶斗飞天蜈蚣,败退赤松林,饥饿中遇到史进劫道,二人分食烧饼。鲁智深独自一人华州救史进,杨志失陷生辰纲后,走投无路而选择自杀。燕青北京救卢俊义,逃跑途中用剩下一支箭射鸟充饥。这些都是"英雄末路的悲哀"。因此,莱辛说:"我们所看到的最可怕的情景,没有什么比同情怜悯和绝望的情景混合在一起的同情还会更强烈,更能打动整个心灵了。"③

莱辛指出,激发情感是悲剧的唯一目的。悲剧的主角一定要显示情感,表

---

① ［德］莱辛:《拉奥孔——论画与诗的界限》,朱光潜译,人民文学出版社 2000 年版,第 8 页。
② ［德］莱辛:《拉奥孔——论画与诗的界限》,朱光潜译,人民文学出版社 2000 年版,第 8 页。
③ ［德］莱辛:《拉奥孔——论画与诗的界限》,朱光潜译,人民文学出版社 2000 年版,第 26 页。

现他们的苦痛,让自然本性在他们身上发挥作用。索福克勒斯、柏拉图都指责悲剧表现哭泣和害怕,会影响人的勇敢,因此他们反对表现自然的情感。这是因为他们的着眼点不是艺术或者文学,而是实际的城邦的战斗。针对这种情况,莱辛说,人们不得不让最勇敢的人痛哭流涕,因为剧场不是格斗场。格斗士必须按照身份去接受和遵从一切和忍受一切,不允许听到看到他们的软弱的情感表现,比如哀号、痛苦等,否则就会引起观众的同情,这样格斗游戏就进行不下去了。但是悲剧不是格斗,正是要表现这些人生斗争引发的情感激动,表达痛苦和不安,以此打动人心,使人受到教育。莱辛认为,罗马戏剧的水平低下,就是因为剧作家把剧场当成了格斗场,压抑人性,变得平庸了。他最后总结说:"浮夸不能激发起真正的英雄气概,正如菲罗克忒忒斯的哀怨不能使人变得软弱。他的哀怨是人的哀怨,他的行为却是英雄的行为。二者结合在一起,才形成一个有人气的英雄。有人气的英雄既不软弱,也不倔强,但在服从自然的要求时显得软弱,在服从原则和职责的要求时显得倔强。这种人是智慧所能造就的最高产品,也是艺术所能模仿的最高对象。"①

艺术所描绘的人物形象,首先要是一个普通的人,具有普通人的思想感情,不是一个超凡脱俗的神;同时又有比普通人更为高尚的品质,是一个有血有肉的生活在现实中的优秀人物。因此要既有英雄的品质,又有现实的人所具有的基本情感的变化,充分表现出人物的情感和激情,显示出其复杂的内心世界,在丰富的情感变化之中显示英雄的性格。

四、论诗歌与绘画艺术

拉奥孔,是特洛伊的英雄,被罗德岛的艺术家雕刻成像,1506年被发掘出来。古罗马诗人维吉尔在史诗《埃涅阿斯纪》中也描述过同一题材。莱辛通过比较拉奥孔这个题材在雕塑和史诗中不同的艺术处理,论证造型艺术和语言艺术各自具有的特殊本质和表现规律,以此来"论画与诗的界限",建立他

① [德]莱辛:《拉奥孔——论画与诗的界限》,朱光潜译,人民文学出版社2000年版,第30页。

的现实主义文艺理论。

《荷马史诗》中,希腊人攻打特洛伊城十年,始终未获成功,后来建造了一个大木马,并假装撤退,希腊将士却暗藏于马腹中。特洛伊人以为希腊人已走,就把木马当作献给雅典娜的礼物搬入城中。晚上,希腊将士冲出木马,毁灭了特洛伊城,这就是著名的木马计。拉奥孔是当时阿波罗在特洛伊城的一个祭祀,他曾警告特洛伊人不要将木马引入城中。这触怒了希腊的保护神雅典娜想要毁灭特洛伊城的意志,于是雅典娜派出了两条巨蛇先将正在祭坛祭祀的拉奥孔的两个儿子缠住,拉奥孔为救儿子也被雅典娜派出的蛇咬死。特洛伊人见拉奥孔死了,以为是他当初的警告触怒了神灵,更加笃定地将木马运进城里,虽然在进城之后受到了预言家卡珊德拉的警告,但一切都被由希腊人奥德修斯派去的间谍西农所编的谎话遮掩得天衣无缝,连当时特洛伊国王普利阿莫斯也深信不疑,士兵也因为庆祝而喝得迷醉,完全没有戒备,夜晚在冲天的火光里古老的特洛伊帝国走向了毁灭。

维吉尔在《伊尼特》(《埃涅阿斯纪》)中也描写了拉奥孔受难的场景,这段描写被莱辛反复引用来比较诗与画的不同,朱光潜也在他翻译的《拉奥孔——论画与诗的界限》中收录了这段史诗:

> 它们爬上岸,两眼闪闪,血红似火。
>
> 闪动的舌头跃着馋吻,嘶嘶作响。
>
> 我们一见到就失色奔逃,
>
> 但它们一直就奔向拉奥孔:
>
> 首先把他两个孩子的弱小身体缠住,
>
> 一条蛇缠住一个。
>
> 而且一口一口地撕吃他们的四肢,
>
> 当拉奥孔自己拿着兵器跑来营救,
>
> 它们又缠住他,拦腰缠了两道,
>
> 又用鳞背把他的颈项捆了两道,
>
> 它们的头和颈在空中昂然高举。
>
> 拉奥孔想用双手拉开它们的束缚,

> 但他的头巾已浸透毒液和淤血,
>
> 这时他向着天发出可怕的哀号,
>
> 正像一头公牛受了伤,
>
> 要逃开祭坛挣脱颈上的利斧,
>
> 放声狂叫。①

《拉奥孔》的第一章是"为什么拉奥孔在雕塑里不哀号,而在诗里却哀号",就是将这段描写与上述所说的 1506 年被发掘出来的拉奥孔大理石群雕相对比。这座雕塑高约 184 厘米,是希腊化时期的名作,由阿格桑德罗斯等创作于约公元前 1 世纪,现收藏于梵蒂冈美术馆。据考证,系阿格德罗斯、他的儿子波利佐罗斯、阿典诺多罗斯三人制作,在罗马出土后,轰动一时。意大利杰出的伟大雕塑家米开朗琪罗为此赞叹说"真是不可思议",德国大文豪歌德认为《拉奥孔》以高度的悲剧性激发了人们的想象力,同时在造型语言上又是"匀称与变化、静止与动态、对比与层次的典范"。

关于诗歌与绘画之间的关系,古今中外的美学家都有论述。古希腊的西摩尼德斯曾说过:画是一种无声的诗,而诗则是一种有声的画。古罗马的贺拉斯在《论艺》中曾提出"画如此,诗亦然"的观点。及至 17 和 18 世纪,这种"诗画同一说"已经为古典主义者所普遍接受,成了一种无可置疑的信条。中国古代诗人苏轼评论王维诗歌时也曾说:"诗中有画,画中有诗。"莱辛所在的时代,描绘自然景色的田园诗和象征抽象概念的寓意画都很流行,因而艺术家们在诗里追求描绘,在画里追求寓意。莱辛对这种"诗画一致"的说法表示不赞同,他认为诗歌与绘画存在更为复杂的辩证关系,更重要的是他强调了诗歌与绘画属于不同的艺术类型,具有各自独立的美学特征。他说:"这种虚伪的批评对于把艺术专家们引入迷途,确实要负一部分责任。它在诗里导致追求描绘的狂热,在画里导致追求寓意的狂热;人们想把诗变成一种有声的画,而对于诗能画些什么和应该画些什么,却没有真正的认识;同时又想把画变成一种

---

① [德]莱辛:《拉奥孔——论画与诗的界限》,朱光潜译,人民文学出版社 2000 年版,第 211 页。

无声的诗,而不考虑到画在多大程度上能表现一般性的概念而不至于离开画本身的任务,变成一种随意任性的书写方式。这篇论文的目的就在于反对这种错误的趣味和这些没有根据的论断。"①

第一,诗与画的区别。当时,《拉奥孔》中所谓画与诗的界限,实际上指的是造型艺术和语言艺术的界限。莱辛认为,一切艺术都应"摹仿自然",因此画与诗之间确有共同点;在他看来,古典主义者在诗里追求描绘,在画里追求寓意,是违背它们的特殊本质和艺术规律的。画与诗的本质区别在于:画是空间艺术,受空间规律支配;诗是时间艺术,受时间规律支配。具体来说,区别有以下几方面。

首先,媒介不同:画所使用的媒介,是在空间中存在的形状和颜色,即自然符号;诗所使用的媒介,是在时间中存在的语言和声音,即人为符号。其次,对象不同:画只宜于表现在空间中并列的事物;诗只宜于表现在时间中承续的事物。再次,效果不同:画直接诉诸眼睛,视觉能够把在空间中并列的物体同时摄入眼帘;诗直接诉诸耳朵,听觉只能将在时间中承续的动作按表述先后接受,适宜于感受情节的真,所以诗要通过叙述动作以产生"真"的效果。最后,诗歌与绘画各自遵循的规律和审美目标也不相同:画所遵循的规律是"美";诗所遵循的规律是"真"。

根据莱辛对诗与画两种不同艺术性质的论述,就能够理解雕像群中拉奥孔不哀号这种艺术处理引起的莱辛同温克尔曼的论战。莱辛认为,不哀号的原因是"雕刻家要在既定的身体苦痛的情况之下表现出最高度的美。身体苦痛的情况之下的激烈的形体扭曲和最高度的美是不相容的。所以他不得不把身体苦痛冲淡,把哀号化为轻微的叹息。这并非因为哀号就显出心灵不高贵,而是因为哀号会使面孔扭曲,令人恶心"②。因此,在莱辛看来,拉奥孔雕塑之所以没有张开大口怒吼,是因为这样雕塑的嘴部就是一个黑洞,会产生坏的欣赏效果,不优美,并不是因为雕塑要表现一种希腊人的坚忍精神。他指出

---

① [德]莱辛:《拉奥孔——论画与诗的界限》,朱光潜译,人民文学出版社2000年版,第3页。
② [德]莱辛:《拉奥孔——论画与诗的界限》,朱光潜译,人民文学出版社2000年版,第16页。

"美"是造型艺术的最高法律,"凡是为造型艺术所能追求的和美不相容,就须让路给美"①。而真则是语言艺术的最高准则。"诗特别要能产生逼真的幻觉",语言描述要具有真实性。维吉尔写拉奥孔放声号哭,就是为了忠实于真正的人的"自然本性"。

第二,诗与画的转化和联系。莱辛在强调画与诗的界限时,也论述了二者间的联系。一切物体不仅在空间中存在,而且也在时间中存在;同样,动作也不是独立自在的,必须依存于物体(包括人和物)。因此,绘画也能摹仿动作,但是只能通过物体,用暗示的方式去摹仿动作;诗也能描绘物体,但是只能通过动作,用暗示的方式去描绘物体。

首先,绘画摹仿动作,必须化动为静,即把在时间中持续的动作,化为在空间中并列的物体,也即用暗示的方式,通过物体描写动作。这主要有两种方法:其一,选取动作到达顶点前的那一顷刻间的现象来暗示动作的发展。莱辛说:"绘画在它的同时并列的构图里,只能运用动作中的某一顷刻,所以就要选择最富于孕育性的那一顷刻,使得前前后后都可以从这一顷刻中得到最清楚的理解。"②所谓"最富于孕育性"的顷刻,就是动作或激情到达顶点前的那一刹那,因为这一顷刻既担负着过去,又包孕着未来,"可以让想象自由活动",所以"最能产生效果",而"到了顶点就到了止境,眼睛就不能朝更远的地方去看,想象就被捆住了翅膀……"③画不应描绘稍纵即逝的动作。莱辛举了古代画家提牟球斯画美狄亚杀子的例子来说明绘画表现动作要选择顶点到来前的顷刻。平庸的画家可能直接描绘美狄亚杀子的血腥场面,展示疯狂的持久性,但这一真实却违背人性,是人们不愿意看到的,想象力也就不凝固在暴力和血腥的瞬间。而高明的提牟球斯却选择描画美狄亚高举着匕首,却还没有落在亲生儿女身上的一顷刻间的动作。莱辛认为人们从这一动作中不仅看出了美狄亚在母爱和妒忌之间的冲突,而且也能期盼这一动作迟迟不落下,甚至盼望能让母爱获得胜利,因此这一顷刻就联结了过去与未来,蕴含了激烈的

① [德]莱辛:《拉奥孔——论画与诗的界限》,朱光潜译,人民文学出版社 2000 年版,第 14 页。
② [德]莱辛:《拉奥孔——论画与诗的界限》,朱光潜译,人民文学出版社 2000 年版,第 83 页。
③ [德]莱辛:《拉奥孔——论画与诗的界限》,朱光潜译,人民文学出版社 2000 年版,第 19 页。

斗争与人性的期盼,而成为著名的画面。类似的例子在中国古代艺术中也大量存在。例如缪朗山先生指出的李伯时的《李广夺胡儿马》中描绘的,李广对着胡人张弓欲射的动作就极具孕育性的张力。《水浒传》中野猪林里,林冲被绑在大树上,董超、薛霸举起水火棍正要打向林冲,此时鲁智深在树上大喝一声。这个场景被钱钟书先生称为极具孕育性的一刻,也是诸多绘画作品和说书艺术所青睐的场景。其二,选取动作这一顷刻前后连续的不同时点的现象来暗示情节的发展。现实中动作只发生在某一时刻,但在这一时刻的前后都有连续动作发生,因此在绘画中要表现连续的或者众多的动作就需要把时间上连续的动作向某个孕育性时刻"压缩"或"坍塌"。例如,达·芬奇的《最后的晚餐》就选取了耶稣说"你们中有一个人出卖了我"的那一刻,这一顷刻把前后的动作进行了压缩,从而展示了意蕴丰厚的动作。

其次,诗摹仿物体,必须化静为动,即把在空间中并列的物体,化为在时间中持续的动作,也即用暗示的方式,通过动作描写物体。这主要有三种方法:其一,化并列为承续,把物体的枯燥描绘转化为行动的生动图画。例如,荷马写阿伽门农的衣着,不是写它的样子,而是描写国王穿衣服的过程;写阿喀琉斯的盾,不是直接描写盾上的镂刻,而是描写盾的制作过程。其二,化对象为效果,借对象产生的效果来暗示产生效果的对象,莱辛称之为"诗人就美的效果来写美"。如荷马写海伦的美,能叫冷心肠的老年人承认为她战争,流了许多血和泪,是值得的。再如我国诗歌《陌上桑》中:"行者见罗敷,下担捋髭须。少年见罗敷,脱帽著帩头。耕者忘其犁,锄者忘其锄。来归相怨怒,但坐观罗敷。"也是采用从效果烘托和衬托的方法来展示对象之美。其三,"化美为媚。媚就是在动态中的美,因此,媚由诗人去写,要比由画家去写较适宜。……因为我们回忆一种动态,比起回忆一种单纯的形状或颜色,一般要容易得多,媚比起美来,所产生的效果更强烈。"①描写阿尔契娜"娴雅地左顾右盼,秋波流转",《诗经》中的"美目盼兮,巧笑倩兮",《长恨歌》中的"回眸一笑百媚生",

---

① [德]莱辛:《拉奥孔——论画与诗的界限》,朱光潜译,人民文学出版社 2000 年版,第121 页。

《西厢记》中的"怎当他临去秋波那一转",都是化美为媚,抓住了莱辛的媚美本质。对于莱辛的诗画相互转化的规律可以概括为:画化动为静,就"画中有诗";诗化静为动,就"诗中有画"。

第三,莱辛认为诗高于画。首先,画的使命只是表现物体美,特别是人体美;而诗的范围却无限广阔,可以更广泛地反映现实,它包括感官所能感知的整个世界和想象所能驰骋的全部领域。其次,诗可以更深入地揭示心灵。画家描绘的神灵或人物"都是些人格化的抽象品",只能具有单一性格的外貌特征。对于雕刻家来说,维纳斯就只代表"爱"。再次,诗可以更生动地描述发展。莱辛认为,画只能描绘物体的静态图像,如要摹仿动作,也只能选取动作的顷刻,诗则能叙述动作的发展过程,诗人也毫无必要,去把他的描绘集中到某一顷刻。他可以随心所欲地就他的每个情节(即所写的动作)从头说起,通过中间所有的变化曲折,一直到结局,都顺序说下去。诗的灵魂是动作,最主要的是让人物行动起来,通过行动来展示人物的性格特征。

第四编

19世纪理性主义人学与美学

虽然 18 世纪末至 19 世纪初的德国现代化程度并不高,但是德国的哲学家和美学家却敏锐地感受到了世界的现代化趋向、人在感性与理性中分裂的事实,并积极地探索了人作为主体的内涵。德国古典人学与美学是高扬主体性的、把人的理性视为美的根源的人学美学。歌德开时代的先声,在其创作中体现了古典主义与浪漫主义时代的断裂,高贵的心灵需要融入活泼的生活中,人要做自然的奴隶,也要做自然的主人。席勒在《审美书简》中明确提出了人的感性与理性的冲突,他像先知一样预见了现代性社会中人的分裂,并试图在美学中寻找解决的途径。

　　康德在哲学上融合了英国经验主义和德国唯理主义,人在康德哲学中成了可以为一切事物立法的主体。《纯粹理性批判》中的理论理性与《实践理性批判》中的实践理性分别成了《判断力批判》中优美与崇高这两种审美范畴的前提和基础。在美学中,康德体现了人学之主体的伟大。黑格尔的《精神现象学》与《美学》有着有机的联系,前者中"实体即主体"演绎出了体现绝对精神的人,而人的精神在黑格尔看来才是真正的美,因此他认为艺术美高于自然美,心灵美高于身体的美。

第十章　歌德:古典人学与古典主义诗学

约翰·沃尔夫冈·冯·歌德(Johann Wolfgang von Goethe, 1749—1832年),德国伟大的诗人、戏剧家、小说家和思想家。他是德国伟大的作家之一,在世界文学史上绽放着耀眼的光辉。恩格斯称歌德是文艺领域里"站在奥林帕斯山上的宙斯"。

一、生平与著作

歌德出生在美因河畔法兰克福城一个富裕的市民家庭,父亲是成功的商人,颇具政治头脑,母亲是市长的女儿,富有艺术天分。少年歌德在诗歌、艺术和宠爱的包围中长大。1765 年,16 岁的歌德离开法兰克福到莱比锡大学学习法律。三年后因病辍学,1770 年,歌德转到斯特林堡继续学习。在这里,他受到了来自法国启蒙运动思想家和文艺的影响,结识了德国启蒙运动的旗手赫尔德,在他的指引下阅读荷马、莎士比亚和哥尔斯密等人的作品。

当时的德国处于封建公国的分裂状态,德国的政治和经济并不统一,贵族阶级与资产阶级之间等级分明。英国的资产阶级宪政和资本主义经济的繁荣以及法国的启蒙运动都给德国先进的知识分子带来了革命的福音。"狂飙突进运动"是德国的文化启蒙,他们反对暴君的封建统治,支持平民应获得自由和幸福的权利,继承卢梭的自然思想,提倡返归自然人性,推崇浪漫而激情的天才人物,期盼天才带领德意志民族获得独立和自由。这些思想激励和引领着歌德走向了第一个创作的高峰。他说:"《文艺年鉴》把一切青年诗人都结合起来,杂志又把诗人与其他作家联系起来。我的著作发表欲非常的强,⋯⋯有好些朋友对于我的大小作品起共鸣,因为我总力促那些多少喜欢创作和也有这种能耐的人试行独立地写作⋯⋯使许多青年以自由豁达的心地,不须甚么理论的指导,凭着各自的天性,没有顾忌地干起来,而那个毁誉不一有名的文学时代(即18世纪70年代的'狂飙突进运动'——译者)也由此诞生。"①

1771年8月到1775年11月,歌德从斯特林堡毕业之后就一直在家乡法兰克福。这是他创作的第一个高峰期,也是他参加"狂飙突进运动"的时期。歌德被各种事件和自己的生活所刺激着,他无比的兴奋、激动和悲伤。为了平复这些情感,他把失恋的痛苦、生活的刺激和文艺的场景融合起来,形成了早期的代表作:戏剧《铁手骑士葛兹·冯·伯利欣根》(1773)、小说《少年维特的烦恼》(1774)及《浮士德》初稿(1775)。歌德在赫尔德身边时,广泛地学习希腊戏剧和莎士比亚戏剧,他被深深地折服,并决心把内心深处反复掂量的题材予以"莎士比亚化"。"这种影响无日无夜不在我心里萦回⋯⋯一种素材是旧时代的,包含《铁手骑士葛兹·冯·伯利欣根》的生涯,一种是新时代的,它的不幸的结局却在《少年维特的烦恼》中描写出来。"②歌德把葛兹·冯·伯利欣根看作一个时代的叛逆者,"在野蛮和混乱时代的一个粗野而心地善良的自助的英雄的面目,唤起我最深的共鸣"③。这部作品体现了歌德激进而浪漫的反抗精神。

1772年,歌德在高等法院实习,一次舞会上遇到了夏绿蒂·布甫,一个已经订婚的美丽女子。歌德深深地爱上了夏绿蒂,但又无法在一起,正在此时他又听到了同学耶路撒冷的自杀消息。耶路撒冷不幸爱上了友人的妻子而自杀,与歌德类似的遭遇使得歌德非要把内心的失意和悲愤表达出来不可。于是,《少年维特的烦恼》便在歌德不分昼夜、不辨现实与梦境的情况下诞生了。维特的自杀不单纯是因为恋爱的失败,更多的是世俗而麻木的市民社会、高傲而腐败的贵族阶级、令人窒息的封建秩序所导致的。因此,小说一发表就引发

① [德]歌德:《歌德自传:诗与真》,刘思慕译,华文出版社2013年版,第494页。
② [德]歌德:《歌德自传:诗与真》,刘思慕译,华文出版社2013年版,第517页。
③ [德]歌德:《歌德自传:诗与真》,刘思慕译,华文出版社2013年版,第384页。

了欧洲青年的广泛共鸣,产生了国际影响。歌德说:"这本小册子的影响很大,甚至可以说轰动一时,这主要地因为它在恰当的时刻出版,正如只需一点的火药线来爆炸一个埋藏着猛烈的炸药的地雷坑那样,当时的青年界已埋藏有厌世观的炸药,故这本小册子在读者大众前所引起的爆炸更为猛烈,而各个青年既已有着满怀的过奢的要求,不能满足的热情和虚拟的苦恼,一触即发,故这小说所引起的激动更大。"①由此可以看出,歌德的创作和思想永远与他个人的生活和情感密切联系在一起。如同歌德在《浮士德》中所写的那样,这一时期的爱情悲剧随着歌德离开法兰克福而结束。

1775年,歌德应卡尔·奥古斯特公爵之邀来到魏玛,担任枢密顾问,开始了他十年的政治生活。歌德在魏玛本意要实现自己的政治理想,他整顿财政、修建公路、治理矿山等,但是收效甚微,封建公国并未因歌德的努力而改变其压迫和腐败的性质。政治斗争的矛盾、宫廷生活的窒息以及他与冯·施泰因夫人的爱情,让歌德在十年之后再也无法忍受魏玛的生活。1786年9月,歌德在向公爵告假后前往意大利旅游,一年零九个月后返回魏玛。在意大利,歌德游历了威尼斯、佛罗伦萨、罗马等名城和大好河山,同时观察和学习了古希腊古罗马的艺术品。这是歌德第二次创作的高峰期,他完成了悲剧《哀格蒙特》(1788)、《伊菲革涅亚在陶里斯岛》(1788)、《托尔夸托·塔索》(1789)。这些作品可以说是歌德在魏玛十年生活的总结,他说:"我了解塔索的生平,我有我的生活,我把这两个很独特的人物及其品性糅合在一起,就产生了剧中塔索的形象……除此之外,菲拉拉宫廷中的礼仪应酬和谈情说爱,跟魏玛这儿没什么两样;因此我有理由讲我的这部剧作:它是我骨中之骨,肉中之肉。"②这一时期的作品与《浮士德》第二部第一幕浮士德在皇宫,都是歌德对政治探索失败的哀叹,他彻底明白了在封建公国中无法实现政治理想。他的政治观念从批判反抗转向了中和的贵族政治,趋于保守,人性观念从激情转向了温柔敦厚的贵族风范。同时,歌德在意大利的旅游使他饱受古希腊古罗马艺术的

① ［德］歌德:《歌德自传:诗与真》,刘思慕译,华文出版社2013年版,第566页。
② ［德］艾克曼:《歌德谈话录》,杨武能译,河南文艺出版社2013年版,第212页。

影响,创作思想和风格也从早期的浪漫主义走向了典雅、温和的古典主义。

1794 年,席勒为文艺刊物《季节女神》向歌德约稿,于是两个人开始交往合作。歌德对席勒推崇备至,多次说席勒是个了不起的天才。两人虽然性格和经历迥异,但当时席勒厌倦了哲学观念的思考,歌德恰好刚从意大利回来需要新鲜的想法和艺术创作,他们一拍即合,开始长达十年的合作。席勒完成了《威廉·退尔》(1803)、《华伦斯坦》三部曲(1799),歌德完成了《威廉·迈斯特的学习时代》(1795—1796)、《赫尔曼与窦绿苔》(1798)、《浮士德》第一部(1808),他们的很多作品都是在相互交流和鼓励中完成的。1805 年,席勒逝世,歌德的文学创作进入晚年时期。歌德写了他的自传《诗与真》,叙述了从童年到应邀去魏玛的这段经历和所思所做,《意大利游记》回顾了他旅游意大利和瞻仰希腊艺术的经历,《歌德谈话录》则是由艾克曼编辑整理了 1823—1832 年歌德最后十年的谈话和思想。在这一时期,歌德创作了长篇小说《亲和力》(1809),探索了人性的完善与情感婚姻的矛盾,完成了《浮士德》第二部(1831)、长篇教育小说《威廉·迈斯特的漫游年代》(1821—1829)和诗集《西东合集》(1814—1815)。

1832 年 3 月 22 日,歌德逝世。歌德的一生是奋斗不止的一生,正如他与艾克曼谈道的:"一个想要今生就有所作为的人,他每天都得努力,都得奋斗,都得工作,就该让来世自己待在一边儿,在今世奋发有为。"[①]这种思想贯穿了歌德的一生,也就是《浮士德》中对生命的张扬和体验,对人生崇高事物的不懈追求。

二、人性论与《浮士德》

尽管歌德对人的观点前后有所不同,但整体来讲他倾向于古典人学的观点,即认为人应该是基于共同人性的高贵的、文雅的和自然的"文化人"。在他的心里,人具有自然情感,人有抒发自然情感和激情的权利,但是不应该随

---

① [德]艾克曼:《歌德谈话录》,杨武能译,河南文艺出版社 2013 年版,第 54 页。

意地激烈地去抒发,而应该在社会等级规范和理性制约下进行。换言之,歌德的人性观就是"发乎情,止于礼仪",因而在文艺和美学风格上他提倡温柔敦厚、哀而不伤的古典风格,排斥激烈反抗而具有叛逆性的浪漫风格。歌德出身于富裕市民家庭,进入魏玛以后深受公爵器重,担任多种高级职务,并在1827年晋封为贵族。魏玛的宫廷政治以及与贵族交往影响了歌德的政治思想,他曾经为法国大革命打倒暴君而欢呼,也非常崇拜拿破仑的文治武功,但是依然认为革命是暴力的,真正的政治应该是柏拉图式的贵族政体。

　　人性观和政治观影响了歌德的文艺观。人们普遍认为歌德是从古典主义向浪漫主义转变的作家,其一生融合了古典主义与浪漫主义。歌德的确有这样一个转变,但其本质上还是古典主义的,浪漫主义主要是在青年时期和"狂飙突进"精神影响下进行创作,而且比较短暂。歌德与席勒关于一般与特殊、古典与浪漫的争论,实质上体现了歌德古典主义人性观下的古典主义美学思想及其文学风格。但歌德误读了席勒,这一论争并不关乎席勒创作水平的高下。

　　包孕生命的大自然是歌德泛神论哲学的核心。在青年时期,歌德就已接受卢梭的自然论和斯宾诺莎的泛神论哲学。他在《诗与真》中说道:"这个给我以决定性的影响,对于我整个思想有那么大作用的伟人,就是斯宾诺莎,我找遍天下,想找一种足以教育自己的特异的个性的教材而仍是徒劳之后,我终于得到他的《伦理学》了。"[①]歌德在思想上,既反对基督教的蒙昧主义,又反对启蒙运动的盲目理性。他的思想更多的不是来自知识和书本,而是来自他的生活经验和人生体验。1770年,法国启蒙哲学家霍尔巴赫的《自然的体系》出版后,歌德就拿来阅读了。但在他看来,这本"老年人结晶的书是乏味的,和令人作呕的"[②]。他认为,作为唯物论的代表作品不仅没有任何自然科学知识,而且星球、宇宙和万物都消失在无神论的深渊,给人带来一种空虚之感。歌德说道,四季更替、昼夜不息、动物繁殖、植物荣枯虽然也是必然存在的,但

---

① ［德］歌德:《歌德自传:诗与真》,刘思慕译,华文出版社2013年版,第604页。
② ［德］歌德:《歌德自传:诗与真》,刘思慕译,华文出版社2013年版,第462页。

其中一定有某种跟人类一样的东西存在,这种人、神和一切动植物所共有的东西就是孕育生命的大自然,就是生命之爱。他指出,自然遵循着必然的规律运行,这种规律具有一种神圣性,或者叫魔性,这种魔性(灵性)甚至连神都无法改变。人存在意识和理性,存在一种超越于其他生物的优越性。动物同样也有一种理性,其行动也存在着生命的悟性。哪怕是植物,四季变化之中叶落花开,因此花草与人类一样具有一种"优越性"。这种优越性,在歌德看来,就是生命之爱。1831年艾克曼给歌德讲了一个故事:笼子里抓住一对小麻雀,放飞老麻雀后,它自己依然飞回小鸟身边。艾克曼为老鸟不畏惧被囚禁的危险而爱护小鸟感动不已。歌德说:"如果你相信神,你就不会大惊小怪了。……如果上帝不曾让老鸟对小鸟也满怀这种战胜一切的爱,如果整个大自然的所有生物不同样充满这样的激情,那世界将不会存在! 可事实是神性广布寰宇,无所不在,永恒的爱也就无处不显示出力量。……这儿咱们见到了一个最崇高的题材;它借助美丽的比喻,在我们眼前展现出了那个维系世界、贯穿整个大自然并赋予大自然活力的原则。这件雕塑和类似的作品,我誉之为神无处不在的真正象征。"①

在生命一体的大自然中,人类应当如何存在呢? 歌德认为,人类就应该自强不息地奋斗、战斗。当浮士德在书斋中感觉到知识的无用和时光的流逝,他对着墙壁问自己:"为什么一种说不出的痛苦阻拦着你所有的生命运动? 神创造人类,让它进入大自然,你不投身于这生动的自然,却在烟雾和霉腐里为兽骨和尸骸所围困。"②接着,浮士德打开了大宇宙的灵符,他感觉到神圣的年轻的生命重新流过经络,因为灵符揭示了大自然的奥秘。他接着聆听了地灵(大自然的化身)的启示,感悟到了世界一体共在的生命在于活动,人的生命在于向高尚之路奋斗。地灵的语言充分说明了歌德的生命宇宙观:"以生命的浪潮,以行动的狂飙,我上下翻滚,来去飘摇,诞生与死亡,一座永恒的海洋,

①　在1831年5月29日歌德谈话中,艾克曼给歌德讲了老鸟爱护小鸟的故事,后来歌德给艾克曼看了公元前5世纪希腊著名雕塑家米隆(Myron)的《母牛和吃奶的牛犊》雕塑仿制品,引发了歌德对自己信仰和神性观念的阐述。引自[德]艾克曼:《歌德谈话录》,杨武能译,河南文艺出版社2013年版,第418—419页。

②　[德]歌德:《浮士德》,绿原译,人民文学出版社1994年版,第14页。

一件变化的织品,一个热烈的生命,在飒飒作响的时间织机上,我为神明织出了活的衣裳。"①那么,在这样的充满生命和活力的宇宙中,作为生命体的人应该怎么活着呢? 这是浮士德的终极问题,也是歌德一生追问的问题。人的一生应该如何度过呢? 歌德在《浮士德》中给出了答案——生命不息,奋斗不止。"你瞧,那些绿荫围绕的茅屋,闪烁着斜阳的晚红。落日西沉,白昼告终,乌飞兔走,又促进新的生命流通。哦,可惜我没有双翅凌空,不断飞去把太阳追从! 要有,我将在永恒的斜晖中间,瞧见平静的世界在我脚下显现,万谷凝翠,千山欲然,银洞滚滚,流向金川。……然而新的冲动苏醒,我要赶去啜饮她那永恒的光源。"②苏醒后的浮士德表达了一种迫不及待地要跳入生命森罗的宇宙中生活的渴望,就像巴尔扎克在《高老头》的结尾处写到的,拉斯蒂涅欲火炎炎地望着巴黎圣日耳曼区说,现在来让咱们拼一拼吧。人的生命应该如何度过? 歌德的回答是去生活,去恋爱,去奋斗,去痛苦,去快乐,总之,去体验一切和经历一切。所以,浮士德与魔鬼定约之后,他说:"我要投入时代的激流! 我要追逐事变的旋转! 让苦痛与欢乐,失败与成功,尽量互相轮换,只有自强不息,才算得个堂堂男子汉。……我要委身于最痛苦的享受,委身于陶醉沉迷,委身于恋爱的憎恨,委身于爽心的厌弃。……凡是赋予整个人类的一切,我都要在我内心中体味参详,我的精神抓着至高和至深的东西不放,将全人类的苦乐堆积在我心上,于是小我便扩展成全人类的大我,最后我也和全人类一起消亡。"③歌德在此处借浮士德之口所要表达的并不是说人生就是要造福人类,就是要行善积德,而是作为一个人必须精彩地活着,他要积极地去经历各种事情,去体验多样的情感,去探索人生奥妙——"人生就在于体现出虹彩缤纷"④。人生活的多样可能性、存在的扩展和生命的张扬,才是歌德对人性的真正看法。

那么,这个激进地跳入生命河流的人是不是就可以作恶和堕落呢? 不是

---

① [德]歌德:《浮士德》,绿原译,人民文学出版社 1994 年版,第 16 页。
② [德]歌德:《浮士德》,董问樵译,复旦大学出版社 2001 年版,第 57 页。
③ [德]歌德:《浮士德》,董问樵译,复旦大学出版社 2001 年版,第 91—92 页。
④ [德]歌德:《浮士德》,董问樵译,复旦大学出版社 2001 年版,第 288 页。

的。歌德认为,人有善有恶,但必须抛弃肉体和欲望的享受,而走向高贵人性和真善美的境界。换言之,他认为,人必须进行自我救赎才能找到生命的真谛。不过,这个救赎之途不一定是基督教的上帝,也不是希腊的人格化的神,而是充满爱和善的精神象征。歌德反对基督教对人性的压抑,反对人的原罪必须依靠神的怜悯而自身无能为力。他认为人虽因袭罪孽,但人性中有善的胚芽,凭借着神的培养,可以自我救赎,走向崇高之路。《浮士德》中天帝与魔鬼在浮士德身上打赌,其目的就是要说明人虽然具有各种惰性和罪孽,但只要有向上向善的灵魂就可以得到救赎。所以,天帝对靡非斯陀说:"不妨把他引上你的魔路,可是你终究会惭愧地服罪认输;一个善人即使在黑暗的冲动中,也一定会意识到坦坦正途。"①不过,歌德认为,人生来身上就有着两种精神:一种是懒惰的、欲望的、肉体的和罪孽的恶,一种是向上的、精神的、高尚的善。人们可能一时间会迷恋于享受甚至罪恶,但是善良的根本必然会引导人们倾向于善。正如浮士德所说:"在我的心中啊,盘踞着两种精神,这一个想和那一个离分! 一个沉溺在强烈的爱欲当中,以固执的官能贴紧凡尘;一个则强要脱离尘世,飞向崇高的先人的灵境。哦,如果空中真有精灵,上天入地纵横飞行,就请从祥云瑞霭中降临,引我向那新鲜而绚烂的生命!"②

浮士德的问题是人到底是什么? 人生的意义何在? 整个诗剧就是浮士德对人生意义的不懈追求。歌德通过《浮士德》的悲剧告诉人们:人就在善与恶、欲望与现实之间挣扎和求索。浮士德的一生就是从尘世的爱欲中而奋力向善的境界追求的悲剧。浮士德在书斋中感到了生命浪费在知识上的可悲,人还没有活着就要死去,这是他必然走出书斋到尘世中体验万千缤纷事件的原因。当他听到地灵的启示,感悟到人无论如何伟大与卑微,其本质不过是生命而已,人作为一种活的生命存在就应精彩地生活。因此,他翻译《圣经》不是太初有名,也不是太初有力,而是"太初有为"。他的意思是人不是逻辑知识的堆积,也不是理性的筹划,人要体现生命创造化育之功,那么人之初就要

①　[德]歌德:《浮士德》,董问樵译,复旦大学出版社 2001 年版,第 18 页。
②　[德]歌德:《浮士德》,董问樵译,复旦大学出版社 2001 年版,第 18 页。

奋发有为。

　　当然这个"有为"也不一定是变成圣人,只做好事不做坏事。"有为"其实就是要去生活,去体验百态人生。浮士德与魔鬼订约之后变成了翩翩少年,迫不及待地去体验酒肉欢愉和情欲的满足。当浮士德在街道上看到了年轻貌美的葛丽卿,他威胁靡非斯陀说:"若是那个甜嫩的心肝,今夜不投入我的怀抱安眠,咱们到夜半便两下分散。"①一种抑制不住的肉欲跃然纸上,难怪魔鬼讽刺他真像个花花公子。也正是浮士德自私的爱欲害死了纯情而无辜的葛丽卿。在爱情悲剧中,浮士德陷入了情欲满足与道德良知的矛盾之中,他选择了逃避。在歌德看来,如果一味满足自己的私欲、爱欲,那么必然会导致现实的悲剧,从而给对方和自己带来无尽的痛苦。例如,在《亲和力》中,爱德华是两对恋人中感情最为炽热的、追求最为大胆的,但正是这种固执的、迫不及待的激情导致了奥蒂莉的内疚和死亡。反之,感情同样灼热的奥蒂莉在意识到这种情欲的可怕后果(小奥托的死亡)后,她用理性和意志控制了感情的泛滥。歌德最后安排奥蒂莉变成了圣女,得到了自我的救赎。歌德不喜欢爱德华,不过"这个人物非常地真实,须知在上流社会里,有足够多像爱德华一样以固执代替个性的人"②。爱情悲剧之后,浮士德感到需要把人生的欲望放在更大的空间中,在政治上实现抱负。于是,他与魔鬼到了皇帝的宫廷,但皇帝却把他们视为弄臣,必须与现实同流合污才行。在现实政治中,要么作恶,要么放弃,浮士德最后选择了放弃。这一选择也正是歌德魏玛政治生活失败的象征。同样,歌德在戏剧《塔索》中也表达了政治失败的郁闷。在召唤幽灵的戏剧中,浮士德惊鸿一瞥看到了古希腊的海伦——希腊艺术的精灵。就像歌德逃离宫廷和政治,去意大利旅行来拯救自己的心灵一样,浮士德逃到了希腊神话世界。但是,现实并不能完全容得下纯粹的艺术,或者说艺术不能代替现实存在。希腊艺术固然是人类美的高峰,不过它毕竟是虚幻的精神药物,无法拯救歌德的现实人生——他必须返回魏玛。最后,歌德给了《浮士德》一个恶乌托

---

① ［德］歌德:《浮士德》,董问樵译,复旦大学出版社 2001 年版,第 148 页
② ［德］艾克曼:《歌德谈话录》,杨武能译,河南文艺出版社 2013 年版,第 175 页。

邦:依靠强盗手段海陆空一体的掠夺,追求产业和权力。这分明是资产阶级真实的写照,最后不是灵魂的救赎,而是启蒙理性走向工具理性的必然悲剧。

歌德的人性观凝缩在了《浮士德》悲剧之中,人始终在善恶之间摇摆和徘徊,不过歌德相信人类有向善的天性。他认为,凡是善良的人们,总会让现实角色服从内心的呼唤,这种具有高尚使命的内省最终会让人们过上正当合理的生活。这就是歌德所谓的心安之处,也就是说作为高贵的人应"发乎情,止乎礼仪",即内在自然情感与社会规范彼此符合,否则就是野蛮的甚至是罪恶的。

三、人格论与风格论

"整个而言,风格乃是一个作家内心最真实的写照;谁想使作家的风格清清亮亮,他内心先就得清清亮亮;谁想写得超凡脱俗,他自己的品格就得超凡脱俗。"①这是歌德对人格与风格关系最精准的概括。换言之,风格就是人格的表现,也就是说文如其人。在歌德的文艺思想中,他提出了两种不同的人格和风格:"古典的"与"浪漫的"。两者的区分,不仅是歌德的风格观的具体内容,而且也体现了他对浪漫主义文学的批判。

歌德与席勒同为德国伟大作家,但是二人在创作理念和艺术风格上并不一致,后来被人们概括为古典主义与浪漫主义。也就是说,歌德倾向于古典主义,席勒倾向于浪漫主义。这种说法最早源于歌德自己的总结:"古典的诗和浪漫的诗这个概念如今已传遍世界,引起了许多争论和分歧,它原本出自我和席勒。我主张写诗要用客观的方法,并坚持以此为准则。席勒呢完全以主观的方法写作,认为他那样做正确,为了反驳我的意见,写了一篇文章叫《论素朴的诗和感伤的诗》。他向我证明,我自己虽不情愿却采用了浪漫的写法。我的《伊菲根尼》偏重情感,压根儿不像人们乐于相信的那么古典和合乎古代精神。施莱格尔兄弟抓住这个思想,把它加以发挥,结果现在传遍了全世界,

---

① [德]艾克曼:《歌德谈话录》,杨武能译,河南文艺出版社2013年版,第65页。

闹得人人都在谈古典主义和浪漫主义;这个在五十年前还没人想到喽。"①在这里,歌德交代了古典的诗就是客观的,浪漫的诗就是主观的,换言之,歌德的创作是遵循客观的自然的,而席勒的创作则是主观的观念的。歌德虽然认为席勒是一个了不起的文学天才,但是他对席勒创作个性中的哲学思辨和观念倾向则深恶痛绝,认为对观念的热爱干扰或者降低了其创作水准。他说:"我设法不相信,是希腊的哲学倾向损害了他的文学创作;他的哲学倾向使他走得那么远,竟把观念看得高于整个自然,以至于消灭了自然。凡是他想得到的,就必须发生,也不管这符合自然或者违反自然。"②很明显,歌德把古典的等于客观的、自然的,把浪漫的等于观念的、非自然的,这就说明歌德心目中的古典与浪漫并不单纯是古典主义与浪漫主义文学风格,而是更为广泛意义上的深刻的人格论和创作风格论。

歌德认为,有什么样的人格就有什么样的创作风格,即文如其人。健康的人格创作风格必定也自然客观,而受观念主导的人格则表现为软弱的、无力的风格。所以,歌德的古典与浪漫的区别,实际上更多的是一种人格类型的划分。他常常对比英国人与德国人,莎士比亚、拜伦与德国诗人。英国人与莎士比亚等是客观的,人格是健康的、自然的、行动的;而德国人及其诗人则是主观的、观念的、哲学思辨的,因此文艺风格也是虚弱的、垂暮的、无力的。歌德认为,英国人身强力壮,英姿勃发,不仅在于其种族遗传和健康的教育,而且还在于让青年人自由发展,享有自我意识和民族自豪感,因此他们都是健康自然的"完完整整的人"。但是德国人就不同了,由于过于强调集体和哲学观念的思辨,德国青年人尽管彬彬有礼却没有率真自然,年轻苍白却没有青春气息,驯服温顺却没有自然野性的东西。"他们完完全全沉溺在观念里,感兴趣的只是那类最深奥的哲学思辨的问题。他们身上找不到一丝丝健全感官和感官之乐的影子,一切青春的感觉和青春的欲求都已从他们身上消失殆尽,而且是无可挽回地消失殆尽。"③

---

① [德]艾克曼:《歌德谈话录》,杨武能译,河南文艺出版社 2013 年版,第 348—349 页。
② [德]艾克曼:《歌德谈话录》,杨武能译,河南文艺出版社 2013 年版,第 26 页。
③ [德]艾克曼:《歌德谈话录》,杨武能译,河南文艺出版社 2013 年版,第 246 页。

因此,歌德指出,德国人的理论思辨影响了艺术感受和艺术表现,更进一步导致德国诗坛虚弱的文风出现。"软弱是我们时代的通病",换言之,感伤、软弱是德国文艺创作上的通病。"全都那么哼哼唧唧,活像诗人们一个个都是些病人,整个世界是座医院。谁都在诉说人世的烦恼和苦难以及彼岸世界的欢乐,谁都不满自己现实的境况,还相互助长着心里的不满。这是真正的滥用诗歌,因为诗的作用原本就在平复我们生活中的小小怨恨,使人对世界和自身的处境感到满足。然而眼下这一代人惧怕任何真实有力的东西,只对软弱感觉称心,只有无病呻吟让他们觉得有诗意。"①那么,这种德国诗坛的无病呻吟来自哪里呢? 歌德认为罪魁祸首就是德国人热衷于哲学思辨。"总的说来,哲学思辨妨碍了德国作家,常常给他们的风格注入了一种晦涩难解、宽泛散乱的性质。他们越沉迷于某种特定的哲学派别,写得也就越坏。……就说席勒吧,……只要抛开哲学,他的风格就漂亮极了,有力极了。"②在歌德把观念等同于软弱的观点下,席勒就被认为是观念影响了其艺术风格。席勒从观念出发创作,这一判断不过是歌德自己的看法,甚至是偏颇的看法。歌德无疑在此就把人格论与风格论联系起来了,同时还加上了一个优劣判断——强烈批判法国浪漫主义。

什么是"古典的"与"浪漫的"呢? 歌德说:"我称古典的为健康的,浪漫的为病态的。例如《尼伯龙根之歌》如同《荷马史诗》是古典的,因为两者都健康而且有力。把多数近来的作品归之于浪漫,不是因为它们新,而是因为它们软弱、苍白、病态;称古代的作品为古典,并非因为它们古老,而是因为它们强壮、乐观、健康、有活力。如果我们以这些品质区分古典和浪漫,事情马上就会一清二楚。"③在此,歌德告诉我们,古典与浪漫之分,其实也不单纯是艺术风格,而是一种品质划分。更确切地说,古典与浪漫是对立的,古典的人与风格必须是优雅的、健康的、高贵的、有修养的,而浪漫的则是病态的、羸弱的、感伤的,更重要的是,浪漫表现的都是"恐怖残忍的、伤风败俗的、野蛮粗暴的"。这里

① [德]艾克曼:《歌德谈话录》,杨武能译,河南文艺出版社2013年版,第221页。
② [德]艾克曼:《歌德谈话录》,杨武能译,河南文艺出版社2013年版,第64页。
③ [德]艾克曼:《歌德谈话录》,杨武能译,河南文艺出版社2013年版,第281页。

歌德的古典与浪漫的区别实质上就成为人格品质上的区分,进而成为艺术高下的审美判断了。在歌德看来,他与席勒的一系列差异都是二元对立的区分,其关键就在于歌德把古典等同于自然、特殊,进而其人格与风格是健康与雄壮的,而浪漫的等同于创作上的从观念出发、从一般出发,形成了病态人格和感伤、软弱风格。

这种区分的出现实际上是贵族阶级与资产阶级和平民的人格观和文艺观的矛盾。歌德出身于富裕资产阶级家庭,向往和混迹于公爵、伯爵之间,后来被封为贵族。而席勒则出身于平民,过着朝不保夕的贫寒生活,不得不接受歌德的周济。席勒心中的理想人格就是资产阶级与平民的叛逆和反抗的性格,其文艺理想是抗争的、呐喊的号角,而不是温柔敦厚的、温良恭让的贵族游戏。基于他们阶级地位和人生经历不同,歌德与席勒的文艺观点相互对立的背后,其实质是贵族与平民在那个时代的对立及其审美意识形态的尖锐矛盾。

歌德认为,真正的人就应该是古典的,也就是贵族式的人格。他多次提到进入上流社会的青年人的贵族风范,就是指修养良好、举止优雅得体、行为高尚真诚。其实,古典的真正含义就是要用理智节制人性的冲动与激情。歌德的《小说》(Novelle)写了小男孩用音乐制服猛虎的故事,主旨就在于揭示用爱和虔诚更容易制服狂野和桀骜不驯的东西,而不是用暴力。在歌德看来,他的艺术是传递慈爱、忠诚和友善的,而席勒则是表现狂野和暴力的,因为席勒戏剧的反暴君和反封建思想被贵族强烈地憎恨,而深受年轻人的热爱。歌德反对席勒戏剧中出现的那些所谓的野蛮和残酷的描写,也反对席勒的叛逆性和反抗情绪,称之为放纵情感。歌德崇拜拜伦的天才,认为拜伦位高爵显、个性高洁,但拜伦总是狂热、冲动,头脑发昏,为所欲为,把全世界都变成了自己的敌人。"他生性天马行空,好高骛远,能以遵守'三一律'来约束自己真是一件好事。要是在道德伦理方面,他也懂得节制就好了!他办不到这一点,便是他的致命伤。完全可以讲,他毁就毁在放纵不羁。"①

歌德对席勒和拜伦的批评,也就是 18 世纪古典主义理念对 19 世纪初英

---

① [德]艾克曼:《歌德谈话录》,杨武能译,河南文艺出版社 2013 年版,第 94 页。

国和法国激进浪漫主义思想和艺术的批判。歌德的生平横跨古典主义到浪漫主义时期,在他晚年,浪漫主义思潮已经成为世界的主流。1827 年,雨果发表了戏剧《克伦威尔》及其序言,这篇序言被称为"法国浪漫主义的宣言"。在其中,雨果宣称一种新的艺术原则、一种新的艺术形式诞生了,一个新的艺术时代来临了,这就是崇高与怪诞并存的浪漫主义时代。"她会感到,万物中的一切并非都是合乎人情的美,她会发觉,丑就在美的旁边,畸形靠近着优美,丑怪藏在崇高的背后,美与恶并存,光明与黑暗相共。"①"相反,在近代人的思想里,滑稽丑怪②却具有广泛的作用。它无处不在;一方面,它创造了畸形与可怕;另一方面,创造了可笑与滑稽。"③换言之,怪诞和丑陋的事物进入了优美和崇高的艺术殿堂,激情和反抗打破了理性的节制。"因此,在浪漫主义对理性的反叛中,艺术家颂扬情感,视情感高于理性,激情要摆脱约束,自由冲破规范,个人超于集体……"④浪漫主义的原则引起了歌德的强烈不满。

1830 年,歌德与艾克曼谈法国的文学革命时,他指出希腊神话的美好内容都被魔鬼、巫师和僵尸取代了,古代高贵的英雄让位给了骗子和罪犯,健康优雅的思想被丑恶淫邪的行为所替换,浪漫主义迎合观众的口味,在宣扬恐怖邪恶方面青出于蓝。他把浪漫主义的内容和题材贬低为恐怖、丑恶,甚至是罪恶的,雨果就是其中代表。"雨果是个了不起的天才,只可惜完全让他那个时代的邪恶、浪漫倾向给迷住了,因此误入歧途,他除了美,也表现极其不堪、极其丑恶的东西。最近我读了他的《巴黎圣母院》……,他这部作品完全违反自然,缺乏真实!"⑤事实上,雨果并没有被时代所毁掉,恰恰是那个崇尚情感和反抗暴虐的时代成就了雨果的伟大事业,同时雨果的浪漫主义创作也给予了时代最好的礼物。由此可知,歌德对于席勒、拜伦和雨果的批评,就其实质而

① [法]雨果:《雨果论文学》,柳鸣九译,上海译文出版社 1980 年版,第 30 页。
② "Grotesque"一词原文是意大利文,指的是古罗马考古洞窟中那些动物、植物交织在一起的漩涡状壁画,后来成为英文和法文。该词确切地应该译为"怪诞",指的是一种怪异丑陋的艺术风格和美学观念。
③ [法]雨果:《雨果论文学》,柳鸣九译,上海译文出版社 1980 年版,第 33 页。
④ [美]威廉·弗莱明、玛丽·马里安:《艺术与观念》,宋协立译,北京大学出版社 2008 年版,第 528 页。
⑤ [德]艾克曼:《歌德谈话录》,杨武能译,河南文艺出版社 2013 年版,第 422—423 页。

言,并不完全是客观的。古典的贵族人格观与文雅的古典艺术观使得歌德必然反对以反抗和叛逆为己任的资产阶级人格观和怪诞、激情的浪漫主义艺术观。他视之为退步的艺术观,恰好相反地体现了时代的真正进步,从而反衬出歌德的观点是真正的古典主义美学观。

四、文艺创作论

歌德在《谈话录》中用很多篇幅探讨了文艺创作的规律:第一,共通人性和时代精神是艺术创作的基础;第二,把外在现实世界与诗人的内心世界统一起来,即以诗人内心诗意和精神驾驭和摹仿真实的外部世界;第三,把一般与特殊结合起来,即表现得越是特殊,就越能透露出一般来,通过特殊来表现一般。

(一)人类共通性是文艺创作的基础

歌德指出:诗是人类共同的财富。为何文艺会具有共同性呢? 他认为这是因为艺术所反映的是各民族和时代的人们所共同具有的生活行为和思想情感,即共通的人性。从共时性来讲,一个民族的人们生活恋爱与其他民族相同,生活感受与情感体会相同,所以人们才能够欣赏其他语种或者民族的艺术。1827 年,歌德阅读了大量的中国小说,其中他特别欣赏《好逑传》。歌德说,这一部小说特别值得注意。艾克曼不以为然地说:“那肯定挺怪的吧。”他的意思是中国距离德国那么远,民族、文化和思想都根本不同,歌德怎么会看得懂中国文学呢? 然而,歌德不愧是天才的文学家,他说明了文艺之所以发生就在于人同此心、心同此理,指出了文艺要表现人类共同的思想情感和共通的人性。“不像你想象的那么怪,人们的思想、行为和情感几乎跟我们一样,我们很快会觉得自己跟他们是同类,只不过在他们那里一切更加明朗,更加纯净,更加符合道德。在他们那里一切都富于理智,都中正平和,没有强烈的情欲和激扬澎湃的诗兴,因此和我的《赫尔曼与多萝苔》以及英国理查生的小说,颇多相似之处。”①

---

① 　[德]艾克曼:《歌德谈话录》,杨武能译,河南文艺出版社 2013 年版,第 177—178 页。

这种共通的人性指什么呢？一方面,不同民族和国家的人都具有一样或相似的人生历程和体验。就像孔子所说的"三十而立,四十不惑,五十而知天命",歌德也认为人生的不同阶段所体验到的情感不大相同。在孩提时代,人们是以感性体验和娱乐为主的感官主义者。恋爱的时候,人们是以情感和激情为主的理想主义者。在中年时候,人们对爱情和生活发生怀疑则变成了怀疑论者。到了老年,气血衰竭、得过且过,人们便成了清静无为的哲人。他曾指出,《少年维特的烦恼》是写给那些不甘压抑和崇尚爱情的少年们的,席勒的《阴谋与爱情》《强盗》等早期戏剧同样也是给年轻人看的,而且也同样被年轻人所喜欢和支持。但当歌德步入中年之后,少年时的激情变成了苦涩的爱情,凌云壮志在魏玛宫廷里消耗殆尽,理性逐渐占了上风,于是他的思考变得睿智,激越变成了《亲和力》里的温良平和。另一方面,共通的人性主要是指人性中美好的东西。"然而人性中更高尚和更美好的表现,诸如对故土的热爱,对自由的向往和在国家法律保护下获得的安全感,以及身受异族奴役和虐待所感到的耻辱,最后还有终于奋起摆脱异族统治的意志和决心,所有这些美好高尚而优秀的品质,我都打算赋予那几位高贵的男子……这些人才是我真正的英雄,才是我心目中行动自觉的崇高力量……"①这种更高尚的人性就是超越了个人爱恋好恶的集体情感。所以,歌德所谓的共通人性是个人自然情感、伦理道德与集体的社会性情感的统一。换言之,文艺要表现的人类共通性就是爱,爱自己、爱家人、爱恋人、爱国家、爱民族,爱一切可爱的事物。

艺术家要挖掘和表现共通的人性,这种人性就根植于民族、国家以及时代的情绪、情感和精神之中。歌德谈到文艺复兴时期意大利画家柯勒乔(Correggio)的一幅画,内容是圣母给圣婴基督断奶。他认为这幅画极为成功,首先它表现了每一个人都必须经历的人生阶段和人性体验,其次它把人的精神、纯真、感情借助于神圣题材全部寄予其中。所以,"一个宗教题材,自然同样可以成为很好的艺术表现对象,只不过有个条件,就是它必须反映普遍的人性。正因此,怀抱耶稣的圣母就是个绝佳的题材,它不但得到千百次的表现,而且

---

① ［德］艾克曼:《歌德谈话录》,杨武能译,河南文艺出版社2013年版,第211页。

永远为人喜闻乐见,百看不厌"①。也就是说,艺术家要想创作出灿烂的艺术品,只表达他个人情感还不行,还必须把这种个人情感与民族、国家和时代结合起来,乃至于表达出人类共同的情感。伟大的艺术家都是与民族和时代紧密结合的,或者说诗人是时代和民族情感的代言人。莎士比亚、拜伦、雨果等文学天才都是时代的产物。就莎士比亚来看,他是一座不可企及的高峰。但如果把莎士比亚放在他那个时代,就会发现一群天才就像绵延不绝的群山,莎士比亚尽管是最高峰,却可发现诞生地的广袤峰峦。"莎士比亚伟大纵然伟大,可我们却会获得一个信念,那就是他创造的精神奇迹许多都并非不可企及,他的许多成就都归因于他的时代和他生活的那个世纪雄劲的创作风气。"②18 世纪的艺术家和美学家多数都特别推崇古希腊的艺术,歌德也概莫能外。他却指出,与其叹服古希腊的悲剧、史诗和雕塑,还不如称赞产生这些艺术精品的时代和民族,因为所有的艺术家尽管题材和风格不同,但是都表现了古希腊完美健康的人性、卓越的生活智慧、高尚的思维方式和纯粹有力的人生观。这些品质不属于某个诗人,而属于整个时代和民族所共有。诗人只有不断地把自己的血脉融入时代和民族之中,才可以获得创作的鲜活基础,才会有所成就。

（二）以诗人内在精神驾驭客观自然

在歌德的概念中,诗人的主观情感、内心诗意、内在胸臆、精神等都是同样的意思,就是指艺术家内心体验的主观思想情感。外部现实、生活世界、客观自然等概念也同样相似,指的是有别于艺术家内心世界的外部的现实世界,当然包括客观自然的世界。歌德认为,现实世界是非常重要的题材,艺术创作必须来自客观的现实世界。但是,仅仅摹仿现实,或者抒发内心的感受,都不是真正的诗歌。真正的艺术创作应该是艺术家以内心感受形成的诗意精神来组织和描写真实的外部现实,简单地说,就是以内心诗意驾驭外部现实。歌德有一个比喻:植物生根发芽,枝繁叶茂,最后开出一朵花。枝干和绿叶都是为了

---

① ［德］艾克曼:《歌德谈话录》,杨武能译,河南文艺出版社 2013 年版,第 69 页。
② ［德］艾克曼:《歌德谈话录》,杨武能译,河南文艺出版社 2013 年版,第 152 页。

开花,如果没有花朵,那么绿叶就失去了意义。"这就是理想,这就是那朵花。而绝对现实的情节的展开就好似一簇簇绿叶,它们只为花而存在,只因为花而有些意义。……真实的描写可以使我们对于某些事物认识更加清楚,但是,对于更高级的生命,真正的收获仅仅存在于由诗人心里产生的理想。"①换言之,诗人的内心情感和主观精神是花朵,真实的现实生活是绿叶,即现实真实必须为内心精神服务,内在诗意驾驭外部自然。

现实的价值在于为诗人提供题材,其内在要求是作家必须尊重自然,真实客观地描写现实世界和自然事物。歌德认为,诗歌的创作就起源于现实生活,现实中永远不缺少作诗的题材。不过这个现实的题材最好是艺术家特别熟悉的、经常接触的,同时还最好是适合艺术家的天赋和秉性的。这样艺术家的天分与熟悉题材的结合,就会产生艺术精品。歌德说,自己的艺术创作就是现实的"即兴诗",即题材源于现实。比如,《少年维特的烦恼》就来自歌德与夏绿蒂无望的爱情,《亲和力》几乎都来自歌德不同时期的经验和思考。这些题材歌德无比熟悉,对于描写的对象了解透彻,由此才能够写得真实自然。例如,德国画家彼得·卢斯(I.H.Roos)的绵羊画得真实到了极点,歌德简直怀疑画家就是一头绵羊。不过,卢斯只会画那些绵羊、山羊、奶牛等温顺的吃草动物,而狗、猫和老虎等猛兽则没有画过。歌德指出,卢斯有如神助地将绵羊、山羊画得如此真实自然,是因为他的天赋和秉性与这些题材完全相符。卢斯好像能够听懂羊的叫声、知晓羊的情感,"反正是极端令人惊讶哪,他怎么会钻进羊们的灵魂,深入体会它们的思想感情,以至能通过外表把它们的内在性格如此真实地展现在我们眼前。由此可见,如果坚持画与自己秉性相近的题材,一位伟大天才会取得怎样的成就"②。选好了创作的题材,接着就要求对现实世界和自然的真实描写。歌德认为,艺术家要作自然的奴隶,尊重自然真实,表现客观世界。歌德给一位即兴表演家出了一个题目:描述回汉堡的情境。这位艺术家只是抒发了游子归家的感受,而没有详细真实地描写汉堡这个城市

---

① [德]艾克曼:《歌德谈话录》,杨武能译,河南文艺出版社2013年版,第168页。
② [德]艾克曼:《歌德谈话录》,杨武能译,河南文艺出版社2013年版,第57页。

的特殊真实。歌德于是评论说,诗人如只是表现主观感受,那还不算是真的诗人,而当诗人学会把握现实,描写事物真实准确的时候,他的诗情才会永不枯竭。

在艺术创作中,现实真实固然重要,但真正起主导作用的还是艺术家的内心世界及其诗意精神。如果艺术仅仅是现实的真实摹仿品,那么也就不需要艺术家进行想象和创造了。首先,艺术家要有充沛的情感。诗歌由现实感兴而发,诗人充沛的情感赋予平凡的现实,才使得现实脱离俗常,变得有诗意。歌德在写作《玛丽温泉哀歌》之际,在温泉疗养时疯狂爱上了 19 岁的少女,被少女拒绝后痛苦异常,在极端狂热状态下在马车上写出了这首诗。其次,艺术家要通过想象和"预感"来感知事物,体会事物。歌德 20 多岁创作了《铁手骑士葛兹·冯·伯利欣根》,10 年后他还是惊讶于写得那么真实,虽然很多事物没有直接接触。他认为,像拜伦和他一样,许多诗人都是通过想象和预感来表现世界。

换言之,歌德把创作过程分成两个方面,一方面是主观的内心世界,"爱与恨,希望与绝望,以及心灵其他种种称呼的状态和情感,天生属于诗人的领地,也能让他成功表现"①。这一内心世界和思想情感构成了诗人要表达的诗意精神,也就是花朵。另一方面是客观的现实世界和自然事物,也就是绿叶。这一方面要求真实地摹仿自然。"但是如何开庭判案,或者如何参加议会,如何给皇帝加冕,他便并非生来就了解;要想描写这些事情就不能违背真实,诗人就必须通过自身的阅历或者吸取前人的经验学习掌握它们。例如写《浮士德》,我能够预感很好地把握主人公悲观厌世的阴郁心理,还有格莉琴热烈的爱情感受;但为了写例如:天空中升起红色的残月,那么悲凉,那么冷清黯淡……就需要亲自观察自然。"②

对于内在世界与外在世界、作家主体与自然的关系,歌德有个精辟的概括:艺术家与自然有着双重关系:他既是自然的主人,又是自然的奴隶。1827

---

① ［德］艾克曼:《歌德谈话录》,杨武能译,河南文艺出版社 2013 年版,第 59 页。
② ［德］艾克曼:《歌德谈话录》,杨武能译,河南文艺出版社 2013 年版,第 59—60 页。

年4月,歌德与艾克曼多次欣赏了鲁本斯的风景画代表作《夏季》,歌德通过赏析该作品说明了艺术家与自然的根本关系。鲁本斯在画作中描绘了农民赶着羊群和牛群回家的情景。歌德称,鲁本斯把观察到的大自然整个装入了大脑,一切细节都听从他调遣。整个画作巧夺天工,浑然天成,好像大自然纯粹的复制品一样。然而,歌德仔细研究后发现画作的光线来源不符合自然规律,也就是违反自然法则。不过,这不仅不是鲁本斯的缺点,反而是他作为绘画大师才能凸显的地方——大艺术家敢于违反自然,使得自然屈从于艺术法则。为何这样呢?歌德指出,一切艺术家都必须在细节上尊重自然,忠实地模仿自然,这是要让别人理解自己的作品。但是,一切伟大的艺术家则在艺术创作的更高境界上要超越自然,这种超越主要体现在艺术家要有更高的精神和志趣。这种主观的诗意和精神可以改变自然的规律,使得自然服从于艺术目的。这是因为艺术作品以完整的东西向世界讲话,但是完美的事物在自然中并不存在,艺术只有在经过艺术家的主观精神改造之后才会出现。所以,歌德说鲁本斯的画根本不是对自然的真实模仿,因为自然中没有这么完美的画面,而是他心灵和精神创造的结果。"问题恰恰在这里,正是在这一点上,鲁本斯证明了自己的伟大,显示出他凭借自由的精神凌驾于自然之上,能够为实现更高的目的驾驭自然。"[①]

(三)通过个别特殊显示一般观念

歌德和席勒是相互支持、相互影响的好朋友,歌德关于华伦斯坦的题材曾经让给席勒写作,而歌德的《浮士德》更是在席勒的催促下诞生的。两个巨星的创作目的是相同的,但具体的创作思路和方法却有差异。歌德总结说,席勒的创作总是从观念出发,为了一般观念而寻找具体的事件和人物,而他自己的创作总是从现实的个别事件和特殊人物出发,在感动之余才创作出来,往往这个特殊中却包含着一般观念与精神。1824年,他在《关于艺术的格言和感想》中指出:"诗人究竟是为了一般而找特殊,还是在特殊中显出一般,这中间有很大的分别。由第一种程序产生出寓意诗,其中特殊只作为一个例证或典范

---

① [德]艾克曼:《歌德谈话录》,杨武能译,河南文艺出版社2013年版,第202—203页。

才有价值;但是第二种程序才特别适宜于诗的本质,它表现一种特殊,并不想到或明指一般。谁若是生动地把握特殊,谁就会同时获得一般,而当时却意识不到,或者只是到事后才意识到。"①文艺创作就如同万事万物一样,有自己的特殊规律。歌德根据自己丰富的创作经验和理论的思考,认为艺术创作的基本规律是:掌握和描述个别特殊的事物,在特殊中表现一般,通过创造一个显出特征的有生命的整体来反映世界。

为一般而找特殊,还是从特殊显出一般,这是艺术创作的两种不同思路。前者是从主观观念出发进行创作,后者是从现实生活出发创作。为一般而找特殊,这种特殊只是作为一种例证或说明才有价值,创作出来的人物多带有类型性,忽视人的个性存在,没有较强的感性力量和艺术感染力。类型化,不能反映自然的本质,因为自然本身是丰富多彩的,是多样的统一。在艺术效果上,甚至多的观念会损害诗(即文学作品)。从特殊中显示出一般,充分显示出感性的力量,艺术是形象的表达,形象是艺术存在的形式,感性是艺术作品区别于科学和哲学等学科的一个基本特征。只要抓住了特殊,就抓住了感性,同时也抓住了一般而获得永恒。作家要忠于生活,真实地描绘生活也必须看到个别特殊的事物,因为首先映入人们眼帘的就是一个个生动、鲜活的"特殊"。从具体的、个别的事物出发,通过个别显示一般,是为实践所证明了的文艺创作的客观规律。

歌德在和艾克曼谈话中声称:"到了描绘个别特殊这个阶段,人们称为'写作'(komposition)的工作就开始了。"②在创作中,只要抓住了特殊,才称得上"写作"的开始,为什么非要抓住"特殊"不放呢?因为"作家如果满足于一般,任何人都可以照样摹仿;但是如果写出个别特殊,旁人就无法摹仿,因为没有亲身体验过。你也不用担心个别特殊引不起同情和共鸣。每种人物性格不管多么个别特殊,每一件描绘出来的东西,从顽石到人,都有些普遍性"③。世界的任何事物都是特殊,是个别,但同时有着一般,都是个性与共性的统一,寓

---

① 转引自朱光潜:《西方美学史》,人民文学出版社 1979 年版,第406—407页。

② [德]艾克曼:《歌德谈话录》,朱光潜译,人民文学出版社 1997 年版,第10页。

③ [德]艾克曼:《歌德谈话录》,朱光潜译,人民文学出版社 1997 年版,第10页。

普遍性于特殊性之中。如果作家只描绘个别,就没有呈现一般,但是如果只把握一般,就取消了事物的差别。更何况,特殊是经过作家内心情感浸染过的,只要是作家自己的亲身体验,谁都不能否认其个别的魅力,正因为特殊中蕴含着一般,所以越是特殊就越一般。在具体的书写中,最关键的是将特殊描绘得越完满,那么一般就呈现得越真实、越完全。因此,歌德说:"艺术的真正生命正在于对个别特殊事物的掌握和描述。"①作家抓住特殊就建立了自己的活生生的世界,越个别就越一般,就越容易引起共鸣,越有震撼人心的力量就越美。

歌德认为,显出特征的生气灌注的艺术整体就是显示着一般的特殊对象。歌德多次提到"生气灌注的整体"。他说:"据现实生活来熔铸成一个优美、生气灌注的整体,这却是诗人的事了。""诗人所要做的工作就只是构成一个活的整体。"②"艺术要通过一种完整体向世界说话,但这种完整体不是他在自然中所能找到的,而是他自己的心智的果实,或者说,是一种丰产的神圣的精神灌注生气的结果。"③他在进行人物创作时,是从现实的具体的人出发,强调其作为一个多样的统一体而出现在作品中。这个整体上显现着特征、生气灌注的活生生的人。

五、自然美论

在西方美学史上,歌德并不以理论见长,他甚至对理论探讨和观念思辨非常反感。歌德曾经在旅行途中看着高山峻岭、绿树清水,感叹说那些无聊的美学家造出一个个概念企图给美下个定义,然而却总是徒劳的,因为美是千变万化的。不过,歌德虽然说给美下定义是困难的,但他自己由于对植物学、光学、生物学等都有深入研究,同时善于观察大自然的细节和规律,还是提出了一些非常有意思的关于自然美的观点。

首先,自然美的显现是有条件的,受到环境因素的制约。"我深深了解,

---

① [德]爱克曼:《歌德谈话录》,朱光潜译,人民文学出版社 1978 年版,第 10 页。
② [德]爱克曼:《歌德谈话录》,朱光潜译,人民文学出版社 1978 年版,第 7 页。
③ [德]爱克曼:《歌德谈话录》,朱光潜译,人民文学出版社 1978 年版,第 137 页。

自然往往展示出一种可望不可攀的魅力,但是我并不认为自然的一切表现都是美的。自然的意图固然总是好的,但是使自然完全显现出来的条件却不尽是好的。"①自然中美的事物受到外部条件的制约。他举橡树为例,说明要与有利的环境配合在一起,适应树的生长,创造橡树充分发展的条件,自然才会产生一棵真正美的橡树。如果橡树生长在密林中,周围有许多大树围绕着,它就总是倾向于向上长,争取自由空气和朋友,结果树冠会过大,而树干过于苗条,不会显示出美来;如果生长在低洼潮湿的地方,土壤过于肥沃,只会在树干的四周长满无数枝权,从远处看就像菩提树一样柔弱,仍然不美;如果生长在石头多的高坡上,则不会自由发展,很早就会枯凋。只有沙土地对橡树最为有利,同时还应有足够的空间,使它从各方面受到阳光、雨和风的影响,须和风雨搏斗上百年才能长得健壮,显示出橡树所特有的那种坚实刚劲的美来。由此看来,美即使在自然界也不是由放任自流式的发展而来,皆存在和形成于与环境的矛盾斗争中。

其次,自然美还应该符合形式美的一般原则。在自然中,并非一切存在物都是美的,它们是美丑并存的。美的事物也必然符合形式美的原则——"寓变化于整体",在整体中显现美。歌德还以橡树为例:橡树在密林中用最健壮的力量努力向上发展,而在过了中年以后,就没有了向宽度发展的力量,树冠和树干的比例不相称,树不会显出美;在低洼潮湿的地方,橡树的生长又过于快速,向四周伸展无数树权,相对缺少那种束缚的力量,所以杂乱依然不美;生在高山瘦石之中,会长太多的疮疤,不能自由发展,则过早枯凋。所以美的事物是在和环境的矛盾斗争中成长起来的,这种环境不能过分压迫,也不能过于宽松,而是恰到好处的束缚。橡树在这种束缚中才显示出美的本性,而形成的美必须符合形式美的原则,比如对称、匀称等。

再次,美的事物是完整的,构成事物的各部分和整体达到自身规定的目的,显现出一种完满性。任何美的事物都是完整的,残缺是不美的,所谓美就是达到事物的内在目的,即完善。歌德在和艾克曼谈美时,艾克曼说:"事物

---

① ［德］爱克曼:《歌德谈话录》,朱光潜译,人民文学出版社 1978 年版,第 132 页。

达到了自然发展的顶峰就显得美吗?"歌德回答说:"当然,不过什么叫做自然发展的顶峰,还须解释清楚。"艾克曼说:"我指的是事物生长的一定时期,到了这个时期,某一事物就会完全现出它所特有的性格。"歌德说:"但还须补充一句:要达到这种性格的完全发展,还需要一种事物的各部分肢体构造都符合它的自然定性,也就是符合它的目的。"①他认为,自然事物所以显得美,原因有两个:第一,在于完整,即在形式和内容上都是充实的,形成统一的完整体。任何残缺都是不美的,即丑的。比如,"一条剪掉耳尖的猎狗,一棵砍掉大枝,其余树杈剪成圆形的树,特别是一位身体从小就被紧紧地束缚胸腹的内衣所歪曲和摧残的少妇,都是使鉴赏力很好的人一看就要作呕的,只有在庸俗人的那一套美的教条里才有地位"②。第二,构成事物的各部分和事物自身都达到质的目的性,充分发展其固有的性格逻辑,符合它的自然目的。美的事物符合按其本质所规定的内在目的。但这种内在目的充分发展是有限度的,超过一定的度也就不美了,是一种在矛盾中达到一定程度恰好显出力来的完满性。"例如达到结婚年龄的姑娘,她的自然定性是孕育孩子和给孩子哺乳,如果骨盆不够宽大,胸脯不够丰满,她就不会显得美。但是骨盆太宽大,胸脯太丰满,也还是不美,因为超过了符合目的的要求。"③

最后,对于歌德自然美的观点,姑且引申为:"美就是事物符合自然目的的那种完满性",美的这种完满性不单纯是内容符合自然的目的,更是在内容与形式、理性和感性(理性力量和感性形象)的矛盾(对立统一)运动中显现了事物的本质力量而呈现的一种张力状态,一种未达到完美的度,一种圆满的环。美体现在内容与形式、理性和感性、无限与有限度的矛盾中,如果内容(体现事物本质力量)被形式压倒,一定不美。像一棵密林中的小榆树,其力量受到了压迫,发展受到了限制,没有达到自我内在目的,在与环境的较量中被形式压倒,所以不美;但如果一棵橡树生长在肥沃的土壤中,过分张扬了自己的力量,而这种本质力量没有任何限制,让橡树生有无数过多的枝杈和过分

① [德]爱克曼:《歌德谈话录》,朱光潜译,人民文学出版社 1978 年版,第 133—134 页。
② [德]爱克曼:《歌德谈话录》,朱光潜译,人民文学出版社 1978 年版,第 134 页。
③ [德]爱克曼:《歌德谈话录》,朱光潜译,人民文学出版社 1978 年版,第 122 页。

臃肿的树干,那么这棵橡树也是不美的。因为没有形式的束缚,呈现不出力量来,内容压倒了形式。这样,美就是在形式中呈现内容的丰满,在有限中表现无限的力量,在感性形象中体现理性的意蕴。这种完满性在艺术美中体现得最为充分,或者说体现和显现完满性的美,才是最美。换言之,这种完满性是美的理想。在内容与形式的矛盾中,双方均不能压倒对方,内容发展未完全突破形式,但在形式中呈现内容得要完全发展彻底的力,这种力的呈现就是所谓的"完满性"。

第十一章　席勒:人性的分裂与审美教育

弗里德里希·席勒(Friedrich Schiller, 1759—1805 年),德国伟大的戏剧家、诗人和美学家。他把人性视为美学思考的起点,同时人性及人的幸福也是审美教育的终点。席勒对人的思考与他的经历颇有关系。席勒出身平民家庭,一生贫病交加,不得不接受朋友的接济,而且他少年时在军事学校被等级严厉地压制,因此这些人生体验成就了席勒反封建、反暴政、反压迫的思想,成就了创作《强盗》和《阴谋与爱情》的时代叛逆者。同时,他接受了启蒙思想和康德哲学的影响,亲眼看见法国大革命从启蒙的福祉走向了暴力的肆虐,这些使得席勒成为一个启蒙理性时代的批判者。在反封建与批判革命的双重维度之下,席勒开始了对人本性以及审美本质的探讨。在《审美教育书简》的开篇,席勒就宣称他的美学是在康德美学基础上发展的,他继承了康德对人的看法,即人是理性与感性的统一体。不过,康德是把人的感性纳入理性的规划之下,感性的要求必须符合理性的要求才能成为合法的。但是席勒认为人是感性与理性的和谐统一,不是一方压倒另一方,而是二者的融合,这才是完整的人。所以,范大灿指出:"席勒美学最鲜明的特点是,以人为中心,人既是它的出发点也是它的落脚点,因而有学者称席勒美学为'人类学美学'。"[①]或者这样说,席勒是在对 18 世纪德国封建阶级与资产阶级及其革命的双重批判维度下,以人性及其完整幸福为起点来运思审美的本质及其意义。

---

① ［德］席勒:《席勒经典美学文论》,范大灿等译,范大灿注,生活·读书·新知三联书店 2015 年版,第 3—4 页。

一、生平与著作

席勒出生在符腾堡公国马尔巴赫的一个贫寒家庭，父亲是外科军医，母亲是面包师的女儿。1773年，14岁的席勒进入被称为"奴隶养成所"的军事学院，这个军事学院的校长是卡尔·欧根公爵。在这个封建等级森严、压抑人性的学校里，席勒并没有被训练成奴隶，反而成了反抗压迫的斗士。1780年，席勒从学校毕业，到斯图加特当实习军医。1781年，他完成了第一部戏剧《强盗》，该剧讲述了伯爵的大儿子卡尔被弟弟陷害，当了绿林好汉的故事。卡尔身上充满了时代叛逆的色彩，追求自由，挑战社会，明确表达了打倒暴君的思想。《强盗》在曼海姆的演出获得了巨大的成功，但席勒因去参加演出未及时向公爵请假，公爵处罚他禁闭两周，并禁止以后从事戏剧创作。席勒被压抑的个性再也无法继续忍耐下去，不在沉默中灭亡，就在沉默中爆发。1782年9月，席勒跟朋友逃离了符腾堡公国，来到曼海姆，他在贫困中获得了写作的自由和呼吸的顺畅。

1784年，席勒发表了悲剧《阴谋与爱情》，恩格斯称之为"德国第一部具有政治倾向性的戏剧"。该剧讲述了德国某公国的宰相儿子费迪南与贫穷乐师的女儿路易丝的爱情悲剧，揭示了当时德国统治阶级的腐朽和对人民的残酷压迫，人们对爱情、幸福和平等理想的追求丧失在卑鄙龌龊的阶级压制之中。席勒通过一对情人的自杀向统治者发出了血的抗议——不自由，毋宁死！《阴谋与爱情》上演后获得了巨大的成功，但是一切封建阶级的卫道士却发自本性地痛恨席勒。这个时期，席勒与歌德一样，成为德国"狂飙突进运动"的主将，深受德国青年和欧洲年轻人的爱戴。同时，法国大革命处于爆发的前夜，革命的情绪像火药一样一触即发。1789年，法国大革命爆发，此时席勒被聘为耶拿大学的有职无薪的历史学教授。对于大革命的爆发，席勒满心鼓舞，因为革命要推翻的就是他痛恨的封建专制制度，他表示革命预示着理性的自由国家的实现。1792年，法兰西共和国国民议会把《强盗》的作者席勒作为革命诗人，推选为法国名誉公民。1793年，随着雅各宾党人上台及其红色恐怖的推行,席勒、歌德等德国知识分子开始反感革命党的暴力和血腥,转而批判法国革命。此时,席勒已经对革命彻底失望,认为法国大革命实际上是一场下层阶级野蛮的暴力狂欢,并不能指引国家走向必然的理性。

1790—1796 年是席勒暂时脱离文学创作,在康德哲学的导引下进行哲学和美学研究的时期。1791 年,席勒身患肺病,生活困苦,丹麦奥古斯藤堡公爵为了照顾席勒的生活,每年资助他一千塔勒银币。席勒为了报答公爵对他的帮助,从 1793 年开始把近年来对美学的思考用信件形式报告给公爵。1795 年,席勒又重新整理书信,在他创办的《季节女神》上发表《美育书简》。《美育书简》是席勒系统思考人性与审美之间本质关系的美学著作。除此之外,席勒相继发表了《论美书简》(1793)、《论秀美与尊严》(1793)、《论素朴诗与感伤诗》(1796)、《论崇高》(1801)等美学和文艺学著作,这些著作使席勒成为德国当之无愧的大美学家。1794 年,席勒遇到了从意大利旅行回来的歌德,两个人开始合作,他们进入了文学创作的新高峰。席勒写了很多抒情诗和叙事诗,并完成了戏剧《华伦斯坦》三部曲(1799)、《玛丽·斯图亚特》(1801)、《奥尔良的姑娘》(1802)、《墨西拿的新娘》(1803)等。1804 年,席勒完成了戏剧《威廉·退尔》之后不久,他肺病复发,于 1805 年去世。

二、现代人性论

美是人性的完满实现,这是席勒人学美学的核心思想。他是在康德哲学和美学的基础上进一步思考人性与审美关系的美学家。康德哲学的运思缘于人类的自然的感性要求如何与社会的、文化的理性要求一致,换言之,就是人的自然要求与社会要求发生冲突的时候怎么办? 康德的解决办法是自然要求和自然感性冲动必须符合理性的社会要求,即自觉地达到社会文化的要求。这就是康德的绝对命令,我喜欢的恰好是社会要求我追求的,除此之外一律排斥掉。可见,这种道德律出发点是好的,但是不太容易在现实中实现,而且如果完全实现了康德的伦理学,恐怕人就不再是活生生的生命了,而变成了刻板的理性规律了。在美学上,康德把崇高美看作人的道德理性战胜自我和外在世界的尊敬和自豪。虽然席勒在《审美教育书简》中首推康德美学,指出他的美学思考都是在康德的指导和启发下进行的,他的思路也是把人的感性冲动与社会的理性要求统一起来,即人从自然走向文化,从个体走向社会。但是席勒却超越了康德的纯粹理性化人类。席勒认为,人是由感性与理性、形式与内容、观念与形象共同构成的,只有二者融合在一起人才是人,人才幸福,人才完美,人才是美的。席勒最大的功绩就是看到了近代以来人性的分裂,并试图寻找一条人性统一和完善的道路,这就是艺术和审美,就是游戏。

不过,席勒思考美学的起点却在于对 18 世纪社会状况和人性状况的批判。在理性的时代里,政治是社会的主题,而不是艺术。但是政治已经被时代所污染,一方面是暴力和血腥,另一方面是启蒙所带来的严重后果即“实用”。正如阿多诺后来所说,启蒙理性一旦落在现实政治和社会层面就变成了工具理性,实用成了时代的偶像,一切政治、科学和艺术都成了它的臣仆。这种实用主义严重影响了政治自由的实现。席勒认为,国家的政治必须通过审美才能达到自由,这是席勒论美和审美教育的总问题。换言之,启蒙的福祉不由政治得之,而由审美得之。

席勒认为,理想的人性与国家应该是相互促进的和谐的整体,即互相不以牺牲对方为前提,个人幸福与集体幸福相统一。席勒的人学观依然是康德式的,人生来就处于野蛮的自然状态,在这个阶段中人必须被迫劳作以满足自然需要和欲望,人与人之间充满了暴力和争夺,那么就必须组成强制国家进行管理,否则人类将无法存在。自然国家是针对自然人性而通过暴力强制的政治体制。当人们的理性发展了,自然人性要发展为适应社会要求的道德人性,建立依靠理性而自由选择的伦理国家。但是,这个伦理国家只不过是启蒙运动的一个观念,道德人也不过是推论而出的,现实中存在的是从自然人、强制国家向道德人和伦理国家的过渡状态,亦即现实的物质人。现实中,国家从理性出发求统一、一体,而人性从感性出发要求多样,观念要求统一人性的多样性,主观感性要求释放个性多样性。如此一来,国家与人性发生了分裂:国家压抑个人,个人无视理性,理性与感性、个体与国家相互对立。在政治对立的背景下,人性也发生了分裂:“人可以以两种方式使自己处于对立的状态:不是他的感觉支配了原则,成了野人,就是他的原则摧毁了他的感觉,成了蛮人。"①野人(der wilde)是指任凭自然性的主宰而感情行事者,蛮人(der barbar)是指完全服从理性支配,以观念排斥感性者。在这个时代,人性分裂为野蛮人与道德人,而不是理性与感性融合的文明人。野蛮人屈从强制的自然性,恣意妄为,道德人听命于强制的道德性,取消人的感性和生命感受。古希腊时期,人性是完美的、完整的,他们的感性与理性还没有彼此分开,生活感受与理智思考并重,个人生活与集体生活融合,青春的幻想与成人的理性结合成一种辉煌的人性。但是近代以来,资本主义的发展引发了社会结构和文化心理的深刻变化。人性已经分成了理性与感性、个人与集体,"然而,人之所以为人,在于他并不停留在仅仅是自然造成他的状态,他能够凭借理性回过头来再踏上自然所期待于他的途径,他能够把必需的工作改变为自主的工作,把肉体的必然提高为道德的必然"②。不过,席勒所说的人性从自然走向理性,再在理性指导下返回自然的过程并没有完成,而现实的人性是在理性指导下走在恢复自然的路上。

1789年法国大革命以来,自然国家已经动摇了,但是理性国家尚未达到,于是就陷入了现实国家之中。席勒感叹说:"这边是野性难驯,那边是萎靡不振,人类堕落的两个极端都集中在同一时代里。在广大的下层阶级中间,我们目击粗野的无法无天的冲动打破社会秩序的桎梏要求解放,以难以驾驭的狂暴急求兽性的满足。……另一方面,在文明的上层阶级中间,我们见到更加不快的景象,他们的性格萎靡不振和颓废堕落,所以使人更加反感,因为它的根源在于文化本身。"③其实,席勒的结论有着现实的依据,下层阶级的"野蛮兽性"是指法国雅各宾党专政及其暴力统治,他们摈弃了人性,完全信仰自然性,离开了理性的规范便成为狂暴之徒;上层阶级的"颓废堕落"是指法国和

① [德]席勒:《席勒经典美学文论》,范大灿等译,范大灿注,生活·读书·新知三联书店2015年版,第221—222页。
② [德]席勒:《美育书简》,载《缪朗山文集》第2卷,缪朗山译,章安祺编订,中国人民大学出版社2011年版,第113页。
③ [德]席勒:《美育书简》,载《缪朗山文集》第2卷,缪朗山译,章安祺编订,中国人民大学出版社2011年版,第117页。

德国的封建贵族阶级,他们标榜自我为文明文雅,实则自私自利,放荡不羁。席勒对贵族阶级的愤恨体现在《阴谋与爱情》中对上流社会的自私本性的刻骨描写,就如同卢梭在《忏悔录》中所描写的埃皮奈夫人一样,表面上高贵文雅,实则生活放荡糜烂,恬不知耻。席勒悲观地说:"所以,我们见到今日的时代精神动摇在荒唐与粗野之间,在不自然与纯自然之间,在迷信与道德怀疑之间;只有邪恶势力的均衡间或给它以限制。"①

这种人性与国家分裂的原因在哪里呢? 席勒敏锐地感觉到了现代性及其后果——现代性的力量导致了人性的分裂。换言之,席勒是最早对现代性进行思考和批判的人。他认为,古希腊的人性是理性与感性的融合,是完整的人,而现代人的理性与感性是分裂的,是碎片化的人,是文化导致了现代人性的创伤和分裂。这种文化主要是科技和理性带来的巨大影响。近代理性主义思路下,科学日益发展为精细的学科,国家就像一个钟表一样把一切人都职业化了,把人变成机器的一部分。希腊人完整的社会生活不复存在,人们都生活在职业和科层之中,过着一种机械的生活。如此一来,国家与教会分裂,法律与风俗分裂,娱乐与劳动分裂,手段与目的分裂,努力与报酬分裂,社会变成了碎片化,人也是碎片的。国家压抑了个人,科学入侵了艺术,理性要控制感性。这样想象力与理性本来应该和谐相处的两种天性,现在却各自建立了自己的权威,并且同时要以自己的威权去统治对方,所以现代文明为了国家目的和科学理性而牺牲了人性的完整性。

那么出路在何方呢? 席勒认为,现代人就要通过审美活动来重塑完整的人性。恢复人性不能依靠国家,因为正是现代国家导致了人性的分裂,也不能依靠理想国的观念,因为道德国家是建立在完美人性的基础上的。任何政治改革都不能达到政治自由,反而使人内心再度分裂。同时,也不能通过理性实现,因为理性的职责是提出法则,但是法则的实现要靠意志和感受来完成,而感受则是时代所缺乏的。席勒指出,一切政治改革必须以社会品德的提高为前提,而品德的提升则要依靠艺术和审美。这个观点会遭到不少质疑:第一,

① [德]席勒:《美育书简》,载《缪朗山文集》第2卷,缪朗山译,章安祺编订,中国人民大学出版社2011年版,第118页。

柏拉图认为艺术教育无益于理想国,因为美无利可图,反而让人感伤和优柔,妨碍英雄性格。席勒认为柏拉图的观点无疑是把人性的优雅当作了哗众取宠,人要优雅与真理并行不悖。第二,卢梭认为美可以为善良人增加人性,但是恶人会利用美的力量来蛊惑人心,痴迷虚幻世界和形式,以违反道德为美。平心而论,卢梭所担心的美会助纣为虐也是存在的,比如 18 世纪的萨德侯爵及其文学就是以幻象的魅力传播淫秽和恶毒的思想。但席勒认为,艺术繁荣与审美教育并不随着时代同步进行,一个时代政治独立自由的时候反而是艺术不发达之际,而一个民族独立自由的力量失去的时候可能艺术反而繁荣发达。这是因为艺术和艺术家具有独立于时代并引导时代前进的力量。首先,艺术独立于政治。"政治立法者可以封禁艺术与科学的领域,可是他不能统治这些领地。他可以放逐真理之友,但是真理千古长存;他可以贬黜艺术家,但是他不能篡改艺术。"①其次,艺术家要摆脱时代的腐蚀,独立于时代。艺术家是时代的儿子,但是不能做时代的奴隶和嬖臣。艺术家要通过艺术品保存人心尊严,恢复真理的原型,要批评时代,用高尚的艺术引导同时代人走向善的道路。因此,席勒认为,唯有审美才能把人性从野蛮和萎靡的歧路上引回正途。

三、审美本体论

审美教育救赎人性与国家,这里的审美不是经验之美,也不是引人作恶的美,而是理性的纯粹之美。美的纯粹理性概念是从人感性与理性相融合的天性中推导出来的。那么,什么是人呢?席勒认为,人就是人格与状态、存在与生存、理性与感性、可能与现实的统一。他把人高度抽象之后,指出人分为不变部分和可变部分,不变部分为自我,即"人格";可变部分为我决定的东西,即"状态"。人格是人自身存在的依据和理由,也就是我之为我的根由,状态是人在时间和因果关系中的生存状况。席勒作了一个比喻,人们说花开花谢,但花终究是这

---

① [德]席勒:《美育书简》,载《缪朗山文集》第 2 卷,缪朗山译,章安祺编订,中国人民大学出版社 2011 年版,第 126 页。

个花,因为它内在有不变的东西,这就是人格;而花开和花谢的两种变化则是花的状态。当然人格必然是状态中的人格,状态再变化,人格不变。落实在经验层面,席勒的人格就是指人存在的理由,即理性、观念和形式之类。状态就是人存在的状态,指人现实的感性、感受和内容等之类。人有理性和形式,但这个形式需要落实在现实经验之中予以实现,人有感性,这个感性和感受需要提炼、上升为形式,否则无内容的形式与无形式的内容都不是完整的人类。换言之,人兼具理性与感性的本性要求,一方面理性形式要具有感性内容,使得人先天禀赋转化为现实,否则只是人的潜能而已,另一方面感性内容要获得理性形式,使得物质世界显出一体化的形式来。人本身就要求理性实现自身,感性予以形式化。

"我们完成这双重的任务——使我们身内的必然转化成现实,使我们身外的现实服从于必然的规律——是受了两种相反的力的驱使。因为这两种力推动我们去实现它们各自的对象,人们就非常恰当地称它们为冲动。这两种冲动中的第一种,我想称为感性冲动,它是由人的物质存在或者说是由人的感性天性而产生的,它的职责是把人放在时间的限制之中,使人变成物质,而不是给人以物质。"①在这里席勒指出,人内在的两种驱动力就是人与生俱来的两种冲动:一种是感性冲动,一种是理性冲动。感性冲动就是人作为自然存在物的物质化和现实化。其实,感性冲动就是人作为生命体要求其自身必须活着,必须去生存、实现和享受生命自身。但是来自感性天性的冲动不能完全被动物性的自然性所控制,不能被感受和感性所局限,否则人与牲畜无异。这一点与马克思讲的人如果完全屈从于自然性的要求,生存只是为了满足自然欲望的话,那么人就退化为了动物,人类世界也就成了动物世界。但是反过来,人也不能成为完全理性控制和主宰的"理性人",人类完全服从于社会规则和所谓文明道德规范而泯灭人的自然性,人也就不再是人,而是社会动物了。席勒认为,人有理性冲动的一面,"那两种冲动中的第二种,可以称为形式冲动;它来自人的绝对存在,或者说是来自人的理性天性;它竭力使人得以自由,使

① [德]席勒:《席勒经典美学文论》,范大灿等译,范大灿注,生活·读书·新知三联书店 2015年版,第 267 页。

人的各种不同的表现得以和谐,在状态千变万化的情况下保持住人的人格。……它要现实的事物是必然的和永恒的,它要永恒的和必然的事物是现实的,换句话说,它要求真理和合理"①。理性冲动也叫形式冲动,就是人作为理性存在物对人的无限性的追求,他企图超越自身的物质性,而把整个生命和存在纳入思考,找出必然性的东西。理性冲动,其实就是追求人高于动物的地方,人会思考,人会感觉来到这个世界上有一种超越作为肉体生物而存在的神圣东西,这种东西可以是真理、崇高、观念、规律、上帝,抑或一切必然性。

感性冲动要求人类首先必须是生活的,是活生生的肉体的人,感性冲动的对象是人的生存、物质、肉体和自然。理性冲动要求人有更高贵的追求,是理性思考的人,其对象是观念、道德和一切作为人类而存在的社会必然性。席勒认为,人的这两种冲动既是统一的又是对立的。在现实中,人的感性冲动与理性冲动不仅是相互独立于对方的,而且经常相互侵扰,这就造成了人性的分裂和矛盾。席勒认为,两种冲动都要受到限制,既不能让感性冲动进入立法范围而压倒理性冲动,又不能让理性冲动进入感性领域,而主宰和占据感觉的领域。比如中国现代文学史上的作家胡适和徐志摩,他们面对理性的义务与感性的快乐矛盾时,前者用理性压抑和节制了感性,而后者则放任感性而失去理性,结果二人都没有达到人生的幸福。席勒认为,文明的真正含义应该是两种冲动互相尊重并维护对方。也就是说,人应该既是肉体的自然存在,又是有理智的观念存在,既是精神存在又是物质存在。

席勒指出,完善的人性应该是两种冲动相互依存和共同发展,这样就产生了新的冲动:游戏冲动。"感性冲动要求变化,要求时间有一个内容;形式冲动要求废弃时间,不要求变化。因此,这两个冲动在其中结合在一起进行活动的那个冲动,即游戏冲动。"②游戏冲动是调和理性冲动与感性冲动的第三种冲动。那么,游戏冲动如何融合二者就实现了人性的完善呢? 实质上,理性冲动与感

① [德]席勒:《席勒经典美学文论》,范大灿等译,范大灿注,生活·读书·新知三联书店2015年版,第269页。
② [德]席勒:《席勒经典美学文论》,范大灿等译,范大灿注,生活·读书·新知三联书店2015年版,第280页。

性冲动的矛盾依然是人的根本矛盾，也是康德要解决的人的问题。简单地说，人作为动物的自然欲望的满足就是感性冲动，满足这种自然欲望就会快乐，但是人作为集体存在的人类迫于生存又不得不劳作，这种劳作是社会性的强制，并且文明为了保证个体服从于集体的劳作和阶级分工而制定了一系列的规范，即体现社会必然性的职业规范、伦理道德等。人作为动物的自然存在与人作为社会存在物必然是对立的、矛盾的，换言之就是，我高兴的社会不让干，社会让我干的我不高兴。文明和文化的唯一命题就是如何让人感到自然的就是必然的，被动的就是自由的。康德的做法是人的感性自然必须是社会理性允许的要求，反过来就是，一切不被社会规范允许的自然要求都是非理性的、不道德的，因此都不能成为"人的"要求。康德的伦理学是理性借助意志的力量强行压抑和控制人的自然本能，理性为人的行为立法，也就是人成了主体。如果这样的话，人岂不是要阉割自己的动物本性和自然欲望才能成为主体吗？席勒在这一点上是反对和超越康德的。席勒尊重感性的力量，同时也试图融合感性与理性，达到人的幸福。

席勒游戏冲动的创新性就在于：康德认为自然要求"必须"符合理性要求的地方，席勒认为有些人的活动的感性要求"恰好"符合理性要求，比如有爱情的婚姻、把爱好当作职业、不考虑功利的艺术等。"当我们怀着情欲去拥抱一个理应被鄙视的人，我们痛苦地感到自然的强制；当我们敌视一个我们不得不尊敬的人，我们就痛苦地感到理性的强制。但是如果一个人既赢得我们的爱慕，又博得我们的尊敬，感觉的强迫以及理性的强迫就消失了，我们就开始爱他，也就是说，同时既与我们的爱慕也与我们的崇敬一起游戏。"①例如，妓女可能让人发泄性欲，但不会让人尊重，因为人受自然的强制。罗密欧与朱丽叶因相爱而欢愉，但他们是家族血仇，理智上应鄙视对方，因此他们受到理性的强制。前者受自然之强制，后者受理性之强制，皆是受到感性冲动和理性冲动的单方面统治，因此人性是分裂的，人是不快乐不幸福的。只有理性上值得爱，感性上又可爱，这样才会爱。也就是说，游戏冲动既克服了自然强制与理

---

① ［德］席勒：《席勒经典美学文论》，范大灿等译，范大灿注，生活·读书·新知三联书店 2015 年版，第 281 页。

性强制,同时又吸取了理性冲动与感性冲动的合理之处,扬弃二者之弊端。换言之,席勒的游戏冲动其实就是爱,只有在爱中才让人感到自由、畅快和幸福。由此可见,席勒所谓的"游戏"不是指日常生活中的娱乐化的游戏,而是指人克服了自然强制和理性强制之后的一种自由活动。其实,游戏冲动不外乎是倡导符合社会要求的感性愉悦活动,即这种活动不仅道德合理,同时又感性愉悦。达到这一目的的活动就是幸福的、充满爱的,人也是自由的。

游戏冲动是形式冲动与感性冲动(也即理性冲动与感性冲动)之间的共同体,是实在与形式、偶然与必然、受动与自由的统一,也就是人性概念的完满实现。席勒认为,感性冲动的对象是生命,也就是一切物质存在及呈现于感官的东西。形式冲动的对象是形象,也就是事物的一切形式特征以及事物对思维的一切关系。那么,游戏冲动的对象就是生活的形象,也就是生活现象的一切审美特性,即审美。席勒的"生活"指的是内容、感觉、形象,"形象"指的是形式、思想和理念,而审美就是形式与内容、理念与形象的融合。换言之,游戏冲动就是把存在于感受的东西形式化,把理念存在的东西形象化,达到这种状态也就是美。因此,席勒对美的规定性有两点:第一,没有感性形象的纯粹抽象观念是不美的,即无感性显现之理性。例如,宋代大儒朱熹的天理、黑格尔的绝对精神等,没有感性形象和感受性,也是不美的。第二,没有体现精神和理性提升的纯粹感性是不美的,即无理性之形象。比如骆驼祥子、阿Q和杨白劳,虽然作为活的形象有生命轨迹,但是其自身毫无理性内涵,因此不美。所以,审美要求给予精神理念以感性形式,感性形象要实现内在精神。例如,当黑格尔的绝对精神显现为拿破仑这个活人时才是美的,反之,拿破仑这个活生生的人只有体现了绝对精神也才是崇高的和美的。当"杀身成仁、舍生取义"的儒家精神体现为岳飞、文天祥、刘宗周、袁崇焕这些鲜活的形象时,他们才是美的形象。简言之,席勒认为,游戏冲动融合了感性冲动与理性冲动,实现了人性的完满,这一实现就是美,所以"美是人性的完美实现"①。

---

① [德]席勒:《席勒经典美学文论》,范大灿等译,范大灿注,生活·读书·新知三联书店 2015 年版,第 285 页。

那么,美的实质是什么呢?"说到底,只有当人是完全意义上的人,他才游戏;只有当人游戏时,他才完全是人。"①也就是说,完全的人才是美的,完全的人的生活才是美的。席勒说:"在美的观照中,心情处于法则与需要之间的一种恰到好处的中间位置,正因为它分身于二者之间,所以它既脱开了法则的强迫,也脱开了需要的强迫。……总之,一句话,当心情与观念相结合时,一切现实的东西都失去了它的严肃性,因为它变小了;当心情与感觉相遇时,一切必然的东西就放弃了它的严肃性,因为它变得轻松了。"②因此,美是纯粹的游戏。席勒的意思是人的本能的自然需要与社会的必然要求之间在这些游戏对象的活动中找到了统一。简言之,就是我喜欢的,恰好是社会允许的。因此,席勒所谓美是游戏冲动,实质上就是说我喜欢的事、我爱的人正好是我应该追求的、社会所鼓励的。所以,一切从事自己喜欢的职业、跟自己喜欢的人在一起、做自己喜欢的事情,同时这种喜欢又被社会所认可、鼓励甚至视为标准的,即人性与社会性的统一的活动就是席勒的游戏,就是幸福人生,就是美丽人生。越人性就越社会性的社会,就是人的全面发展与社会理性的统一。然而,在现代性社会中,更多的人感到的是理想与现实的对立、自然感性与理性要求的矛盾、爱好与责任、欢乐与义务的分裂,因此席勒所谈到的审美活动是很少的,是人类社会所追求的理想。在这样的社会中,人们把玩当作工作,把责任当作乐趣,把婚姻视为爱情的自由……

四、审美教育论

在席勒看来,人性之初本来都是完美的,感性与理性都是和谐的,但是进入近代以来人性开始失衡,感性与理性分裂,因此需要审美来使人性重新恢复和谐状态。"如果人是完全的,他的两种冲动都已经发展,他就开始有自由;

---

① [德]席勒:《席勒经典美学文论》,范大灿等译,范大灿注,生活·读书·新知三联书店 2015 年版,第 288 页。

② [德]席勒:《席勒经典美学文论》,范大灿等译,范大灿注,生活·读书·新知三联书店 2015 年版,第 286—287 页。

相反,当人是不完全的,两种冲动中有一种被排除的时候,他就必定没有自由;不过,通过重新给人以'完全',自由也必定能够再恢复过来。"①他认为,自由就是两种冲动的和谐,要恢复这种自由必须通过审美状态才行。他把人的一生或者人的状态分成了三种,即物质状态、逻辑状态(或理性状态)、审美状态。在人类的初年,感性冲动先于知觉而出现,人们受感性威力的支配,此时称为物质状态或感性状态;人类进入思想的状态之后,理性要消灭情感,进而控制感性,逻辑和道德的必然性居于支配地位,此时称为逻辑状态或道德状态;但是人类从物质状态进入道德状态不是一蹴而就的,而是必经一个中间状态,这就是审美状态。"所以,心绪从感觉过渡到思想要经过一个中间心境,在这种心境中感性与理性同时活动,但正因为如此,它们那种起规定作用的力又相互抵消,通过对立引起了否定。在这种中间心境中,心绪既不受物质的也不受道德的强制,但却以这两种方式进行活动。"②所以,审美的作用就是把自由(感性与理性的和谐)还给人类,把人性还给人类。简言之,审美就是要为人恢复人性的功能。

在审美教育中最关键的步骤是什么呢?"简言之,要使感性的人成为理性的人,唯有首先使他成为审美的人,此外再无别的途径。"③感性的人只受物质决定,没有自主性,因此要恢复其主动性就必须通过审美活动。在审美中,既有感性的形象,同时也有理性的思考,并且理性的主动性已经在感性领域显示出来。"因此,教育的最重要任务之一,是使人即使在单纯物质生活中也受到形式支配,并且在美的领域所能达到的范围内使他成为审美的人,因为道德状态只能从审美状态,不能从物质状态发展而成。"④换言之,按照席勒的看法,审美教育的关键就在于如何用理性摆脱和控制感性或自然状态。他说,人

---

① [德]席勒:《席勒经典美学文论》,范大灿等译,范大灿注,生活·读书·新知三联书店 2015 年版,第 314 页。

② [德]席勒:《席勒经典美学文论》,范大灿等译,范大灿注,生活·读书·新知三联书店 2015 年版,第 316 页。

③ [德]席勒:《美育书简》,载《缪朗山文集》第 2 卷,缪朗山译,章安祺编订,中国人民大学出版社 2011 年版,第 160 页。

④ [德]席勒:《美育书简》,载《缪朗山文集》第 2 卷,缪朗山译,章安祺编订,中国人民大学出版社 2011 年版,第 161 页。

在自然状态中受自然威力的支配，当到了审美状态时就会摆脱自然的威力，到了道德状态则会控制感性和自然。也就是说，审美教育还是要求人通过审美排除和控制感性，形成理性法则。在此处，席勒与康德对理性人的定义并无分歧，都是要求人用理性控制感性，不同的是康德要求意志（实践理性）的帮忙，而席勒寻求审美教育的中介。

在自然状态中，人只有一种生存的感性本能，过一种野性的生活。"人究竟是怎么样呢？他的目的永远是一模一样，他的判断永远是变动无恒，自私自利而不是自主，无拘无束而不是自由，心为形役而不守规律。在这个时期，对他来说，世界不过是命运，而不是对象；万物只要有助于他的生存，便是为他而存在；凡物对他无所取亦无所予的，便是不存在。"①也就是说，人在自然状态中是有知觉而无自觉的。人身上的理性慢慢复苏，开始认识到了世界及其自身的无限性。但是，这并不是理性的觉醒，而是在理性的帮助下开始追求无限的欲望和物质的无限性。人类利用理性的第一次发现却是恐惧——生命的短暂。就好像美猴王在花果山自由自在生活，一个发现打破了无知无觉的循环，那就是他会死去。于是，美猴王开始游历四大洲，遍寻仙山访道，其目的非常明确，就是求得长生、脱离死亡。此时，理性成为人们追求物质利益最大化的工具，机缘成为世界的主宰。当人们心中浮现道德法则的时候，人们感到了异化和强制，因为道德法则是制止和反对人的感性自私自利的，所以人们感到理性给自己戴上了枷锁，称道德为异己的力量。在这种情况下，人们崇拜宗教不是出自信仰和敬畏，而是出于对无常命运和森然宇宙的恐惧。人类从感性走向理性的道路，有一个机缘，那就是审美的出现。

席勒认为，人在自然状态中是与世界合二为一的，只有当人在审美中"反观"世界的时候，才能把我与世界分开，此时人类才有脱离物质的功利状态的可能。"或者说，观照世界时，他个人才与世界分离，他才觉得世界的存在，因为他已经不再同世界构成一体。观照（反省）是人对其周围宇宙的第一个自

---

① ［德］席勒：《美育书简》，载《缪朗山文集》第 2 卷，缪朗山译，章安祺编订，中国人民大学出版社 2011 年版，第 163 页。

由的关系。欲望直接地把握对象,观照却把自己的对象移开,而且使它不受激情沾染,从而把它变成自己的真正而不可丧失的财产。"①简言之,人类对世界进行观照,就是人类开始了内省,这种理性内省告诉人们外在物质的无限丰富也不能代替人类对精神无限的追求,人们摆脱物质控制和自然主宰,才能思考人生的意义,才会有高于物质享受的更高追求。例如,陶渊明摆脱了为稻粱谋的官职,远离官僚生涯,才发现了人生的恬静和生命的玄妙。在审美状态中,人们用理性来自由观照世界,同时也没有抛弃感性世界。席勒指出,在审美的快感中,理性主动与感性受动相继出现,反省与感情完美融合,感受提升为形式,形式落实为形象。人们反省世界是把美视为对象的前提条件,但同时美也是人们的主观状态,感情是人们获得美的表象的条件。"因此,美诚然是形式,因为我们可以观照它;但是美同时也是生活,因为我们可以感觉它。简而言之,美同时是我们的状态,又是我们的行为。"②所以,席勒的审美状态是感性与理性的融合,既是感觉的生活,又是理性的观照。

席勒认为,不同的审美类型可以作用于不同类型的人性。既然美是由感性冲动与理性冲动这两种对立融合产生的,那么,理想的美应该是观念与形式达到完美平衡的产物。但在现实中,美只能是某一种冲动占据主导地位,因此席勒把现实的美分成了两种:刚性美与柔和美。刚性美与柔和美会针对人性的两种状态进行改进:兴奋与缓和。席勒指出,人本质上有两种冲动:第一种情况是某一种冲动主导人性,就呈现出一种紧张和兴奋的状态;第二种情况是两种冲动(感性冲动与理性冲动)同时衰竭,形成一种松弛的状态。紧张状态又可以分为两种:一种是人片面地受到感性冲动的控制,感受和情感居于优势;另一种是片面地受到理性冲动的控制,形式与观念占据主导。针对这三种情况,席勒指出美也有三种改进人性的作用。刚性美可以使人的松弛状态变得振奋起来。柔和美可以有两种表现形式:一种以宁静的形式缓和粗野的生

---

① [德]席勒:《美育书简》,载《缪朗山文集》第 2 卷,缪朗山译,章安祺编订,中国人民大学出版社 2011 年版,第 167 页。

② [德]席勒:《美育书简》,载《缪朗山文集》第 2 卷,缪朗山译,章安祺编订,中国人民大学出版社 2011 年版,第 169 页。

活,一种以活生生的形象给抽象观念加上感性的形式。所以,席勒认为,美的作用不是加强人的某种冲动,而是消解、中和和改进人的某种冲动,使得人性达到感性与理性和谐的平衡状态。总的来说,刚性美就是要给虚弱的人性以振奋,而柔和美则要消除精神或者感性的紧张。

完美的艺术品才能达到审美教育的目标,要使审美教育达到效果,主要看艺术创造的水平。第一,完美的艺术影响是相似的,可以给人审美自由。一件艺术品尽可能接近审美理想,给予人的情调越是普遍、高尚,那么人们的心灵就越自由和清醒,其艺术就越杰出。音乐使人们感情激动,但达到崇高境界必定变成形象;诗歌使人们想象活泼,但至臻完美也会通过情感感染;雕塑让人们理智清醒,同时造型艺术的最高美满境界必定变成音乐,以直接感性真实打动人们。所以,席勒认为,优秀的艺术品都会作用于人性的整体,使人达成一种心灵静穆自由、精力充沛雄厚的审美心情,从而让人性复苏自由。第二,完美的艺术品以形式取胜。席勒认为,艺术内容和对象并不是艺术品水平高下的决定因素,对形式的突破和创造才是艺术精品的保证。艺术形式决定了一切。因此,席勒说真正的审美自由只能期待于形式,艺术大师的真正秘密就在于以形式破坏内容。

五、审美发生论

在人类学意义上,审美是如何从自然状态中产生的呢?席勒认为,人类在摆脱动物状态下,审美是从人类喜欢假象、爱好装饰到自由游戏的过程中产生的。人类的审美产生有一个先决条件,那就是人类必须摆脱动物状态。人既不能像动物那样困顿于物质需要的奔波,也不能在丰富的物质下欲望不知餍足;既不能困守岩洞,形影相吊,也不能游牧四方,群居无我;人应该在独处时看见自己的个性,共存时看见集体,这样美的萌芽才有繁荣的可能。换言之,席勒要求人类应该感情与理智、感受力与创造力相互平衡,这样美才有了心灵的条件。

审美假象的出现是审美的发端。在极端愚昧与极端智慧的人身上,都只承认眼前的真实,而对假象无动于衷。当人们被束缚于物质需求,热衷于理性思辨,想象力就被绑定在现实上了。人之为人在于人有自由自主的行动。物质劳作是人被迫的工作,事物的假象则是想象力的杰作,是人的精神创作。"所以一个怀着欣赏假象的心情的人,就不再对自己所感受的实在感到愉快,而是以自己所创造的假象而自遭。不言而喻,我这里所说的假象是审美假象,而不是指逻辑的假象。"①审美假象与真理无关,它是游戏,人们喜欢假象仅仅因为它是假象,不附加任何理智的东西,因为在席勒看来,审美假象是艺术的本质。同时,一旦人类认识了审美假象,那么人类就凭借视觉和听觉两种感官来创作假象、认识现实。视觉与听觉比较特殊,它们摆脱了物质的压迫,与直接对象有距离。视觉与听觉的形象在某种程度上,是人类创造的形式。所以,席勒指出,人一旦开始用眼睛来欣赏世界,视觉便赋予人类审美的自由了,他的模仿本能和游戏本能就开始发展了。

席勒强调审美假象的性质必须是摆脱现实束缚的纯粹想象之作。现实的实在作用于人的经验领域,审美假象则作用于人的主观领域。假象必须不依赖任何现实的实在,不能依靠现实的帮助,一旦实在介入了,就不是纯粹的审美假象了。审美完全脱离现实的功利性,这一点席勒还是继承了康德的审美无功利说。一个民族一旦具有承认和制作假象的才能,那么他们就会超越于现实功利,变得更让人尊敬。"在这场合,我们会见到理想支配着现实生活,荣誉感战胜私有欲,思想战胜享乐,永生的梦想战胜朝霞似的人生。在这场合,舆论的呼声才是唯一可畏的裁判,橄榄花冠比绛红锦袍更受人尊敬。"②

席勒指出,人们脱离物质而追求形式,为了假象而牺牲现实,这个时候人就脱离了动物,开始了审美之旅。进入审美假象王国的第一步是物质游戏。人之初与动物一样都在追求生理的满足,物质的需要成为一切动物的基本压抑。当食物匮乏时,动物必须劳作以延续生命;当食物充裕的时候,动物就有

---

① [德]席勒:《美育书简》,载《缪朗山文集》第2卷,缪朗山译,章安祺编订,中国人民大学出版社2011年版,第170页。

② [德]席勒:《美育书简》,载《缪朗山文集》第2卷,缪朗山译,章安祺编订,中国人民大学出版社2011年版,第173页。

了剩余的精力来自由地发泄和活动,此时动物就是在游戏。人也是如此,当满足了物质需要的时候,他就开始追求物质的美观,也就是说,形象和形式成为人类欣赏的对象。席勒认为,植物、动物和人类摆脱了生物性的压迫,也就开启了自由活动的本性,过渡到审美的游戏,因为自由活动和游戏都有一个根本特征,即自由。席勒把这种生物在满足基本物质需要之外的过剩精力的自由活动,称为物质游戏。人类的物质游戏就是想象力的自由,也就是想入非非。它不以任何现实事物为目的,从外在感性事物中解放出来,但还不具有造型能力。

"虽则这种自由思索的游戏仍然属于物质游戏的一类,而且可以用纯粹的自然规律来说明,但是想象力一旦企图创造一种自由的形式,便立刻从这种物质游戏飞跃到审美游戏了。"[1]席勒把想象力创造形式称为飞跃,是因为其中包含了理性对想象力自由的统一。但是,审美游戏的初期,感性冲动对想象力的决定性作用还是比理性要强,因此人们早期普遍欣赏的美是粗野的、光怪陆离的和惊心动魄的事物。换言之,人类早期的审美类型比较倾向于感性冲动,是属于悦耳悦目的美。但随着人类社会的进步,单纯的审美快感不能再满足人类自由的心灵,人类开始用想象力独立创造美的事物,也就是说美的事物彻底与实用无关了。这一时期的美主要体现人类内在世界和自由的心灵,即人类开始用美来装饰自我。日耳曼人挑选更光滑的兽皮和更华丽的鹿角,古苏格兰人挑选最美的贝壳来装点节日。席勒指出,这种装饰品已经不再是使用功能了,摆脱了日用品的桎梏,人们装饰自己,无用之物成了美的事物,美本身成了人所追求的对象。此时,人类开始了审美游戏。

人们逐步用想象力来创造审美假象,形式美的要求很快蔓延到了人类生活的方方面面。美的形式从居住环境、家具、衣着一直渗透到了人类的外貌和内心。欢心跳跃变成了舞蹈,变化表情变成了哑剧,情动于衷的嗟叹变成了歌曲。人的物质生活和感性生活变成了审美的生活。在这种审美游戏的生活

---

① ［德］席勒:《美育书简》,载《缪朗山文集》第 2 卷,缪朗山译,章安祺编订,中国人民大学出版社 2011 年版,第 176 页。

中,人的自然性与理性统一起来了,人的个体性与集体性也统一起来了。美不仅调和两性的刚强与柔和,而且也可以调和道德世界的刚强与柔和。这样,人类在暴力国家和道德国家之外,由审美的创造冲动建立了第三个国家——游戏和假象统治的快乐王国。在暴力国家,人与人以力量相对峙,并限制对方活动;在道德国家里,人与社会法律相对立,并束缚个人意志;然而在审美国家中,人只能对人以自由,国家对人以自由,把自由还给自由,这是审美国家的基本法律。在暴力国家中,个人的感性快感不能被他人所分享,其他人无法参与我们的生活;在道德国家中,知识快感也不能被大众所分享,因为无法排除个人因素;只有在审美国家中,美具有人人所共享的普遍性,人作为个体享受游戏的快感,同时游戏也具有社会的共性,即我们在审美游戏中既是个人的也是集体的,因为"唯独美能够造福于全世界,任何人在美的魔力下都会忘记了自己的局限性"①。

虽然席勒满腔热情地阐释和期盼审美国家的到来,但是这种审美乌托邦到底多久、在多大程度上能够实现,他也不知道。席勒只是知道,完美人性的审美游戏和审美国家的实现必须依赖少数出类拔萃的精英。

---

① [德]席勒:《美育书简》,载《缪朗山文集》第2卷,缪朗山译,章安祺编订,中国人民大学出版社2011年版,第179页。

第十二章　康德：主体性人学与美学

伊曼努尔·康德(Immanuel Kant, 1724—1804 年)，是德国古典哲学体系的开端，也是德国唯心主义美学体系的奠基人。200 多年前，在东普鲁士柯尼斯堡一条栽种着菩提树的小道上，每天午后三点半，总会准时走来一个不足五英尺的矮个子。他就像精确的钟表一样守时，风雨无阻，市民们总是根据他散步的时间来校正自己的钟表。只有一次，邻居们没有准时看到他的出现，当时他沉浸在卢梭的《爱弥尔》中无法自拔，以至于忘了时间，这是数十年间他唯一一次没有准时出现。这位理性得近乎刻板的人就是康德。

一、生平与著作

1724 年，康德出生于东普鲁士的首府柯尼斯堡，父亲是一个马鞍匠，父母都是信仰新教的虔信派教徒，因此康德小时候的精神世界受到虔信派很深的影响。8 岁时，康德开始上学，学校提倡的是人文主义教育，反对宗教带给人的思想上的僵化。这改变了康德的宗教态度，他从此开始怀疑建立在感觉与感受上的宗教，他的宗教哲学简单地说也是对虔信派的一种反动。

1740 年，康德进入柯尼斯堡大学，在那里经常旁听哲学课。从 1748 年毕业后开始到柯尼斯堡附近的小城镇去做家庭教师。其间，他发表了第一本著作《关于生命力的真实估计之思考》，内容是关于笛卡尔、牛顿和莱布尼茨提出的哲学与科学命题。5 年后康德重返柯尼斯堡，再次进入大学学习。1755 年，康德以《自然通史和天体论》一文获得硕士学位，3 个月后获得大学私人助教资格,开始教授哲学,任讲师15年。在任助教期间,康德开始发表著作。他的论题包罗万象,从自然科学、美学、神学甚至到巫术,应有尽有,但贯穿其中的问题只有一个,那就是哲学研究应该如何进行,是从理性的观点出发,从普遍真理中推导出有关事物的真理,还是从经验出发。这一时期康德的主要著作有:《关于自然神学和道德的原则的明确性研究》(1764)、《把负数概念引进于哲学中的尝试》(1763)、《上帝存在的论证的唯一可能的根源》(1763)。他1766年所著的《视灵者的幻梦》检验了有关精神世界的全部观点。

尽管康德此时已经成为一名受人尊敬的哲学家,但他很长一段时间没有得到教授职位,其间他拒绝了柯尼斯堡提供给他的诗学艺术教授聘书、埃尔朗根大学和耶拿大学的教授聘书,只愿意在柯尼斯堡大学担任哲学教授,他几乎一生没有离开过柯尼斯堡方圆40公里的范围。

1770年,康德在46岁时终于获得了柯尼斯堡大学逻辑学与形而上学教授一职,他的就任报告题目是《感性与知性世界的形式与根据》。当上教授以后,康德沉寂10年没有发表过一个字,潜心研究批判哲学。从1781年开始,康德厚积薄发,9年内出版了一系列涉及广阔领域、有独创性的伟大著作,短期内带来了一场哲学思想上的革命。《纯粹理性批判》(1781)、《实践理性批判》(1788)、《判断力批判》(1790)。1793年《纯然理性界限内的宗教》出版后被指控为滥用哲学,歪曲并蔑视基督教的基本教义,于是政府要求康德不得在讲课和著述中再谈论宗教问题。到1797年国王死后,他又在最后一篇重要论文《学院之争》(1798)中重新论及这一问题。《从自然科学最高原理到物理学的过渡》本来可能成为康德哲学的重要补充,但此书未能完成。

1804年2月12日,康德在家乡柯尼斯堡去世。康德去世时形容枯槁,瘦骨嶙峋。柯尼斯堡的居民排着长队瞻仰这个城市最伟大的儿子。当时天气寒冷,土地冻得无法挖掘,整整16天过去后康德的遗体才被下葬。

康德的生活非常规律,每天早晨5点起床,用两个小时学习,两个小时授课,写作到下午1点,然后去一家餐馆进餐。下午3点半,他准时散步一个小时,余下的时间里,读书、写作,准备第二天的讲课。晚上9—10点间睡觉。他曾有过想娶妻的冲动,但都因为各种原因不了了之。海涅评价他说:康德的生

平履历很难描写,因为他既没有生活过,也没有经历什么。也许康德的生活平
淡了些,但他在精神领域的生活实在是太丰富了。

"有两种东西,我对它们的思考越是深沉和持久,它们在我心灵中唤起的
惊奇和敬畏就会日新月异,不断增长,这就是我头上的星空和心中的道德定
律。"这句话出自康德的《实践理性批判》最后一章,被后人刻在康德的墓碑
上。死后的康德很快就从哲学的影子变成了人类思想天空里的一颗巨星,当
代德国著名哲学家、现代存在主义哲学奠基人卡尔·雅斯贝斯将康德与柏拉
图和奥古斯丁并称为三大"永不休止的哲学奠基人"。

二、人是主体

康德对德国哲学有很深刻的总结,他将唯心论和经验论相融合,虽然这很
难,因为两种观点是针锋相对的。以前的唯心论总是从人内在的一些主观想
法出发,比如休谟认为没有什么是人类可以认识的,经验论认为只有看到听到
触摸到的才是真的,这些在康德看来都陷入了独断论的荒谬的地步。康德另
辟蹊径,没有从经验论和唯心论出发,而是讨论人是怎样认识这个世界的,而
不是怎样改造。康德的重点在"能"上,什么样的主体能发出这样的动作,有
这样的能力,探究人的主题的哲学就出现了。虽然在主观和客观上,康德的思
想还存在着分裂,但这个刻板的身体里蕴含的狂暴思想,却向世人深刻揭示了
人是什么。

主体性是现代性的核心概念,是现代性社会一切制度和观念的基础。主
体诞生于近代,主要来自笛卡尔"我思故我在"的命题。笛卡尔怀疑一切,但
是无法怀疑拥有怀疑能力的"我思",因此,意识就成了"我在"的基本依据和
前提。休谟是一个彻底的怀疑论者,他悬置了一切现实的东西和非现实的东
西,其中包括作为实体的上帝以及本质等。

康德认为,经验派和唯理派的观点都是有问题的,前者从经验出发而不讨
论经验的来源,即人的主观能力;后者认为人有先天理性但是不及物;他的哲
学改革是要融合两者,特别要探讨人如何认识世界这一命题,即什么知识对人

类是有效的,具有普遍性的,人又以何种能力认识这种知识,人为何具有理性。康德认为,人之所以有理性是因为人有先天的认识能力,一切有效的知识都是来自先天综合判断,这一判断具有普遍的必然性。人的先天综合判断的来源不在于实体或客体对象,而在于人自身的主观构造之中,即认识能力。知性具有三种综合能力,直观中把握的综合、想象力中再生的综合以及概念中认知的综合,由此三者使得知性本身成为可能以及使一切经验成为可能。在直观—想象力—概念三重综合中,最高层次的概念认知综合必须依赖于更高级的主体自我意识(即先验统觉)。

康德《纯粹理性批判》在于解决人的先天认识能力问题,即人如何获得知识。他结合了唯理主义和经验主义的成果,认为人的知识是以经验为前提,但是在表象的杂多中有一种先天的综合能力,因为有这种能力,所以人类才能认识事物、获得具有规律性的知识。为此,康德首先区别了普通形式逻辑与先验逻辑,指出形式逻辑只是抽离了具体内容的纯形式,不考虑内容是否真实;先验逻辑则是考察构成知识的先天的人类思维形式。在逻辑中,主要的判断有两种,即分析判断和综合判断,前者是判断某物具有的属性;后者是判断某物与其他事物的联系,因此康德认为,一切综合判断都能够增加人们的知识,而分析判断则不能。然而,形式逻辑的综合判断还是经验上的,有一种能够超越经验、增加新知识、具有普遍性的先天判断,这就是先天综合判断。康德的《纯粹理性批判》的总任务就是要解决"先天综合判断"如何可能的问题。

康德接受了经验主义的观点,认为一切知识都必须以感性经验为基础,因而他首先从"先验感性论"考察了人类认识世界的先决条件:时间与空间的先天直观形式。空间是人类外感官的一切现象的形式,即对外界事物直观的可能的主观感性条件。时间是所有现象的先天形式条件,是人类内部感官的形式。换言之,"时间和空间是一切感性直观的两个结合在一起的纯形式,它们由此而使先天综合命题成为可能"①。在时间和空间先天形式下,先天综合判断如何可能的问题才能够提出。康德认为,人们的知识来自内心的两个基本

---

① [德]康德:《纯粹理性批判》,邓晓芒译,杨祖陶校,人民出版社 2004 年版,第 40 页。

能力:第一是接受表象的能力,即感性;第二是通过概念的自发性来认识对象的能力,即知性。也就是说,让人们在接受感性刺激之后保留对事物的感知,进而对这种感知进行思维的能力就是知性。知性就是一种判断能力,它的规律就是超越了形式逻辑的先验逻辑。知性是凭借概念进行综合表象的思维能力,是把各种不同表象在一个共同表象之下加以整理的行动的统一性。面对世界中表象的杂多,"我们思维的自发性要求的是先将这杂多以某种方式贯通、接受和结合起来,以便从中构成知识。这一行动我叫做综合"①。他认为,一般的综合不过是想象力的结果,而纯粹的综合则是以先天的综合统一性为基础的综合,是概念的综合。

要想获得一切对象的知识,必须首先有纯粹直观的杂多,其次通过想象力对这种杂多加以综合,最后以概念进行综合统一。因此,康德指出:"赋予一个判断中的各种不同表象以统一性的那同一个机能,也赋予一个直观中各种不同表象的单纯综合以统一性,这种统一性用普遍的方式来表达,就叫作纯粹知性概念。所以同一个知性,正是通过同一些行动,在概念中曾借助于一般直观中杂多的综合统一,而把一种先验的内容带进它的表象之中,因此这些表象称之为纯粹知性概念。"②由此可见,知性是一种先天存在于人本身的利用概念进行抽象的能力。康德在亚里士多德的基础上总结出了知性的综合事物的形式:量、质、关系和模态等12对范畴。为什么人会有认识事物的范畴呢?康德认为,这是由于直觉地综合事物的杂多必然存在于同一个主体中,这个综合行为是一种不属于感性的自发性行动,即纯粹统觉。

康德认为,综合行为有两个层次:初步层次是感性对直观杂多的综合,从属于时间和空间的形式;高级层次是一切直观杂多都从属于统觉的本源—综合的统一条件之下。初步层次上针对的是表象与表象之间的关系,高级层次上则是表象要在一个意识中联结起来,也就是说如果没有"我思"这一统觉行动,没有自我意识把诸多表象总括起来的话,就难以形成思维和知识。康德

① [德]康德:《纯粹理性批判》,邓晓芒译,杨祖陶校,人民出版社2004年版,第69页。
② [德]康德:《纯粹理性批判》,邓晓芒译,杨祖陶校,人民出版社2004年版,第71页。

说:"知性一般说就是认识的能力。认识就在于被给予的表象与一个客体的确定关系。……表象的一切结合都要求在这些表象中的意识的统一。于是意识的统一就是惟一决定诸表象对一个对象的关系,因而决定这些表象的客观有效性并使得它们成为知识的东西,乃至于在此之上建立了知性的可能性。……意识的综合统一是一切知识的一个客观条件。"①在这里,康德强调了知性作为认识能力,其目的是确定表象与某一个对象的关系,而这一综合行动不仅是表象的联结,而且还是思维的意识活动。知性对被给予的表象的杂多进行统一从属于自我意识的必然统一性,而这一统一性则是通过范畴实现的。简单地理解,先验的自我意识就是"任何两个概念、两个表象要形成一个判断都必须要有这样一个能动的作用在里面起一种联结作用。这种联结就表明了自我意识能动的综合,把两个东西拉到一起,用一个是(sein)把它结合在一起,这个是就表明了主体的能动性"②。

人的先验统觉通过 12 对范畴发挥作用,其中关键点在于范畴是知性概念与表象之间的中介。也就是说,范畴是人认识世界、形成知识的思维形式,那么如何用这种概念形式去判断表象呢?康德在此提出了图型说。图型类似于柏拉图的理式,是先天的抽象的形象图示,它介于感性与知性之间。康德认为,图型就其本身而言,任何时候都是想象力的产物,但不是具体的感性形象,而是抽离出感性形象的、表达概念内涵的形式图示。"想象力为一个概念取得它的形象的某种普遍的处理方式的表象,我把它叫作这个概念的图型。"③康德举例说,三角形的概念可以有各种具象的三角形,但是现实中没有一个三角形之为三角形的形象,但在人们的知性或统觉中就有一个原初的、形象的、共相的三角形,它体现了三角形的概念。或者说,三角形的图型就是三角形概念的图像化。这样说来,不仅抽象概念可以被图示化,而且时间和空间、12 对范畴都可以被图型化,否则就是有了先验逻辑也无法认识世界。

一个可以觉察所有内在感觉和经验意识的自我意识,康德称之为先验统

---

① [德]康德:《纯粹理性批判》,邓晓芒译,杨祖陶校,人民出版社 2004 年版,第 92 页。
② [德]康德:《纯粹理性批判》,邓晓芒译,杨祖陶校,人民出版社 2004 年版,第 31—32 页。
③ [德]康德:《纯粹理性批判》,邓晓芒译,杨祖陶校,人民出版社 2004 年版,第 140 页。

觉。先验统觉可以把杂多的表象统一在一个意识里,形成统一的认识,这一认识又是对象的统一性的概括。这样一个具有自我意识的主体若想有效地认识世界,就需要概念和范畴的运作。范畴是先验统觉进行综合统一的方式,即对感性杂多进行综合统一的方式。康德的质、量、关系和样态4种范畴和逻辑,既是人类思维的基本形式、理性的基本形式,又是把握客观对象的方式。换言之,是思维与对象的统一、认识与科学的统一。在这个意义上,康德表达了理性主体的实体化,即自我意识自身的运行就是对对象的科学认识的过程,也就是占有了对象,使其成为普遍知识和真理。自我意识也就是先验统觉,一旦认识了客体并获取了客体的普遍性知识,就成了主体。但是,这一主体只是认识能力的主体,完善的主体是一个复合概念,还包括情感和意志。总而言之,主体就是认识能力的主体、情感判断力的主体与意志行动力的主体的统一。

在意志方面,康德认为人是伦理道德的人,除此非人。道德,是把外在的社会规范内化为一种人的内心冲动和内在要求。凡事只要力所能及,就务必做。这个最终追求的旨归是自由,一旦一切内心的冲动和要求都符合社会伦理规范的要求,人就为自己也为社会立法了,就达到了自由。这是康德的道德主体。

在情感方面,康德一方面重视主体的感受,认为美是人的一种情感判断力,是无功利的快感,同时也强调美是一种具有主观有效的普遍性的形式,是无目的的合乎目的性的形式。他不仅重视主体维度对美是美感论的继承,而且也继承了美在形式的说法。康德的美学主体性维度还在于他对崇高美的体认上。

在康德的批判哲学中,人的理性得到了最完美的表达,它就是人的主体性的体现,因此康德才说"理性为自然立法"。康德的主体(先验的自我意识)摆脱了笛卡尔"我思"主体的经验性和心理性的束缚,成为一切经验自我和理性进行考察的基础。先验自我意识具有一种逻辑上的先验性,超越了具体经验的局限性,是一切经验自我的理由和理性思考的共同起源。在康德看来,先验自我意识或者先验统觉的普遍性和必然性就是人同此心、心同此理,也是不证自明的真理。不过,康德的主体理论虽然标举了主体的先天认识能力和主观行动的自由能力,但是他忽略了主体的主观性与客体的客观性之间如何沟通的问题,也就是说主体如何成为实体的问题。康德认为,人只能认识客观的世界,不能认识那些自己不知道的对象,这一无法浮现的事物就是物自体。这样一来,他就把人生活在其中的世界划分为互相不交通的现象界与物自体,并且把二者割裂开来。物自体并不是旧形而上学的实体,但确实是康德哲学中的一个惰性之物,一个精密哲学体系中的盲点和污点(齐泽克精神分析意义上的斑点),无法解释和说明。由此看来,康德哲学依然没有很好地解决主体与客体、主体与实体、现象与本质的二元对立的问题。

简言之,康德的三大批判,在认识论的基础上奠定了人之为主体的崇高性。人,就是理性,即主体。他可以认识世界万物,有自觉的道德意识,有审美的快乐陶冶。康德美学的主体性维度表现在:第一,美是无利害的快感,审美的理想在于道德;第二,崇高美是主体的理性在受到绝对的否定和压抑下对对象的失败性把握以及对自身的反观,即明知不可为而为之,屡败屡战,这就是主体性。

三、优美论

1790 年,康德的美学与文艺理论著作《判断力批判》出版,旨在解决前两个批判中阐明的必然和自由之间的对立,他认为判断力在美学中的作用正是把必然和自由结合起来达到最后的和谐,这在欧洲美学与文艺理论史上影响深远。

《美的分析》是康德《判断力批判》中重要的一章。主要从质、量、关系、模态四个契机对鉴赏判断作了深入分析,并得出了美是无利害的、普遍的,具有必然性和无目的的合目的性的特质。

康德在《判断力批判》的第一章"审美判断力的分析论"中开篇就写道:"为了分辨某物是美的,还是不美的,我们不是把表象通过知性联系着客体来认识,而是通过想象力而与主体及其愉悦或不愉悦的情感相联系。"①由此可

---

① [德]康德:《判断力批判》,邓晓芒译,杨祖陶校,人民出版社 2002 年版,第 40 页。

知,鉴赏判断,也就是审美判断,与理性的认识无关,同时也与实践理性的道德
无关,只关乎人的快感,或者情感愉悦的性质。第一种是与人的生理感官满足
相联系的"快适",也就是对每个人来说都是快乐的东西。比如饥饿的时候给
予丰盛的食物,性压抑的时候给予性欲的满足。但是,快适是有个人特点的,
不具有普遍性。比如啤酒对一个"酒鬼"来说是快乐的,但是对一个"酒精过
敏"的人来说则是痛苦的。在以质来看鉴赏判断的第一契机中,康德认为某
物是美的还是不美的,是把表象通过想象力与主体愉快或不愉快的情感相联
系,而这种愉悦是不混杂丝毫的利害的,如果有所偏心,就不是纯粹的鉴赏判
断了。就比如当欣赏梵高的画《向日葵》时,只是为画面中所显示出的强烈的
生命感所震撼而感到愉悦,在单纯的观赏中去评判它,而不是因为它是名家名
作而觉得它美。如果你是因为某物有重要性而为它的美所愉悦,那种与利
害结合的愉悦的对象就会是快适或者善了。从这个角度看,"快适的东西和
善的东西在许多情况下看起来是一样的"①,因为它们都具有对欲求能力的关
系。但善是必须通过理性来考虑它的目的,认为某物是否善,必须首先了解这
一对象的概念,分清它是单凭自身是好的,代表最高利益道德的善;还是作为
手段使人喜欢的,有利于某事的善。快适虽然也是直接令人喜欢的,但它却带
有感官的利害。与之相比,审美的愉悦则是自由的、无利害的,它既不需要感
官的利害来使它得到满足,也没有理性的利害来对赞许加以强迫。

　　第二种是善给予的道德满足。这是属于实践理性的概念或观念范畴,一
旦主体满足了自我的伦理目的,就会获得一种心理上的满足,即源于他人或者
社会的尊敬感,这种尊敬感也会给人带来快乐,但只针对有道德理性的人。在
对于善的问题上,总是概念先行。先有对客体的了解,再有必然愉悦。在以量
来观照鉴赏判断的第二契机中,虽然康德在愉悦具有普遍性规则上将美与善
并谈,但他又指出与善所表现出不同的是,感受到美的这种普遍愉悦是无概念
的,它必须是不能建立在主体的私人爱好之上的无利害的愉悦,这种愉悦不似
快适那样具有独特和私人性质的感受,对于无辣不欢的人来说,清汤寡水的高

----

① ［德］康德:《判断力批判》,邓晓芒译,杨祖陶校,人民出版社 2002 年版,第 42 页。

汤就不能称为美的,因为每个人的口味都不同,这种私人的判断被康德称为感官的鉴赏。而那种不依赖于概念的鉴赏判断被称为反思的鉴赏,这种无概念性是抛却了逻辑和知识的,只依赖于主观的愉快与否的情感。

第三种"惠爱"是不带有任何利害关系的鉴赏判断,即美。美的东西既不满足人的生理需要,也不满足人的道德需要,而只是凭借其表象引起人的普遍的愉悦感。康德在第三契机中将美分为两种:一种是"不以任何有关对象应当是什么的概念为前提"①的自由美,一种是"以这样一个概念及按照这个概念的对象完善性为前提"②的依附美。从康德将花朵的美称为自由美就可以看出,这种美和鉴赏判断的无概念性并不是指审美对象的无概念和无意义,而是指在鉴赏过程中概念的暂时消失。正如在欣赏花朵时,真正的鉴赏者不会去考虑花是植物的受精器官,但这一自然目的终究是存在的,只不过因为不被作为鉴赏判断的条件而被暂时忽略了。康德认为自由的、没有任何概念的预设的美才是最美的。依附美要表现的是一个概念的完善性,这也是狄德罗一直强调的美学观点。歌德也认为美就在于体现了事物的完满性。一个人的美,一个建筑物的美,都是以一个目的的概念为前提,规定着此物的完善,这就是附庸的美。

康德的美也是依附于概念的,在他心目中最美的事物是人本身。他把最美的人分成两个层面:审美的规格理念和理性的理念。所谓理想范型,就是客观形式与主观形式的符合。规格理念类似于柏拉图的理式,是一个共式,即选取同一类事物中最典型的部分拼接,形成一个类的形象,这个类是所有同类事物的原型,也是超越个体形象存在的。它不是个体的,也不是抽象的。规格理念就是规则,不包含任何特别性格的东西。

康德指出,无论是快适还是善,当与美结合时都是对鉴赏纯粹性的损害和妨碍。当为了展现天堂的神秘感和上帝的崇高而为教堂加上高耸的尖顶和清丽的花窗时,当为了显示名画的价值而为它裱上黄金画框时,这种趋向完善性

---

① [德]康德:《判断力批判》,邓晓芒译,杨祖陶校,人民出版社2002年版,第65页。
② [德]康德:《判断力批判》,邓晓芒译,杨祖陶校,人民出版社2002年版,第70页。

概念的举动就会破坏鉴赏的纯粹性,这种带有强烈主观目的性的修饰带来的也只能是固着之美。也就是说人们在欣赏一个对象时,欣赏的是它的形式而非内容。

人们之所以能够在鉴赏判断中感受到愉悦的普遍性,实际上是以康德在第四契机中提到的共通感为基础的。这种共通感实际上是一种主观原则,即"普遍有效地规定什么是令人喜欢的、什么是令人讨厌的",这种共通感下的鉴赏判断是要求每个人都赞同的。因为对于这种脱离概念的共同情感的自信,康德将美称作一个必然愉悦的对象。

康德还提出了美的性质。美是无概念地作为一个普遍愉悦的客体被设想的。美的对象不因为自身的客观性质而被人爱,也不是建立在某个个人的爱好之上的,而是每个主体自由欣赏的结果。与意识到自身中脱离了一切利害的鉴赏判断必然相联系的,就是一种不带有基于客体之上的普遍性而对每个人有效的要求,也就是说,与它结合在一起的必须是某种主观普遍性的要求。当人们赞同一个事物美的时候,仿佛美是该事物的属性,往往也要求别人认为它是美的。

康德认为,第一,审美判断不是全称判断,而是一个单一性的、直觉的感官判断。当凝视一朵玫瑰花的时候,通过一个鉴赏判断宣称"这朵玫瑰花是美的"。当将玫瑰花作为抽象的概念来赞美时,即认为玫瑰花这个种是美的时候,就是一个被表述为以审美感性判断为根据的逻辑判断了。同时,这种判断是不通过概念的,也就是纯粹的感性的直观判断。第二,审美感受在判断之前,是不借助于任何概念而得来的。比如艺术中的象征,抽象艺术中的哲学味道,都不是真正的美。因此,凡是没有概念而普遍令人喜欢的东西就是美的。

康德提出美的理想有两个层面:一个层面是审美的规格理念,这是符合客观(无意识)目的性的客体;另一层面是理性理念。他认为最大的目的性就是人自身,"因而只有这样的人,才能成为美的一个理想,正如惟有人类在其人格中作为理解者,才能成为世间一切对象中的完善性的理想一样"①。换言

---

① ［德］康德:《判断力批判》,邓晓芒译,杨祖陶校,人民出版社 2002 年版,第 69 页。

之,康德所谓美的理想或者范型,就是客观对象的典型形式符合人心中先验的对该类事物的判断,也即客观形式与主观形式的符合。规格理念则类似于柏拉图的床之为床的理式。他以美男子的体形为例,将无数个同一种类的美男的肖像重叠,得来一个平均值,把它作为一切肖像的共同标准。"如果现在我们以类似的方式为这个平均的男子寻求平均的头,又为这个平均的头寻求平均的鼻,如此等等,那么这个形象就给在进行这种比较的国度中的美男子的规格理念奠定了基础;所以一个黑人在这些经验条件下必然会有不同于白人的另外一种形象美的规格理念,中国人则会有不同于欧洲人的另外一种规格理念……它是悬浮于一切个别的、以种种方式各不相同的那些个体直观之间的整个类的肖像,大自然将这些肖像奠立为自己在生产该类物种时的原型,但看来在任何单一体中都没有完全达到它。"①这样的美的理想的描述,几乎与柏拉图关于美的理式的描述没有多少区别。因此康德说:"美的规格理念是规则,不包含任何特别性格的东西,因为否则它就不会是类的规格理念了。"②

后来康德又为这个规格理念加上了一个规定性,即美的理想还要在规格理念上加上一个人的形象。即,美的理想等于对象的形式加上人的道德。他说:"在这个形象这里,理想就在于表达道德性。"这一道德具有一种内在的要求,内心的纯洁和良知等道德保证了美的理想的"正确性"。"这样一个美的理想的正确性表现在:它不允许任何感官刺激混杂进它对客体的愉悦之中,但却可以对这客体抱有巨大的兴趣。"③也正是在这个意义上,黄克剑指出:美是道德的象征。

在康德的美学中,明显可以看到形式与主体融合的双重冲动。对于康德来说,美既是客体的形式,又是主体的感受。正如黄克剑所说,康德对于审美判断的四个契机分析即对美的四个界说,"其实无一不是在审美情感与审美形式的张力之下。每一层分析,每一界说,都不曾稍稍脱开'主体的情感',也

---

① [德]康德:《判断力批判》,邓晓芒译,杨祖陶校,人民出版社2002年版,第76页。
② [德]康德:《判断力批判》,邓晓芒译,杨祖陶校,人民出版社2002年版,第76页。
③ [德]康德:《判断力批判》,邓晓芒译,杨祖陶校,人民出版社2002年版,第77页。

都不曾稍稍忽略作为某对象的表象的'形式'"①。因此康德的美学论就是:美在于形式,美也在于情感,情感是被纯粹形式唤起的那种情感,形式是合着情感愉悦的形式。

康德认为,美的理想不仅体现出原型,更重要的是要加入人的形象和道德。这些道德保证了美的理想的正确性,不允许任何感观刺激混进对客体的愉悦中,不和鉴赏者本人发生关系,但是却可以对客体保持极大的兴趣。美的理想主要从三个方面去表现:第一,不跟个人发生任何实在的利害关系;第二,体现了物种美的原型;第三,具有道德感。这三者合在一起才是美的理想。这种美的理想根本就在于要体现人之为人的善。

四、崇高美学

关于康德的崇高,也是一个很庞大的话题。在康德之前,已经有不少的美学家探讨过崇高的问题。在现代的美学原理或美学史上,一般认为崇高是与美相并称的一个审美范畴。在美学中的美一般是指优美,康德所说的审美判断中的美也是如此。那么美、优美、崇高这三者有何区别和联系?

康德是在伯克、朗基努斯、黑格尔的基础上来谈崇高的。他企图解决的一个问题是,崇高感来自何处?为什么只有人才会产生崇高感,而动物没有?康德认为,崇高与美具有相同的判断力规律,即它们都是主观的反思判断,在性质上是无功利的快感;数量方面是个人判断但具有主观普遍性;关系方面是无目的的合目的性;形式方面是基于人类共通感的必然判断。

不过,康德更强调了美与崇高的不同之处:首先,美是某种知性概念的表现,美的对象形式是有限制的、具体的,崇高则是某种理性概念的表现,其形式是无形式的、无限制的;其次,就引起人的快感而论,美是无功利地促进人类生命感的、与想象力相游戏的快乐,而崇高则是与量在一起,是一种对生命力的挫折和瞬间阻碍以及随之而来的更为强烈的生命力涌现,从而获得的间接快

---

① 黄克剑:《美:眺望虚灵之真际》,福建教育出版社 2004 年版,第 78 页。

感,或者说是带有痛苦的快感,康德也称之为消极快感,崇高是想象力严肃的工作;最后,美特别是自然美让人感到其形式带有某种合目的性,对象凭借自身就让人们产生愉悦,感觉在美的对象之外具有某种自然的秩序和目的。但是崇高就其无形式而言,是违反目的的,是一种对想象力的暴力,但是崇高的目的性不在于对象本身,而在于人们的心中。"因为真正的崇高不能包含在任何感性的形式中,而只针对理性的理念:这些理念虽然不可能有与之相适合的任何表现,却正是通过这种可以在感性上表现出来的不适合性而被激发起来、并召唤到内心中来的。所以辽阔的、被风暴所激怒的海洋不能称之为崇高,它的景象是令人恐怖的;如果我们的内心要通过这样一个直观而配以某种本身是崇高的情感,我们必须已经用好些理念充满了内心,这时内心被鼓动着离开感性而专注于那些包含有更高的合目的性的理念。"①

在康德看来,美是对象与形式、想象力与知性、和谐与愉悦的协调一致,或者是它们相互符合而促发的审美快感;崇高则是无形式的对象在理性的逼迫下想象力的一种失败,无形式的内容对形式的消灭,这种不适合引发的人心灵的对理性体认的庄严感。也就是说,美感的产生是由于对象形式符合主体的认识能力,主客体彼此和谐;崇高则是主体与超形式、超感性的恐怖对象不和谐导致人去冥想"更高的合目的性的理念",因此崇高不在对象的形式,而在主体的心灵之中。缪朗山先生指出:"美感来自于对象本身的合目的性,崇高感则来自我们对宇宙的合目的性的体会。"②

纵观康德对崇高的思考,会发现崇高感与理性有着本质的联系,特别是与理性形成中的先验想象力有本质的关系。近代经验哲学家普遍认为,人的感觉和经验是知识的来源,知识是建立在人获得经验之后的印象基础上的,因此想象也是一种大脑的机能。霍布斯认为,想象是"渐次衰退了的感觉",是人心的一种再现和构造的能力。他把想象分成简单想象和复合想象,前者是按照原先呈现于人的感觉状况再次复现整个客体;后者是不同场域中各种表象

① [德]康德:《判断力批判》,邓晓芒译,杨祖陶校,人民出版社2002年版,第83—84页。
② 缪朗山:《德国古典美学散论》,载《缪朗山文集》第九卷,章安祺编订,中国人民大学出版社2011年版,第198页。

与事物的拼贴组合产生新的表象,比如人首马身的形象就属于复合想象的产物。

休谟在《人性论》中指出,想象是一个相互冲突的概念,一方面是一切哲学体系的"最后裁决者",因为它是心灵对简单观念进行联结或者创造的能力,另一方面也是一种肆意挥霍的幻想能力,制造虚构的或不真实的幻象。经验论哲学中的想象始终是构成知识的前提条件,虽然也对想象作了经验性的概括,但想象与理性的关系未曾展开,而这一点则有待康德等德国古典哲学家去完善和发展。康德在《辩证理性批判》中认为,想象力是构成知性的三种先验能力之一,即先验想象力再生的能力。不过在第二版中他又认为想象力应该受到知性的制约。无论如何,康德让想象脱离了纯粹的经验领域,而赋予了它哲学本体论的意义。

康德认为,理性是从感性—综合统一性—知性—统觉再到图型的逻辑过程。在这一过程中,康德有两处提到了先验想象力。先验想象力在《纯粹理性批判》第二版中的地位和作用与第一版大不相同。康德在第二版中指出,"想象力是把一个对象甚至当它不在场时也在直观中表象出来的能力"①。想象力的作用在于对感性直观杂多进行形象地综合,它是范畴中智性联结的一个基础,这一综合能力康德称之为"想象力的先验综合"。想象力尽管有先验综合能力,但是依然属于感性,它是作为给予知性概念直观的主观条件。不过,想象力的先验综合是一种自发性,也是按照统觉的形式来进行的行动,因此"想象力是一种先天地规定感性的能力,并且它依据范畴对直观的综合就必须是想象力的先验综合,这是知性对感性的一种作用,知性在我们所可能有的直观的对象上的最初应用"②。这里康德指出了想象力对表象的形象联结活动依然是在知性范畴的指导下进行的,既不同于单纯的表象的直观综合,也不同于知性的概念性综合。在想象力与知性的关系基础上,康德把想象力分成了再生的想象力与生产性的想象力,前者是基于经验的联想律的心理学概

---

① 〔德〕康德:《纯粹理性批判》,邓晓芒译,杨祖陶校,人民出版社 2004 年版,第 101 页。
② 〔德〕康德:《纯粹理性批判》,邓晓芒译,杨祖陶校,人民出版社 2004 年版,第 101 页。

念,后者是具有自发性的、为先天知识可能性提供条件的先验哲学概念。

想象力的第二个作用是作为知性范畴与对象之间的图型中介而出现的。康德认为,对象归摄到一个概念之下,必然与该概念具有同质性,比如盘子的圆形概念体现的是几何学中圆的概念。这样一来要把范畴运用到具体对象上去就需要一个中介,这就是作为范畴的抽象形式的具体图型。在这里,康德说:"图型就其本身来说,任何时候都只是想象力的产物,但由于想象力的综合不以任何单独的直观为目的,而仅仅以对感性作规定时的统一性为目的,所以图型毕竟要和形象区别开来。"①换言之,作为先验想象力产物的图型不是某个具体的事物表象,而是某一事物的想象中的共相,例如三角形之为三角形的共相,不同于任何一个现实中的三角形,但在人的头脑中要有一个先验的三角形图型才会画出或者认识各种三角形。由此康德排斥了图型作为先验想象力的形象性和感性特征,而强调了它与知性的联系。他说:"形象是再生的想象力这种经验性能力的产物,感性概念(作为空间中的图形)的图型则是纯粹先天的想象力的产物,并且仿佛是它的一个草图,各种形象是凭借并按照这个示意图才成为可能的。……反之,一个纯粹知性概念的图型是某种完全不能被带入任何形象中去的东西,而只是合乎某种依照由范畴所表达的一般概念的统一性规则而进行的纯综合,是想象力的先验产物。"②总之,康德在第二版中认为,想象力具有某种先天的综合能力,可以作为知性综合的低级成分而存在。先验想象力不同于再生想象力和知性,它既具有感性的特征,同时也受到知性的制约。或者说想象力的先验综合是知性概念与对象之间的图型中介作用的根源,只有通过知性的先验综合,想象力的综合才有它的依附性价值。

在《纯粹理性批判》第一版中,康德比较推崇想象力作为一切综合的基础性地位以及它对知性的奠基性作用。他在"纯粹知性概念的先验演绎"一节中提出,"有三个本源的来源(心灵的三种才能或者能力)都包含有一切经验的可能性条件,并且本身都不能从任何别的内心能力中派生出来,这就是感

① [德]康德:《纯粹理性批判》,邓晓芒译,杨祖陶校,人民出版社2004年版,第140页。
② [德]康德:《纯粹理性批判》,邓晓芒译,杨祖陶校,人民出版社2004年版,第141页。

官、想象力和统觉。在这上面就建立起了 1)通过感官对杂多的先天概观;2)通过想象力对这种杂多的综合;最后,3)通过本源的统觉对这种综合的统一"①。后来康德把这种心灵的能力称为自发性的三重综合基础,即直观中领会的综合、想象中再生的综合和概念中认定的综合。康德指出,将表象的杂多在时空中予以贯通和概括就是领会的综合;将已经消失的表象通过内感官进行综合,就是想象再生的综合,这一综合是一切经验的可能性的基础。概念中认定的综合是把直观到的表象与再生出的表象都结合在一个表象中的意识,这种综合需要概念的参与,是知性联结概念与对象的过程。对于康德在第一版中的论述,可以总结出如下几点。第一,想象力是作为经验知识的基础的人类心灵能力之一,与感觉和知性并列。第二,想象力是知性的基础。想象力的生产性的综合是能够先天地发生的,"所以想象力的纯粹的(生产性的)综合的必然统一这条原则先于统觉而成为一切知识、特别是经验知识的可能性基础"②。第三,先验想象力是感性与知性的中介环节。康德说,人类心灵基本能力之一的纯粹想象力为一切先天知识奠定了基础。借助这种纯粹的想象力才能够把直观杂多与纯粹统觉的必然统一性条件联结起来,"这两个极端,即感性与知性,必须借助于想象力的这一先验机能而必然地发生关联,否则感性虽然会给出现象,但却不会给出一种经验性知识的任何对象,因而也不会给出任何经验"③。最后康德指出了想象力的作用:通过杂多与统觉的统一的关系,那些属于知性的概念却只有借助想象力才能与感性直观的关系中实现出来。康德的这个第一版中想象力中介的作用在第二版中发展成了中介图型思想。

从康德在第一版与第二版对想象力的思想对比中可以看出,第一版中想象力与知性、感性并列为人类认识的基本能力,并且想象力是知性的基础,只有在想象力的作用下知性才能完成认识的功能,杂多的感性才能上升为知识。但是在第二版中,想象力被下降为知性的一个成分,必须在知性的指导下才能

---

① [德]康德:《纯粹理性批判》,邓晓芒译,杨祖陶校,人民出版社 2004 年版,第 85 页。
② [德]康德:《纯粹理性批判》,邓晓芒译,杨祖陶校,人民出版社 2004 年版,第 126 页。
③ [德]康德:《纯粹理性批判》,邓晓芒译,杨祖陶校,人民出版社 2004 年版,第 130 页。

工作。对于这两种先验想象力理论的分裂,海德格尔在《康德与形而上学难题》中提出了康德的第二版里想象力从第一版中"后退了",专门论述了康德先验想象力在存在论视域下的地位和作用,以及康德为何从第一版想象力的激进维度中撤退的原因。海德格尔认为,康德的《纯粹理性批判》的核心问题是作为一般形而上学奠基的知识的本质统一性及其如何构成,而知识本质统一性则在于先天综合(或者说纯粹综合)。在海德格尔看来,想象力不是再现形象的心理学概念,而是存在论的本源性概念,他赋予了想象力更为本质的看法。"作为源初的纯粹综合,超越论的想象力表现出了纯粹直观(时间)与纯粹思维(统觉)的本质统一性。……因此,超越论的想象力是根基,存在论知识的内在可能性以及随之而来的一般形而上学的可能性都建基在它之上。"①

康德的崇高美学是建立在主体之理性的哲学基础上的,而崇高感的出现特别与想象力具有本质性的联系。康德的崇高概念实际上体现了理性与想象力的矛盾。那么,先验想象力对崇高美又有什么关键作用呢?

康德把崇高分成两类:数学的崇高与力学的崇高。关于数学的崇高内涵,他指出:"我们把那绝对地大的东西称之为崇高。但'是大的'和'是某种大小'是两个完全不同的概念。同样,单只是说某物是大的,这也完全不同于说某物是绝对地大。后者是超越一切比较之上的大的东西。"②在这段分析中,康德实质上区分了三种不同的"大"的判断:第一种判断"某物是大小的",这是一个知性的概念判断。某一事物无论是小到一滴水,还是大到太阳系,无论是一棵小树苗,还是整个撒哈拉沙漠,具体事物的大小总是可以测量的,只不过是测量的尺度大小不同而已。第二种判断"某物是大的",这是一个目测式的判断力判断,不是科学的、认知的知性判断,也不是理性判断,而是审美判断。但是说某物大小,既是粗略地估量,也是在与其他事物的比较中产生的量的估算。第三种判断"某物是绝对的大",这种绝对的大是无法与其他事物比较而言的,也就是康德所说的:"但如果我们不单是把某物称之为大,而且是

---

① [德]海德格尔:《康德与形而上学疑难》,王庆节译,上海译文出版社2011年版,第121页。
② [德]康德:《判断力批判》,邓晓芒译,杨祖陶校,人民出版社2002年版,第86页。

完全地、绝对地、在一切意图中（超出一切比较）称之为大，也就是称之为崇高。"①这种绝对的大在自然中是不存在的，因为无论是汪洋大海、浩瀚沙漠，还是太阳系、银河系乃至宇宙，总是可以依靠科学的进步予以准确地测量的，在数学上可以得到它们的大小比例，只不过是衡量的工具和尺度不同而已。因此康德所谓的绝对的大，不是指科学中的测绘，不是知性的概念判断，而是审美的直觉估量。在直觉下，在人们的想象力观照下大海和星空都是无限的，因此康德也说这种绝对的、无限的大不在于事物，而在于人的心意中，在于理念中。既然数学的崇高不在于客体，而在于主体自身，那么究竟什么是数学的崇高概念内涵呢？

康德认为，人类面对绝对大之物的时候，诸如星空、沙漠、大海等景观，想象力要去观照这一事物，尽可能地像录像机或者照相机一样想要整个地摄入眼底，也就是康德所说的想象力有一种推至无限的努力。但是，这一想象力背后的动力却是理性的要求，即对事物有一种完全把握的企图，理性要求人们要观照事物的本质或理念。不过，想象力在对绝对大的事物观照时，无法完成这一整个儿的"拍摄"，因为这物是目测的无限的大，想象力的测度赶不上事物的量的变化，于是想象力的整个儿的"拍摄"与理性对该物本质的要求就成了一对不可化解的矛盾。正是因为人们想象力在事物统摄方面的失败，才证明了其背后有一个不可能达到的、超越具体感性和感官能力的理性要求，也才先天地觉察到了理念（物自体）的存在。因此，崇高就是"那种哪怕只能思维地、表明内心有一种超出任何感官尺度的能力的东西"②。换言之，想象力在观照绝对大的事物时遭遇的失败，想象力与理性角力的不适合性就是崇高感。缪朗山对此的解读是："这就是说，理性要认识无限的整体，但想象只能及于有限的时空，理性要探究超感觉的彼岸世界，但想象却停留在可感觉的此岸世界；想象无论如何也不能满足理性的要求。想象与理性的失调，有限的感觉与无限的思想之间的矛盾，就使我们彷徨于感性世界与理性世界之间，于是一种

① ［德］康德：《判断力批判》，邓晓芒译，杨祖陶校，人民出版社2002年版，第88页。
② ［德］康德：《判断力批判》，邓晓芒译，杨祖陶校，人民出版社2002年版，第89页。

不由自主的怆然的严肃感便在我心中浮现,这就是数量的崇高所带来的近乎痛感的快感。"①他特地举出了唐代大诗人陈子昂的《登幽州台歌》:"前不见古人,后不见来者;念天地之悠悠,独怆然而涕下",认为其道出了崇高感的秘密。

对象的杂多—想象力的统摄—知性概念的图型化—理性的"求全"要求,这是康德对夹在知性与理性之间的想象力的思考。在这一过程中,有三个环节或者矛盾。第一环节,想象力的作用。想象力对某物进行测量必然包含两个行为:领会(apprehensio)与统摄(comprehensio aesthetica)。领会是想象力随着事物的大小进行直觉的图像化,无论某物是有具体大小还是审美的绝对大,领会总会随之达到。但是,统摄却是随着领会的延展而要对某物进行的统一把握的倾向,不过某物绝对大,这就使得领会未能全部完成,统摄难以进行。康德举例说,比如看金字塔,距之太远则想象力之领会太模糊,难以形成印象;距之太近,则领会从塔底到顶部还没完成,而前面的领会就已经消失了,因此统摄永远也完不成。如此一来,想象力在领会中得以展开,却在理性的要求统摄中失败了。第二环节,想象力对知性概念的图型化。在测度某物大小的时候,想象力给予了知性概念一个数学的图型,合乎了知性的目的性。想象力可以通过直观将现象的杂多统摄进一个数的知性概念,但是无法在直观中通过感性把握统摄为一个想象力直观的整体。第三环节,理性在想象力对绝对大事物的直观中有一种"求全"的要求,把杂多表述为一个整体。"内心在自己的里面倾听着理性的声音,理性对一切给予的大小、甚至对那些虽然永远也不能被完全领会但仍然(在感性表象中)被评判为整个给予出来的大小,都要求总体性,因而要求统摄进一个直观中,并要求对于一个日益增长的数目系列的所有环节加以表现,甚至无限的东西(空间和流逝的时间)也不排除在这一要求之外,反而不可避免地导致将它(在普通理性的判断中)思考为(按其总体性)被整个给予的。"②但是,对于无限的表象,想象力又无法统摄为一个整体,

---

① 缪朗山:《德国古典美学散论》,载《缪朗山文集》第9卷,章安祺编订,中国人民大学出版社2011年版,第200页。

② [德]康德:《判断力批判》,邓晓芒译,杨祖陶校,人民出版社2002年版,第93页。

这种失败的统摄恰好说明内心有一种理性要求存在,它超越具体的感性世界,人本身中的超感官的能力,就显现了理性自身。

就像雨果所说,世界上最广阔的是海洋,比海洋还要广阔的是天空,比天空更广阔的是人的心灵。在康德看来,美的鉴赏中想象力与知性相互协调,而崇高中想象力与理性的不协调,恰好证明了人类理性的存在,因此真正的崇高者存在于人的心中,而不是那些乱七八糟堆在一起的重峦叠嶂。康德指出,那些无限的杂多与人心中的理性比起来,就显得太渺小了。

美是一种单纯的快感,崇高则是一种由痛感转化而来的快感。那么,在崇高中,人面临对象的痛苦感如何转变成了快感呢? 康德认为,想象力对杂多进行统摄时无法完成一个整一对象,这表现了想象力的综合与理性理念的不适合性,但这种不适合性恰好证明了理性的目的,因此崇高中想象力的目的无形中符合了理性的目的。"所以对自然中崇高的情感就是对我们自己的使命的敬重,这种敬重我们通过某种偷换而向一个自然客体表示(用对于这个客体的敬重替换了对我们主体中人性理念的敬重),这就仿佛把我们认识能力的理性使命对于感性的最大能力的优越性向我们直接呈现出来了。"①缪朗山认为,崇高感实则是一种对理性认识能力的崇拜感,而不是对认识对象的崇敬。人类是一种理性的生灵,对使命感的崇拜,其实就是一种自我崇拜。那么,这种自我崇拜其实来自康德所处的 18 世纪启蒙运动以来,对人的理性主体性的崇拜。在对崇高的分析中,康德把这种主体性推向了极致,明明是理性的失败,恰好这种失败反过来证明了人理性的伟大,这就是康德的逻辑。因此,康德认为,正如在美的判断中想象力与知性的协调,在崇高的判断中想象力与理性是相互冲突的,不过这种冲突产生了内心中诸能力的主观合目的性,即人们知道自己拥有强大的、纯粹的、独立的理性。也就是说,在康德看来,崇高感是主体面临对象时的一种痛感,同时也是一种主体的快感,这是因为对象的杂多挫败了人们的想象力,使人们感到不快,但是因为这种挫折让人们看到了其背后强大的理性力量,因意识到了人类自身理性的独立性而感到敬重,产生了

---

① ［德］康德:《判断力批判》,邓晓芒译,杨祖陶校,人民出版社 2002 年版,第 96 页。

快感。

康德对于力学的崇高定义为:"强力是一种胜过很大障碍的能力。这同一个强力,当它也胜过那本身具有强力的东西的抵抗时,就叫作强制力。自然界当它在审美判断中被看作强力,而又对我们没有强制力时,就是力学的崇高。"①在这个定义中,有三种力量在较量:强力—抵抗力—强制力。强力,是能够克服其他障碍的力量,当强力到达某物时,某物有一种针对强力的抵抗力,如果这种抵抗力失败了,那么这个强力就是强制力。而力学的崇高恰好处于自然界中某物对于人类而言是一种强力但又不是强制力之间,换言之,人类面对自然中巨大的强力时,产生出一种抵抗力,就是崇高。

对于崇高的客体而言,它拥有巨大的强力,但是并未对观照者形成摧毁性的强制力;对于主体而言,面对强力自然物时感到恐惧,但处于安全的位置上去观照它。就如康德所说,人们要抵抗的东西是一种自然的灾难,因此人们感到恐惧,恐惧是崇高产生的必要条件,但是并不因此会被摧毁,而是处于安全的地方,这样才会有崇高的出现。他说:"险峻高悬的、仿佛威胁着人的山崖,天边高高汇聚挟带着闪电雷鸣的云层,火山以及毁灭一切的暴力,飓风连同它所抛下的废墟,无边无际的被激怒的海洋,一条巨大河流的一个高高的瀑布,诸如此类,都使我们与之对抗的能力在和它们的强力比较时成了毫无意义的渺小。但只要我们处于安全地带,那么这些景象越是可怕,就只会越吸引人;而我们愿意把这些对象称之为崇高,因为它们把心灵的力量提高到超出其日常的中庸,并让我们心中一种完全不同性质的抵抗能力显露出来,它使我们有勇气能与自然界的这种表面的万能较量。"②换言之,当人们面临巨大的强力的时候,心中为了与这种强力相抗衡而刺激生发出一种精神的抵抗力。康德认为,这种抵抗力就是来自理性的能力,显露出人类之所以为人类超越动物在内的自然界的一种特异使命感,即人类自身高于一切。在崇高事物的刺激下,产生于人内心的抵抗力,不仅显示了人可以战胜外在自然力,而且也可以战胜

---

① [德]康德:《判断力批判》,邓晓芒译,杨祖陶校,人民出版社2002年版,第99页。
② [德]康德:《判断力批判》,邓晓芒译,杨祖陶校,人民出版社2002年版,第100页。

内在的自然力,比如恐惧等危险或者困难。这种人性的抵抗力就是理性的力量,就是人格的理性。其实,力学的崇高反映的是人本身所存在的道德律,一种可以强制自己放弃财富、地位乃至生命的律令。也可以说,在这种摧毁一切的自然力面前,人类坦言可以摧毁自己的躯体甚至一切物理存在,但是无法摧毁人的高贵的内心,是一种虽败犹荣的自豪感,一种蔑视强力的自信心,一种精神的胜利法。仿如海明威小说中的"硬汉精神",你可以打倒我,但你无法打败我,打倒的是躯体,打不败的是精神。

　　那么,人面临恐怖的危险时无法显示出崇高,为何生命暂时不受威胁时反而有崇高感呢?康德举例说,比如士兵,不论是野蛮人还是文明人,都会认为一个不惊慌、不畏惧、不逃避危险,同时以周密的深思熟虑干练地行动的人是最被赞赏的对象,也就是崇高的对象。这是因为在战争中士兵能够避开危险而大无畏地勇猛向前。但同时,康德认为一个军事统帅更值得赞美为崇高,因为他不仅仅像士兵一样勇敢,而且还要在危险中保持精神的高度自由,指挥若定,决胜于千里之外,更显示出在恐惧中理性的自由和伟大。因而康德说:"所以崇高不在任何自然物中,而只是包含在我们内心里,如果我们能够意识到我们对我们心中的自然,并因此也对我们之外的自然(只要它影响到我们)处于优势的话。"①由此可见,康德的力学的崇高感其实是一种道德的情操,一种优越于人自然条件的道德律令。

　　总而言之,崇高是一切无限大、无限多、无限力量的事物,如此的事物,人的先天认识能力无法继续把握,直观、想象、概念三种综合能力都无能为力。康德之前所说的人的先天先验认识能力、自由意志力在这些事物面前都是失效的。当面对崇高的事物,面对雷鸣电闪、星空、无限的时间和宇宙时,人体验到了一种挫败感,体验了人之为人的震惊感、痛苦感和渺小感,是一种巨大的挫伤。在这些事物面前,你感觉到了一种完全的无能为力,一种恐惧和恐怖,这样一种对自身的否定怎样由否定转为肯定,怎样由痛感转为快感呢?康德所讲的崇高感也是一种特殊的快感,它的转换也是崇高感一个最根本的问题。

---

① ［德］康德:《判断力批判》,邓晓芒译,杨祖陶校,人民出版社 2002 年版,第 103 页。

崇高感的形成虽然在于人对崇高的无能为力,但有一种人之为人,可以反观这些失败的能力,这就是理性本身的力量,也就是主体性。人们一生中会经历很多失败,比如弗洛伊德所说的小孩通过扔出—收回线球的过程来平复妈妈离开的伤痛,实际上就是为了迫使自己接受这种挫折。人对创伤的认识、接受和回应其实也是人的一种理性的体现,不管是从拉康还是弗洛伊德的角度来看,小孩在对创伤作积极回应的时候,就体现了他自我的建立,自我的建立就是理性的基础,当已经是一个主体的人的时候,面临这种巨大的挫折和痛苦感,可以在一个相对安全的角度来反观和观照这种挫折和痛苦,这恰恰也是一种主体的、理性的反思的力量。

康德认为的主体性不在于顺利的主动能力的实现,不是在与事物的和谐相处之中对事物的把握和规律的掌握,把人的本质力量完全化在对象之中,而是在逆境和挫折中对自身的自我认识、反观和反思以及直面挫折的勇气和能力,能够直面失败并从失败中站起来,这恰恰才是人的主体。曾国藩是一个只能将将不能将兵的统帅,与太平天国作战期间,自兴兵以来,每战必败,他曾给皇帝上书言及屡战屡败,后经幕僚李元度更改为屡败屡战。这体现出了此人意志力之强,永远也打不倒,直到他从失败中战胜自己,走向胜利。当面临每一个对理性进行挑战的挫折时,人们仍然有面对这种挫折的勇气和战胜它的理性能力,这才能真正称之为主体,因为在德国古典哲学里,对主体的定义就是"主动的,自动的"。这才真正体现了康德思想的精髓。在面临巨大挫折的时候,人依然可以超越一切外在的限制即无限,和内在的限制即遭受挫折时内心的痛苦,这就是一个大写的人,就是自文艺复兴以来所追求的人的主体。一个大写的人的英雄形象就在康德关于崇高的论述里面站起来了。

第十三章　黑格尔:绝对心灵与感性形式

一、艺术批判论

在黑格尔看来,美学不是感性学,也不是关于抽象的美的学问,而是关于艺术的规律的学科。"我们的这门科学的正当名称却是'艺术哲学',或则更确切一点,'美的艺术的哲学'。"①如果把美学看作艺术的话,那么自然美就会被排斥在美学体系之外。黑格尔明确表示,艺术美高于自然美,这种判断的根本标准是艺术来自人的心灵创造,而自然则不过是人心的反映而已。艺术品是人的灵魂、心灵和精神的创造物、再生物,而自然万物不同于人心,它们没有自我意识,没有心灵的意蕴。所以,在美学体系中,自然美低于艺术美。"只有心灵才是真实的,只有心灵才涵盖一切,所以一切美只有在涉及这较高境界而且由这较高境界产生出来时,才真正是美的。"②

(一)艺术的科学性

那么被称为美的艺术到底是什么呢? 换言之,艺术何为? 首先黑格尔论述了艺术可以作为科学研究对象的根本原因。在黑格尔看来,艺术哲学的研究是科学研究,艺术是值得也能够进行哲学研究的。

对于艺术是否能作为科学研究的对象,从古至今一直都众说纷纭。第一种看法认为:艺术不值得研究,艺术不过是人闲暇时刻的消遣和娱乐而已,不

---

① [德]黑格尔:《美学》第一卷,朱光潜译,商务印书馆 1996 年版,第 4 页。
② [德]黑格尔:《美学》第一卷,朱光潜译,商务印书馆 1996 年版,第 5 页。

值得严肃对待,其代表人物有柏拉图和卢梭等。其理由是艺术是人严肃艰苦生活之余的奢侈品,没有严肃的目的,只是逗人开心和放松,艺术的手段也是不真实的,而是用虚幻的手法来表现。第二种看法认为:尽管有人承认艺术可以提供哲思,但是依然不适合哲学研究。这是因为艺术作用于人的感情、感受和想象,不是作用于人的思考和理智;同时艺术的创作和欣赏都是非常自由的想象行为,无法进行抽象和总结。

黑格尔反对艺术无用论和非科学论,认为艺术是值得进行科学研究的。艺术尽管有消遣娱乐的成分在其中,但更重要的是,艺术是自由的、是人心灵的产物。第一,艺术用感性的形式表现崇高。在柏拉图看来,艺术作为虚幻的形式无法通达真理,但是黑格尔认为艺术与宗教、哲学都可以表现真理,不过方式不同而已。艺术能够表现神圣性、人类最深刻的心灵内容。既然艺术能够从心灵和情感中流溢而出,那么人们也能够通过欣赏这种情感和感性的结晶品而体会其中蕴含的心灵的真理。第二,艺术虚幻的形式比现实更真实,更接近真理。黑格尔认为,与真理世界相比,现实世界更虚幻,更变动不居。艺术虽然形式虚幻,但是反映了真理世界,可以使人们从现实世界的虚幻中解脱出来,更好地理解真实世界。但这并不是说艺术就可以达到绝对真理的绝对方式,它不是绝对理念的最佳方式和最高形式,不过是用感性的形式来认识绝对精神,此时绝对精神还没有以概念的、精神的形式返回其自身,即哲学形式。第三,艺术以心灵的方式观照和理解人的心灵。科学和哲学要以理性的方式进行研究,得出事物的必然规律。艺术显然无法通过逻辑和理智来考察,它与抽象思维方式相互对立。艺术表现人的生命,抽象思维无法接近人的生命,只有心灵能够观照心灵,只有生命能够理解生命。"因为心灵的本质和概念就在思考,所以只有当心灵用思考深入钻研了自己活动的一切产品,因而把它们第一次真正变成它自己的东西时,它才终于得了满足。"①所以,黑格尔指出,"艺术的真正职责就在于帮助人认识到心灵的最高旨趣"②。

---

① [德]黑格尔:《美学》第一卷,朱光潜译,商务印书馆 1996 年版,第 17 页。
② [德]黑格尔:《美学》第一卷,朱光潜译,商务印书馆 1996 年版,第 17 页。

（二）艺术作品

当人们讨论艺术的时候,首先和最直接面对的就是艺术作品,所以黑格尔对艺术的思考首先从艺术作品开始。艺术作品是怎么产生的呢? 黑格尔认为,艺术作品是人的活动的产品。在西方美学史和艺术史中,认为艺术品是人类的创造产品的观点又分成以下几种。

第一,艺术是仿造物。也就是说,艺术作品是机械的制作,可以仿造。黑格尔反对这一观点,他认为艺术是人心的创造物,人心与人心不同,艺术必须由人的本心出发进行创造,而无法根据抽象的、形式的规则而摹仿。

第二,艺术是天才的产物。艺术完全是天才灵感和想象的创造物,不需要什么规则和形式。这一看法过于强调艺术家的作用,创作不能只凭借灵感。根据艺术创作的规律和现实情况,艺术家的创作虽然大部分来自天才的心灵,但更重要的是要符合艺术形式的规律,需要思索、训练、勤劳和刻苦。就像巴尔扎克所说的那样,每个人都会在自家的后院里构思五六个悲剧,但是这些天才的想象只有进入艰苦的写作之中时才有价值,艰苦的写作才是创作的开始。歌德也认为,诗人不仅要有天分,更要有生活经验和观察描写真实细节的本领。

第三,艺术作品是对自然物的摹仿。在有些理论家看来,自然中的动植物等都是活泼泼的生命,而艺术材质比如石头、画布、符号等都是僵死之物,艺术的材质只有详尽地模仿了自然中的生命,艺术作品才带有了某些生气,因此艺术品低于自然生命,是对自然的机械摹仿。不过,黑格尔的看法与此正好相反。他认为,外在自然虽然充满了生命,但有些生命却没有意识和心灵,而且自然之物也是不完善的。而艺术则是从人的生命和心灵中流溢而出,所以"只有从心灵生发的,仍继续在心灵土壤中长着的,受过心灵洗礼的东西,只有符合心灵的创造品,才是艺术作品"①。艺术作品可以集中自然中的典型,抓住偶然中的必然,比现实世界更加真实,所以出自心灵的作品要高于自然风景,一切心灵性的东西都要高于自然产品。

---

① ［德］黑格尔:《美学》第一卷,朱光潜译,商务印书馆1996年版,第37页。

第四种是黑格尔的观点:"艺术作品是人心灵的产物",是人的意识精神和心灵返观心灵的需要。他指出,艺术不是为了游戏和消遣,而是为了某个普遍性的目的,这一目的根植于人需要观照自我,人的意识以自我意识为对象,从意识中观照自身。人作为自然物是直接的自在的存在,这与动物没有区别。人的自在存在不过是说明人是以动物的形态出现在地球上。人的自为存在,就是说人是有意识的,能思考的,是要说明自己是什么的,换言之,人具有了自我意识。人作为自我意识,还是自在自为的存在物,人类作为有意识的存在物,要在其他事物和其他意识中看到自己,在自然中反观自身。黑格尔说,人类反观自身的方式有两种:第一种是通过科学的、逻辑的、理智的和认识的方式,这就是科学知识。第二种是通过实践的方式,这种方式让人在活动中直接体验到和认识到自己。他说:"人还通过实践的活动来达到为自己(认识自己),因为人有一种冲动,要在直接呈现于他面前的外在事物中实现他自己,而且就在这实践过程中认识自己。人通过改变外在事物来达到这个目的,在这些外在事物上面刻下他自己内心生活的烙印,而且发现他自己的性格在这些外在事物中复现了。"①换言之,人有在外在事物和外在世界中实现自我力量的冲动,一旦人在他物中看到了自身,那么这种外物也就成为人的作品了。黑格尔举了一个例子,小男孩在河边的水面上打水漂,他看到一圈圈的涟漪,感觉很惊奇和开心,因为这是他的活动的结果。艺术作品也是如此,人需要把自己的心灵力量放在对象中以认识自我和反观自身,当艺术中展示了人的精神意识,人就满足了。

(三)艺术品与人的关系

艺术品被创造出来之后,对人产生什么样的影响呢? 黑格尔首先批判了以前的几种艺术功用的看法。在美学史上,有人认为艺术品之所以为艺术品,是因为它作用于人的感情和快感,人在欣赏艺术品时有快感存在,这才是艺术品。不过,黑格尔认为这种观点不大可取,因为情感和感受虽然在人心灵之中,但混乱、模糊而矛盾,是一种空洞的形式。人们无法单纯从情感来确定某

---

① [德]黑格尔:《美学》第一卷,朱光潜译,商务印书馆 1996 年版,第 39 页。

物是否是艺术。另外一些美学家认为,艺术作品成为艺术品,是因为符合了欣赏者的审美素养或趣味、鉴赏力。比如康德就指出美是一种直觉的鉴赏判断。当时的艺术理论和美学理论认为,人有一种可以自动鉴赏艺术美的内在感官,这种感官可随时随地鉴别艺术的美学价值。黑格尔指出,依靠鉴赏来鉴别某个或某些平庸的艺术品还可以,一旦遇到了真正的震撼心灵的艺术品,那么这种鉴赏力就无能为力了。还有一些美学家认为,对于艺术作品的欣赏来自专业批评家的艺术技巧和技能。黑格尔认为,作为技术和细节的艺术批评丝毫无助于对真正艺术品的欣赏。

黑格尔认为,一件物品是否为艺术品,要在作为对象的艺术品和作为主体的人之间的关系中予以考量。黑格尔把人与对象的关系分成三种:第一种,人有生理需求,个人与感性事物之间是实践的欲望关系。个别感性的人面对个别感性的对象产生了欲望,这个欲望就是要通过消灭对方,否定对方,吃掉对方来满足自己的生理需要。在欲望关系中,人要否定事物的独立性、自由性,同时人也是被生理欲望所统治的不自由的个体。第二种,人有理性需要,事物与人是科学的认识关系。人们要在既个别又普遍的事物中找出事物的普遍规律,找出他们的本质,所以人类利用理智和概念把个别的感性事物转化为一种抽象的思考。第三种,人有心灵需要,事物与人之间是自由的心灵关系。人与艺术作品的关系不是人作为个体要否定和消灭对象的欲望关系,人对哪怕绘画得惟妙惟肖的艺术品也没有欲望,艺术品对人类而言是独立的、自由的、感性的存在物。这一观点与康德的审美无功利说是相互呼应的。人与艺术品的关系也不是理性的观照,艺术对颜色、形状、声音等感性的个别性永远感兴趣,不把感性对象转化为普遍的思想概念。在人与艺术品的审美关系中,艺术对象是独立的、自由的、感性的个别事物,要满足人的心灵需要。

首先,艺术品是感性的,这种感性是心灵化了的感性。由于艺术是基于人的心灵需要而开启的活动,心灵需要的不是真实的外在事物,也不是抽象的思想观念,而是可以表现或表达心灵的感性事物的外在形式。艺术作品既有感性事物的形式,也有某些观念性的东西,或者说是包含一定意思或意蕴在内的感性事物之形式,即形象或意象。就像郑板桥绘画时所谓"眼中之竹"和"胸中之竹",如果说胸中之竹是意象的构造或者形象的酝酿建构的话,那么眼中之竹也绝对不是郑板桥庭院中风雨中的真实竹林。眼中之竹虽是视觉之见的竹林之感性形式,不过也融入了郑板桥这个有血有肉的人的意念和观念。换言之,艺术品之感性是心灵化了的感性,不是纯然的真实存在。同时,艺术品的感性主要是视觉和听觉这两种充满认识性的感觉,它们与艺术有关。而味觉、嗅觉和触觉等低级感受只与具体事物有关,而与艺术缘分不大。视觉和听觉的感受可以营造一个由形状、声音和意象所组成的形象世界,这些形象不是为了作用于人们的感官,而是作用于和满足于更高的心灵旨趣。正如黑格尔所言,艺术品的感性形式不是为了摹仿和感官,而是为了表达心灵的需要,为了展示人心灵深处的反应和回声。

其次,艺术品是心灵的创造物。"因此,只有通过心灵而且由心灵的创造活动产生出来,艺术作品才成其为艺术作品。"①在黑格尔看来,艺术创造是统一心灵和感性的想象活动。艺术要表现心灵意蕴的时候,必须借助感性形式,这就是艺术创造的规律。中国古代文论很早就区分了言、象和意三个概念,语言直接表达意义也可以,不过那是理性的知识形态,语言构成形象,通过形象来表达意义,这就是艺术形态了,即"书不尽言,言不尽意。……圣人立象以尽意"②。黑格尔说:"艺术家的创造的想象却不如此,它是一个伟大心灵和伟大胸襟的想象,它用图画般的明确的感性表象去了解和创造观念和形象,显示出人类的最深刻最普遍的旨趣。"③简言之,在黑格尔看来,艺术品与人是一种相互自由的、心灵需要所创造的产品。艺术是人基于心灵需要,由心灵所创造的,借助感性形式表达心灵意蕴的产物。

(四)艺术目的

关于艺术的目的,黑格尔批判和分析了摹仿自然说、激发情绪说、更高实体说以及人性矛盾和解说等几种流行的艺术目的论。

首先,摹仿自然说。黑格尔认为艺术模仿自然的说法有一定的价值,即绘

---

① [德]黑格尔:《美学》第一卷,朱光潜译,商务印书馆1996年版,第49页。
② 《易传·系辞》,转引自叶朗:《中国美学史大纲》,上海人民出版社1985年版,第70页。
③ [德]黑格尔:《美学》第一卷,朱光潜译,商务印书馆1996年版,第50—51页。

画和雕塑等有些艺术的确要求酷肖自然物,摹仿事物的外在形式是艺术的一个基本要素,但不是艺术的唯一标准和目的。摹仿自然物只不过是对自然物的复制,还不如自然本身美。"靠单纯的摹仿,艺术总不能和自然竞争,它和自然竞争,那就像一只小虫爬着去追大象。"①同时,摹仿自然物带来的乐趣也没有多少,更多的重复只能带来厌烦。人们对自然物摹仿的好坏没有客观标准,每个人都根据自己的审美趣味进行判断,主观趣味则没有客观性,也无法把握。因此,黑格尔认为,艺术的目的不是对自然物的形式的单纯摹仿,依靠形式技巧的摹仿无论如何都不是艺术作品。

其次,激发情绪说。既然艺术的目的不是单纯形式的摹仿,那么就应该是艺术的内容所表达的东西,即感觉、情感和灵感。换言之,艺术的目的就是唤起心灵中各种情绪欲望和感情,各种高尚的思想和观念,理解快乐和不幸,并在其中尽情欢乐。就像歌德在《浮士德》中所表达的,艺术可以让人们体验人生百态,经历各种事情,体验复杂情感,可以丰富人们心灵中的一切。不过,黑格尔认为,关于艺术体验说,一方面依凭的艺术形式是虚幻的、想象的;另一方面人们在体验好的情感的同时,也被坏的情感和欲望所蛊惑。所以,黑格尔认为,艺术激发情绪的说法是不完善的。

再次,更高实体说。在黑格尔看来,既然艺术所激发的各种情感相互之间是矛盾的、冲突的,那么就需要一个更高的共同的目的出现。更高的、人类所有的目的,就是普遍性。黑格尔把人分成了两个部分:一部分是野蛮的情欲和暴力,另一部分是善良的普遍人性。艺术的更高追求就是消除或者缓和人类的野蛮情欲。由于人看到情欲的图形或图景,在其中把感受到的痛苦发泄出来,在这样的显示中人的痛苦就缓解了。"如果用文字、图画、声音和形象把内心的感受表达出来,缓和的作用就会更大。……而艺术替人把这契合一体(人与自然)拆开,这样,它就用慈祥的手替人解去自然的束缚。"②

黑格尔指出,在缓解人类的情欲之后,人还有更好的趋向,就是道德教化。

① ［德］黑格尔:《美学》第一卷,朱光潜译,商务印书馆1996年版,第54页。
② ［德］黑格尔:《美学》第一卷,朱光潜译,商务印书馆1996年版,第61页。

艺术作品应该给人类以好的、善的道德提升,促进人的文明教化。尽管文以载道,但艺术不能变成道德的传声筒,它需要用感性的形式或图景把普遍性的教化给予观众,这个过程的中介必然是把普遍性化为个别性。黑格尔说:"因为艺术使人认识真正的道德的善,这就是说,通过教训,就同时产生净化;因此,只有改善人类才是艺术的用处,才是艺术的最高的目的。"①

最后,人性矛盾和解说。艺术的真正目的在于解决人的特殊性(自然)与普遍性(心灵)之间的矛盾。谈及艺术的目的,就必然联系到人的目的。或者说,人的理论是艺术和美学理论的逻辑起点。在黑格尔看来,艺术只有指向人本身才有意义,艺术的目的在于人本身,即人性。他认为,人不是性恶,也不是性善,而是像朱熹一样,把人性分成了天命之性和自然之性。也就是说,人性是分裂的和矛盾的,一部分是心灵的普遍性,即理智、高尚、理性等;另一部分是自然的特殊性,即感性冲动、自然要求、情欲和自私等。人性的两部分相互对立,相互否定,相互冲突,统一于人的自由选择和自由意志。"因为近代伦理学说的出发点是意志的两个方面的坚强对立,一方面是它的心灵性的普遍性,另一方面是它的感性的自然的特殊性,道德并不在这两对立面的完全调和,而在它们的互相斗争,这斗争就产生了这样的要求:各种和职责相冲突的冲动都应屈伏于职责。"②

黑格尔认为,这种对立不是单纯的道德冲突,也不是经院派哲学的思辨冲突,而是来自对历史的考据和现实的观察。一方面,人生而为人,必然有动物的一般特征,即食色欲望,欲望要求满足与外界事物的缺乏及自然的束缚,必然导致人们受到情欲、欲望和自然的支配,这就是席勒所谓的自然的强制性,黑格尔称之为人的特殊性、偶然性。另一方面,人之所以为人,是因为人有意识地超越了动物,而人与人团结在一起结合成共同体。既然是共同体就必然要求人人遵循和信奉共同的规则和观念,而这种规则必然是与个人的自然性相冲突的,要求超越个人具体的特殊性的,这就是人的职责、理智和理性,也就

---

① [德]黑格尔:《美学》第一卷,朱光潜译,商务印书馆 1996 年版,第 64 页。
② [德]黑格尔:《美学》第一卷,朱光潜译,商务印书馆 1996 年版,第 65—66 页。

是社会的共同规范和观念,即黑格尔所谓人的普遍性。换言之,这种矛盾主要集中在人的心灵之中,表现为心灵性与感性的对立、灵与肉的冲突、个人利害情欲与职责的意志命令之间的矛盾等。黑格尔所谓的人的自然之特殊性与社会之普遍性的矛盾,就是人的自然属性与社会属性之间的冲突。

面对冲突的人性,哲学所要做的不是一方战胜另一方,而是自然性与社会性、普遍性与特殊性的和解。同样,黑格尔认为,艺术就其定义来说,也是一种解决人性冲突的手段。"艺术美要被看作几种手段中的一种手段,去解决单就本身看都是抽象的心灵与自然之间的对立和矛盾,使它们归到统一,无论这种矛盾是在外在现象中,还是在主观的情感和情绪的内在现象中。"①

(五)艺术的本质

既然人性的矛盾及其调和是哲学和艺术的目的,那么艺术也是指向于普遍性的,为克服人的特殊性,而提升人的普遍性。所以,黑格尔说:"艺术的内容就是理念,艺术的形式就是诉诸感官的形象。艺术要把这两方面调和成为一种自由的统一的整体。"②黑格尔的艺术定义,更简练的表述就是"美是理念的感性显现"。

在这个定义中,第一个方面:艺术的内容是理念,是具体之普遍性。这理念虽是普遍性的绝对精神,但不是纯粹的、抽象的概念,而是包含有特殊性、具体性和主体性的普遍性。换言之,艺术中的理念不能被理解为概念的图示化或者形象化,而是具体性与普遍性统一于特殊性之中。此理念是具体之普遍性。例如,基督教的神是本体的,是普遍性的精神存在,而耶稣基督以人身这一特殊性体现了神的普遍性(神性),所以耶稣基督是普遍性与特殊性的统一体。上帝作为纯精神、纯概念的存在不能作为艺术的内容,而耶稣作为体现了神性之普遍性的具体人性,适宜作为艺术表现的对象和内容。正如黑格尔所说:"一种内容如果要显得真实,就必须这样具体,艺术也要求这样的具体性,因为纯是抽象的普遍性本身就没有办法转化为特殊事物和现象以及普遍性与

---

① [德]黑格尔:《美学》第一卷,朱光潜译,商务印书馆1996年版,第70页。

② [德]黑格尔:《美学》第一卷,朱光潜译,商务印书馆1996年版,第87页。

特殊事物的统一体。"①

第二个方面:艺术的形式是感性的,是心灵之感性形象。尽管艺术表现的形式是感性的,但不是纯粹的偶然的自然的感性事物,而是体现了心灵内容的特定的感性形象。比如,五光十色的羽毛、森林中一现的昙花、芬芳四溢的花香等这些外在自然物只不过是自在的存在,没有心灵的目的,因此不能作为艺术的感性形式。感性形式应该是体现心灵的、与心灵相契合的,同时这一形式还要让人们反观心灵本身。例如,希腊的神是个别的、特殊的形象,他们接近于人的自然状态。而基督教的神固然也是人身,但人们从耶稣基督形象中体会到更多的是精神的内容和心灵的力量。

因此,黑格尔认为,艺术的主要任务就在于用感性形象来表现理念,借以让人们直观心灵本身,而艺术是否完美则要看感性形式与理念内容之间协调、结合、统一的程度了。这一定义就包含了艺术分类的标准:"艺术科学各部分的划分原则就在于这一点,就在于作为心灵性的更高的真实得到了符合心灵概念的形象。"②

黑格尔把艺术美的理念又称为理想,即最完美的艺术。黑格尔的理想不是指未来希望的愿景,而是指理念内容与感性形式最完美、最严格地符合,形成统一的真实的整体。"理念就是符合理念本质而现为具体形象的现实,这种理念就是理想。"③也就是说,理念不是抽象的哲学概念,而是要体现在具体感性形式之中的理念。这还不同于正确,正确是理想与形象一般性地符合。比如,美丽的鲜花这一理念,人们可以找到各种各样的花朵来表现它,但未必都是最恰当的、最美的。而理想则是可以最完美地体现某种理念的形象。或者说,只有在最高的艺术中,理念与形象的完美符合才构成了理想,即艺术美的最高形态。例如,埃及、印度等民族的神像体现了某种模糊不清的理念,外在的形式也是粗糙的。但是,基督教的神却完全体现为具体的人,其外在形象完美地表现了内在的神性。中国儒家的仁义之道作为一种绝对精神或普遍性

①　[德]黑格尔:《美学》第一卷,朱光潜译,商务印书馆1996年版,第88页。
②　[德]黑格尔:《美学》第一卷,朱光潜译,商务印书馆1996年版,第90页。
③　[德]黑格尔:《美学》第一卷,朱光潜译,商务印书馆1996年版,第92页。

的理念,可以体现在每一个儒者的身上,但是更为完美地表现在文天祥、王阳明等人身上。他们作为个体,体悟和践行了仁义之道,反过来说仁义之道贯彻了他们整个身心,仁义之道通过"文天祥们"实现了自身。如同圣保罗所说的"基督在我之中",基督作为绝对存在的普遍性,通过"我"这个有血有肉的具体的、特殊的人实现了其自身。所以黑格尔说:"理念必须在它本身而且通过它本身被界定为具体的整体,因而它本身就具有由理念化为特殊个体和确定为外在现象这个过程所依据的原则和标准。"①

(六)艺术美的类型

在黑格尔看来,艺术的最高美是具体化了的理念和与之符合的感性形式最契合的统一体。所以,感性形式或形象如何表现或显现理念,就成为艺术分类的标准了。或者说,感性形象显现理念的不同形式就是艺术的类型。他把艺术分为三种类型:象征型艺术、古典型艺术和浪漫型艺术。不过,按照逻辑与历史相互统一的辩证法,艺术的这三种类型在逻辑和内涵上对应于艺术史上的三个阶段或时期,即象征型艺术主要指原始时期的原始艺术或东方艺术,古典型艺术是指希腊罗马时期的艺术,浪漫型艺术是指中世纪和文艺复兴时期的基督教艺术。黑格尔根据理念内容与感性形象的关系来锚定艺术的类型。

第一,象征型艺术,形象图解理念。在象征型艺术中,理念本身还不清晰,是模糊的,没有具体化的,而外在形象或感性形式也是模糊不清的,此时内容和形式还谈不上表现,只是图解而已。例如,原始时期,人类用自然的石头、木头等来象征神,虽然经过人的处理,但是极为粗糙,从中很难辨识出神的内涵来。理念是抽象的、未分化的,好像被强加于某个自然物上,比如图腾崇拜、老虎象征权力、狐狸象征狡猾等。感性形象也是无序的、不匀称的、不自然的,正是因为理念的抽象,所以人们用自然物数量、重量、体积等的无限大试图来表现理念,这就形成了内容与形式不相符合的原始艺术。比如,佛教中的千手千眼佛、三头六臂等怪诞形象和怪诞艺术。

---

① [德]黑格尔:《美学》第一卷,朱光潜译,商务印书馆1996年版,第93页。

第二,古典型艺术,人心适用人体。在象征型艺术中,理念是抽象的,形象是不确定的。黑格尔说:"古典型艺术克服了这双重缺陷,它把理念自由地妥当地体现于在本质上就特别适合这理念的形象,因此理念就可以和形象形成自由而完满的协调。从此可知,只有古典型艺术才初次提供出完美理想的艺术创造和观照,才使这完美理想成为实现了的事实。"①换言之,黑格尔所谓古典型艺术就是真正的艺术,也就是艺术美的理想状态。古典型艺术的特点是具体的理念内容用完全适用的感性形式来表现。最为具体的理念就是人的心灵,人心灵化的精神世界,最为具体化的感性形式就是人的身体和形象,因此最美的艺术就是人心适用于人体,人体显现人心。这是因为"人的形象才是唯一的符合心灵的感性现象"②。在古典型艺术中,一方面,身体作为心灵的外化和自然形态,没有象征型艺术的感性形象的那种偶然性和不确定性,而是个体的、特殊的、活生生的人体。另一方面,作为意蕴的心灵与作为形式的身体完美地融合在一起,形成一个有血有肉、有神有气的整体。所以,古典型艺术的人体就是完美的人体,心灵就是某个人的心灵,其典型是希腊的雕像。"人的眼睛、面孔、皮肉乃至于整个形状都显现出灵魂与心胸,这里的意蕴总是比直接显现的形象更为深远的一种东西。"③例如,曹操冒充侍卫但依然显示英雄气概,周恩来与时传祥形象传递出不同的心灵内容,《跨越阿尔卑斯山圣伯纳隘口的拿破仑》所刻画的威武气势,《沁园春·雪》中毛泽东所展现的豪迈意兴等。

第三,浪漫型艺术,无限的心灵大于有限的身体。浪漫型艺术打破了古典型艺术中内容与形式、心灵与身体、理念与感性之间的统一和谐,重新造成了理念内容与感性形式的对立和矛盾。在黑格尔看来,古典型艺术虽然理念和形式是统一的,理念表现为无限的具体的普遍性即心灵,感性形式表现为具体的个别的身体,二者对于对方都是束缚。绝对的理念是无限的,还没有完全克服个别心灵的特殊性、自然性和偶然性,依然不是绝对的、无限的、普遍的心

---

① [德]黑格尔:《美学》第一卷,朱光潜译,商务印书馆1996年版,第97页。
② [德]黑格尔:《美学》第一卷,朱光潜译,商务印书馆1996年版,第98页。
③ [德]黑格尔:《美学》第一卷,朱光潜译,商务印书馆1996年版,第25页。

灵。作为人体的感性形式也未能完全践行和流露出无限的心灵意蕴来。在古典型艺术里,人性和神性是自在的统一,这自在统一用自然和感性的人体表现出神性的内容。这种艺术美则美矣,但人性和神性的统一还没有提升为自为的统一,即还不是心灵自己意识到的内心生活和内在精神。在基督教艺术中,把神理解为普遍的心灵或绝对的精神,从感性退回到心灵真实中。"人性与神性的统一也成为一种可以意识到的统一,只有通过心灵知识而且只有在心灵中才能实现的统一。……我们因此可以简略地说,在这第三阶段,艺术的对象就是自由的具体的心灵生活,它应该作为心灵生活向心灵的内在世界显现出来。"①也就是说,浪漫型艺术的内容应该是作为绝对精神的心灵生活,而作为感性形式的人体则重新成为精神的附庸。无限的心灵世界大于有限的人体及其生活,这是浪漫型艺术的特点。

二、美的本体论

在黑格尔看来,美是绝对理念的感性显现,绝对理念就是普遍性的精神。绝对精神作为万物之源,其自我分裂,经历了逻辑概念阶段、自然哲学阶段和精神哲学阶段,然后返回自身。那么,绝对精神与人是什么关系? 这实际上是黑格尔哲学和美学的核心命题。从哲学的角度而言,就是实体即主体,即作为绝对精神的实体通过主体分裂自身,并在主体中予以实现,成为真实的过程。在美学中,更重要的是主体即实体,这是实体即主体过程的另一方面。就主体而言,人成为主体必须克服人与自然的对立,在客观对象身上体现出人作为实体的主动性,并通过否定人自身的自然性,通过克服人主观的精神弱点,从而使人的身心被普遍性的精神所充实,人践行了绝对精神,从此与世界和解,这样的主体才是实体。或者说,只有体现了实体(绝对精神)的人才是主体。美的实质内容就是绝对精神,只不过这里的绝对精神不是以概念和观念而存在的,而是通过人心来实现,这个人心被黑格尔称为绝对心灵。也就是说,在黑

---

① 　[德]黑格尔:《美学》第一卷,朱光潜译,商务印书馆1996年版,第101页。

格尔的哲学美学体系中,绝对精神在人身上就等于绝对心灵,即普遍性的精神观念通过个体、具体的特殊的主体而实现。那么,美也就是心灵的表现,即给予绝对心灵以感性形式。

(一)美的对象即绝对心灵

黑格尔说:"如果我们要按照它的真正的实质去简略地说明绝对理念,我们就应该说,它就是心灵,当然不是有限的受制约受局限的心灵,而是普遍的无限的绝对的心灵,这绝对的心灵根据它本身去确定真实之所以为真实。"[①]这句话的意思是:绝对精神、绝对理念体现或者演变为人的普遍性的心灵内容。那么,作为普遍性的绝对理念在人的心灵世界中如何演绎为主体呢? 也就是说,在黑格尔看来,绝对精神(绝对理念)=绝对心灵=主体,即绝对精神通过人的心灵获得主体性,从而完成了实体即主体的否定过程。

绝对心灵作为主体有什么定性(或特征)? 首先,无限性。绝对心灵不是受自然制约和限制的有限心灵,而是统摄和决定自然的无限心灵。在一般人看来,心灵与肉体(自然)是对立的,但黑格尔所谓的真正心灵却是超越自然物欲的、不受自然束缚的自由心灵,即自由主体。通俗地说,这个心灵是脱离了低级趣味的、摆脱物质欲望的、充满普遍性精神的、圣徒般的纯粹心灵。此外,绝对心灵不是静止不变的,而是不断否定和活动的,即"绝对心灵应该作为绝对活动来理解,因此,也作为它的绝对的自我分化来理解的"[②]。在黑格尔看来,心灵与自然是矛盾关系,也就是主体与客体、心灵与肉体、普遍性与偶然性的关系。人既是肉身的自然存在,又是心灵的精神存在,所以心灵必然统一肉体,肉体也承载心灵。作为绝对精神的心灵把肉身的自然设置为对立面,也就是心灵自我分化为肉体的自然,物质自然是对心灵的自我否定,在分化中心灵否定肉体和自然,打破自然对心灵的局限性,这样心灵就与心灵的肉身统一了。心灵与自然的统一,"它不是在这种分化和否定中碰到界限和局限,而是自己和自己的另一体在自由的普遍性里融合在一起。就是这种理念性和无

---

① [德]黑格尔:《美学》第一卷,朱光潜译,商务印书馆1996年版,第118页。
② [德]黑格尔:《美学》第一卷,朱光潜译,商务印书馆1996年版,第118页。

限的否定作用形成了心灵的主体性的深刻概念"①。

其次,自由性。在西方哲学中,主体最根本的含义就是主动的或能动的,即人作为主体,有根本的动力,这一动力就是生物的需求及其满足。由于人要在自然中生存,就必须满足内在的需要,这种无限的内在需要与外在自然的匮乏构成了矛盾。这种矛盾就要求人把自身需要在自然客体中实现,就要把内在主体存在变成外在的客观存在。但这一过程是否定性的,痛苦的,一方面要取消和否定外在客体的独立性,另一方面也要否定心灵自身的局限性,在双重否定中,主体与客体逐渐取得了和解和统一。黑格尔说,在改造外部客体的过程中,更大的缺陷是在主体方面,而不是客体方面。主体本身就要求不断地否定外在客体,同时更多地不断否定自我,使得自我更新成长,这样才能更好地改造客体。例如,主体对自然客体的改造,按照马克思的说法,人的五官感觉形成的历史就是全部世界历史。人在改造自然客体的同时,也改造了人类自身。所以,黑格尔指出,生命不是肯定的静止,而是否定的运动。"生命是向否定以及否定的痛苦前进的,只有通过消除对立和矛盾,生命才变成对它本身是肯定的。如果它停留在单纯的矛盾上面,不解决那矛盾,它就会在这矛盾上遭到毁灭。"②换言之,生命就是否定运动,主体就是否定外物和自身而达到暂时肯定。在否定运动中,主体最高的本质就是自由。自由,不是任性的胡作非为,而是自觉地践行普遍性,自己为自己的理由,无待他物而存在。对主体而言,主体感觉对立面不是外在的,而是内在的,并在对立面中发现自己,这就是自由。

绝对心灵如何实现自身呢? 换言之,主体或心灵在对立面中如何分化(异化)、否定自我、达到真实呢? 黑格尔认为,大千世界应该分为生存的自然物质世界、国家法律的社会世界、科学的知识世界和宗教哲学艺术的精神世界。人在这些世界中有不同的需要,即有不同的动力和要求,这就形成了不同世界的对立,以及随之而来的否定运动。

———————————

① ［德］黑格尔:《美学》第一卷,朱光潜译,商务印书馆1996年版,第118页。
② ［德］黑格尔:《美学》第一卷,朱光潜译,商务印书馆1996年版,第124页。

　　首先,人心灵与自然的对立及其否定。作为主体,心灵并没有意识到自己是绝对心灵,还处于与自然物质世界对峙的阶段,即自在的存在。对于自然而言,此时的心灵把自然视为认识对象,也是改造和实践的对象,因此心灵就是知识主体和实践主体。但是,此主体还受制于自然规律,要在感性生活中直接满足自身需要,于是就要克服和否定外在物质世界,从而获得满足。但人类的要求永无止境,匮乏永远存在,于是需要及其不满和痛苦就成了人类的生存困境和无限循环。在物质世界中,人的心灵无法获得解放和自由,于是人类就进一步进入了心灵境界。

　　其次,人心灵与社会的对立与否定。人们在改造物质世界的同时也在改造自我,这一过程让人的心灵产生了分裂。换言之,人总是在社会群体中存在,个人的利益与群体的利益,个人的欲望与群体的欲望之间发生了矛盾,这些矛盾必然反映在人的心灵的个别性、特殊性、偶然性与普遍性、一般性和必然性之间。人像在自然中一样,心灵表现为能力、欲望、情感、意见、才能、目的等,他们与其他的心灵以及社会发生矛盾冲突。人用自己的意志和理性,逐渐用普遍性的心灵克服个人的弱点,这是心灵对自身的否定,否定了自身的有限性,那么心灵就变成了无限的心灵,即绝对心灵。人在社会中的自由和满足仍然是有限的,受到社会规范和理性的限制,比如我的个性自由与他人的自由发生冲突,我的伦理追求与自身及社会伦理的矛盾等。社会、法律、国家、伦理、道德等这些普遍性的东西必然与个体的心灵产生矛盾,此时心灵意识到了普遍的内容,但由于自身有限心灵的束缚和矛盾,还无法成为完全自在自为的自由心灵。

　　最后,心灵观照心灵自身,以绝对心灵为对象。"人从各方面遭受到有限事物的纠缠,他所希求的正是一种更高的更有实体性的真实境界,在这境界里,有限事物的一切对立和矛盾都能找到它们的最后的解决,自由能找到它的完全的满足。"①这就是绝对心灵的绝对真实的境界。心灵把一切有限性全部否定掉了,把心灵的普遍性视为自己的研究对象、知识对象和意志对象,这样

———————

① 〔德〕黑格尔:《美学》第一卷,朱光潜译,商务印书馆1996年版,第127页。

的绝对精神(理念)变成了心灵的意识的对象。

心灵以自身为对象,是绝对精神作为主体的自我演变,也是心灵无限分裂和否定的结果。黑格尔认为,绝对心灵就是绝对真理和真理的实现。所以他说:"在艺术哲学里我们就要以上述原则为出发点。……美的艺术的领域就是绝对心灵的领域。"①根据黑格尔的哲学体系,以绝对精神、绝对心灵为对象的世界就是精神哲学,更准确地说是艺术、宗教和哲学。

同样都是以绝对心灵为对象,那么艺术、宗教和哲学有何区别呢?黑格尔认为,主要区别在于呈现和表现绝对心灵的形式上,即艺术用感性观照,宗教用想象或表象,哲学用自由思考。黑格尔指出:"感性观照的形式是艺术的特征,因为艺术是用感性形象化的方式把真实呈现于意识,而这感性形象化在它的这种显现本身里就有一种较高深的意义,同时却不是超越这感性体现使概念本身以其普遍性相成为可知觉的,因为正是这概念与个别现象的统一才是美的本质和通过艺术所进行的美的创造的本质。"②在这里他认为,艺术是以感性形式来显现绝对心灵的,这类似于中国的"立象以尽意"。感性形式带有一定的观念性,而观念则带有一定的形象性,二者是统一的。

比艺术更高一级反映绝对心灵的领域是宗教。黑格尔认为,宗教所用的呈现形式是观念,因为绝对精神已经脱离了艺术中感性客体的束缚和感性形式的局限,以纯粹主体的内心世界呈现于心胸之中。换言之,在宗教中,绝对心灵分化为无数善男信女的心灵,因此对信仰的虔诚及其内心对绝对信念的态度就成为宗教的基本内容。在宗教领域中,神性已经克服了主体的客体性,虔诚的态度成为信仰主体的主要形式。

绝对心灵最后的形式是哲学。哲学超越了艺术和宗教的方式:一方面,哲学以绝对精神本身为自由思考的对象,把艺术的感性对象化为思想的客体;另一方面,哲学有宗教的主体性,不过这种虔诚的主体转化为思考的主体。也就是说,哲学是最真实的主体以自由思考的方式来思考最为真实的普遍性,即纯

---

① [德]黑格尔:《美学》第一卷,朱光潜译,商务印书馆1996年版,第120页。
② [德]黑格尔:《美学》第一卷,朱光潜译,商务印书馆1996年版,第130页。

粹的知识形式。

（二）作为概念的理念

在黑格尔看来,美就是理念本身,就是理想。"我们已经把美称为美的理念,意思是说,美本身应该理解为理念,而且应该理解为一种确定形式的理念,即理想。一般来说,理念不是别的,就是概念,概念所代表的实在,以及这二者的统一。"①这句话,清楚地表明了黑格尔的美学本体论。从根本上说,美是绝对理念,这种理念不是单纯的概念形式,而是与概念之实在的统一体。在美学中,概念不是概念与实在(现实对象及其属性)的相互消解,而是概念在现实对象中予以实现,变为真实的存在。概念在其与实在的统一体中,处于统治地位,实在是概念的自我生发和自我发展,概念在实在中实现了自己。所以,"理念就是概念与客观存在的统一"②。

那么,作为概念的理念有何特征呢? 首先,概念不是一种抽象的统一或现实各对立因素的消解,而是包含各种差异在内的统一体,是一种具体的整体。例如,人的概念就不是感性与理性、身体与心灵等对立面的混合,而是这些对立因素经过调和后的具体的统一体。所以,概念是各种定性(特质、规定性、特征)的绝对统一。例如,黄金由各种相互对立的特性统一为整体,这些特征因素不是分散的、不可拆分的,而是有差异却不可分割的统一体。所以,"凡是真正概念本身所含的各种差异面也是这样不能彼此分立地处于统一体里"③。换言之,概念就是各种定性对立统一的整体。

其次,作为概念的理念,还是一个自我否定的过程。按照概念的本性,它具有三种定性(特性):普遍的、特殊的和单一的(个别的)。普遍的概念是抽象的,观念的,它必须把自己外化为客观事物,在他物的特殊性中体现出普遍性来,此时普遍性就特殊化了,特殊性也被普遍性所否定。这种具体的普遍性,就是最后的形态,即个别、单一的特殊与普遍的统一体。在特殊中确定了自我的普遍性,就是单一体。抽象的普遍性是一种观念的普遍,是空洞的。例

---

① ［德］黑格尔:《美学》第一卷,朱光潜译,商务印书馆 1996 年版,第 135 页。

② ［德］黑格尔:《美学》第一卷,朱光潜译,商务印书馆 1996 年版,第 137 页。

③ ［德］黑格尔:《美学》第一卷,朱光潜译,商务印书馆 1996 年版,第 138 页。

如,人们心中都有一个美的观念,这就是抽象的空洞的普遍概念。人看山美、水美、花美、人美,这些山川人物都是具体的外在的客观实在,也就是实存。山川人物这些特殊中都体现了普遍性的美的观念,这是特殊性。人通过看山美、水美、人美,知道了这些特殊事物之中具有普遍性的共性——美的观念,此时透过特殊性的各种事物之美,所呈现出来的共性之美,才是个别的、单一的统一体,即美的理念。换言之,理念不单是普遍性的概念,而是概念的普遍性在特殊性之中呈现出来,从而在具体事物中显现的、自识的普遍性。再比如,美女这个概念是一种美的普遍性理念,西施这个美女是个特殊性的实际存在,西施是美丽的女人,那么具体的概念就该是看到了西施的美,人们概括出来美女之美的特点或共性,所以西施既是普遍性的美女的呈现,同时也是个特殊性的美女,即普遍性与特殊性、观念与实在的统一体。黑格尔说:"概念因此就否定自己作为这种观念性的统一和普遍性,使原来禁闭在这种观念性的主体性里的东西解放出来,转化为独立的客观存在。这就是说,概念通过自己的活动,使自己成为客观存在。"①所以,概念只有体现在客观存在中才是活的概念,客观存在只有体现了概念的普遍性才是实在存在。

与此同时,作为理念的客观存在有何规定性呢? 黑格尔指出,作为概念的理念从来不是抽象的,而是与客观实在密切结合在一起的统一体。也就是说,当普遍性的理念体现(显现)在具体的特殊事物之中时,该事物才是具体的普遍性,也即获得了真理性和客观实在。纯粹的自然之物并不具有客观性,即不具有真实性和实在性。所以,黑格尔:"客观存在就是体现概念的实在。"②"因此,一切存在的东西只有作为理念的一种存在时,才有真实性。因为只有理念才是真正实在的东西。这就是说,现象之所以真实,并不由于它有内在的或外在的客观存在,并不是由于它一般是实在的东西,而是由于这种实在是符合概念的。只有在实在符合概念时,客观存在才有现实性和真实性。"③简单地理解,比如一朵玫瑰花红艳艳地绽放,人们感受到花朵的美,但如果它没有

① [德]黑格尔:《美学》第一卷,朱光潜译,商务印书馆1996年版,第140页。
② [德]黑格尔:《美学》第一卷,朱光潜译,商务印书馆1996年版,第140页。
③ [德]黑格尔:《美学》第一卷,朱光潜译,商务印书馆1996年版,第141—142页。

体现和呈现美的普遍理念的话,那这朵玫瑰花尽管就在眼前,也不能说是实在之物、真实之物。

(三)美是理念的感性显现

黑格尔认为,美就是美的理念,美的理念作为概念是具有概念及其实在的一切特性。首先,美的理念是真实的。这里的真实类似于真理,既是永恒的、普遍的意思,又是客观的实存的意思。其次,这普遍性的理念就是绝对精神、绝对心灵,即人心中普遍存在的普遍理性内容。普遍理念作为绝对心灵与外在感性事物统一在一起。简言之,普遍理念通过外在感性事物呈现出来,对概念来说,这就不仅是真的,而且还是美的。所以,黑格尔给美下了这样的定义:"美就是理念的感性显现。"①这也就是说,理念不是抽象的逻辑的概念,而是显现于感性形式中的绝对心灵。感性对象不是客观实在的外在事物,而是呈现概念、被概念所主导和浸染的感性形式。绝对理念(绝对心灵)必须外化自身,以感性形式和形象来显现普遍精神,并从感性形象中直观和返回自身,这就是美。在美中,感性事物并不保留其客观性,其直接的存在被消灭掉了,进而演化为感性的形式。理念在感性形式中变成了实在。例如,苹果概念呈现于绘画之中,不仅消除了苹果的独立存在的客观性,同时用苹果的外在感性形式保存也彰显了苹果的概念。所以,感性形式与绝对理念是相互否定的,同时也是相互统一的整体,这种统一的整体性就表现出美的生气灌注。

黑格尔认为,审美关系不同于人类的认识关系和实践关系,而是一种主体与对象之间的无限、自由和解放的关系。换言之,黑格尔认为,审美关系和美是人类通向普遍性的精神世界,是追求真理和人性解放的途径之一。在主体与对象的认识关系中,人用知解力(分析判断的理性能力)对对象进行观察、知觉、分析和判断,并抽象出来。此时的对象完全独立于主体,对象与主体都是不自由的,相互疏离的。在主体与对象的实践关系中,主体具有意志力和行动力,根据自己的需要和目的对外在客体对象进行消灭、改造,为自己服务。在实践关系中,外在客体变成了主体实现其目的的工具,取消了对象的独立

---

① [德]黑格尔:《美学》第一卷,朱光潜译,商务印书馆1996年版,第142页。

性。所以，黑格尔指出在知识关系和实践关系中，主体和对象两个方面都是有限的、片面的、不自由的。

但是，在审美关系中，主体与对象的有限性、片面性就被扬弃了，成为无限的、自由的、解放的关系。黑格尔指出，美的特性在于它是无限的和自由的。"美本身却是无限的，自由的……这种内容在它的客观存在中却必须显现为无限的整体，为自由，因为美通体是这样的概念：……而是与它的客观存在融合为一体，由于这种本身固有的统一和完整，它本身就是无限的。此外，概念既然灌注生气于它的客观存在，它在这种客观存在里就是自由的，象在自己家里一样。"①换言之，美的无限性，体现在它是绝对的、无限的、大全的理念和心灵，并且这绝对心灵不与客观事物对立，而是通过感性事物形式而显现自身。美的自由性，体现为美的概念与对象相互融合，概念在客观事物之中就像在自己家中一样无间自在。所以，黑格尔说："正是概念在它的客观存在里与它本身的这种协调一致才形成美的本质。"②

一方面，美的对象不像认识对象一样异于主体，主体也不是用知解力分解个别对象，美的对象是理念作为实现了的概念显现于它的客观存在，并在对象中显现出了统一和生动性。在观照美的对象时，理念消除了对事物的依赖性，在观照美中，理念把自身的不自由和事物的有限性变成了自由和无限。另一方面，审美关系不同于实践关系。在实践关系中，主体根据自身的意志和需求，把对象看作满足目的的工具，从而取消了事物的独立性，而主体也深陷事物之中变成不自由。但是，在审美关系中，主体对审美对象没有主观欲念，没有实用目的，从而带有解放的性质。在审美中，不仅解放了对象，而且也解放了主体自身，主体与对象都保持了自由和无限。

黑格尔说："因此，审美带有令人解放的性质，它让对象保持它的自由和无限，不把它作为有利于有限需要和意图的工具而起占有欲加以利用。所以美的对象既不显得受我们人的压抑和逼迫，又不显得受其他外在事物的侵袭

---

① ［德］黑格尔：《美学》第一卷，朱光潜译，商务印书馆1996年版，第143页。
② ［德］黑格尔：《美学》第一卷，朱光潜译，商务印书馆1996年版，第143页。

和征服。"①总之，美是理念的感性显现，是绝对心灵的感性形式的呈现。在其中，美的理念是真实的，因为它通过分化在感性对象中实现了自身，是美的概念与美的形式的统一。这种统一就表现出了美的对象是一个生气灌注、完整统一的整体，即具体的美的对象。所以，黑格尔指出："无论就美的客观存在，还是就主体欣赏来说，美的概念都带有这种自由和无限；正是由于这种自由和无限，美的领域才解脱了有限事物的相对性，上升到理念和真实的绝对境界。"②

三、艺术美

既然美是理念的感性显现，那么最完美的理念以最完美的感性形式的实现就是美的理想。这个绝对理念必须是存在于人心中的，即绝对心灵。真实的理念只有在外在对象中展开时才获得客观存在和真实性，这种真实还是理念与外在形式结合成的统一体，所以其外在客观形象的每一部分都显现出了整体性，这个整体性就是灵魂。黑格尔举例说，就像身体的各个部分之于灵魂一样，灵魂是身体的枢机和主宰，通过身体实现自身，身体各个部分的动作则处处显现为独特的灵魂或心灵。例如，拿破仑虽然身材矮小，但是其动作和表情无不体现了一个伟大的灵魂。所以，美（艺术）的内容不是客观的感性对象，而是内在自由的心灵以及与之适应的身体。黑格尔说，就像人体的每个外表都跳动着脉搏一样，"艺术也可以说是要把每一个形象的看得见的外表上的每一点都化成眼睛或灵魂的住所，使它把心灵显现出来。……反过来说，艺术把它的每一个形象都化成千眼的阿顾斯，通过这千眼，内在的灵魂和心灵性在形象的每一点上都可以看得出"③。换言之，美的理想就是显现为身体的灵魂或心灵。黑格尔说："艺术理想的本质就在于这样使外在的事物还原到具有心灵性的事物，因而使外在的现象符合心灵，成为心灵的表现。"④简而言

---

① ［德］黑格尔：《美学》第一卷，朱光潜译，商务印书馆1996年版，第147页。
② ［德］黑格尔：《美学》第一卷，朱光潜译，商务印书馆1996年版，第148页。
③ ［德］黑格尔：《美学》第一卷，朱光潜译，商务印书馆1996年版，第198页。
④ ［德］黑格尔：《美学》第一卷，朱光潜译，商务印书馆1996年版，第201页。

之,艺术的本质就是灵魂与身体的统一,心灵与形式的融合。艺术理想就是要求外在感性形式符合灵魂。

（一）艺术内容——心灵或理念

在黑格尔看来,绝对理念就是心灵,体现为具有普遍性的心灵和精神观念,这是艺术的内容部分。承载和显现心灵的是感性材料、感性形式,这种形式有时候被称为自然或外在物质形式。所谓艺术就是心灵与形式、理念与感性、内容与形式的统一。换言之,艺术美不在于抽象的理念或心灵,也不在于纯然的自然或感性形式,而在于二者的无间融合与和谐统一。这种艺术的内容与形式统一而呈现出来的和谐,黑格尔称之为理想或美的理想。

既然艺术是感性形式表现或呈现人的心灵,那么心灵或灵魂具有什么样的特征呢? 或者就如黑格尔所说,什么样的心灵才够资格成为艺术表现的对象?

首先,心灵是无限的、自由的。植物有生命但没有灵魂,动物的灵魂自在存在,不能反观自身,局限于自然规律之中。人类的灵魂不仅能够意识到自我的存在,而且还以自身的心灵为对象,以精神观照自己的精神世界,同时把精神提升到普遍性的境界。黑格尔说:"但是就连心灵也只是由于实现了它的普遍性,而且把它自己所定的目的提高到这种普遍性,它才是自由无限的。"[1]心灵如何表现出自由呢? 换句话说,就是普遍性的实体完全在具体感性事物上显现或呈现出来,这种具体的、特殊的、客观的事物在它的有限的内容上也表现出了普遍性,此时普遍实体已经客观具体化了,具体事物也已经实体化了,二者的统一造成了事物的整一性,同时这种整一性表现为"圆满自足的灵魂"。这种表现统一、和谐、整体的心灵,黑格尔就把它叫作无限的、自由的生气灌注的心灵生命。所以,黑格尔说:"艺术的特性就在于把客观存在(事物)所显现的作为真实的东西来了解和表现,这就是说,就事物对于符合本身和符合自在自为的内容所现出的适合性来了解和表现。"[2]

---

[1] ［德］黑格尔:《美学》第一卷,朱光潜译,商务印书馆1996年版,第199页。
[2] ［德］黑格尔:《美学》第一卷,朱光潜译,商务印书馆1996年版,第200页。

其次,心灵主宰形式,形式符合灵魂。黑格尔认为,艺术主要表现的是心灵或灵魂,身体以及不符合灵魂特征的外在形式就要被清洗、改正或改造,那么这种修改的原则也是让形式更加符合心灵。例如,画家要描画一个人物,就要把那些能够显现主体灵魂的真正特征表现出来。每个母亲都会对自己的孩子表现出慈爱之情,但只有圣母,或拉斐尔画的圣母才揭示了谦卑的母爱与幸福的虔诚相结合的深刻灵魂。

再次,心灵与形式融合构成活的个性。黑格尔认为,艺术理想的本质就是让外在事物成为心灵性的事物,外在现象符合并表现心灵。但是,外在事物是具体的、偶然的、特殊的、有限的,而心灵是普遍的、精神的、概念的,二者不可能在艺术中完全融合。所以,普遍性的心灵与具体的事物之间总会出现一个相互结合的中途点。在这个点上,外在事物体现了实体性的心灵,心灵表现为外在事物。也就是说,在这个中途点上,内容的实体性不是抽象的,而是融合在个性事物之中,而事物也摆脱了有限的偶然性,并与灵魂的内在生活结合为自由的和谐的事物。

最后,外在事物显现出和悦、和谐的福气。当外在事物与内在心灵相互融合,此时外在事物也可以显示出心灵的自由,也表现为一种和悦的肃穆和和谐的福气。黑格尔说:"理想托身于与它自己融合在一起的那种外在现象里,享着感性方式的福气,自由自在,自足自乐。……只有由于资格缘故,理想才真正是美的,因为美只能是完整的统一,但也是主体的统一。"①也就是说,当欣赏艺术的时候,人会从艺术形象中看到一种和悦的静穆和和谐的快乐,这就是生命被尊重,心灵得以自由的和谐。哪怕在浪漫型艺术中,描写基督耶稣受难时,士兵嘲笑的脸孔和狰狞的面容,也无法阻挡耶稣表现出一种心灵的温柔、一种在痛苦中的泰然、一种人性肆虐中的喜悦。黑格尔指出,这种自足自乐的心灵状态和和谐肃穆的福气是理性的基本特征,也是艺术的最高峰。这种和悦福气来自人对自身生命的尊重和心灵的自由力量。所以,艺术通过对外在事物的否定,使艺术理想获得了适宜表现心灵内容(意蕴)的完美形式。

---

① [德]黑格尔:《美学》第一卷,朱光潜译,商务印书馆 1996 年版,第 202 页。

（二）艺术形式——心灵与自然的关系

在艺术中,有了实体性的心灵内容,还需要外在的感性事物或感性形象来进行表达,这一创作的过程展示了心灵与自然的辩证关系。自然,也称为外在事物的感性形式,生活现实、自然现象、生活真实等,就是指呈现心灵的外在事物形式。

在艺术创作中,心灵有时候被称为理想,自然被称为自然真实。关于理想与自然的争论由来已久,存在着两种极端观点:温克尔曼认为艺术创造要追求和摹仿理想作品,贬低自然事物的作用。在黑格尔看来,这是对理想的形式复制,艺术容易陷入肤浅枯燥之中。另一种看法认为艺术是"妙肖自然",对自然精确摹仿即可为理想。黑格尔认为,这种摹仿自然观不可取,因为生活中的自然细节比如吃饭、吵架、工作等烦恼和苦闷无比真实,但人们天天看得厌烦了,何必在艺术中再看到这些呢?

那么,艺术真实与自然真实、理想或心灵与自然的关系究竟该如何呢? 黑格尔认为,这种关系只有从艺术定义的角度出发考量才能梳理清楚,即艺术是心灵的制作。艺术按照其本意来说,在古希腊就是一种制作,只不过这种制作不是机械或手工制作,而是心灵性的创作,是观念的制作。

艺术是人从他的观念中抽出题材来进行加工,并通过外在事物表现观念世界。换言之,艺术是人内心观念熔铸现实自然而成的。自然之事物是瞬间即逝的,没有价值的,而人的心灵却可以把平庸平凡的自然之物转为心灵之外化的表现,改造了客观感性因素使之变成内在的观念的东西。就像郑板桥的"眼中之竹"向"胸中之竹"的转化,经过胸中之竹的心灵中介之后,自然之竹变成了人心灵之竹,所以艺术中的自然事物是心灵之现象,是主观化之客观自然,是心灵的创造物。当艺术把没有价值的自然物提高到心灵的高度时,自然物借助艺术就获得了永恒,也就是说"艺术也是征服了自然"[①]。艺术的快乐不仅来自自然物本身,更重要的来自心灵创造。所以,黑格尔说:"一种使人感到快乐的表现必须显得是由自然产生的,而同时又象是心灵的产品……这

---

① ［德］黑格尔:《美学》第一卷,朱光潜译,商务印书馆 1996 年版,第 210 页。

种对象之所以使我们欢喜,不是因为它很自然,而是因为它制作得很自然。"①

艺术的要旨是在外在事物中现出普遍性。自然存在的事物都是个别的、偶然的、分立的,而观念则是普遍的、抽象的,在艺术作品中可以克服这两种倾向。黑格尔认为艺术作品的主要任务就是抓住事物的普遍性,并把这种普遍性表现在外在现象之中。也就是说,艺术是心灵或观念的普遍性。在艺术创作中,主体根据这种普遍性删减外在事物的偶然性,根据心灵的普遍性裁剪自然身体,使得感性事物的形式处处表露出心灵的本质。例如,李白的"举头望明月,低头思故乡",此时此地的明月是偶然存在的自然事物,是特殊的、个别的,经过李白的胸臆和心智裁剪之后,月光与故乡、异地与思乡结合起来,于是这种内心的意蕴决定了李白对周围自然景物的裁剪和安排,从而表现"思乡"这种普遍性的情感。

在心灵与自然的关系中,从根本上说,黑格尔认为还是心灵决定自然的。就像人一样,身体是心灵的表现,外貌是由心灵所决定。换言之,自然事物成为艺术就必须"观念化",即心灵创造图景和形象。例如,不同民族、不同社会地位、不同阅历的人有着不同的心灵倾向和活动,这些心灵本质的变化又引起外貌和行为举止的不同。高老头与葛朗台虽然同样是暴发户,但一个爱女儿爱得发疯,一个爱金钱爱得发疯,其心灵旨趣完全不同,所以其外貌和行为也是迥然有异的。

如果说身体是心灵的表现,那么外在的平凡的自然如何成为艺术品呢?例如荷兰画派总是描绘一些林荫路、小酒馆、吃饭喝酒等之类平凡自然物,然而却成为高超的绘画艺术精品,这是为什么?黑格尔认为,荷兰画派在描绘自然风光和日常生活场景中蕴含了独立自主的民族自豪感和心灵的自由感。荷兰人不但抵抗海水对土地的侵袭,而且以英勇抗击西班牙专制统治,经过斗争征服了自然,同时也获得了民族独立。所以,在伦勃朗的《夜巡》、阿塞利金的《骑兵战》等作品中,表现了高尚的民族自豪感和自由快乐。除此之外,在那些纯粹描写自然和生活场景的画作比如缪里洛的《乞儿们》等作品中,都显现

---

① [德]黑格尔:《美学》第一卷,朱光潜译,商务印书馆1996年版,第210页。

了自由欢快的气氛,这些在人的心灵甚至动物的灵魂中都显露出来的,就是人们心灵的自由和欢乐,这种崇高精神成了画作的骨血。黑格尔说,那些半裸的乞丐们、酒馆里和跳舞场上的人们,家庭晚餐上的妇女和丈夫,每个人都表现出自由欢乐的感受。"这种对外在世界的无沾无碍,这种流露于外表的内心的自由,正是理想这个概念所要求的。"①简言之,荷兰画派所描绘的无论是自然风光,还是人物肖像,其中透出的悠闲自得和自由乃是人性的自由。所以,黑格尔说:"这些孩子显然没有什么远大的旨趣和志向,但是这并不是因为他们愚笨,而是象奥林波斯山上的神人们一样泰然自得地蹲在地上;他不做什么,也不说什么,但是他们都是人,从一种材料做出来的人,没有烦恼争吵的人。"②自然和人物显得美,并不是因为其单纯形式自身,而是因为人的心灵旨趣和崇高精神对外在感性事物的融会和灌注所导致的。

黑格尔认为,最理想的艺术品不是对纯粹外在形式的抽离,而是普遍的心灵意蕴通过外在个别形象表现出来,并且二者高度吻合。外在自然形式的抽象集合,比如把最美的五官集合在一起刻画出来的美女或美男,并不是最高的美,因为他刻板而没有生命气息。在艺术的高级阶段里,心灵的内在意蕴就应该得到它的外在形象。最高的艺术理想就在于艺术品所要表现的心灵意蕴是通过外在现象的一切个别方面而实现的,比如容貌、姿态、动作、运动、表情、四肢等无一不体现和渗透这种意蕴。或者说,心灵意蕴使得外在形象通体贯注生气,令人赞叹。所以,"每一种形式都和所要体现的那种普遍的意蕴密切吻合。这种最高度的生气就是伟大艺术家的标志"③。

四、艺术美的创造

在黑格尔看来,理念作为普遍性而言,其本身是静止的,还没有获得现实性的。理念要实现自身,就必须自我分化,通过主体而转变为外在事物。所

---

① [德]黑格尔:《美学》第一卷,朱光潜译,商务印书馆 1996 年版,第 217 页。
② [德]黑格尔:《美学》第一卷,朱光潜译,商务印书馆 1996 年版,第 218 页。
③ [德]黑格尔:《美学》第一卷,朱光潜译,商务印书馆 1996 年版,第 221 页。

以,作为美的理想也要克服自身的静止状态,在人的心灵中进行演绎,化为时代精神状况、情境(环境)以及人与环境相互冲突的动作。也就是说,美的理想通过特殊的具体的主体而演绎自身的过程,就是艺术美的实现过程,是理想的定性转化为现实存在。通俗地讲,这一过程就叫作艺术美的创造,或艺术创作论。

(一)神性及其实现

艺术的主要内容就是普遍性的理想,黑格尔又把它称为神性。按照黑格尔的说法,理想的定性,就它本身来看就是绝对无限的神性、普遍性。首先,神性的特点是具有统一性、抽象性和普遍性。神性本身无法被艺术形象所表现,比如犹太教和伊斯兰教都禁止画神像。统一的神性必须分裂自身,单一的实体性的神演化为多种神灵,即多种普遍性的观念。其次,神性的东西必然要显现在人的心灵之中,神的普遍精神进入人的有限心灵,使之逐渐走向无限的心灵。这样神性降落尘世之中,演化为信徒的生活方式和一般人的日常生活。这样充满神性的人及其生活就成为艺术表现的对象。朱光潜先生总结说:"神性的东西(理想的本质)首先体现于神,其次体现于人的心灵活动,第三体现于人的一般生活和活动。"①

黑格尔把神性内容分成两个部分:第一,神本身及其凭附所达到的理想高度,例如神、基督、使徒、圣徒、虔诚者等身上所表现出来的脱离了尘世纷争和欲望的静穆与喜悦。这种安静的无为自守,就是理想的定性。表现神性本身的艺术方式是绘画和雕塑。第二,在人的世界里,神性表现为高贵、完善的品质。神性在人身上就是绝对的心灵,即实体性的内容或意蕴。

神性内容不是僵死不动的,这种实体是自动的,要通过人心和人的活动来实现其普遍性,在这一过程中普遍性的实体或神性内容必然与环境、人的具体特殊性等产生激烈冲突,冲突的结果就是人的心灵战胜了偶然性和个别性,从而主体自身贯彻或贯注了实体内容,于是主体变成了实体,实体在主体身上实现自身。换言之,神性内容必须经过人的斗争才能实现自身。例如,孔子、孟

① [德]黑格尔:《美学》第一卷,朱光潜译,商务印书馆 1996 年版,第 225 页。

子、王阳明、文天祥、袁崇焕等,内心坚守着一种信念和信仰,践行着儒家的仁义之道。他们的心灵虽然充盈着普遍性的理想,但是仍然有属于个人的、自然的、有限的心灵,这个有限的心灵与无限的心灵之间必然在特殊的个人心中分裂、对立、矛盾和斗争。完整的心灵分化在个别人的特殊性中,经过人与自身、人与人、人与社会实体等对立冲突之后,心灵克服了有限性,而获得无限性,此时人完全成为普遍性的心灵,即绝对心灵。黑格尔说:"因为人格的伟大和刚强只有借矛盾对立的伟大和刚强才能衡量出来,心灵从这对立矛盾中挣扎出来,才使自己回到统一;环境的互相冲突愈众多,愈艰巨,矛盾的破坏力愈大而心灵仍能坚持自己的性格,也就愈显出主体性格的深厚和坚强。只有在这种发展中,理念和理想的威力才能保持住,因为在否定中能保持住它自己,才足以见出威力。"①

简言之,黑格尔认为,作为普遍性的理想要落在现实中,并在现实事物中实现自身,首先是理想在某个时代里的一般状况,其次是人与环境的矛盾冲突,最后是人的斗争和动作。美的理想的现实化有三个阶段或三种因素:一般的世界状况、情境及其冲突、动作或情节。一般的世界情况,可以称为绝对精神的时代状况,或时代精神。情境,也即环境,实体性精神与特殊的主体之精神的对立和矛盾,构成主体动作的动因。动作或情节,是主体对情境的反应行动以及环境的反动作,只有动作的斗争最后在主体上才能见出实体的实现。

(二)时代精神(一般的世界情况)

黑格尔所谓"一般的世界情况",即绝对精神之时代状况或时代精神,也就是实体性的内容与普通的个别心灵之间的精神关系和精神状态。无论是政治、国家、民族、法律等实体性的普遍精神,还是伦理、道德、家庭、爱等实体性的理想都必须体现在一个个的个体心灵之中。个体就是全体,全体就是个体。在时代之中,绝对精神存在于世界范围内,有其实体性、神性,是独立自足的,但是它还没有与个别的特殊的主体相互对立和异化。同时,主体虽然也具有性格上的独立自主,但是其生活还没有完全体现实体性的内容,主体只不过是

---

① [德]黑格尔:《美学》第一卷,朱光潜译,商务印书馆1996年版,第227—228页。

性格和欲望的任性而已,还不是实体性的自由和无限。所以,只有个别的主体性与普遍的实体性结合起来,统一起来,这样才构成了实体性的时代精神。在个性与普遍性的统一中,普遍性通过个别事物才能成为具体现实,个别的特殊事物只有在普遍性中才找到其存在的真正内容和坚实基础。例如,儒家的仁道只有借助王阳明这个特殊性才能发扬光大,变成现实;而王阳明这个主体只有贯注了仁道的真理才能找到安心立命的根基。所以,普遍性的东西要借助、体现、显现特殊的人心、人身之上才能成为现实。理想借助人的性格、环境、动作、心态和欲望等来实现自身。"在我们认为艺术表现所应有的那种情况里,道德的和正义的行为应该完全具有个人的性格,这就是说,它应完全依存于个人,只有在个人身上,而且通过个人,它才获得生命和现实。"①

黑格尔把一般的世界情况分成三个时期或阶段:体现个体独立自足性的英雄时代、散文气味的现代情况和恢复个体独立自足性的恢复时期。

首先,英雄时代是指远古时期和早期希腊时期,此时实体性与个人性直接统一在英雄的行为之中。在英雄时代,法律、国家等还没有出现,或者说英雄就是制定法律、正义和秩序的缔造者,他们个人的行为就是实体性的实现。但英雄的个人行为与实体性是直接同一的,即个别的就是全体的。例如古希腊的赫克里斯就是原始英雄道德的理想,他按照个人意志去与自然的妖怪、人类的不义作斗争,他不受也没有任何外在的正义或秩序对他进行束缚。但他并不是现代意义上的道德英雄。荷马时代的英雄也是如此,阿喀琉斯、忒修斯等英雄与联军首领阿伽门农并不是君臣关系,他们有自己的自由选择和个性特征,二者之间是自由的伙伴关系。基督教时期的封建关系和骑士制度下的骑士英雄与君主也是这种松散的自由联盟关系,而不是支配与被支配、压迫与被压迫的关系。亚瑟王与圆桌骑士、查理曼大帝与罗兰、西班牙国王与熙德就是以个性为土壤的自由关系。熙德不是为了效忠国王而战,而是为了人格的高贵、光荣而战。所以黑格尔说:"每个人都独立自主地根据他自己的意志和能

---

① [德]黑格尔:《美学》第一卷,朱光潜译,商务印书馆 1996 年版,第 236 页。

力去行动。"①

既然每个英雄都根据自己意志行动,那么也就会对自己的行为及其后果负有完全的责任。对于现代人来说,判断某一行为是否符合道德准则,需要看环境、意图和结果等因素。但是,对于英雄时代来说,无论客观与主观,只要是他作出的行为,他就会负责,因为个体就是整体。例如,俄狄浦斯在森林中打死了自己的父亲,但是主观上他并不知道白发老人是自己的父亲,然而道德上他依然犯了弑父之罪,并主动承担惩罚。同时,在那个时代,个人就等于家庭,家族的血仇与荣誉依靠血统在传承,比如埃斯库罗斯的《奥瑞斯提亚》三部曲。黑格尔总结说,英雄时代的个性比较理想,他们心灵中实体性精神与个性特征直接融为一体,实体性才成为英雄们的生命现实。"有实体性的东西在这种统一体里是直接的个别的,因此,个别的人本身也就是有实体性的。从此可以看出,理想的艺术表现为什么在神话时代,在较早的过去时代,才找到它的最好的现实土壤。"②黑格尔认为,英雄时代的精神状态最适宜于艺术表现,是艺术理想的时代。这是因为此时个别性格完全是个体性的生命,他没有感受到现代的实体性的正义、道德等外在的必然性的束缚和限制。英雄没有外在社会的限制,只是实体性的心灵与自我有限的心灵之间的对立与斗争,因此这正是艺术理想所追求的。

其次,散文气味的现代情况及个性独立自足的恢复时期。近代以来,随着政治、法律制度的规范以及社会道德伦理秩序的建构,在个人与社会的独立中,个性及其独立自足性受到了社会理性和道德秩序的制约,个人可以自由选择和独立自足作决定的事情和范围变得很狭小。即使是君主、统帅和法官,在裁决国家大事、战争战役和法律事务中,个人能够发挥个性特征的地方也是非常小的,人们经常根据机构和惯例进行判决。在近代社会中,个性自由仅限于个人情感和家庭生活等方面,与社会秩序冲突时才显出某些个性的特征。

在独立自足个性的恢复上,黑格尔推崇歌德和席勒的文学创作。例如,席

① [德]黑格尔:《美学》第一卷,朱光潜译,商务印书馆1996年版,第229页。
② [德]黑格尔:《美学》第一卷,朱光潜译,商务印书馆1996年版,第242页。

勒的《强盗》中的卡尔·穆尔以独立自足的精神反抗一切不公和压迫,公开反对法律,为恢复人权而斗争;《阴谋与爱情》中的费迪南为了情欲而反抗社会权力。但是这些个性还局限于个人的意图和私利,而没有上升到普遍性的价值和精神之物层面上,因而失败了。而席勒的《斐埃斯柯》和《堂·卡洛斯》的主角体现了某些实体性的内容即解放祖国或维护自由。同时,歌德的《铁手骑士葛兹·冯·伯利欣根》与席勒的《华伦斯坦》都是从国家的层面出发,利用自己的人格、勇敢和正义去控制和改造世界,但是世界已经不再是骑士制度的封建关系了,而是国家机器和现代化法定秩序,因此骑士的这种个人冒险的独立自足性就不复存在了。在现代社会中,如果还有人坚持骑士的个性精神来拯救世界,那么就成了堂·吉诃德式的滑稽可笑了。

(三)社会环境(情境)

黑格尔认为,独立自足的个性的人在一般的世界状况(时代精神)中犹如神在神庙中一样,是静止不动的,还没有转向现实化。艺术所要描绘的人物性格不能仅仅停留在一般的普遍性上,还要使得普遍性与特殊性发生冲突,产生动作和情节。黑格尔说:"所以从个别人物方面看,这普遍的世界情况就是他们面前原已存在的场所或背景,但是这种场所必须经过具体化,才见出情况的特殊性相,而在这种具体化过程中,就揭开冲突和纠纷,成为一种机缘,使个别人物现出他们是怎样的任务,现为有定性的形象。"①换言之,普遍化的内容要经过特殊的具有个性特征的人物来实现,这个普遍性具体化的过程要在某个特定的环境中展开,这个环境被黑格尔称为"情境"。这里的情境不单纯是指人生活的自然环境,更重要的是指人与人之间的精神与心灵的复杂关系,即社会环境。黑格尔指出:"作为这种更切近的机缘,有定性的环境和情况就形成情境。情境就是更特殊的前提,使本来在普遍世界情况中还未发展的东西得到真正的自我外现和表现。"②也就是说,社会环境是人物个性展开的前提条件和活动场所,也是人物发出动作的根本动力。黑格尔甚至认为,艺术创作最

---

① [德]黑格尔:《美学》第一卷,朱光潜译,商务印书馆1996年版,第252页。
② [德]黑格尔:《美学》第一卷,朱光潜译,商务印书馆1996年版,第254页。

重要的方面就是寻找可以显示心灵深刻、心灵旨趣和实体意蕴的情境。或者说，对于艺术创作来说，好的情境就是成功的一半。

黑格尔认为情境是未动起来的普遍世界情况与人物动作和情节这两个极端的中间状态，兼具二者的特点。黑格尔把情境分成三种：第一种，无定性的情境（也即无情境）。这是还没有活动的普遍性的精神状态。第二种，未有矛盾冲突前的情境，即人物有活动，但没有矛盾。第三种，有矛盾冲突以及动作与反动作的情境，这是真正的形成动作的出发点和转化过程。

首先，静止的情境，即无情境。在一般的世界状况中，普遍性、神性还没有分裂，自身具有独立自足性。这种特性的形象与外界没有发生关系，处于精神的自我禁闭状态，只与其自身为统一体，黑格尔称之为"无情境"。例如，艺术起源时期的古代庙宇、神殿等，古希腊古罗马的静穆的雕塑以及基督教中的上帝或耶稣，这些形象都体现出神的庄严肃穆和崇高气象。无情境主要适用于建筑和雕塑艺术。

其次，活动的情境，即处于平板状态（无矛盾对立）的有定性的情境。神庙里的神要摆脱自在自足、严峻崇高的静穆状态，就必须活动起来，即机械运动、物理运动和具有情感心理的运动形式。古希腊人让神从肃穆中活动起来，或站立，或思考，或处于爱恋与愤怒的情绪中展示动作。例如，宙斯、阿波罗的雕像表现了动作中神的肃穆。而诗歌则比较适用于表现某种心态、情绪或情感中人的情境。例如，在歌德的《少年维特之烦恼》中，维特把自己失恋的痛苦和心态表达出来，形成一种情境。但是，此时的情境中的人并没有与他人或自己的心灵产生严肃的矛盾和对立，也没有与他人发生矛盾关系，只是此情此景中的人的个性形象的展示。例如，中国戏曲《野猪林》之"林冲夜奔"、《西厢记》之"长亭送别"等折，都没有展示人心灵的矛盾，而是展示人在某种环境中、某种心境下的个性特征。这种无矛盾冲突的情境因其展示一定的个性特征（定性），所以叫处于平板状态下的情境，主要适用于雕塑和抒情诗。

最后，矛盾的情境，即冲突。在真正的情境中，神作为普遍性走出神庙，与其他神所代表的原则产生矛盾，人不限于机械运动和心情活动，而是人心与自身、人心与人心、人与社会发生激烈的矛盾冲突，相互之间在进行破坏和否定，从而在对立面中反观自身。"只有在定性现出本质上的差异面,而且与另一面相对立,因而导致冲突的时候,情境才开始见出严肃性和重要性。"①黑格尔认为,表现激烈冲突的情境的艺术形式是戏剧。他把冲突的情境分成了三类:物理或自然情况引起的冲突,自然条件产生的心灵冲突,心灵的差异引发的分裂与冲突。

第一,身体物理引发的冲突。由于外在自然条件引起的疾病、罪孽和灾害,这些东西破坏了原来生活的和谐状态,结果造成了差异对立,并引发了心灵的分裂。例如,索福克勒斯的《斐罗克特》(《菲罗克忒忒斯》)就是因希腊将军斐罗克特被毒蛇咬伤,被联军丢弃在孤岛上 10 年。莱辛也曾说过,身体的痛苦加上心灵的痛苦才真正让人怜悯和同情。但黑格尔关注的是身体痛苦与心灵孤独引发的斐罗克特是否应该为了那些不义的同伴返回战场参战,这才是情境的矛盾。

第二,自然血缘引起的家庭出身和继承关系的矛盾。自然出身关联的亲属关系、继承权的矛盾斗争。黑格尔特别指出,没有明确加以规定的王位继承权的斗争是历来文艺作品表现的主题。从《旧约》该隐杀死他的兄弟亚伯就开始了,希腊神话中俄狄浦斯的两个儿子的王位之争,莎士比亚的《麦克白》中邓肯与麦克白的王位继承权之争,《哈姆雷特》中叔叔与侄子的王位之争等,还有我国古代魏国的曹丕与曹植之争。

第三,基于自然出身的阶层和阶级之间的矛盾和斗争。出身的差异构成了社会和法律的界限,然而这本身是一种不公平。阶级与阶层虽然是社会演变形成的,但由个人出身和血缘来决定人的生命就是不合理的。任何个人根据自然人权就有权利和权力去决定自己应该属于哪个阶级。阶层与阶级的归属应该根据人的品性和能力,而不是偶然的出身和家庭。"每个人可以按他的能力和志愿,爱属于哪个阶级就属于哪个阶级。因此我们把这种完全自由的要求结合到另一要求上去,就是在教养、知识、能力和思想方式等方面,一个

---

① [德]黑格尔:《美学》第一卷,朱光潜译,商务印书馆 1996 年版,第 260 页。

人必须能符合他所选择的阶级。"①然而,在现实社会中,一个人即使精神高贵、才能卓越,若深陷下层阶级之中,那么这个人的才能越高、心灵越纯洁,可能所感受到的压迫和阶级局限就越强烈,于是,个人与社会秩序之间的冲突就会越激烈。例如,《水浒传》中胸怀替天行道之志、拥有经世之才的宋江,正是在严格的阶级固化的宋代无法实现自己的抱负,也无法在常规下突破阶级局限,才虎啸山林,聚义水泊梁山,试图以起义的形式改变自身的阶级地位和身份。司汤达《红与黑》中的于连也是这个类型。

这种冲突有三个方面:其一,处于社会底层的人的心灵和教养已经使得他可以越过阶层的自然界限,然而社会阶级却使得他屈臣于下层。例如,作为流浪儿的卢梭,其学识才能与心灵情感均高于 18 世纪的贵族,然而却被那些虚伪的贵族们视为野蛮人,这种阶级冲突就构成了卢梭及其文学作品最完美的情境矛盾。再比如《红楼梦》里的晴雯,心比天高却出身下贱,受人嫉妒凌辱而红颜殒命,实在是封建等级秩序压榨下的美丽心灵的覆灭。其二,固有的社会等级中,被压迫阶级和阶层的反抗是合理的。例如,印度的种姓制度、封建社会中地主与农民的对立、资本主义社会中资产阶级与无产阶级的对立等,这种阶级反抗是重要的情境之一。像摩西带领以色列人出埃及就是伟大的民族抗争和阶级斗争。其三,统治阶级根据社会统治关系而非法、非人道地对被压迫者进行残害,这种斗争和反抗也是合理积极的。例如,古罗马的斯巴达克斯起义。

第四,基于自然性的主体情欲冲突。由于人的天生情欲、情感与欲望而引发的矛盾冲突,这些个人心灵的东西与社会道德伦理等实体发生矛盾。例如,莎士比亚悲剧中的奥赛罗的嫉妒、麦克白的野心等构成了与社会实体的尖锐矛盾。

第五,心灵的冲突。"这种方式的冲突的根源在于精神的力量以及它们之中的差异对立,因为这种矛盾是由人的行动本身引起来的。"②在这种冲突

① ［德］黑格尔:《美学》第一卷,朱光潜译,商务印书馆 1996 年版,第 267 页。
② ［德］黑格尔:《美学》第一卷,朱光潜译,商务印书馆 1996 年版,第 270 页。

中,一方面是由人的现实行动而引起的破坏,另一方面具有合理性的实体的旨趣和力量受到了伤害,二者结合起来,才是这种冲突的深刻起源。这类冲突有三个方面:其一,无意识的行为导致恶的后果,从而引发心灵冲突。人无意中做了某件事,事后才发现该事件破坏了理应尊重的道德力量,追悔莫及,陷入矛盾。这种冲突的根源在于行动发生时的性质与事后对该行动性质的认识之间的矛盾。例如,俄狄浦斯失手打死了一个不认识的人,但实质上却杀了自己的父亲。埃阿斯实际上杀了些牲畜,却被误认为杀了希腊的将军,他对自己的行动感到羞愧,于是陷入冲突而自杀。其二,有意识地认识到的精神力量之间的冲突。其出发点可以是情欲、暴力、愚蠢、权力与野心等,例如希腊悲剧中《奥瑞斯提亚》三部曲,每个人无不是从自己的欲望出发与他人、伦理等实体发生矛盾。哈姆雷特的报仇也是此类。其三,心灵与社会关系、社会环境发生冲突。黑格尔认为,就某个行动来说,其本身并不引起矛盾,但是该行动与其社会环境、社会关系却相互对立,发生强烈矛盾。例如,罗密欧与朱丽叶的爱情本身是没有矛盾的,也不会破坏什么,但是他们的家庭之间(社会环境)却是世仇,双方父母不允许订婚,于是单纯的爱情与复杂的家庭社会关系产生了激烈冲突。中国的梁山伯与祝英台、许仙与白娘子等爱情故事也体现了这种心灵与社会环境的激烈矛盾。

(四)动作(情节)

在相互对立的环境中的人,由于其心情或情绪的冲动,发出某种行为,该行为与环境相互冲突,相应的他人也回击某一行动,这种冲突、动作与反动作就是黑格尔所谓的"动作"或"情节"。什么是动作呢?即"把动作(情节)表现为动作,反动作和矛盾的解决的一种本身完整的运动"①。动作最适宜于用文学艺术来表达,因为语言具有丰富性,可以直接描述完整的行动,洞察和表现人的内心意蕴。更重要的是,清晰的语言可以让人认识到心灵的作用,同时在动作中显示出人的性格、思想和目的,因为思想或心灵通过动作才见诸现实。动作分为三个要点:第一,激发情境和冲突的动因是普遍性的力量,即心灵意蕴和目的;第二,发出这些动作的个人,即动作、反动作的循环;第三,两个

---

① [德]黑格尔:《美学》第一卷,朱光潜译,商务印书馆1996年版,第278页。

方面统一于人物性格。

1. 作为动因的普遍力量

神性的理念化为各种普遍的力量,这些普遍性的精神实体,比如祖国、国家、家族、家庭、教会、名誉、友谊、社会地位、价值、荣誉、爱情等都是艺术的伟大动力,也都是引起动作的普遍力量。从这些概念来看,所谓普遍力量应该是一种抽象的社会规范和社会伦理道德的理性精神。当一种理性精神与另外一种或几种理性力量产生矛盾时,此时交织在矛盾情境中的人就有了发出动作的冲动。换言之,抽象单一的普遍性无法直接现身,只有借助具体的某个人、某个具有个性特征的人的动作来与体现在此人或其他人内心的普遍力量展开斗争,矛盾解决之后,经过检验的普遍性成为人性的共同真理。此时,普遍力量—各种具体的普遍力量—个性的人—具体的普遍性就完成了一个精神辩证法的循环过程。艺术的目的就在于感性地显现这一精神实现自己、完成自己的过程,不过其中间环节是具体的个人及其斗争。

在黑格尔看来,作为艺术动作的普遍力量具有如下特点:首先,普遍力量不是抽象的单一的,而是分化为多种多样的,甚至有时候是相互对立的。比如希腊诸神所代表的普遍力量有时候就是相互对立和矛盾的,爱与美女神和复仇女神、战神和爱神等。其次,普遍力量都是符合理性的,是一种普遍性的伦理道德法律规范,也是人类智慧和理性凝结而成的精神成果。再次,这些普遍力量不能仅以神的面目出现,更多的要以人的身份和人心的力量来实现自身。换言之,普遍性的力量不是神性的外在强加,而是人心的自由选择,是个性的人心与普遍的神性的融合。例如,索福克勒斯的《安提戈涅》中克瑞翁与安提戈涅的殊死斗争不是来自个人的情欲,而是来自各自信奉的普遍性的伦理实体,即克瑞翁禁止埋葬安提戈涅的哥哥是为了惩治叛徒而维系城邦正义,安提戈涅反抗禁令而埋葬哥哥,是为了践行对亲人的神圣义务,二者的激烈冲突都是理性的、合理的,但都带有偏见和狭隘性,于是悲剧出现了,永恒的普遍性最后胜利了。最后,冲突必然带来动作与反动作,但是反动作不能来自荒谬和迷信的理由,这样的动作或情节是不被人信任的,也是荒谬的。同时,反动作也最好不是来自暴虐、反面、坏的和邪恶的力量,这些反面力量的存在是必要的,但是他们的反动作却是空洞的或厌恶的,仅仅是一种促进人物动作的手段而已。因此,黑格尔总结说,只有普遍性的力量才是最好的动作的推动力,但普遍力量不是抽象的,而是应该体现在某个具体的个性身上,成为某个具体人动作的动因。

2. 有情义(情致)的个人

在黑格尔看来,普遍力量落实在现实个人身上时有一种矛盾:神的普遍性与人的独立自由的主体性之间的矛盾。神的普遍性是一种全人类所共有的高于个人的普遍精神,是抽象的实体。人作为自由独立的主体,其行动完全来自内心欲望和意志。那么,神的普遍力量与人的自由意志之间会产生对立和矛盾,在艺术中应该如何解决这一难题呢?在神性与人性的关系上,一方面神的内容就是人的本性,人的决定和意志具有独立自足性。另一方面人本身也是主体,根据自己的欲望和个性行动,也具有独立自足性。如果神性的内容作为外在的强制力量统治人性的话,那么人就丧失了其自足自由的属性,就不是自己意志的产物了。黑格尔说,这种神与人对立的关系假定了人处于神之外,神外在于人而发号施令。这种神的外在力量介入个性之中的艺术品还不够成熟,比如菲罗克忒忒斯被神命令才回去参战,赫克托耳被神迷惑才被阿喀琉斯杀死等。在这些史诗和悲剧中,神成了命运的一种外在工具,实质上变成了偶然性本身,失去了普遍性的力量。

黑格尔认为,解决人与神对立的难题还要着眼于人与神的统一性。也就是说,神性的内容是人性的固有内容,普遍性的精神力量占据人性的主要部分,是人性内容的主导部分。与此同时,神性的内容需经过个性而实现,也就是说虽然普遍性的内容是一样的,但各人的表现却不尽相同。比如,同样是忠君爱国,赵国李牧,宋代岳飞、文天祥等个性特征及其表现却各有特点。"人物的行动的根源在于内心方面,但是同时他也要把这种行动中起统治作用的那些普遍的本质的力量显示出来,加以个性化,使它们成为可以观照的对象。人的心情必须在神身上显现出来,神就是独立的普遍的力量,在人的内心中起推动和统治的作用。只有在这种情况下,神才同时就是人自己心中的神。"①

---

① [德]黑格尔:《美学》第一卷,朱光潜译,商务印书馆1996年版,第288—289页。

换言之,人应该把神性内容当作自己的人生信条,即精神内容。黑格尔说,爱神降服了一个人的心,这是说爱情成了一种动力和情致。也就是说,神性内容就应该是人心中的心情实体,比如爱情、愤怒、嫉妒、同情、怜悯等。

黑格尔指出:"如果要找一个名词来称呼这种不是本身独立出现的而是活跃在人心中,使人的心情在最深刻处受到感动的普遍力量,我们最好跟着希腊人用情致(pathos)这个字。"①情致,或情义,不是私心的、低劣的情欲,而是本身合理的情绪方面的力量,是理性和自由意志的基本内容。例如,俄瑞斯特杀死自己的母亲并不是源自情欲的驱动,而是为父亲报仇的情义(情致)。所以,黑格尔指出了情致的定义:"我们应该把'情致'只限于人的行动,把它了解为存在于人的自我中而充实渗透到全部心情的那种基本的理性的内容(意蕴)。情致是艺术的真正中心和适当领域,对于作品和对于观众来说,情致的表现都是效果的主要的来源。"②情致到底是什么? 是高于个人自私情感的共同的人性中高贵和高尚的部分,应该理解为人性中的情义。情义高于情欲,也高于情感,尽管它也是基于情感的理想和普遍的理性。每个人都知道什么是情义,在内心中为情义所感动,同时也成为人类存在的高级目的。情义还不是真理的教条,它不是科学的认识和真理,而是融会于人内心中的坚持和信仰,是理性的情感。情义也不是宗教的教条,而是来自人性中的神性,是源自内心的道德和伦理原则和力量。例如,基督教中的爱你的敌人,宽宥他人,儒家经典中的仁爱、义气、忠诚、信任等。

此外,情义(情致)需要有血有肉的具有个性的人来表现和描绘。这个人的心灵对情义应该是坚定的,情感应该是丰富的,内心是宽广的,总之应该是一个完满的形象。"能表现情致的个人心灵必须本身是一种丰满的心灵,有展开它自己和表现它自己的本领。"③换言之,任何情义,都是人心的有情有义。此种情义必须通过个性的全部丰富性和复杂性的否定而在个人身上和心里予以实现。例如,《赵太祖千里送京娘》中赵匡胤为同情京娘而千里奔波、

① [德]黑格尔:《美学》第一卷,朱光潜译,商务印书馆1996年版,第295页。
② [德]黑格尔:《美学》第一卷,朱光潜译,商务印书馆1996年版,第296页。
③ [德]黑格尔:《美学》第一卷,朱光潜译,商务印书馆1996年版,第299页。

分毫不取的侠肝义胆。赵匡胤在打杀强盗、与京娘许婚的时候,他对京娘说:"俺与你萍水相逢,出身相救,实出恻隐之心,非贪美丽之容。况彼此同姓,难以为婚,兄妹相称,岂可及乱?"①再比如,以死酬知己、万难为义气的荆轲刺秦、豫让吞炭等故事,都可谓大胸怀大情义。此种有情义之人物,他们的动作不是来自琐碎的个人利益和自私情欲,而是来自更高的符合社会精神的伟大心胸和高贵心灵。

3. 人物性格(角色)

伟大的情义(情致)这种普遍性的精神理想应该从伟大的人的高贵心灵中流溢而出成为动作。在艺术中表现的中心就是人物的性格或角色了,情义要完成自身,就必须通过性格,即将情义渗透性格之中。"这个整体就是具体的心灵性及其主体性的人,就是人的完整的个性,也就是性格。神变成了人的情致,而在具体的活动状态中的情致就是人物性格。"②也就是说,理想的人物性格不仅要体现普遍性,而且还要显现为特殊性,即普遍性的情义与特殊性的个性结合才是完整的人物性格。

首先,人物性格要有多样性和丰富性。情致或情义在人心中不是单一的,而是多种情义聚集在一起发挥作用。黑格尔说如果用神来形容情义的话,那么一个真正的人心中有许多神,每个神各代表一种普遍精神,人心就是全部神性的居住地。如此一来,人物性格也就出现了丰富性和多样性。换言之,人不仅要忠孝仁义,还要有礼智信恭谦让等品格。人面对不同社会关系时也会体现不同的神性维度。例如,《荷马史诗》中的英雄就是许多性格的集合体。阿喀琉斯爱他的母亲,也爱他的朋友。他憎恨敌人,脾气暴躁,残忍报复,但同时对特洛伊的老王的丧子之痛又充满同情和怜悯。他是个武艺高强的将军,也是个爱玩、爱荣誉、爱漂亮的少年。所以,黑格尔对阿喀琉斯评价道:"高贵的人格的多方面性在这个人物身上显出了它的全部丰富性。"③不过,多方面的性格特征并不是分散地机械聚在一起,而是多方面联系的整体。

---

① (明)冯梦龙编著:《警世通言》,齐鲁书社 1995 年版,第 315 页。
② [德]黑格尔:《美学》第一卷,朱光潜译,商务印书馆 1996 年版,第 300 页。
③ [德]黑格尔:《美学》第一卷,朱光潜译,商务印书馆 1996 年版,第 303 页。

其次,人物性格要有占据统治地位的特殊性,即具体的普遍性。人物是一个有生气的整体,不能仅有多样性,而没有整一性。多样的性格中要有一个主动性格,即一种特殊的情致成为人心的主导因素,以此来区别他人。例如,《罗密欧与朱丽叶》中,罗密欧爱父母和朋友,对僧侣尊重和信任,与朱丽叶家族的人决斗,但无论做什么,都显示出罗密欧的主导性格:尊严高尚,用情深挚。简言之,在黑格尔看来,理想的性格就是多样性的统一,是整一性与丰富性的结合。

(五)艺术作品

人物性格及其动作都必须存在于外在的客观现实中,存在于艺术中的人与环境的关系是艺术创造的最后环节。艺术理想要落实在客观存在和外在现实中。从艺术构思的角度来说,艺术作品使得普遍实体演变成具体的人物形象,表现为性格、动作和情节,如此一来,思想观念转变为外在客观存在的艺术形式。从艺术作品的角度来说,完整的个性人物及其行动还必须落实在具体的物质材料上,比如线条和颜料、语言符号、石头和木材等外在材料,这就是艺术的客观化或者物质化。观念具象化和形象物质化的双重过程的统一,为读者呈现了可见可闻的艺术世界。黑格尔指出,在艺术作品中,首先要处理的是空间和时间的外在自然,其次是作为人实践对象的被改造的自然和环境,最后还有人生活在其中的客观的具体的社会关系,人与人之间的各种风俗文化关系。

第一,艺术的客观物质形式。任何艺术都依赖于感性的物质材料,某种艺术材质需要根据一定的美学原则来进行建构。外在的艺术材料有其自身的特点:一方面,外在因素的表现方式是整齐一律,平衡对称、符合规则、和谐;整齐一律主要适用于建筑物等无机的外部环境与绘画中的整体结构。而和谐统一则多表现在音乐和绘画艺术中。另一方面是感性材料的统一性,即单一性和纯粹性。

第二,人与外在客观自然。黑格尔指出,艺术中人与客观环境的关系,就像人生活在自己家里一样,主客体之间要相互统一,互相和谐一致。所谓外在自然,是指没有人为改造过的客观自然环境。伟大的艺术家在描写人的外在环境的时候,都不是泛泛地描绘,而是如实地、真实地、明确地展示大自然的全部细节。什么样的人生活在什么样的自然环境中,人与自然环境和谐统一。例如,一个阿拉伯人就要与酷热的自然气候、浩瀚沙漠和他的骆驼相互统一。

第三,人与内在自然(劳动环境)。人不仅被动地生活在自然环境中,同时也更积极地根据自己的需要改造大自然,通过人类劳动创造物质财富和生活环境。黑格尔说:"只有通过这种实现了的活动,人在他的环境里才成为对自己是现实的,才觉得那环境是他可以安居的家。"①人生产生存所需要的一切食物、改造居住环境、打造生产工具等,都会在艺术中进行展示。

第四,人与精神环境。马克思说人是一切社会关系的总和。黑格尔认为,人不仅与自然环境发生关系,而且还必须与社会环境(即一切精神关系)发生根本性的联系。精神关系是指国家、法律、家庭、公共生活和私人生活等社会关系,以及宗教、法律、道德等精神存在。精神环境是人的心灵产生结晶的原产地。

五、艺术发展史

按照历史与逻辑相统一的规律,黑格尔认为美的理念在各个历史时期演绎为现实中不同类型的艺术美。在艺术发展史中,一方面作为概念的抽象理念分化自身,逐步成为自在自为的精神存在,另一方面显现理念的感性形式也在不断发生变化,理念内容与感性形式之间的矛盾是艺术类型不同的根本原因,也是艺术发展的根本原因。黑格尔指出,艺术发展大致存在三个阶段或类型:象征型艺术、古典型艺术和浪漫型艺术。象征型艺术是史前艺术时期或者艺术前的艺术,抽象的理念还没有分化,只能向自然事物中寻找其表现方式。抽象的、浑然整一的绝对要通过客观事物暗示出其普遍性,感性材料也是随意的、自然的,二者不是完全的契合。象征型艺术的特点就是抽象的理念与自然的感性形式之间依靠暗示来显示普遍性,二者关系不恰当,充满了模糊和暧

---

① 〔德〕黑格尔:《美学》第一卷,朱光潜译,商务印书馆1996年版,第326页。

昧。古典型艺术主要是指古希腊时期的艺术,此时抽象理念具有了自我意识,分化为主体的精神,同时这种绝对精神与感性的形式,与人本身完美地融合在一起。人的主体心灵与身体形象相互统一,理念内容与感性形式相互统一,这就是美的理想状态。古典型艺术主要是古希腊和罗马的雕塑。浪漫型艺术是指中世纪和文艺复兴时期的基督教艺术。此时的理念已经摆脱了个人心灵的依附,而自为地提升为绝对心灵,以精神的形式存在。因此,浪漫型艺术的主要对象是神、基督耶稣、圣徒等,外在形象对绝对理念来讲,变得无足轻重。理念内容大于外在感性形式,这是浪漫型艺术的特点。对于艺术发展的演变,黑格尔说:"总之,象征型艺术在摸索内在意义与外在形象的完满统一,古典型艺术在把具有实体内容的个性表现为感性观照的对象之中,找到了这种统一,而浪漫型艺术在突出精神性之中又越出了这种统一。"①换言之,象征型艺术是形式大于内容,浪漫型艺术是内容大于形式,而古典型艺术是内容与形式完美融合。

(一)象征型艺术

什么是象征?"象征一般是直接呈现于感性观照的一种现成的外在事物,对这种外在事物并不直接就它本身来看,而是就它所暗示的一种较广泛较普遍的意义来看。"②也就是说,在象征中有两个因素,一个是意义,即观念或概念,另一个是表现意义的感性事物。感性事物并不就是人们眼睛看到的真实事物本身,而是其背后隐含和暗示了某种更抽象的意义或观念。黑格尔认为,作为符号的象征摆脱了语言符号的任意性,它是带有某种意义的感性事物。象征具有一些特点:第一,在象征符号的能指与所指的任意性关联中存在着形象与意义的一致性。语言的能指与所指是任意联结的,而象征中感性事物与观念之间有某种联系,即可以暗示的普遍性意义。例如,狮子象征刚强,狐狸象征狡猾,狼象征贪婪,三角形象征神的三位一体,红色象征革命,等等。第二,意义与形象不完全符合,相互存在不协调性。一个意义可以多种事物来

---

① 〔德〕黑格尔:《美学》第二卷,朱光潜译,商务印书馆 1996 年版,第 6 页。
② 〔德〕黑格尔:《美学》第二卷,朱光潜译,商务印书馆 1996 年版,第 10 页。

表现,表现意义的一种事物可能有多种性质,比如狼除了有贪婪的性质,还有凶狠、团结等性质。第三,象征具有暧昧性,其本质上是双关的或模棱两可的。由于意义与感性事物两者都是多样性的存在,二者的结合就带有拼凑性质,所以模棱两可。象征型艺术不是寻找艺术作品背后的隐含意义,而是作为一个类型的艺术形态。内容是未确定的普遍的观念或精神,形式是不明确的感性形象,抽象的观念直接显示在不明确的感性形象中,这就是象征型艺术。

"现在我们进一步来研究象征艺术的各个发展阶段,就要用艺术起源作为起点,艺术起源是艺术理念本身所产生的结果。"①实际上,象征型艺术是史前艺术,即艺术起源时期与原始宗教、巫术仪式等纠结在一起的古老的原始艺术。黑格尔认为,实质上象征型艺术就是艺术的起源,"艺术观照,宗教观照(毋宁说二者的统一)乃至于科学研究一般都起于惊奇感"②。人在刚睁开眼睛看世界的时候没有惊奇感,因为客观世界与主观世界还是混沌未开的。人们在认识了世界的绝对规律之后也没有惊奇感,因为已经没有陌生的事物。在原始时期,当人们摆脱了自身与自然的混沌状态,开始跳出自身需求和事物的自然存在时,开始追问万物背后的规律时,人们对自然的惊奇感就产生了。原始人一方面把自然看作人的对立面,人们赖以生存的基础,把自然当作有威力的神来崇拜,另一方面人作为主体把自己的需要加诸外在客观事物上,同时把人认识到的绝对理念加诸到外在事物上,使之成为观照对象。于是,在原始人眼中,日月星辰、水火雷电等自然物就不单纯是自然物了,更是人们头脑中意识到的绝对性存在的形式,即神的存在形式。艺术就从这里开始产生了:原始人把绝对观念投射于形象,人们直接意识到并观照这种形象,这就是拜自然和拜物教,但还不是真正艺术。

艺术的起源与宗教密切相关,因为早期的艺术作品就属于神话和巫术。在巫术仪式和自然宗教中,最为抽象的绝对直接呈现于具体事物之中,绝对精神展现为自然现象,比如橡树、鱼、羊、狼等都被赋予了大全的神的绝对意义。

---

① [德]黑格尔:《美学》第二卷,朱光潜译,商务印书馆1996年版,第33页。
② [德]黑格尔:《美学》第二卷,朱光潜译,商务印书馆1996年版,第22页。

"从自然现象中人隐约窥见绝对,于是就用自然事物的形式来把绝对变成可以观照的。这种企图就是最早的艺术起源。"[①]艺术起源并不是人们看到了自然现象中的绝对和神性,而是原始人从自我意识中产生出隐匿在事物中的绝对精神,同时意识中又产生符合或显现这种绝对精神的客观形象。换言之,客观自然中的绝对和代表绝对的自然物都是人们意识的想象结果。所以,原始的象征艺术不单纯是人们在具体的自然物中看到了意义,更重要的是心灵(意识)所产生的意义被某些自然物所代表。艺术,无论是象征型的原始艺术,还是古典型的希腊艺术,都是人心灵创造的产物。只不过,在象征型艺术中,理念内容与感性形式之间并不完全符合,存在矛盾和差异。内容意义和表现形式的互相不适应的斗争造成了象征型艺术的不同阶段和不同方式:即不自觉的象征、崇高的象征、比喻的自觉象征等。

1. 不自觉的象征

象征的基本含义是在普遍意义与自然事物相对立的基础上,想象普遍地绝对寄寓在个别自然事物之中。艺术的象征都是从心灵的创造中产生的。但是,最早的象征却不是艺术产生的,而是绝对与自然事物的直接统一,即绝对的神与自然物的混沌的直接同一。

第一,(古波斯宗教)意义与形象直接统一的拜物教。在人类早期的巫术时代和自然宗教时代,现实中的自然物就直接是神本身,而不是神的表现。自然宗教中,太阳、山河、牛马等自然物和动物直接就被人们视为神,有时候人也被直接视为神,比如喇嘛教中现实的个别人被视为活佛而受崇拜。例如,古代波斯教把光明视为神,神(意义)与光(神的实际存在)是直接统一的。光不单是太阳的光,更是善和福。

第二,(古印度宗教)意义与形象分裂而在幻想中统一的怪诞形象。当人们意识到万物背后有一个绝对的主宰时,意义与形象就分裂了,意义与形象(即绝对的神与多样的自然事物)之间的对立,就让人们用幻想的方式去弥合二者的分裂,这就是幻想型的宗教艺术。在这种象征艺术中,个别的、多样的、

---

① 　[德]黑格尔:《美学》第二卷,朱光潜译,商务印书馆1996年版,第24页。

涣散的事物从感性形式直接跳跃到普遍意义,把矛盾原封不动地接受下来作为解决的方法。黑格尔认为,最为典型的幻想型象征艺术就是印度教艺术。神与自然物的幻想统一分为三种:把自然物直接视为神、把自然物夸张为怪诞形象、把神人格化。

首先,艺术最为荒诞和离奇想象的象征类型是古代印度教对于梵天的理解和表现。梵天是最高级的、抽象的神,然而却用最普通的自然物就可以直接表现出来。此时的绝对精神(神)还是抽象的、单一的、未及分化的,而表现神的事物却是多样的、夸张的、怪异的。例如,印度史诗《罗摩衍那》中的猴王哈努曼,印度人把绝对尊神的无限内容在猴子这种动物身上进行崇拜。还有印度教的婆罗门,最高的神性完全体现在一个最平凡的感性肉体之中,吃喝生殖等自然行为完全不影响其神性。所以在印度教中,猴子、母牛、婆罗门等都是以动物或人身而实存的神本身。

其次,印度教艺术还依靠在时间和空间中夸大事物来表现神性。印度教通过感性的漫无边际的夸张自然事物来表达神的绝对性,从而达到物与神的直接同一。"为这使普遍性体现于感性形象,这些形象就扩大成为光怪陆离的庞然大物。……而一种外在于它的普遍意义,就只有把自己延伸成无边无际的庞然怪物,然后才可以满足观照。"①黑格尔认为,这种漫无边际想象的表现方式并不是真正的象征艺术,普遍性不经过分化就直接表现为自然物及其夸张形象,这种做法打破了事物之间的界限,歪曲了感性状态,造成无限的混乱。例如,印度教中的佛陀形象以及千手千眼佛等。

最后,把抽象的普遍性例如日月山川等用人的形象来表达。这里的人格化并不是真实的活生生的人,也不具有主体性,只不过是具有人的身体和动作而已。例如印度教中三位一体的神,第一个神是梵天(神王),第二个神是毗湿奴(护持神),第三个神是湿婆(破坏神)。

第三,(古埃及宗教)真正象征艺术。黑格尔认为,印度艺术中的意义与感性形象直接统一的做法还不是真正的象征,真正的象征意义应该是意义与

---

① [德]黑格尔:《美学》第二卷,朱光潜译,商务印书馆1996年版,第50页。

形象分开的、相互独立的、对立的。精神内容作为存在应该否定自己,那么存在就应该分化出非存在,即死亡与重生。自然物也应该否定自己的自然属性,即转化为人造之物。在精神意义与感性自然物的双重转化下,精神获得独立,感性事物也获得独立,二者之间有某种联系,使得精神寄寓于人造的形象之中,这就是真正的象征。在黑格尔看来,对于精神和自然事物的直接否定就是死亡。"所以死亡在这里不是被看作全部意义而只是被看作意义中的一个方面,而就绝对来说,绝对固然是被理解为一种对本身的直接存在的否定,一种经历和消逝,但是另一方面也被理解为一种返回到本身,一种再生和通过这种否定过程而达到的本身永恒和神性的存在。死亡具有双重意义:首先是自然事物的直接的消逝;其次是死亡的只是自然事物,通过自然事物的死亡,就有了一种更高的精神的东西产生……"①换言之,人类意识到的最早的绝对就是生命的死亡和重生,就是生命过程。象征型艺术把已具有定性的观念形象化了。所以,在象征型艺术中,基本意义的概念与形象化的表达方式是相互适应的。在某些客观形象中,人们能够看出或暗示出较为广泛的意义。这一意义就是一般生命的辩证过程,即生老病死以及从死亡中再生,这为真正的象征形式提供了适合的内容。例如,太阳的东升西落、河水的潮涨潮落、植物的发芽开花结果和死亡、人的生老病死等这些生命循环过程就成为绝对内容。这种意义的表达已经不再选用现成的自然之物,而是有了物质、心灵和想象的创造。换言之,只有人类创造出来的形象才能准确地暗示或显示出具体的绝对内容。黑格尔把想象创作出来的造型艺术称为"第二种形象",其目的是用来阐明与它相关联的意义。

象征艺术最为抽象的表现,首先是数目,例如七是行星的数目,十二则是月份的数目,这些无论是在埃及的宗教,还是在希腊宗教中都占据着重要的地位。比如,埃及建筑中的七级台阶和七根柱子,希腊宗教中赫克里斯的十二大功。其次是空间图形的象征意义。例如,行星轨迹的图谱。再次是动物形象和人体形状。例如凤凰(长生鸟)的浴火重生就是象征普遍生命循环的意象。

---

① [德]黑格尔:《美学》第二卷,朱光潜译,商务印书馆 1996 年版,第 63 页。

希腊神话中阿多尼斯的死亡、葬礼及其重生也暗示了春夏秋冬四季轮回和生命循环的意义。黑格尔认为,阿多尼斯形象表明了神性的东西被人格化为人类事件,象征了自然界和精神界的双重否定本质。

黑格尔认为,最完美的象征艺术是古代埃及的艺术,它的特定内容与表现形式都达到了完美的程度。埃及人认为人的躯体死亡之后灵魂是不朽的,所以他们制作了木乃伊以及各种动物的面具,其目的是使生命在观念和精神中也能够自由存在。黑格尔说,这一重视亡魂国度的灵魂不朽的行为几近于精神自由,即认为精神摆脱客观自然而存在。在埃及人的建筑中充分体现了象征精神,比如金字塔标志着国王死后的精神自由存在的外围建筑,人身狮首、人身鹰首等动物面具和动物形象的崇拜也暗示一种普遍存在的意义。更为完整的象征是麦姆嫩(Memnon)石头雕像、伊西斯(Isis)(女月神)、俄西里斯(O-siris)和狮身人面兽(Sphinx),它们大多象征了人生命的轮回和循环。

黑格尔总结了三种不自觉的象征方式:"古代波斯人缺乏艺术性,正由于直接从自然事物中看到意义与具体现象的统一。这二者既已划分而又直接地在自然事物上面再接合,这种矛盾就造成了印度人的幻想的象征方式;而在埃及,内在精神也还没有从现象界摆脱出来而获得自由,成为可认识的对象,还没有自在自为地具有意义,这就产生了他们的象征方式的谜语性和暧昧性。"①

2. 崇高的象征方式

在不自觉的象征方式中,绝对精神还没有脱离外界的自然事物,还与自然物纠缠在一起。在崇高中,绝对精神已经自在自为地存在了,也就是以抽离一切自然事物之外的抽象存在了。康德在《判断力批判》中指出,真正的崇高不在任何感性形式中,而是无法找到恰当形象表现的理性观念。也就是说,康德在自然界和人类行为中看到的崇高现象,其实都与感性的自然现象无关,而与人内心的抽象理念有关。黑格尔极为赞同这一点,他说:"崇高一般是一种表

① 〔德〕黑格尔:《美学》第二卷,朱光潜译,商务印书馆1996年版,第78页。

达无限的企图,而在现象领域里又找不到一个恰好能表达无限的对象。"①不过,黑格尔不把崇高的表现对象看作主观的情感和理性观念,而视为客观的绝对实体。崇高的内容或对象是与现象界对立的、具有实体性的太一,即作为万物本源的纯思想。太一可以表达出来,但不是通过一切有限的、自然的事物。换言之,在崇高中,要表现的内容是万物的本质,是绝对的大全或太一,而表现的形式就不能是具体的自然物,绝对大全会否定一切试图表现它的感性形式。

在宗教世界中,绝对就是神,就是上帝本身,他创造了万物,并与一切自然事物对立。黑格尔认为,存在着两种崇高方式:第一,泛神主义艺术的肯定式的崇高方式,主要出现在印度教、伊斯兰教和基督教的神秘主义中;第二,否定自然物的对唯一神的歌颂,这是否定式的崇高方式,主要出现在希伯来宗教艺术中。

第一,泛神论的崇高。绝对的实体,唯一的大全就是每个个体,这是泛神论的基本观点。或者说,每个特殊的事物都因为分有了太一(绝对实体)而具有了存在价值。一就是多,多就是一。例如,在印度教中,人们把梵天看作无形体的太一,只有把这无形体的太一转化为无穷尽的多种多样的世界现象,才有了泛神主义的崇高方式。"在星宿之中我是光辉灿烂的太阳,在十二宫里我是月亮,在圣经里我是颂歌,在感官里我是内在感官,在山峰里我是须弥山,在兽中我是狮子,在字母中我是 A,在四季中我是春天。"②黑格尔说,在伊斯兰教诗歌中,人们体验到了大全或绝对的力量,感觉解放了自我,个人与大全合二为一,这种诗歌也是泛神论的崇高艺术。主体的欢愉感是人体会到了大全的感受。这种感受在基督教中就是主体感到了神的存在及其与神的统一。

第二,基督教的崇高。在泛神论中,实体还存在于广大的自然界中,还没有完全以精神的形态独立出来。黑格尔认为,真正意义的唯一实体必须从全宇宙的角度来理解,绝对就是摆脱一切自然物的、并与之对立的、对自然进行否定的唯一实体。纯粹的精神实体是抽象的、无形的、与自然界对立的、无限

---

① [德]黑格尔:《美学》第二卷,朱光潜译,商务印书馆 1996 年版,第 79 页。
② [德]黑格尔:《美学》第二卷,朱光潜译,商务印书馆 1996 年版,第 85 页。

的。同时,唯一实体是创造万物的力量,一切被创造之物在神面前都是否定的。整个丰富多彩的自然界无论多么雄伟,"就它对实体的关系来说,毕竟是明确地摆在否定方面的,由神创造,隶属于神和为神服务的"①。所以,神与万物的关系就是造物主与被创造物的关系,绝对与自然的关系也就是神与万物的关系。黑格尔指出,正是这种神与被造物的关系应用在艺术的内容与形式的关系之中,就成了崇高的基础。

在崇高艺术中,内容远远大于形式。实体呈现于外在事物中,外在事物就处于被贬低的和被隶属的地位。在崇高的象征中,感性形象是为了表达绝对的内容而存在的,不过有限的感性形式无法表达无限的绝对内容,这种矛盾性是崇高艺术的特点。崇高艺术主要出现在希伯来宗教和基督教的语言艺术,即诗歌中。

首先,神作为世界主宰和创世主。神作为太一,是抽象的,无法显现于任何感性形象中。崇高要表现的首要内容即神是宇宙的创造者。例如,《圣经》中:"上帝说要有光,于是就有了光。"这就是朗吉努斯和黑格尔都极为推崇的最为崇高的例子。其次,通过现象的有限来显示绝对的无限。作为绝对的无限的神与有限的现象界之间对立,有限的事物只是为了衬托无限性的神的存在。"所以如果要有真正的崇高,就必须把全体被创造的世界看作有限的,受局限的,不是独立自足的,因而只是为显示神的光荣而存在的。"②例如,摩西凭借上帝的力量劈开红海走出埃及,就显示了无限大的神的力量。最后,通过人的无力和渺小来衬托神的伟大崇高。在崇高中,个人是渺小的,要在颂扬神的威力中寻求安慰和满足。"因此,人就觉得在神面前,自己毫无价值。他只有在对神的恐惧以及在神的忿怒之下的颤抖中才得到提高。"③黑格尔认为《旧约》中的《诗篇》是真正的崇高的经典之作。

3. 比喻:自觉的象征方式

早期的不自觉的象征有一个突出特点,就是外在形象的象征意义采取的

---

① [德]黑格尔:《美学》第二卷,朱光潜译,商务印书馆1996年版,第90页。
② [德]黑格尔:《美学》第二卷,朱光潜译,商务印书馆1996年版,第95页。
③ [德]黑格尔:《美学》第二卷,朱光潜译,商务印书馆1996年版,第96页。

是不自觉的,也就是人类无意识的方式表现的。崇高的象征也有个突出特点,就是内容与形式的完全分裂,绝对的意义在外在感性形式中显现是完全由实体所决定的。而比喻的象征方式就综合了二者的特点,即意义与形式的完全分裂和对立,以及二者结合的主观性。也就是说,实体意义与感性形象的结合不是由实体决定的,而是由主体的主观精神所决定的,不是意义隐匿在形象中,而是主体自觉找出了意义与形式之间的类似性质或相似点而加以联系的。所以,作为内容的意义与外显的形式之间有一种自觉所发现的类似点,这就是比喻的象征方式。

但是,比喻不同于崇高,在崇高中绝对是大全,是太一实体。而在比喻中,绝对可以表现于具体的有限的形象之中,也就是说,绝对也变成了有限的意义。诗人们根据内容与形象的类似点而选择恰当的形象。换言之,比喻艺术的特点是:"每一个形象都不能充分地如实地把要旨和意义表现出来,它只是意义的一种图形和比喻。"①所以,黑格尔认为比喻的象征形式低于崇高的形式,构思方式肤浅,内容狭窄,形式上具有散文气息。在比喻的构思方式中,从形象见出意义,还是从意义挑选形象,这构成了比喻的两大类型。

第一,从外在事物出发的比喻,即从自然界或人类行动中的具体现象出发显示一种普遍意义。这种比喻方式主要有寓言故事、影射语、宣教故事、格言和变形记。寓言故事是自然界现象或事件包含了特殊情况,可以去表现人类行为中某一普遍性的意义或伦理。在这里的自然现象就不再是神的意志,而是通过自然事件来启示人类的经验。不过,这种从自然界中演绎出来的普遍经验,有时候也具有任意性。例如《伊索寓言》中橡树与芦苇、狐狸与乌鸦、农夫与蛇等故事。影射语则采用人的行为和事件来加以提炼,暗示更高的意义。例如《圣经》中耶稣关于天国的比喻,关于播种人的比喻等。

第二,从意义发出的比喻,即从人的主观思想情感出发,为抽象意义找一种形象来观照。在意义与形象完全分裂的情况下,把二者结合起来依靠的就是主体的主观性,使得意义通过外在形象而获得生命。这种比喻多数表现为

---

① ［德］黑格尔:《美学》第二卷,朱光潜译,商务印书馆1996年版,第100页。

诗人的语言艺术。在比喻中,普遍意义高于外在形象,普遍意义是目的,外在形象是手段,普遍意义统治形象。这种比喻在体裁上有谜语、寓意,真正的比喻有隐喻、意象比譬和显喻等。

黑格尔认为,象征型艺术是意义内容与感性形式之间还没有完全融合的一种艺术形式。在原始的拜物象征中,内容与形式之间的不适合性还是无意识的、自在的。在崇高的象征艺术中,绝对与形象的分裂是明显的,二者的统一也是不适合的。在比喻的象征艺术中,内容(意义)与形式(形象)的结合也是不合适的,只不过这种结合是主体任意联系的结果,意义以及表达意义的形象之间存在某种类似点。但是随着精神的不断发展和自我否定,内容与形式、意义与形象的关联性就逐步丧失了,这就是象征型艺术的消逝和解体。

在比喻的艺术形式中,意义内容与形象形式的关系已经是局部的、有限的类似关系。到了科教诗与描绘诗的形式,这二者基本上就不再是艺术了,因为科教诗的内容已经完全独立,形象不过是附加品,而描绘诗则没有普遍性内容,只不过是对大自然风光的描绘而已。科教诗类似于中国的《三字经》《千字文》等,抽象的知识和普遍意义是为了教育的目的,韵律、意象、比喻等感性形式不过是外在的艺术装饰。描绘诗本身也没有意义,只是单纯描绘外在事物,例如自然风光、建筑物、季节和时令等外在材料。总之,象征型艺术的解体是由于意义内容与感性形式分裂,相互独立于对方,无法结合一起。

(二)古典型艺术

如果把象征型艺术看作艺术的开始阶段,那么古典型艺术就是艺术发展的结果,或最高阶段。在黑格尔看来,古典型艺术就意味着艺术本身,即艺术完美的理想。古典型美或艺术完美就在于内在的自由的精神个性,与它借以显现的外在感性存在之间的彻底的完全的融合和渗透,即自由的实体的个性精神灌注于有生气的人体。

古典型艺术产生于实体与主体的辩证运动中。作为实体的绝对精神在象征型艺术阶段,它始终是抽象的、不自觉的、未分化的。作为感性形式的形象也是碎片的、自然的、笨拙的和暧昧不明的。实体精神与感性形象之间的结合更是一种拼凑或者拼合,不是内容与形式相互融洽的结合。但是,到了古典型艺术时期,实体精神逐渐自觉,它不再是抽象太一或混沌的神,而是自我分化为具有个性的精神,变得更具体、更个性、更自由了。而感性形象也不是为了表现实体精神而主观干预式地给予精神的外衣,而是个性精神的外在自然形体,即人体。换言之,实体的神性和精神转化为具有个性的人的精神,而想象的外在形象也转化为具体的人的身体,双重转化的结果是实体变成了主体,也就是实体即主体。

在这个背景下,黑格尔认为:"古典型艺术的独立自足性在于精神意义与自然形象互相渗透。"①"这就是符合精神概念的精神与自然的同一,它不只是停留在两对立面的平衡上,而是把精神提升为更高的整体,在它的另一体里仍维持住它自己的独立,把自然的化成理想的,使自己通过自然而且就在自然中表现出来。古典型艺术形式的概念就以这种统一为基础。"②也就是说,精神是独立自足的,精神以精神的形式存在,同时精神与自然密不可分,精神作为自然的主宰并通过自然显现出来。在古典型艺术中,精神已经不再是抽象的、空洞的大全,而是具体的、个性化的普遍性精神实体,比如古希腊俄林波斯神统中的宙斯兄妹及其子女,每个神都是具体化了的普遍精神,或心灵化了的精神实体。但是,这些神所代表的普遍精神却不是抽象的,而是像人类一样极具个性化,同时也是通过人体和人的行为表现出来。于是,神的精神个性的独立性与人的心灵及其肉体的形式完美地融合在一起,就像个性化的心灵与个性化的身体密不可分一样。所以,黑格尔又指出,真正的美和艺术的中心内容就是有关人类和人性的东西,因为希腊的神不是抽象的自然神,而是人神,即神性与人性的结合体。

什么是古典型艺术呢?"在古典型艺术里,内容与形式须是互相适合的,就形象方面说,也要求本身具有整体性和独立自足性。因为整体具有独立自足性,这是古典型艺术的基本定性,这就要求双方的每一方,无论是精神内容方面,还是它的外在显现方面,都须本身是整体,就是这整体形成了作品全体

① [德]黑格尔:《美学》第二卷,朱光潜译,商务印书馆1996年版,第162页。
② [德]黑格尔:《美学》第二卷,朱光潜译,商务印书馆1996年版,第163页。

的概念。"①黑格尔在这里强调了精神内容与外在形象都具有独立自足性,具有整体性。在象征型艺术中,精神内容与外在形象不是必然统一的,也不是融合,所以都不具有整体性。而在古典型艺术中,精神内容就是人的绝对心灵,也就是人的心灵及其精神个性。外在形式就是人的身体及其活动。在人身上,心灵与肉体是自然统一的,没有无心灵的身体,也没有无身体的心灵。形象具有精神意义,这是因为"这种形象在本质上就是人的形象,因为只有人的形象才能以感性方式把精神的东西表现出来"②。换言之,只有人的形象才能表现人的精神。精神是抽象的、心灵的,但是人的身体及其表情却处处体现出精神个性。尽管人在现实中有身体及其行为的各种不完美,甚至丑陋之处,但是在古典型艺术中艺术家清除了形体对心灵的限制,使得外在形象变成美的,在精神上成为活的形象。所以黑格尔说:"古典型艺术形式也不只是一种通过肉体来描绘的肤浅的人格化,因为应形成艺术作品内容的全体精神是从肉体中显出来的,完全和肉体统一起来。"③但是,在古典型艺术中,精神内容与自然肉体还是统一的,精神还没有演变为绝对精神,从而否定自然有限性,这一内容须等到浪漫型艺术时期才能出现。

最典型和理想的古典型艺术是希腊艺术。黑格尔对古希腊艺术推崇备至,认为只有古希腊的艺术才是真正的艺术,才是艺术的理想。他说:"古典美以及它在内容意蕴、材料和形式方面的无限广阔领域是分授给希腊民族的一份礼品。这个民族值得我们尊敬,因为他们创造了一种具有最高度生命力的艺术。"④那么,为什么希腊人创造的艺术可以被誉为最理想的艺术呢?或者说,古希腊的古典型艺术诞生的原因是什么?黑格尔认为,这是因为希腊人生活在自觉的主体自由的个人领域与伦理实体的社会领域之间的中间地带。或者说,希腊人没有分化自己的个人生活与社会生活,反而把政治生活的实体沉浸到个人生活中,个人生活在全体的公民生活中获得自由。希腊人把个人

① [德]黑格尔:《美学》第二卷,朱光潜译,商务印书馆1996年版,第164页。
② [德]黑格尔:《美学》第二卷,朱光潜译,商务印书馆1996年版,第165页。
③ [德]黑格尔:《美学》第二卷,朱光潜译,商务印书馆1996年版,第166页。
④ [德]黑格尔:《美学》第二卷,朱光潜译,商务印书馆1996年版,第169页。

自由与社会伦理完美地统一在一起了。他们个人想做的,就是社会要求他们做的,自由的个性与社会普遍精神融合在具体的主体生活中了。

那么,古典型艺术是如何被希腊人创造出来的呢? 黑格尔指出,古典型艺术是人类心灵创造出来的艺术精品,艺术创作者在创作中起到了主导者的作用。作为内容意蕴和自由形象的完美融合的艺术,必然是自由主体精神的创作结晶。"古典型艺术,由于它的内容和形式都是自由的,只能起于自己认清自己的(自觉的)那种精神自由。"①首先,就内容意蕴而言,对于古希腊艺术家来说是现成的、确定的、具体的,这些内容来自民族信仰、神话传说以及社会伦理。这些内容不用像象征那样用心思去猜测,而是已经完成的、自觉的精神传承品。其次,就艺术形式而言,古希腊艺术家们由于不用操心去寻找绝对的精神内容,因此可以专注于为内容寻找恰当的艺术形式。虽然古典型艺术家是为了意义而塑造形象,但是这个形象也不是抽象的、自然的,而是去掉了生硬和粗糙的缺点之后的改进。

1. 古典型神性的形成历程

实质上,黑格尔所谓古典型艺术的形成过程,指的是古典型艺术的精神内容,即古希腊神的内涵以及精神形成史。精神如何获得独立自足性呢? 黑格尔的回答是扬弃自然。"精神首先要从自然中退回到自己,把自己提升到超越自然而且降伏自然,然后才能在自然(作为一种无抵抗的因素)中无拘无碍地统治着,把自然转化为一种能够表达精神的外在存在。"②具体来说,精神要想以精神的形式存在,就必须对自然进行排斥和否定,这样古典型艺术的对象才是渗透了精神意义的自然,而不是单纯的自然,不是象征型艺术中用直接的自然形体去表达绝对意义。人类精神发展的过程就是神性的普遍性获得独立自足性的过程,或者说是实体性的精神在人这个主体上体现和实现的过程。就古典型艺术而言,黑格尔认为神性是它表现的中心,而这种神性的获得在于对自然的改造。古典型艺术的神性的内容获得独立性在于:一方面在神的内

① ［德］黑格尔:《美学》第二卷,朱光潜译,商务印书馆1996年版,第171页。
② ［德］黑格尔:《美学》第二卷,朱光潜译,商务印书馆1996年版,第177页。

涵和形象上贬低自然力量及其人格化,另一方面在神性中贬低动物性因素及其动物的象征意义,这样神性的精神才成为真正的艺术对象,也成为人的精神所在。

第一,在神的形象中贬低动物性的东西。在象征型艺术中,古代埃及和印度的宗教还把动物直接当作神来崇拜。但在希腊人宗教中,动物已经不再具有高贵的神性了,其作用被贬低了。在希腊神话和史诗中,动物不仅作为牺牲被献祭给神,而且还被视为英雄狩猎的对象。除此之外,神与动物的变形预示着神性被贬斥或惩罚,例如奥维德《变形记》中宙斯变成天鹅等与凡间美女交合,普洛克涅变成燕子,达芙妮变成月桂树等。有些人与兽杂交的怪物虽然在希腊艺术中出现,但都象征着自然原始的暴虐力量和精神堕落。例如,埃及的牡山羊孟德斯象征大自然的生殖力,希腊的森林神潘恩也预示着淫荡和放纵等。总之,在希腊艺术中,动物象征着罪恶、低劣、自然,缺乏精神,因而遭到了神性的贬低。

第二,代表伦理精神的新神战胜代表自然力量的旧神。黑格尔认为,希腊神性获得自为意识的第二阶段在于俄林波斯神统中以宙斯为首的新神战胜了泰坦巨神的旧神。泰坦巨神是一种自然力量的人格化,而宙斯等新神则是自为精神的人化。在黑格尔看来,在本质上,神性也得按照精神与自然的统一来理解。意思是说,神性是一种绝对的精神,但它必须在自然中实现自身,即绝对精神作为创世力量必然主宰和统治自然,并在自然中实现自己。在巫术宗教时代,绝对精神与自然事物是直接结合的,自然力量被人格化为神。在基督教时代,神是万物的造物主和主宰,无限精神统治一切有限事物,神在人心中返回精神本身。而在古希腊宗教时期,神的精神觉醒而自为,以人的心灵和人性的内容反观自身,并在外在形象上体现为人体。从象征型的抽象神和人格化神,走向具有人性的神性,这表现为古希腊巨灵族的失败和以宙斯为首的新神的胜利。

首先,重视神谕的智慧。在希腊神话中,神谕占据着神和人生活的重要地位。神谕表示了希腊人把神看作知识和意志的主体,而不是外在的自然力量。神谕来自阿波罗神,他象征着理性和智慧,通过各种自然形式给人以暗示。希腊的英雄们往往从情欲出发行动,而情欲经常服从于神的情致,情致则来自神谕。但神谕毕竟是象征性的,具有暧昧性。

其次,作为外在的抽象的自然力量的旧神逐步被新神所替代。混沌、地母盖亚、天神乌拉诺斯、泰坦巨神等都象征了大自然的原始力量。这些神是没有精神内涵的、庞大丑陋的、无形式的神。在诸多泰坦巨神中,普罗米修斯是特殊的天神,他虽然属于巨灵族,但把火和技术传授给人类,人类从此有了满足生活需要的能力。但黑格尔认为普罗米修斯依然属于没有精神伦理内涵的神,因为火和技术只是教授人类利用和征服自然的本领,并没有传授给人类伦理、法律和政治等精神实体,因此他还是自然神之一。其他有一些神带有精神内涵的,比如命运女神、复仇女神等,但其内涵并不清晰,容易引起斗争。例如,埃斯库罗斯的《复仇女神》和索福克勒斯的《安提戈涅》等就是这样,自然关系的家庭伦理精神归旧神掌管,而公共法律和政治精神则归新神掌管,这样家庭伦理精神与政治法律精神的矛盾就表现为新神与旧神的冲突了。

最后,新神获得了胜利。在社会历史发展中,精神战胜自然的过程就是从自然人转化为法律、制度、政治等社会人的进程,这一进程在神话中表现为具有精神个性的新神最终战胜自然力量的旧神的过程。在希腊神话中,以宙斯为首的新神战胜了泰坦巨神,巨灵族被镇压和放逐,普罗米修斯被钉在高加索山脉,汤塔路斯在阴间被罚口渴,西西弗斯被罚推巨石上山等,这些惩罚表明了一切自然的力量不能战胜人性的力量。

第三,有些旧神代表的自然也保留在新神体系里。黑格尔指出,尽管新神获得了胜利,但旧神在古典型艺术中依然有其地位。"古典型艺术的神具有精神的和肉体的个性,因而不是太一和唯一的神,而是一种特殊(个别)的神性,这种神性,像一切特殊的东西一样,身旁还围绕着一系列其他特殊的东西……"[1]也就是说,古希腊艺术中依然保留了很多旧神的痕迹。谷神德米特和酒神巴库斯的秘密教仪等古老传统作为神秘宗教仪式在古典型艺术中得以保留。同时,为人类带来福祉的旧神普罗米修斯也在艺术中受到人们的普遍

---

[1]　[德]黑格尔:《美学》第二卷,朱光潜译,商务印书馆 1996 年版,第 209 页。

崇拜。除此之外,体现精神实体的新神也依然有一定的自然基础,带有自然属性。例如,阿波罗是太阳神,象征知识和智慧之光,但同时也是自然之光。月神狄安娜象征大自然的母亲,但她同时也包含自然生殖和营养的意义。爱神阿芙洛狄忒尽管有秀美和爱情之精神个性,但同时也包含了生殖繁衍的自然含义。换句话说,新神们是精神个性与自然属性的融合。黑格尔认为,精神与自然的肯定性融合是古典型艺术理想的基础。

2. 古典型艺术的内容:个性的神

古希腊的神不是实体的太一,不是一神,而是多神,即多种多样的具有个性的神。这里的神是具有人性和神性的"人神",而不是抽象的、普遍的神。所以,黑格尔在论述古希腊的新神(神性)形成之后,就探讨了希腊神性的特征和基本内容。这里的关键点在于普遍性的太一分化为个性的多神,实体转化为主体。新神不是一个体系严密的系统,而是代表各种人类普遍精神的,性格鲜明、个性突出的多样的神的整体。宙斯作为最高的主神,他并没有吞并其他神的权力,他是天空和雷电的代表,更是权力、秩序、信誓的代表。阿波罗是知识、真理和艺术的体现者,代表人类精神和真理的意识。战争的威力是战神阿瑞斯的主要特征,酒神狄奥尼索斯代表了纵欲、游戏和戏剧表演的力量,等等。神形成了某种特殊的性格,而适宜表现神的个性的就是雕塑等造型艺术。

那么,古典型艺术的内容是什么呢? 是神的个性以及围绕神行为的环境等因素。黑格尔指出,诸神的个性不是处于独立的静止状态,而是在运动之中,他必然会与周围事物发生关系,这样才能展示神的特殊性。首先,古典艺术的内容是最早期的自然宗教的遗留传统。象征型宗教内容和故事被希腊宗教所继承,并失去了象征意味,采取人类事件和故事的形式传播下来。例如,古希腊神话中库若诺斯吞掉包括宙斯在内的所有子女的故事,就已经失去象征意义,而以人类故事的形式存在了。其次,古典型艺术还要表现神的起源、宗教仪式、神庙等实证性内容。雕塑在刻画神的形象时,还要把神所在的神庙、地点以及仪式描绘出来。例如,酒神经常会头戴葡萄叶,出现在美丽的郊外畅饮欢聚。再次,古典艺术的内容还表现为与神有关的英雄传说和部落家族故事。希腊的民族传说和民族英雄一般都会追溯到神的谱系上,这表现了希腊人真实的生活和行动。例如,俄狄浦斯家族、赫拉克里斯家族等都是神的后裔。复次,古典艺术还围绕着神来展示一些生活细节。在祭神仪式中的程序、服饰、舞蹈等,都成为造型艺术关注的对象。例如,酒神祭祀时的葡萄颜色、阿波罗神的权杖和鞭等。最后,神与现实世界的自然现象、人类行为的关系。"这个阶段的艺术活动在于把个别的神们和人类的动作很生动地交织在一起,把事件的个别性和神的普遍性联系起来,就像我们通常所说的(意义当然不同):这种或那种命运是由神决定的。"①换言之,使人们把人(英雄)的行为解释为神的指示,神仿佛通过人来实现他们的决定。例如,阿喀琉斯的勇猛不仅是因为他母亲(女海神)把他身体浸沉到阴阳河里让他刀枪不入,更重要的是还要通过英雄自己的英勇行为来展示其个性。在黑格尔看来,荷马描写个别英雄的功勋,但个别英雄是为了实现普遍的理想和实体性的力量。

换言之,希腊的古典型艺术有一个基本观点:神与人的所有外在的特殊行为都必须维护肯定性的伦理基础。"主体的性格和它的力量的实体性内容总是始终处于统一体。……所以人物性格的基础必然永远是有实体性的东西,而主体把自己局限在小我时所具有的那些恶劣的、有罪的和丑陋的东西都是古典型艺术所一律拒绝表现的。"②也就是说,古典型艺术的内容虽然尽量不去表现那些恶劣和丑陋的东西,但是难免出现丑恶的事情和情节。不过英雄所犯下的罪行并不是来自自己内在的自私情欲,而是来自神的旨意或情致。

3. 古典型艺术的理想

古典型理想是人的自觉、自由的艺术创造。也就是说,希腊的神及其艺术是艺术家自由创造的结果,是人心中产生出来的。黑格尔认为,荷马等艺术家根据民族传说,加上自己的想象,创造了希腊诸神。这种创造有三个特点:第一,希腊诸神的内容和个性是从人的精神和生活中提取来的,是人类心中最高贵、最美丽的产品。第二,诗人用人的形象来显示神性。诗人把材料和内容塑造成自由的完满的形象。希腊神既有普遍的精神,又有突出的个性,这就要求

① [德]黑格尔:《美学》第二卷,朱光潜译,商务印书馆1996年版,第244—245页。
② [德]黑格尔:《美学》第二卷,朱光潜译,商务印书馆1996年版,第248—249页。

诗人消除材料中自然的、粗野的、混乱的部分,用人的精神和形体显示神的内容。第三,诗人使神性在人的行为和活动中发挥作用。诗人用神的看法来解释和支配自然,人间英雄行为背后都是伦理性的实体。黑格尔指出,古典型艺术之所以是完美的艺术类型,就在于用最适宜于表现精神的人体来表现神性,有着内容与形式的高度统一。

那么,古典型艺术的理想到底完美在哪里呢?或者说为何古典型艺术是艺术的理想呢?黑格尔认为,"从此我们看到在真正的古典理性里,神们的具体的个性现出精神的这种高贵气象,所以尽管它(个性)完全渗透到肉体的感性形象里,却仍使人感到它完全脱离了有限事物的一切缺陷。……有一种永恒的严肃,一种不可改变的静穆安息在神们的眉宇间,由此洋溢到整个形象。"①在黑格尔对古典型艺术的溢美之词中,可以看到几层含义。

第一,艺术内容是神性的个性,或有性格的神。古希腊的诸神不是抽象概念,也不是太一,而是具有普遍性实体的有个性的神。换句话说,诸神代表了一种普遍性的实体精神,每个神在各自的领域中发挥作用。同时,这种普遍性的伦理实体又不是概念的存在,而是通过神的个性特征显现出来。神是普遍性实体精神与个性特征结合在一起的产物。例如,阿波罗象征知识、智慧和艺术,这是普遍的精神,同时他还是容貌俊朗、身材魁梧、体型匀称、矫健有力的人体,二者结合在一起才显示了阿波罗的男神特性。

第二,神性显现于完美的人体和动作。精神个性不是抽象的象征,而是通过身体及其最适宜的动作展示出来。精神不单是内容,而是渗透在每个身体动作之中。表现精神的身体就不能是偶然的、自然的、丑陋的身体,而是超越有限的完美的身体。艺术家在进行创作的时候,把那些影响表达精神的个别缺陷都消除了,让精神完全渗透到外在形式,让形式变成完美的身体。例如,爱神阿芙洛狄忒的柔媚之美完全通过丰腴而性感的肉体和动作表现出来。

第三,古典艺术(雕塑)还要超越身体,并在身体之上现出精神的自由和高贵。所以,黑格尔指出神性有了普遍性的个性特征之后,并在形象上现出精

① [德]黑格尔:《美学》第二卷,朱光潜译,商务印书馆1996年版,第228页。

神的自我存在。简言之,神性通过人体而显现,但人体没有自然的粗糙的痕迹,其目的还是要完美地表现神性本身。于是,在这种神的形体中依然体会到一种神性的自足、镇定自若和安稳的意味。黑格尔说:"凭他们的这种美,神们仿佛提高到超越了自己的躯体,从此就产生出他们有福泽的崇高气象(就是精神方面的独立自足和镇静自持)与他们的美(这是外在的,肉体方面的)之间的矛盾。精神仿佛完全渗透在它的外在形象里,可是同时又仿佛从外在形象里退出来,凝聚在精神本身上。这就象一个不朽的神变形为可朽的人。"①黑格尔指出,希腊诸神的雕像给他的完美印象就像歌德的雕像给他的一样。德国雕塑家劳哈雕刻的歌德半身像,高额头和鼻子,活跃的眼睛等都显示了友爱的人道精神,额头的筋骨和神情在蓬勃之气中又显示了老年人的平静、肃穆和高昂的气象。所以,就像丹纳在《艺术哲学》中对希腊雕塑的论述一样,希腊诸神的雕塑是精神透过肉体的特征而显现在人的眼前,选取的身体每一部分的特征均体现着精神个性,最后精神个性仿佛超越身体而存在,整个雕塑带有了生气灌注的气象。"他们的高超的自由和精神的宁静把他们提高到超越了自己的躯体,使他们仿佛觉得自己的形状和肢体不管多么完美,毕竟是一种多余的附属品。但是整个形象仍然是气韵生动,和精神生活是处于不可分割的同一体内,……而是双方形成一个完美的整体,流露出精神的镇静自持、雍容肃穆的气象。"②

不过,希腊雕塑的肃穆气象并不是精神与肉体的分裂所造成的一种哀伤,而是表现神性崇高和美的满足感。黑格尔认为,人的满足在于人与环境的协调,或者环境满足了人的欲望,人就会出现欢笑。但是对神来说,神的满足就在于神性在人体中体现,在于神性的自觉,所以神的雕塑是超越有限自然和有限环境的。

4. 古典型艺术的解体

古典型艺术的解体实质上是古希腊民主制度和自然宗教的终结。根据黑

---

① 　[德]黑格尔:《美学》第二卷,朱光潜译,商务印书馆 1996 年版,第 229 页。
② 　[德]黑格尔:《美学》第二卷,朱光潜译,商务印书馆 1996 年版,第 229—230 页。

格尔的观点,从根本上来说,艺术的解体是精神与现实的矛盾所导致的:即一个是神的普遍精神与个性精神的矛盾,另一个是人的独立精神与现实的矛盾。"绝对的必然性既然不属于个别的神们,……所以特殊个别的神们就既获得自由而又逃不脱命运,他们须由于体现为人而涉及外在事物,由于拟人而落到有限事物中,这就违反了神之所以是神与实体之所以是实体的本质。所以艺术中这些优美的神们的衰亡是由于神们本身所造成的必然现象。总之,使神们对于宗教信仰和艺术信仰都终于解体的原因首先是希腊的拟人主义的性质和方式。"①换言之,神性的解体导致了艺术的解体。

第一,神性的解体。首先,诸神的杂多与更高的命运的矛盾。希腊的自然宗教中诸神是具有个性的普遍精神,是多种多样的精神分化体。本来应该是一体的神分化为具有个性的杂多,一与多的矛盾在古希腊后期越来越突出。实体应该是万物归一的神,是绝对的普遍性。然而在希腊自然宗教中,这一绝对普遍性化身为以宙斯为首的诸神、多神体系,每个神都代表一种实体性的精神,于是多种实体性的精神在人的心灵世界和人类的现实世界发生了冲突。古典型艺术形象化地表述了这种杂多个性的神的冲突,这就是特洛伊之战中诸神分别支持希腊联军和特洛伊城邦而展开的战斗,人与人的斗争是神与神的斗争的延续。换言之,神的个性化使得神卷入了人的现实社会的斗争,使得实体的普遍性陷入了人的有限性之中。实体性与个体性、普遍性与偶然性发生了不可调和的矛盾。例如,阿芙洛狄忒为了金苹果而支持帕里斯,随之阿波罗和阿瑞斯也加入力挺特洛伊的阵营。同时,赫拉、雅典娜等神则支持希腊城邦,于是众神各自依据个性和利益而分为两大阵营。这样,神性的普遍性与人的偶然性就发生了冲突,神与人一样具有有限性和偶然性。所以,在希腊宗教中,凌驾于神与人之上的还有一种最高的普遍性,那就是命运。但是,命运既不是抽象的太一,也不是自为的上帝,而不过是抽象的超越神的个性和偶然性的一种必然性。无论神还是人,都因为是特殊个体而分裂、斗争,但都无法摆脱命运的束缚。命运是超然于杂多的神的特殊性之上的唯一的普遍力量。

①　[德]黑格尔:《美学》第二卷,朱光潜译,商务印书馆1996年版,第253页。

其次,诸神由于拟人化而不具有主体性。作为普遍性的神应该自为地在人这个主体上实现自身,这样实体就演变成了主体。但是,诸神的个性精神体现为人类肉体及其形象,此时的艺术理想或雕塑形象还不是自在自为的人,不具有认识自我无限的内在主体性。换言之,此时的神的个性采用了人的身体和个性的表现形式,但人并不是认识到神的绝对性而加以认同和践行的主体。所以,黑格尔认为,尽管雕塑和造型美的形象都是石头和青铜做的,但它们在内容与形式上都还不是体现无限的主体性。黑格尔指出:"古典的神们只有凭想象才获得了他们的存在,而且只是在石头和青铜里或是在观照里存在,而不是有血有肉的或实际存在的神。所以,出自拟人主义的希腊神们并没有实际的人类生活,并非既是肉体的而又是精神的神。"①在黑格尔看来,能够自在自为存在的神就是基督教的上帝,只有基督教才第一次把肉体和精神的客观存在(耶稣基督)表现为神的生平事迹,引入万千人的内心和精神之中。上帝的普遍性在人心之中被体现出来,以精神的形式自为地存在于人的心灵和现实生活中。因此,这种现实性的神的普遍性的实现,与想象性的诸神的个性的普遍性之间的斗争是无法进行的,不同的宗教阶段需要不同的艺术手段,希腊的古典型神的解体就意味着古典型艺术的终结。

第二,主体的解体。神性的普遍性的精神无外乎是人的实体性的伦理精神,这种存在于人心灵中的精神需要在现实中实现,这种实现了的人的精神才被称为主体。也就是说,主体的普遍精神要求与社会观念的现实协调一致,个别人的行为与社会集体的普遍性一致。放在希腊历史中看,这种主体精神与现实社会和谐一致,主要是在希腊民主化时期之前,此时全体国家的社会事务就是个人的私人事务,二者在社会的政治生活中高度统一。但是,从苏格拉底时代开始,个人的自由精神与国家集体的意识就发生了冲突,人们开始关注自我内心和自我利益,国家精神和普遍性的观念开始被放逐出现实的社会生活之外,国家的集体目的与个人的自私目的变得失调。"所以这种转变的实质首先在于独立自在的精神与外在事物之间的分裂。精神既然与现实割裂开来

————————————

① [德]黑格尔:《美学》第二卷,朱光潜译,商务印书馆 1996 年版,第 256 页。

了,在现实中就再找不到精神了,精神就变成了抽象的精神了。"①这种抽象的精神从现实中独立了出来,以主体内心中普遍性的美好东西而存在。这种美好的道德伦理和社会理想并不是从社会现实中总结和提炼出来的,而是来自人作为主体的思想观念。这样主体的美好的普遍性精神转化为主体个人的思想情感,与社会现实的堕落和枯燥形成严重的矛盾冲突。此时主体分裂了:一方面要通过自己的道德情操和服从古代的伦理法律规则实现美好的普遍性;另一方面对社会现实和实际政治不满意,主体的内心生活与外在社会现实之间的矛盾对立起来。于是,主体就会挟道德和伦理的至高精神而激烈批判现实,并企图改造现实。这样主体的意图产生了新的艺术形式。

第三,艺术的解体。神性和人性解体之后,主体与现实的矛盾凸显出来。主体以普遍性的理想和信念改造和批判社会现实,但方法却是直接展示现实的矛盾和腐败,而不是调和二者的矛盾。主体的精神与现实世界独立起来,内容与形式对立起来,双方的关系不再是古典型艺术时期的和谐统一,而是完全对立的关系。"一种高尚的精神和道德的情操无法在一个罪恶和愚蠢的世界里实现它的自觉的理想,于是带着一腔火热的愤怒或是微妙的巧智和冷酷辛辣的语调去反对当前的事物,对和他的关于道德与真理的抽象概念起直接冲突的那个世界不是痛恨,就是鄙视。以描绘这种有限的主体与腐化堕落的外在世界之间矛盾为任务的一种形式就是讽刺。"②这种表现现实、直击矛盾的艺术方式就是古希腊后期和罗马时期的喜剧和讽刺艺术。形象与意义的分裂不仅是象征型艺术解体的根源,而且也是古典型艺术解体的根源。

黑格尔认为,古典型艺术的终结不是在古希腊,而是在古罗马时期,因为罗马世界的精神特点是抽象概念、国家民族的抽象精神、道德和秩序完全压倒了个性精神和自由主体。古希腊的古典型艺术样式比如雕刻、绘画、诗歌、戏剧等都被罗马所继承,但是发生了变异。而真正的罗马艺术就是喜剧和讽刺。讽刺不过是罗马这个散文时代里对腐朽世界的一种语言的空洞发泄,使得腐

① [德]黑格尔:《美学》第二卷,朱光潜译,商务印书馆 1996 年版,第 262—263 页。
② [德]黑格尔:《美学》第二卷,朱光潜译,商务印书馆 1996 年版,第 266—267 页。

朽的现象摆在人们面前,看到它自身的灭亡。例如,贺拉斯的书信体诗和讽刺诗,描绘了罗马腐朽的习俗和荒唐可笑的人物,以及他们的毁灭。他的文笔嬉笑怒骂,然而却满足于使坏人坏事变成笑柄。类似的不满情绪和愤怒的嘲讽,也出现在古罗马的历史著作中,例如沙路斯特攻击道德的败坏,李维描写过去时代寻求安慰,塔西佗以忧愤心情揭露恶习,波修斯的辛辣和尖刻,等等。讽刺诗的艺术形式就是内在思想与客观世界的分裂和对立,思想以信条的形式直接嘲讽时事,从而破坏了外在感性形象的美感。内容与形式的分裂打破了艺术的原则,导致了古典型艺术的解体。

(三)浪漫型艺术

黑格尔认为,浪漫型艺术是作为真理的绝对内容所决定的一种新世界观和新艺术表现形式。该艺术阶段是实体与主体辩证运动的最高阶段,不过与古典型艺术比较而言,它并不是最美的,但却是黑格尔心目中最理想的艺术类型。浪漫型艺术主要指的是基督教艺术,宣扬上帝之爱的宗教艺术,其表现形式主要是音乐、戏剧,也有绘画和雕塑等。

1. 浪漫型艺术的基本原则、内容与特点

按照黑格尔美学的逻辑,浪漫型艺术是实体与主体辩证运动的最高阶段、最后结果。在艺术的起始阶段,绝对精神还不自知,艺术为抽象的精神寻找了自然的形式来表现,这就是象征型艺术。在第二阶段,精神有了自我意识,通过身体来表现自身,有血有肉的感性自然形象成了精神个性的外在表现形式,精神完全渗透在外在身体中,显露出具有个性的整体生气,这就是古典型艺术的完美顶峰,也是古典型艺术的理想。但在古典型艺术中,精神只是通过自然身体来表现自身,精神虽然自觉,但是还没有通过精神而认识精神,精神还没有返回自身,也就是说,作为实体的精神还没有完全主体化,也没有直接显现为精神本身。不过,在艺术发展的第三阶段,也就是浪漫型艺术中,精神脱离了肉体这个自然皮囊的限制,返回精神自身,使得个体的精神和内心世界被实体化,个体的精神变成了实体性的精神,个体的心灵变成了绝对心灵,这样精神才找到了自己的家园,个体成为绝对主体或内在主体。

浪漫型艺术的核心原则就是内在主体性或绝对主体性。艺术的三个阶

段,实质上是绝对精神经过自然现象、感性身体、个性心灵而到达客观精神（绝对心灵）并返回自身的过程。换言之,精神不再从外在感性事物中寻找自身了,而是普遍性的实体的绝对精神以个体的精神世界（另一体）为对象,并要求绝对精神自身与个体的精神的统一,这样个体的有限心灵和精神就转化成了绝对心灵和绝对精神,实现了实体即主体的精神是以纯粹精神的形式（爱、情感、精神）而存在的,所以外在感性躯体也已经不能再完美地体现精神了。黑格尔指出:"精神要达到无限,它就要把自己由纯然形式的有限的人格提升到绝对的人格;这就是说,精神必须是由完全实体性的东西渗透的,而且本着这种实体性的东西把自己作为知识和意志的主体表现出来。从另一方面看,实体性的真实的东西不应理解为人类的一种单纯的'彼岸',应该抛弃希腊意义的拟人主义,应该把人性的东西看作实体的主体性,把这种主体性定为原则……"①这段话有如下几层意思。

第一,绝对精神作为实体内容是以个体的人的心灵为对象的,即人的精神才是绝对实体的工作对象,这就是精神返回自身。第二,个体内心世界完全认同、践行、信仰实体的精神,此时个体才变成了主体。实体性内容完全渗透到主体的内心,完全贯彻到主体的行动中,此时实体已经主体化了,实体充溢了主体。也就像圣保罗所说的那样,信了神的道,"神就在我里面"。绝对精神不是外在于人的,而是内在于人的心灵,充盈于整个精神世界。例如,用马克思主义武装头脑,也就是马克思主义的绝对精神占有了整个个体,那么这个个体就变成了马克思主义的革命主体了。第三,实体性的精神还要通过主体的主动选择和主动行为表现出来。实体内容充盈了个体的精神世界,那么有限个体就转化成了无限的自由的主体了。既然是主体,那么他就有自由的、自主的选择和行动来实现实体精神。这一过程就是绝对的普遍性变成了具体的普遍性。例如,圣保罗一旦信仰了上帝,信奉了基督耶稣,那么他作为主体就开始自觉地传播福音,成为上帝的使徒。第四,要把实体内容或绝对精神看作人性的内容,主体之所以被实体化,是因为实体是普遍的人性内容。所以实体主

① ［德］黑格尔:《美学》第二卷,朱光潜译,商务印书馆1996年版,第275页。

体化实际上是主体否定了自我的自然人性而弘扬普遍人性。当实体主体化了,或主体完全实体化了,绝对精神就以另一个人的精神世界为家园,以全世界所有人的心灵为对象、为家园,回归了精神本身,在绝对精神与其实现了的主体精神的统一中重新认识了精神,这种精神返回自身的情况,就是内在主体性或绝对主体性,是浪漫型艺术的基本原则。

浪漫型艺术的内容与形式都发生了变化。"现在的美却要变成精神的美,即自在自为的内心世界作为本身无限的精神的主体性的美。"①"浪漫型艺术的真正内容是绝对的内心生活,相应的形式是精神的主体性,亦即主体对自己的独立自由的认识。"②浪漫型艺术是精神获得自我满足,它的实体内容已经大于外在感性形式,或者说外在感性形式也不能很好地表现内容了,内容与形式已经失去平衡,所以浪漫型艺术并不是最美的艺术理想。艺术的新任务不再是表现那些体现精神的身体,而是直接表现普遍精神本身,即唯一的神及其与自身、与人类的和解。浪漫型艺术中的神不再是想象中的神,而是精神的与客观存的神,即基督耶稣。神在一切有限存在中依然知道自己是神性的主体,通过否定现实的偶然的自然有限性,神的无限成为自觉,实体的主体就是神的显现。艺术的任务就是用人的形象和状况表现神,不过主要表现主体中神性的自觉。

黑格尔认为,具体来说,绝对主体性的内涵就是神,就是基督耶稣。他指出,绝对精神本身不是具体的个人,而是每个人心中的神性,不是人的有限性,而是唯一的神,即绝对应显现为唯一的、普遍的、认识自己的神本身,也就是基督耶稣这个神的生活遭遇,生死和复活。基督耶稣是神的儿子,是神之普遍性和绝对精神的肉身化,是耶稣这个活生生的人,所以基督是神与人的统一,是普遍性与有限性的统一。神在耶稣身上实现了他(精神)与其自身(肉身)的实际统一,从而成为自觉的主体性,即绝对的主体性。同时,绝对主体性不仅在基督耶稣身上实现,同时还在基督教内的信徒中实现。神及神性在一切人

① [德]黑格尔:《美学》第二卷,朱光潜译,商务印书馆1996年版,第275页。
② [德]黑格尔:《美学》第二卷,朱光潜译,商务印书馆1996年版,第276页。

类心中实现自身。所以,黑格尔认为,"浪漫型艺术把这种内容表现在基督、圣母、信徒们以及凡是受到圣灵鼓舞而具有完整神性的人们的生命史里。"①因为神不仅显现于作为具体普遍性的神本身,以及基督这个神的肉身存在,而且还有具有神性的全部人类。

神性要完全在人心中实现,就必须否定人的有限性和自然性。绝对精神要获得自由,在人这个现实存在中实现自身,就必须与客观现实对立起来,进而否定人作为七情六欲的存在的自然性。换言之,精神的发展是个否定自然的过程,精神只有脱离和否定了人的有限性,克服丑陋和罪孽的一面,才能转入真实和安乐的领域。黑格尔所说的精神和解是一个挣扎、斗争、否定、灾难、死亡和痛苦的过程。神扬弃了人的有限性,人的神性才会完全显现出来。希腊人把死亡看作痛苦的,古典型艺术尽可能不表现丑恶、罪孽、死亡和痛苦。但是,对于基督教来说,死亡是一种重生的历程,意味着否定之否定,意味着精神超脱肉体的痛苦而获得新生,精神从自然的有限性中解放出来的复活。因此,浪漫型艺术并不在意身体的痛苦和丑陋,因为身体不过是精神自由的附庸。

最后,绝对精神在基督教后期也表现为人的主体的独立性。黑格尔大概说的是文艺复兴时期的人,不是神性,也不是神性克服人性的过程,而是有限的作为情欲和苦乐而存在的自然的人,这种人具有个性和主体性,但是与现实相互对立,表现为单纯的主体性。

因为浪漫型艺术的内容不同了,所以其艺术形式也有独特之处。就艺术美来看,古典型艺术与浪漫型艺术所形成的美大不相同。最完善的古典型艺术类型是古希腊雕塑。在希腊雕塑中虽然精神以心灵的形式融合于优美的人体之中,精神个性与感性肉身完美融合,但是希腊造型艺术中神的雕塑表现不出精神的运动和活动,也就是雕塑虽然会呼吸,但是没有精神世界和灵魂。"在外表方面这个缺陷表现于在雕像上没有单纯灵魂的表现,即没有眼睛放出的光。美的雕刻中头等作品都是没有视觉的,人物的内心生活不能凭眼睛

---

① ［德］黑格尔:《美学》第二卷,朱光潜译,商务印书馆 1996 年版,第 279 页。

所表现的那种精神凝聚而流露出来,并且表现出它是自觉的内心生活。"①所以观众无法用眼睛看到眼睛,用心灵观照心灵。而浪漫型艺术的神则是通过眼睛表现丰富的活动的内心世界,把自己的内心世界和生活展示给观众。黑格尔把主体性称为精神的光,不仅照耀自己,也照亮别人。

　　浪漫型艺术在表现形式上有三个特点:第一,神性内容的削减。在象征型与古典型艺术中,大自然、山川河流等自然物以及宇宙的起源等都被赋予了神性,甚至英雄等也具有神性。但在浪漫型艺术中,自然现象等都不具有神性了,只有基督耶稣及其赎罪史是唯一的绝对的神性。不过神性的内容扩大到了人的内心冲突及其与神的和解上,人性以及人性的全部发展史成为浪漫型艺术用之不竭的材料。第二,宗教内容先于艺术。古典型艺术是人类心灵创造的结果,而浪漫型艺术不是人们创造了内容,而是创造了一定的艺术形式。基督耶稣的死亡与复活等神性内容是先于艺术而产生的,是浪漫型艺术的先决条件。第三,身体从属于心灵,有缺陷和偶然性,不再追求极致的优美。在古典型艺术中,神性处处体现在人性及其身体中,外在感性形式要进行裁剪和加工,使身体变得十全十美,剔除了一切身体的自然性和偶然性的东西。然而在浪漫型艺术中,身体等外在感性形象不再是体现心灵的载体,而是要用表情、眼睛、声音等直接表现精神存在,人的内心生活变成了绝对的艺术中心,身体及其自然属性成为心灵表现的附庸。所以,在浪漫型艺术中,内心因素与外在因素交织在一起,不怕让自然的因素干扰内心,也不怕艺术显得不美。心灵作为主要内容,而身体等外在因素是无足轻重的,只有心灵渗透进并表现心灵深刻之处的外在感性形式才有价值。

　　所以,黑格尔总结了浪漫型艺术的内容与形式的特点:"因为浪漫型艺术的原则在于不断扩大的普遍性和经常活动在心灵深处的东西,它的基调是音乐的,而结合到一定的观念内容时,则是抒情的。"②同时,抒情这种浪漫型艺术的基本特征也影响到了史诗、戏剧、雕塑和绘画等艺术样式。

①　[德]黑格尔:《美学》第二卷,朱光潜译,商务印书馆1996年版,第278页。
②　[德]黑格尔:《美学》第二卷,朱光潜译,商务印书馆1996年版,第287页。

浪漫型艺术的发展有三个阶段:第一,基督教艺术,基督耶稣的生活、死亡和复活,是绝对精神否定有限性,在基督耶稣身上显示精神自为存在的过程。这是精神(上帝)否定自己(耶稣的肉身化)而返回精神自身(基督复活)肯定自身的辩证过程,这是有限的人上升为神。第二,基督精神扩展到尘世人心之中,神性精神下降为凡人。基督耶稣的大爱扩展到每个凡人身上,让个人有了一种普遍性的精神,也成为肯定的主体性。这个阶段主要是中世纪骑士风尚所体现的荣誉、爱情、忠诚、勇敢、职责等实体旨趣。第三,文艺复兴时期,基督教受到人性的反驳和嘲弄,个人的主体性与有限的人性结合起来,抛弃了神性的一面,造成了人与神的重新对立。个体的独立性与环境的独立性,就形成了任意的偶然的奇遇,于是浪漫型艺术也就走向了终结。

2. 浪漫型艺术的宗教阶段

基督教范围内的浪漫型艺术,也可以理解为浪漫型的基督教艺术,主要指公元2—4世纪耶稣诞生到基督教确立这段历史时期。在这里,黑格尔指出了浪漫型艺术有着与古典型艺术截然不同的理想形态,这个形态不再是内容与形式统一的完美,而是灌注了宗教爱的精神之美。"现在就可以把爱称为宗教领域中的浪漫型艺术的理想。爱就是单纯的精神的美。"[1]同时,黑格尔认为:"我们可以把爱看作宗教范围里的浪漫型艺术的一般内容。"[2]也就是说,在黑格尔看来,爱不仅是浪漫型基督教艺术的主要内容,也是浪漫型艺术的理想。

黑格尔认为,浪漫型艺术具有独特之美,其理想具有不同的形态。古典型艺术的理想是基于三点:神性纳入人性之中,神的精神完全通过人的肉体表现出来,并且神性内容与人性形式和谐统一。古典型理想中没有否定性或消极因素的地位,比如身体的痛苦、牺牲和忍受、精神的痛苦等都必须给优美让路。或者说,古典型艺术是以优美或优雅为标准的,不能容忍躯体的痛苦扭曲和精神矛盾的显现,例如希腊雕塑《拉奥孔》,拉奥孔在被毒蛇撕咬的身体痛苦和

---

[1]　[德]黑格尔:《美学》第二卷,朱光潜译,商务印书馆1996年版,第302页。
[2]　[德]黑格尔:《美学》第二卷,朱光潜译,商务印书馆1996年版,第293页。

心痛幼子的精神痛苦之中，雕刻出来的身体依然是优雅的曲线的人体，面部表情不是哀号，而是一声叹息。古典型艺术的优雅美不容身体的丑来破坏，所以它既回避身体的痛苦，也逃避灵魂与心灵的矛盾。

浪漫型艺术的目的是展示实体的普遍性（神性）与个人人格（人性）之间的矛盾及其和解过程。这里包括两个方面的矛盾运动：一方面，神性与人性的矛盾。其中神的实体性扬弃了人性的有限性，人心被神性所充盈，主体才有了实体性，主体成为认识自己和意志的绝对主体。另一方面，人与有限世界之间的矛盾。人不仅要用神性克服自己身上的有限性，而且还要与现实世界中其他人的有限性斗争。当神性通过人消除了有限世界的有限性，那神性才是真正与人性和解了。

浪漫型艺术的重心在精神之美，同时表现现实身体，不避缺陷。古典型艺术的美是优美的心灵与优美的身体的融合和统一，有一种生气灌注的美。但是，浪漫型艺术则不然，灵魂可以显现在躯体上，但同时又要超越肉体的限制，返回到精神世界。浪漫型艺术的美在于精神自觉和自由，而不在于身体的优雅。用黑格尔的话来说，浪漫型艺术的旨趣"就是用一种新的美的气息灌注到精神本身的内在形象里，所以艺术从此就不大关心外在的东西，它只把当前现成的外在的东西信手拈来，让它爱去什么样的形状就去什么样的形状"①。古典型艺术为了表现精神与身体的和谐统一，可以改变身体的缺陷，塑造美的躯体。但浪漫型艺术的主旨在于精神之美，至于身体则按现实来表现，身体的有限性、偶然性以及缺陷等无须清除掉，这样平凡的形象反而能够引起人们的喜欢和信任。

浪漫型艺术的实现形式是通过否定外在形式，达到和揭示心灵之美。"浪漫型艺术之所以牺牲（忽视）外在方面的表现，是因为要借此揭示心灵美即内心的崇高和心情的神圣。"②浪漫型艺术的主体不是静止的自足的精神，而是精神在另一主体中的实现和统一。换言之，精神在另一主体中与精神自

① ［德］黑格尔：《美学》第二卷，朱光潜译，商务印书馆 1996 年版，第 290—291 页。
② ［德］黑格尔：《美学》第二卷，朱光潜译，商务印书馆 1996 年版，第 292 页。

身的统一就是浪漫型艺术特有的美的形象,这种美以爱的内心生活为对象。精神及其与另一主体精神的和解是肯定的爱,不过这一和解需要经过否定人的现实生活,否定人自身的有限性和有限世界,这样神为世人的过程就是耶稣基督的出生、受难、死亡和复活的过程,以及人重复神的精神历程。所以,人与神、人与人的爱才是浪漫型艺术最美的题材。

浪漫型艺术的具体内容包括三个方面:第一是基督的赎罪史,这是作为绝对精神的神下降为人,而人上升为神的辩证过程,在个别人中实现了神。第二是爱,爱是人与神和解的情感,表现为神圣家族、圣母的爱、基督的爱、门徒的爱等。第三是宗教团体,神的精神在人类身上的表现,通过忏悔人上升为神的过程。

第一,基督的赎罪史。黑格尔把人与神的精神和解看作基督教精神的实质和内容,那么这种和解从本质上说就是神化为人与人升为神的过程。"这种和解的单纯内容就是绝对真理与个别的人的主体性结合为一体的过程:一个个别的人是神而神也是一个个别的人。"①实际上,这就是黑格尔的实体主体化、主体实体化的辩证过程的最后实现。神要变成人,肉身化,变成个别主体,在这个主体上人与神在客观存在中和解。这个个别的人要变成神,他要消灭身体和精神的一切有限性,通过苦难与死亡,在死亡中复活,成为光荣化的神,即实体的精神。这个个别的人就是人与神统一的耶稣基督。耶稣基督的历史和精神作为浪漫型艺术的首选内容,展现的并不是古典型的美,而是耶稣基督如何克服人的有限性而成为神。由于耶稣与上帝的和解并不是一开始就和谐如初,而是耶稣基督经过无限痛苦、抛舍、牺牲和消除有限的、特殊的、偶然的身体和精神因素才产生了和谐。所以,身心的矛盾、殉道和酷刑等丑陋的、不协调的东西恰好是耶稣精神升华所必须克服的障碍。也就是说,耶稣基督生活的转折点就在于他作为个人的受难、痛苦和死亡。作为形式的身体被否定,才能通达精神天国,牺牲和折磨成为浪漫型艺术的主要内容。"基督受嗤笑,戴荆棘冠,背十字架到刑场,忍受殉道者的苦刑和拖得很久的死,这一切

① [德]黑格尔:《美学》第二卷,朱光潜译,商务印书馆1996年版,第294页。

都不能用希腊美的形式去表现。在这种情境里伟大崇高的是神性本身,是深刻的内心生活,是精神中永恒因素的无限的苦痛,是坚忍和神的宁静。"①

　　换句话说,耶稣基督被犹大出卖,被鞭打和侮辱,被钉在十字架上受苦,他作为人是哀痛的,是痛苦的,每一道带血的鞭痕都是肉体切实的呻吟,但他作为神性的存在,没有用神的威力来逃走,也没有仇恨和报复,更没有怯懦地放弃,而是按照神的要求扛着十字架走向自己生命的死亡。作为人的耶稣基督,他的心灵也是痛苦的,祈祷时内心痛苦、汗如滴血,临死之际也说:"上帝,难道您要舍弃我吗?"但是他终归是神之子,是普遍精神的化身,耶稣基督还是按照神的旨意上了十字架,把自己的灵魂最后交给上帝。耶稣基督对门徒说,我是道路,我是光。这就启发了使徒们的精神之路。耶稣基督被钉死而复活,他牺牲自我而用爱拯救众人,这爱不是仇恨,不是痛苦,不是放弃,不是报复,而是宽容,是给予,是希望,是解脱,是快乐,是幸福,所以这种大爱的普遍性精神使得十二使徒都以爱心行道,以身殉教而无悔无怨。通过耶稣基督以及使徒、圣徒传播基督教的精神,广大的信徒也分享了爱的真谛。所以,浪漫型艺术中的耶稣及圣徒的形象不是理想的美,不一定是静穆和尊耀,而是身体可以扭曲痛苦,但精神是温柔的宽恕的爱。

　　第二,宗教的爱。精神不能成为艺术的直接对象,但是处于精神状态中的情感和心情却可以成为艺术表现的对象。在基督教中,这种情感就是爱,包括作为普遍性实体的耶稣基督的爱,圣母的爱以及门徒们的爱。关于爱的真谛,黑格尔说:"爱的真正本质在于意识抛舍掉它自己,在它的另一体里忘掉了它自己,而且只有通过这种抛舍和遗忘,才能享有自己,保持自己。"②在古典型艺术中,精神的对象和形式是精神所渗透的身体。在浪漫型艺术中,精神的对象或另一体却是另一个精神或心灵,精神要由精神来实现,心灵通过心灵来自由,爱通过爱来换取,这种理想的精神之美就是爱这种亲切的情感(心心相印)。所以,黑格尔认为"现在就可以把爱称为总价领域中的浪漫型艺术的理

---

① ［德］黑格尔:《美学》第二卷,朱光潜译,商务印书馆 1996 年版,第 299 页。
② ［德］黑格尔:《美学》第二卷,朱光潜译,商务印书馆 1996 年版,第 300 页。

想。爱就是单纯的精神的美"①。

黑格尔把爱分成了三种：神的普遍之爱、圣母玛利亚的爱和基督信徒的爱。按黑格尔的理解：神本身就是爱，耶稣基督体现了神的爱。耶稣基督的爱不仅表现为爱神，而且还体现为一种普遍性的爱的理念，即以情感形式体现的绝对普遍性。作为普遍性的爱的门向一切人开放，无论权力与地位、贫富与丑恶、有罪与有功等，取消一切差异，在普遍性的爱面前一律平等，只要心灵和行为都践行爱，耶稣都来者不拒。

黑格尔认为，圣母之爱是最适宜于艺术表现的题材，也是基督教艺术运用最成功的题材。圣母玛利亚的母爱是沐神福的唯一的母爱。这是因为在圣母之爱中，一方面是作为耶稣母亲的人性之爱，这种母爱是唯一毫无私利、毫无目的的无私的爱。母亲把自己的爱抚和奉献全部给予了孩子而不求回报，无论这个孩子是神也好，是罪犯也好，被人尊崇也好，被人遗弃也好，在母亲眼中，孩子就是自己的血肉之子。另一方面是作为神子的神圣之爱，圣母玛利亚孕育了圣子，分享了神的荣耀，带有一种神圣性。当耶稣基督钉死在十字架上，圣母作为普通母亲是深度哀痛的，但作为神之母，她知晓耶稣舍生取义的意义，所以也没有仇恨，而是忍受和宽恕。所以，唯有圣母之爱才是人性与神性和谐融合的爱，人与神统一的爱在圣母身上得到完美的体现。

最后是基督的门徒之间也有爱。虽然门徒们没有体会基督生死的痛苦，但他们接受基督的教诲，用一种兄弟之爱维系团体的和谐。

第三，宗教团体的精神。耶稣舍弃了作为人有限性的一切才超凡入圣，众人也必须遵循耶稣基督的道路，否定人性中的有限性，才能达到与神的和解。人不讲求个人私利，专门为他人幸福而奋斗，这才能产生宗教团体的普遍性精神。"个别主体就只有通过否定自然的有限的人格，才可以把自己提升到自由和安居在神里面的和平。"②换言之，只有消除和否定人的有限性、自然性和偶然性的东西，才能超凡入圣，得到神性的眷顾。在宗教团体中，人对有限性

---

① ［德］黑格尔：《美学》第二卷，朱光潜译，商务印书馆1996年版，第302页。
② ［德］黑格尔：《美学》第二卷，朱光潜译，商务印书馆1996年版，第306页。

的否定或消除有三种方式：信徒复演基督受难史的殉道、心灵内部转化的忏悔和否定运动与事件自然形态的奇迹。

首先，受难：否定身体和现实生活。殉道者忍受肉体的痛苦、苦刑和苦难，他们把忍受痛苦看作接近神的途径。从艺术角度来看，身体的摧残和各种酷刑并不适合美的艺术表现，也不应作为艺术的题材。但艺术可以展示经历苦刑和痛苦之后灵魂与上帝的和解之精神状态。"特别是绘画往往采用这种虔诚状态为题材。绘画在这里的主要任务在于用摧残肉体的形状把殉道者的沐神福的气象衬托出来，在面容和眼神的特点上描绘出抛舍，对苦痛的克服，以及自觉神的精神就体现在自己身上的喜悦。"①简单说，殉道者的身体可以骨瘦如柴、遍体伤痕，但目光温和如春，透出神之光。同时，殉道者还要抛弃作为社会有限性的世俗生活。他不仅舍弃肉体和欲望，还要舍弃世俗的亲情等关系。心灵越是接受考验，就越接近天国，不过这种专注于自我灵魂获救的自私方式，黑格尔认为是不妥当的。

其次，忏悔：否定人性中的罪恶。黑格尔认为，罪恶、消除和厌弃罪恶、肯定神，这一心路历程就是宗教爱的无限威力，也是绝对精神在主体身上的现实存在。悔罪和忏悔虽然是内心活动，但它可以通过外在方面来显现心灵变化，这是造型艺术特别是绘画的权利。此类绘画不是集中于罪恶，而是集中于悔过的细节，例如抹大拉的玛利亚就是宗教范围内最美的题材。例如提香的《忏悔的抹大拉的玛利亚》，玛利亚丰满而美丽，她仰望上天，眼睛饱含热泪，深深忏悔自己的罪过，在这个完美的形象上人们看到的是内心转化产生外形的巨大变化。正如黑格尔所说："她所流的泪表现出她心灵的敏感和优美，……她在她的爱里是高尚的，显出深刻心灵的。"②

最后，奇迹：否定直接的自然存在。黑格尔把奇迹称为宗教中"直接自然存在的转变史"。对于宗教信仰而言，现实中自然事物及其现象背后必有一种神的威力存在，表现出来就是奇迹和传说。这并不是艺术产生的，而是艺术

---

① ［德］黑格尔：《美学》第二卷，朱光潜译，商务印书馆1996年版，第308页。
② ［德］黑格尔：《美学》第二卷，朱光潜译，商务印书馆1996年版，第312页。

从宗教中借来的题材。

3. 浪漫型艺术的骑士阶段

黑格尔所谓的浪漫型艺术的骑士风,是指中世纪(5—15 世纪)的骑士精神渗透的艺术,其中包括8—12 世纪的英雄史诗与12—13 世纪的骑士文学。如果说宗教范围内无限主体性主要集中于"神圣家族"以及信徒们的绝对心灵生活,那么骑士风就是把宗教精神和心灵生活的原则扩展到了世俗的生活领域中。随着社会历史的发展,中世纪的社会生活不仅受到基督教的控制,而且在心灵领域也成为基督教精神的延伸。或者说,在基督教初期主体心中充满了神,那么在中世纪人的心中除了神,还有世俗的精神与生活。这种生活并不完全是脱离宗教的,它不是非宗教的,而是宗教化的世俗生活。

黑格尔说:"说得更确切一点,使主体达到这种无限性的主要有三种情感:那就是主体的荣誉、爱情和忠贞。"①但是,这三种精神或心灵内容与真正的伦理道德实体有本质的不同,不过是浪漫型内心生活的外在形式而已。具体来说,荣誉不是作为社会实体的公正诚实等,而是骑士为了承认其地位和身份的奋斗。爱情也不是现代心心相印的亲热情感,而是中世纪骑士与贵妇人之间的"典雅爱情",即想象中夸张的个人情欲,不是家庭伦理关系中的爱情。忠贞也不是作为社会公共伦理的忠诚,而是封建领主与骑士之间的契约关系和利益关系。所以,黑格尔说:"这三个因素放在一起而且彼此互相影响,就形成了骑士风的主要内容(此外宗教关系也可以起一些作用),标志出由宗教的内心活动的原则进入活跃的世俗性精神生活的必然转变。"②在艺术门类中,最适宜表现这种浪漫型内心生活的就是诗歌,主要指的是骑士叙事诗、浪漫传奇与骑士抒情诗。

浪漫型诗歌与古典型诗歌的艺术旨趣或特点是不同的。古典型史诗是以实体性的伦理情致内容为中心,实现客观真实的人道理想,每个英雄人物都代表或维护一种伦理情致。浪漫型诗歌则从宗教的虔诚出发,否定世俗欲望和

---

① [德]黑格尔:《美学》第二卷,朱光潜译,商务印书馆 1996 年版,第 316 页。
② [德]黑格尔:《美学》第二卷,朱光潜译,商务印书馆 1996 年版,第 316—317 页。

人性内容,即以谦卑、舍弃等宗教情感为中心。古典型诗歌以早已存在的民族神话和传说作为内容,诗人的创造是赋予实体内容以完美故事和人物形象。然而,浪漫型诗歌则没有现成的题材,荣誉、爱情等内容取决于心灵的卑劣或高尚的个人英雄主义,而这些精神旨趣的实现则依靠诗人的幻想。黑格尔指出,骑士风一方面受制于主观任意性的冒险,另一方面受制于客观的偶然的环境的冒险。

首先,在骑士风时代,荣誉不是任何现实的东西,而是人格以及他人对我的评价。荣誉具有多样的内容,包括我所代表的性格及我做的事情,例如对国家、君主和职业的忠贞,以及在家庭、商业等各领域中的职责。

其次,爱情主要指中世纪骑士的非婚姻的典雅精神之爱。黑格尔指出,在古典型诗歌中爱情不是独立的主题,只有在浪漫型艺术中爱情才成为独立的对象和重要内容。黑格尔认为,既然荣誉在于主体被他人所承认,那么爱情则是主体完全生活在另一个主体的全部精神和心灵之中。"在这种情况下,对方就只在我身上生活着,我也就只在对方身上生活着;双方在这个充实的统一体里才实现各自的自为存在,双方都把各自的整个灵魂和世界纳入到这种同一里。正是主体的这种内在的无限性使爱情在浪漫型艺术里站着重要地位……"①换言之,爱情就是在对方的意识和内心里发现自己的意识和内心,并与对方的精神共同成长,同时也享受这种无限的自由的快乐感受。爱情就是在对方的灵魂中认识自己,同时在为对方操心中享受,黑格尔称之为爱情的忘我无私的精神。正是由于爱情的这种忘我和快乐所导致的排他性,使得爱情与外界的冲突不断产生。主要有爱情与荣誉的冲突,例如法国高乃依的《熙德》就展示了罗狄克与施曼娜的爱情与荣誉的激烈冲突。爱情与政治(国家、民族)等实体力量的冲突,例如中国戏曲《百花公主》中百花公主与海生的爱情就与国家民族利益尖锐冲突。爱情与情欲等自私的障碍之间冲突,例如席勒的悲剧《阴谋与爱情》等。虽然黑格尔高度推崇爱情的无限性、无私和自由,但这种心灵的亲热感情毕竟只发生在两性之间,这种私人化的情感排斥了

---

① [德]黑格尔:《美学》第二卷,朱光潜译,商务印书馆1996年版,第326页。

其他感情,也不包含更高的伦理实体内容,因此,黑格尔认为爱情具有偶然性和有限性。

最后,忠贞是指封建主与骑士之间的臣属关系的情感。在爱情中人是平等的,而在封建领主与骑士的关系中人是不平等的,但忠贞却是一种真诚的自由的契约关系。"骑士风所崇尚的封建臣属的忠贞,在这里主体尽管效忠于一个上级、亲王、国王或皇帝,却把自己的自由独立的地位当作远较重要的因素而保持住。"①所以,一旦领主威胁了骑士的独立自主性,那么就可以解除忠贞关系。

总之,黑格尔在世俗生活的骑士风中,指出了这种无限主体性的内容有个人的荣誉感、男女之间的爱情以及封建主与骑士之间的忠贞。他所针对的是中世纪的英雄史诗《罗兰之歌》《熙德之歌》《贝奥武甫》等民族史诗与骑士传奇《亚瑟王与圆桌骑士》《帕西法尔》以及寻找圣杯等骑士叙事诗。

4. 浪漫型艺术的解体阶段

黑格尔按照主体性的内涵和发展把浪漫型艺术分成了三个发展阶段。第一阶段是基督教范围内的绝对主体性,即主体意识到自己与神的和解。完成这一和解或神性(实体性)转化为人的主体心灵的关键在于心灵否定或消除了自然身体、心灵和世俗生活的有限性限制,才能超凡入圣。第二阶段是中世纪骑士精神阶段,类似宗教的主体性情感,有荣誉中的个人独立性、爱情中的亲切情感以及忠贞中的服役关系等。这些情感指向的也是主体的心灵维度,指示着主体的独立性。第三阶段是"个别人物的特殊内容的形式上的独立性",这是个费解的名称。实际上,第三阶段也就是黑格尔所谓的浪漫型主体的解体阶段,指16—19世纪非宗教的现代主体性及资产阶级文艺。这个主体与宗教绝对心灵无关,也与实体性的生活旨趣无关,特指文艺复兴以来资本主义社会中个人主义的主体。这个主体是客观存在的、独立自主的、个别特殊的单个主体,其中没有实体性的艺术。或者可以把这一主体称为非宗教的个人主义的现代主体。

① [德]黑格尔:《美学》第二卷,朱光潜译,商务印书馆1996年版,第336页。

　　资产阶级的现代主体以自我为中心,崇尚个性自由和独立自主,个人的情欲成为主体的基本核心,个人欲望与思想情感要在现代社会秩序中实现,就必然与社会现实产生激烈的冲突。换言之,个人主义的主体与社会现实是分裂的、矛盾的,这一点在席勒的《美育书简》和歌德的《浮士德》中已经给予突出的表现。所以,黑格尔这样描述了现代主体:"现在要满足的却是对现实本身的希求,要能满足于客观存在的事物,满足于自己,满足于人的有限性,总的来说,满足于一般有限的、特殊事物和写生画式的风格。"①这种主体性实际上就是有意识地追求个人欲望的满足的主动性。更通俗地说,就是资产阶级的现实中的个人,例如歌德的少年维特、笛福的鲁滨逊等。

　　浪漫型的现代主体与社会环境是分裂的,难以统一的。浪漫型艺术的一个基本特质就是无限的主体性与外在环境无法融合,主体对立于环境和世俗社会。在第三阶段中,浪漫型艺术就瓦解了,一方面是主体从实体性和神性的统一中独立出来了,个人自己变成了自我的主宰,个体的主体性显现了;另一方面外在形式或社会环境与主体没有必然联系,完全是外在于主体的、异己的、制度化的社会现实。在艺术中,现代主体就表现为个人主义的主人公们,即具有独立性的个别人物性格,外在形式就表现为游离于主体的偶然的特殊的境遇,即冒险奇遇。

　　第一,个性化的主体表现为独立的人物性格。这一时期的孤立的主体的无限性表现为主体的个性自由和性格独立。"本阶段人物性格却是每一个人有每一个人的特征,本身是一个整体,一个具有个性的主体。"②这个主体就是有限的、偶然的、个性独立和自由的主体,即个性的主体。个性的主体在文艺复兴时期的戏剧和小说中表现为独立的、自由的、极具个性的人物性格。独立的个性的人物性格又表现在两个方面:一方面是人物具有性格的坚定性和行动力,另一方面是具有内心生活。

　　首先,人物有坚定的性格、变化的内心世界与现实环境对抗。"这样一种

①　[德]黑格尔:《美学》第二卷,朱光潜译,商务印书馆1996年版,第340页。
②　[德]黑格尔:《美学》第二卷,朱光潜译,商务印书馆1996年版,第343页。

特殊的人物性格:他生来是什么样人,他就要做那样的人。"①此类人物没有普遍性的情致目的,只根据其本身的个性而行事。黑格尔指出,莎士比亚戏剧中的人物就是具有顽强的坚定性和片面性的人物性格。例如,麦克白突出的性格决定了他追求权力的野心,无论何种障碍,毫不动摇他不择手段追求权力的决心和行动。麦克白夫人、理查三世、奥赛罗等莎士比亚笔下的人物,都是首尾一致、忠于自己情欲的独特的坚定的个性化的性格。人物有内心发展变化。一种坚定的性格必然克服障碍,用行动去完成情欲的目标。在这个过程中,近代个性化的人物有着丰富的发展变化的内心世界。古典型艺术中英雄人物性格和内心世界是稳定的、不发展的,然而近代戏剧和小说中人物内心是发展变化的。例如,麦克白杀害邓肯的过程也是从犹豫、恐惧、冒险、孤注一掷慢慢发展变化来的。人物与环境对抗到底。由于浪漫型艺术的人物性格具有独立自主的性格,所以他们与客观环境不可能和解,往往会对抗到底。例如,巴尔扎克小说《高老头》中的高老头、拉斯蒂尼和伏脱冷等都是这样的个性主义的性格特征。

其次,人物有丰富的内心生活。近代艺术中独特的人物性格还表现为人物具有丰富的内心生活。有些具有实体性的心灵形成一个整体,有自己丰富的内在心灵生活,不过是未涉及外在现实的。这种封闭于内心生活的人物具有某种伦理的实体,是美好的心灵,依凭某种情感,具有坚定性。黑格尔指出,浪漫型艺术中最优美动人的形象是莎士比亚的戏剧人物,其中朱丽叶是完美的代表。朱丽叶没有遇到罗密欧之前,不过是可爱的纯洁的小姑娘,当她爱上了罗密欧,产生了强烈的爱情,这个灵魂全部的力量、理智和机敏、忧伤和焦虑都在心灵中涌现出来,像一朵心灵的昙花突然绽放,充满了心灵之美。黑格尔认为,这是心灵力量在没有对立面中实现了反观自我。

最后,人物要引起较高的旨趣。莎士比亚的人物由于极具个性特征,无所畏惧地追求哪怕是错误或者罪恶的情欲目的,这样使人们感到是环境阻碍了人物的发展,使凡人具有了一种要超越环境有限的更高人格。"尽管都是浑

---

① [德]黑格尔:《美学》第二卷,朱光潜译,商务印书馆1996年版,第344页。

身凡俗气,却显得都是些聪明人物,有应付一切的才能,过着自由的生活,总之,有可能成为伟大的人物。"①换言之,人物具有一种超越凡人的较高的人格。

第二,投机冒险的偶然环境。在近代资产阶级社会形成过程中,个人主义与社会现实的冲突日趋激烈,这表现在浪漫型艺术中主体性与客观世界之间的分裂和矛盾。"人物性格因此带着本身偶然的目的走进一个偶然的世界,不能使自己和这偶然的世界统一起来,形成一个彼此完全契合的整体。"②主体是个性化的独立的,而客观世界也是独立的,现实世界并不是主体作用的客体,而是一个偶然因素构成的陌生世界。主体的独立与客观世界的偶然性,造成了在事件和动作上的冒险性,黑格尔称之为"投机冒险"。他认为投机冒险是浪漫型艺术的一个基本类型。

在古典型艺术中,某个人物的动作必定有其实体性的目的。浪漫型艺术的人物也有其实体性的目的,但该目的却不能决定动作,动作是由外部世界的偶然性所决定的。也就是说,人物的目的与动作发生了分裂。最早的基督教团体的绝对工作之一就是传播基督的精神,其中十字军东征是中世纪基督徒的集体投机冒险。其行动虽然有宗教目的,但也夹杂了世俗征服和掠夺财富等目的,带有了偶然性和局限性。在东征过程中骑士们的行为也因个人私欲充满了堕落和粗暴。传播宗教的目的变成猎奇和掠夺的冒险,充满了凌乱和幻想。不但十字军东征的故事是神秘幻想的投机,而且寻找圣杯的故事也是投机冒险。

另一部重要的作品就是但丁的《神曲》,依靠个人信仰去决定天国的次序。虽然题材严谨,但惩恶扬善的权力来自上帝,而不是凡人。除此之外,16—17世纪西班牙的骑士传奇故事也充满了投机冒险,其荣誉、冒险、爱情等都是抽象的目的,事件与目的没有必然的联系。骑士所经过的环境也没有必然的联系,带有任意性和偶然性,这种类似流浪汉小说的形式充分说明了人物

① ［德］黑格尔:《美学》第二卷,朱光潜译,商务印书馆1996年版,第354页。
② ［德］黑格尔:《美学》第二卷,朱光潜译,商务印书馆1996年版,第356页。

和情节的形式化。"骑士风的这种瓦解过程在阿里奥斯陀和塞万提斯的作品里以及在莎士比亚的一些特殊个别的人物身上特别达到有意识的和最合式的艺术表现。"①黑格尔指出,西班牙的骑士冒险故事由于其目的与环境的双重偶然性,在艺术上设计了命运与目的之间的曲折关系和童话般情境,形成了一种投机冒险的喜剧性。这种艺术实质上已经是 17 世纪的巴洛克艺术了。

18—19 世纪歌德和席勒的时代到来了,文艺发展为新写实风格的品种,"拟传奇式的虚构故事所表现的是变成具有严肃性和现实内容的骑士风。"②此时个人与环境的矛盾不再是幻想的,而是现实的,个人情欲与社会制度对立起来,社会压抑主体的自由,主体就反抗社会。外在世界的偶然情境不是风车和羊群,而是国家机构、警察和法律制度等森严的社会。"新骑士阶层的青年人"则是这个时代的主体,他们在个人立场上,从个人关于爱情、荣誉、野心的主观目的出发,要反抗这个压迫着他们的社会制度。这类艺术的典范之作就是歌德的《少年维特之烦恼》与席勒的《阴谋与爱情》。

第三,浪漫型艺术的解体。黑格尔指出,浪漫型艺术本身就已经包含了瓦解古典型艺术的基本原则,即主体内心世界与客观外在世界的分离。古典型艺术中,客观的外在世界和形式是主体的内在世界的表现,二者密切联系,和谐一体。在浪漫型艺术中,主体沉浸于内心世界之中,精神独立于客观世界,主体的情感成为艺术的核心。内心活动和情感可以表现于任何客观化的情境中,外在世界不过是主体心灵的反应和领会方式,这样客观世界与主体内心就脱节了。"这就是说,一方面从理想的观点来看,现实世界只现出他的散文性的客观情况:平凡的日常生活的内容不是就它的实体或伦理的和宗教的意义来理解的,而是就它的变化无常的有限的方面来理解的。另一方面主体性凭它的情感和知识,凭它的巧智的权利和威力,把自己提高到前提现实界的主宰的地位……"③在这段话里,黑格尔指明了艺术解体的两个原因:一个是现实题材的多样化和写实化,抛弃了实体性的联系;另一个是主体控制一切题材,

---

① [德]黑格尔:《美学》第二卷,朱光潜译,商务印书馆 1996 年版,第 361 页。
② [德]黑格尔:《美学》第二卷,朱光潜译,商务印书馆 1996 年版,第 363 页。
③ [德]黑格尔:《美学》第二卷,朱光潜译,商务印书馆 1996 年版,第 366 页。

随意分解支配题材。换句话说，一方面是客观现实的独立，即按照摹仿自然的原则描绘眼前平凡事物和外在现实；另一方面是主体性的独立，即诗人根据自己的脾气或幽默随意安排情境和情节。

首先，摹仿自然，造成非实体化的现实题材的多样化。在浪漫型艺术中，一切题材都具有同等重要的地位和作用，高尚与渺小、美好与罪恶等世俗化的、有限的、偶然的、自然的客观世界的一切事物都成为了艺术表现的题材。"正是这种题材的偶然性造成了我们在上文已提到的浪漫型艺术的解体。"①用写实的风格描绘事无巨细的平凡现实，艺术题材的凡俗化、写实化、现实化和多样化导致浪漫型艺术的解体。这种新写实风格的艺术指的是 17—18 世纪荷兰画派、法国启蒙主义文艺、英国现实主义小说等。在这些艺术流派中，题材空前扩大，现实世界的一切都成了艺术对象，艺术方式是描摹自然，现实事物之间没有必然的联系，生活环境和自然环境都是松散的、随意的，黑格尔把这些艺术特征称为"摹仿自然"的带有散文气味的偶然现实。例如，法国启蒙主义文学中，狄德罗的市民剧提倡对自然和家庭现实进行摹仿，人情世故、婚丧嫁娶等市民生活直接成为艺术主要内容。同样，荷兰画派也是西方历史上第一次直接描绘自然物和生活场景的写实主义的绘画流派。黑格尔认为，荷兰画派虽然有民族自豪感和生活愉快感在绘画里面体现，但是却事无巨细地摹仿自然景物，艺术家的技巧反而是如何真实地显现外在事物的面貌，带有散文气息。

其次，艺术家的主体性任意裁剪和处理外在事物。"这种主体性所涉及的不只是外在的表现手段，而且也涉及内容本身，使艺术就变成一种表现奇思幻想和幽默的艺术。"②这种极度重视艺术家的主观想象力和创造力的艺术类型，应该是 17—18 世纪的巴洛克艺术和消极浪漫主义艺术（德国浪漫派），例如巴洛克小说的代表斯特恩的《项狄传》、德国浪漫派的霍夫曼、让·保尔、蒂克等人的小说。在这些作品中，碎片化的现实事件、奇怪的幻象、自然现象等

① ［德］黑格尔：《美学》第二卷，朱光潜译，商务印书馆 1996 年版，第 366 页。
② ［德］黑格尔：《美学》第二卷，朱光潜译，商务印书馆 1996 年版，第 372 页。

都被拼凑在一起,作家完全根据自己的主观意愿任意裁剪这些材料,故事线索和情节结构杂乱无章,整个作品渗透着一种幽默、讽刺、滑稽的怪诞风格。这些作品有时也被称为消极浪漫主义的怪诞艺术。黑格尔对主体的任意性、幻想性造成了文本的极度混乱表示非常不满,类似于歌德对浪漫主义作家雨果的批判。这是古典主义艺术风格对 19 世纪浪漫主义艺术的一种不理解和否定。因此,黑格尔指出:"到此我们已达到浪漫型艺术的终点,亦即最近时代艺术的立足点,它的特征在于艺术家的主体性统治着他的材料和创作,而不再受内容和形式在范围上都已确定的那些现成条件的统治,这就是说,艺术家对内容和表现方式都完全有权力去任意选择和处理。"①最后,便是浪漫型艺术的终结。

六、艺术的门类(体裁)

在解决了艺术的定义和类型之后,黑格尔提出了艺术门类划分的问题。他把艺术的系统分成了建筑、雕刻、绘画、音乐和诗歌等类别。他指出,艺术的内容就是美的东西,是具有具体形象的心灵性的东西,是理想、绝对心灵,也即真实本身。而这些内容需要用不同的形式和材料来表现,显现为真实的美的世界。其划分的原则是艺术的内容(心灵、精神)需要用不同材质的感性事物予以表现,所以物质材料及其表现心灵的方式就形成了不同的艺术门类。例如,建筑用无生命的石头,绘画用线条和颜料,音乐用音符和声音,诗歌用文字等。他认为,各种艺术门类虽然最为对应于某种艺术类型,但也适用于其他各种类型。

第一,建筑。在内容与材料的关系中,建筑是一个极端阶段,即自身不包含心灵内容的单纯自然物。建筑的素材是直接的外在的物质,它与心灵内容对立,心灵内容只能作为外在标志强加于建筑之中。建筑艺术的基本类型就是象征型艺术。例如,希腊神庙在优美的自然环境中,用石头为神灵建造了降

---

① [德]黑格尔:《美学》第二卷,朱光潜译,商务印书馆 1996 年版,第 374 页。

临的场所,神的在场才使得这个建筑具有了意义,敬神如神在,这标志着这个建筑为神的所在。

第二,雕刻。当神庙建成,善男信女的房屋建成了,"第二步就是神自己走进这座庙宇,以个性的闪电似的光芒照耀着并且渗透到那无生气的物质堆里,不再只是用对称的形式,而是用心灵本身的无限形式,把相应的身体性相集中起来而且表现出来,这就是雕刻的任务"①。黑格尔认为,雕刻(雕塑)是完美的古典型艺术,其心灵的内容用自然的人体来表现,精神与肉体、内容与形式完美地结合在一起,成为一个生气灌注的统一体。在雕塑中,心灵安居在感性形象中,就像人恬静地居住在自己的家中一样,所以心灵与身体的和谐表现出一种永恒的静穆和本质的独立自主。这种古典型艺术的典范之作就是古希腊和罗马的雕塑作品,比如拉奥孔雕像、大卫像、摩西雕像等。

第三,绘画、音乐和诗歌。神作为普遍的精神存在,分裂为众多的信徒,把精神异化和分化为个体的具体的人心。此时,神成为真正的心灵,在众多信徒的心灵中实现了自身。同时,神已经摆脱了庙宇和神像的束缚,提升了精神和心灵的存在。这种心灵是存在于各种各样的信徒心中的,是活泼泼的生命和生活。"所以在现阶段,多种多样的在活跃的运动和行动之中的主体生活,例如人的情欲,动作,事变,总之,人类情感意志以及对情感意志的节制的广大领域,就有成为艺术表现对象的独立资格。要符合这种内容,艺术的感性因素就要化为本身是个别的事物,便于表现主体内在生活。"②这些适合表现人心和生活的材料是图画、音乐和诗。这种神性的普遍性化为普罗大众的个体,心灵和精神生活成为反映对象的艺术,即浪漫型艺术。

首先,绘画在形式上是肉眼可见的,而且由于颜色的特殊性和空间的平面性,使得颜色和线条适宜表现主观性。凡是在人心中的情感、观念和目的等都可以组成丰富多彩的绘画内容。其次,音乐的材料虽然是声音和节奏,不过它更能直接打动人的情感和精神。音乐是对外在物质的空间性的否定,依凭时

---

① [德]黑格尔:《美学》第一卷,朱光潜译,商务印书馆1996年版,第106页.
② [德]黑格尔:《美学》第一卷,朱光潜译,商务印书馆1996年版,第109页。

间的观念性,使音乐从外在感性形式中解放出来,更加专注于人心灵的感受。"这种最初灌注到物质里去的内在性和心灵性提供了材料,去表现心灵中本身还没有确定的内在性和心灵性,使心境以及它的全部情感和情欲在它的声音里得到表现。所以音乐成为浪漫型艺术的中心。"①最后,诗歌是最富于心灵表现的艺术门类。诗歌在形式上简化了一切物质形式,仅仅依靠化为文字的声音来传递心灵内容。这些文字符号不再直接传递情感,而是标志着观念和概念。或者说,文字符号是人心灵内容的标记。"诗艺术是心灵的普遍艺术,这种心灵是本身已得到自由的,不受为表现用的外在感性材料束缚的,只在思想和情感的内在空间和内在时间里逍遥游荡。"②

---

① [德]黑格尔:《美学》第一卷,朱光潜译,商务印书馆 1996 年版,第 111 页。

② [德]黑格尔:《美学》第一卷,朱光潜译,商务印书馆 1996 年版,第 113 页。

参考文献

1. 赵敦华主编:《西方人学观念史》,北京出版社 2005 年版。

2. 李中华主编:《中国人学思想史》,北京出版社 2005 年版。

3. 袁贵仁:《马克思主义人学理论研究》,北京师范大学出版社 2012 年版。

4. 欧阳谦:《20 世纪西方人学思想导论》,中国人民大学出版社 2002 年版。

5. 周宪:《20 世纪西方美学》,南京大学出版社 1997 年版。

6. 黄楠森:《人学的科学之路》,河南人民出版社 2011 年版。

7. 韩庆祥:《马克思的人学理论》,河南人民出版社 2011 年版。

8. 张一兵:《西方人学第五代》,学林出版社 1991 年版。

9. 张一兵、夏凡:《人的解放》,河南人民出版社 2011 年版。

10. 王善超:《关于人的理解》,河南人民出版社 2011 年版。

11. 欧顺军:《人学概论》,岳麓书社 2011 年版。

12. 邹志祥:《人学原理》,商务印书馆 2012 年版。

13. 张步仁:《西方人学发展史纲》,江苏人民出版社 1993 年版。

14. 吴倬、杨君游等:《现代西方人学名著选评》,中国人民大学出版社 1992 年版。

15. 杨纯富:《人是什么——西方人学思想发展历程》,辽宁人民出版社 1998 年版。

16. 缪朗山:《西方文艺理论史纲》,中国人民大学出版社 2011 年版。

17. 缪朗山:《缪朗山文集》,章安祺编订,中国人民大学出版社 2011 年版。

18. 朱光潜:《西方美学史》,人民文学出版社 2002 年版。

19. 陆梅林:《西方马克思主义美学文选》,漓江出版社 1988 年版。

20. 周忠厚等主编:《马克思主义文艺学思想发展史》,中国人民大学出版社 2007 年版。

21. 陆贵山、周忠厚:《马克思主义文艺论著选讲》,中国人民大学出版社 2011 年版。

22. 冯宪光:《新编马克思主义文论》,中国人民大学出版社 2011 年版。

23. 成复旺:《中国古代的人学与美学》,中国人民大学出版社 1992 年版。

24. 章安祺等:《西方文艺理论史》,中国人民大学出版社 2007 年版。

25. 刘敬鲁:《海德格尔人学思想研究》,中国人民大学出版社 2012 年版。

26. 黄克剑:《美:眺望虚灵之真际》,福建教育出版社 2004 年版。

27. 陆扬:《中世纪文艺复兴美学》,北京师范大学出版社 2013 年版。

28. 范明生:《十七十八世纪美学》,北京师范大学出版社 2013 年版。

29. 张澄清:《西方近代哲学的终结——读黑格尔〈精神现象学〉》,社会科学文献出版社 2005 年版。

30. 刘春阳:《审美与救赎——奥古斯丁美学思想研究》,安徽教育出版社 2016 年版。

31. 冯俊:《开启理性之门:笛卡尔哲学研究》,中国人民大学出版社 2005 年版。

32. [意]翁贝托·艾柯:《美的历史》,彭淮栋译,中央编译出版社 2011 年版。

33. [美]马泰·卡林内斯库:《现代性的五副面孔》,周宪、许钧译,商务印书馆 2003 年版。

34. [法]亨利·勒费弗尔:《狄德罗的思想和著作》,张本译,商务印书馆 1985 年版。

35. 尚杰:《尚杰讲狄德罗》,北京大学出版社 2008 年版。

36. 陈定家:《〈拉奥孔〉导读》,四川教育出版社 2002 年版。

37. 李奇志:《自然人格——卢梭》,长江文艺出版社 2000 年版。

38. 李平沤:《主权在民 vs"朕即国家"》,山东人民出版社 2001 年版。

39. [古希腊]柏拉图:《柏拉图文艺对话集》,朱光潜译,人民文学出版社 1963 年版。

40. [古希腊]柏拉图:《柏拉图全集》,王晓朝译,人民出版社 2003 年版。

41. [古希腊]亚里士多德:《诗学》,罗念生译,人民文学出版社 1962 年版。

42. [古希腊]亚里士多德:《政治学》,颜一、秦典华译,中国人民大学出版社 2003 年版。

43. [古希腊]亚里士多德:《尼各马可伦理学》,廖申白译注,商务印书馆 2003 年版。

44. [古罗马]贺拉斯:《诗艺》,《缪朗山文集》第 1 卷,缪朗山译,章安祺编订,中国人民大学出版社 2011 年版。

45. [古罗马]朗吉努斯:《论崇高》,《缪朗山文集》第 1 卷,缪朗山译,章安祺编订,中国人民大学出版社 2011 年版。

46. [古罗马]奥古斯丁:《忏悔录》,周士良译,商务印书馆 2016 年版。

47. [古罗马]奥古斯丁:《上帝之城》,王晓朝译,人民出版社 2006 年版。

48. [古罗马]奥古斯丁:《论灵魂及其起源》,石敏敏译,中国社会科学出版社 2017 年版。

49. [法]布瓦洛:《诗的艺术》,任典译,人民文学出版社 2009 年版。

50. [法]布瓦洛:《诗的艺术》,范希衡译,人民文学出版社 2014 年版。

51. [法]笛卡尔:《哲学原理》,关文运译,商务印书馆 1960 年版。

52. [法]笛卡尔:《论灵魂的激情》,贾红鸿译,商务印书馆 2019 年版。

53. [英]埃德蒙·伯克:《关于我们崇高与美观念之根源的哲学探讨》,郭飞译,大象出版社 2010 年版。

54. [美]保罗·纽曼:《恐怖:起源、发展和演变》,赵康、于洋等译,上海人民出版社 2005 年版。

55. [法]狄德罗:《狄德罗美学论文选》,张冠尧、桂裕芳等译,人民文学出版社 1984 年版。

56. [法]狄德罗:《狄德罗哲学选集》,江天骥、陈修斋、王太庆译,商务印书馆 2011 年版。

57. [法]亨利·勒费弗尔:《狄德罗的思想和著作》,张本译,商务印书馆 1985 年版。

58. [美]萨利·肖尔茨:《卢梭》,李中泽、贾安伦译,中华书局 2014 年版。

59. [法]罗曼·罗兰编选《卢梭的生平与著作》,王子野译,生活·读书·新知三联书店 1993 年版。

60. [法]卢梭:《忏悔录》,范希衡译,人民文学出版社 1992 年版。

61. [法]卢梭:《新爱洛伊丝》,李平沤、何三雅译,译林出版社 1993 年版。

62. [法]卢梭:《社会契约论》,何兆武译,商务印书馆 2003 年版。

63. [法]卢梭:《论人与人之间不平等的起因与基础》,李平沤译,商务印书馆 2011 年版。

64. [法]卢梭:《论科学与艺术的复兴是否有助于使风俗日趋纯朴》,李平沤译,商务印书馆 2011 年版。

65. [德]莱辛:《拉奥孔》,朱光潜译,人民文学出版社 2000 年版。

66. [德]歌德:《歌德谈话录》,朱光潜译,人民文学出版社 2008 年版。

67. [德]歌德:《歌德谈话录》,杨武能译,河南文艺出版社 2013 年版。

68. [德]歌德:《意大利游记》,赵乾龙译,花山文艺出版社 1995 年版。

69. [德]歌德:《浮士德》,绿原译,人民文学出版社 1994 年版。

70. [德]歌德:《浮士德》,董问樵译,复旦大学出版社 2001 年版。

71. [德]歌德:《歌德戏剧选》,钱春绮、章鹏高、汪久祥译,人民文学出版社 1984 年版。

72. [德]歌德:《少年维特的烦恼》,杨武能译,人民文学出版社 2008 年版。

73. [德]歌德:《亲和力》,杨武能译,华夏出版社 2007 年版。

74. [德]歌德:《歌德自传:诗与真》,刘思慕译,华文出版社 2013 年版。

75. [德]席勒:《席勒经典美学文论》,范大灿等译,范大灿注,生活·读书·新知三联书店 2015 年版。

76. [德]席勒:《美育书简》,《缪朗山文集》第 2 卷,缪朗山译,章安祺编订,中国人民大学出版社 2011 年版。

77. [德]康德:《判断力批判》,邓晓芒译,人民出版社 2002 年版。

78. [德]康德:《纯粹理性批判》,邓晓芒译,人民出版社 2004 年版。

79. [德]康德:《实践理性批判》,邓晓芒译,人民出版社 2004 年版。

80. [德]康德:《康德三大批判精粹》,杨祖陶、邓晓芒译,人民出版社 2001 年版。

81. [德]黑格尔:《黑格尔早期神学著作》,贺麟译,商务印书馆 1988 年版。

82. [德]黑格尔:《美学》,朱光潜译,商务印书馆 1996 年版。

83. [德]黑格尔:《精神现象学》,贺麟、王玖兴译,商务印书馆 1987 年版。

责任编辑:刘海静
封面设计:石笑梦
责任校对:余 佳

图书在版编目(CIP)数据

人的追问与审美教化:西方古典美学的人学解读/韩振江 著. —北京:
人民出版社,2021.5
ISBN 978－7－01－023417－5

Ⅰ.①人… Ⅱ.①韩… Ⅲ.①美学史-西方国家 Ⅳ.①B83-095

中国版本图书馆 CIP 数据核字(2021)第 091558 号

人的追问与审美教化
REN DE ZHUIWEN YU SHENMEI JIAOHUA
——西方古典美学的人学解读

韩振江 著

人民出版社 出版发行
(100706 北京市东城区隆福寺街 99 号)

北京汇林印务有限公司印刷 新华书店经销

2021 年 5 月第 1 版 2021 年 5 月北京第 1 次印刷
开本:710 毫米×1000 毫米 1/16 印张:25.5
字数:410 千字

ISBN 978－7－01－023417－5 定价:99.00 元

邮购地址 100706 北京市东城区隆福寺街 99 号
人民东方图书销售中心 电话 (010)65250042 65289539